全国电力行业“十四五”规划教材
储 能 与 新 能 源 系 列 教 材

江苏省高等学校重点教材

江苏“十四五”普通高等教育本科省级规划教材

新能源发电与控制技术

第二版

主编 付 蓉 马海啸 周 岩
编写 王 瑾 汤 奕
主审 李 扬

中国电力出版社
CHINA ELECTRIC POWER PRESS

内 容 提 要

本书为全国电力行业“十四五”规划教材、江苏“十四五”普通高等教育本科省级规划教材、江苏省高等学校重点教材。

全书共6章，介绍了新能源发电及其控制的基本知识，将新能源发电技术、电力电子技术和信息控制技术有机结合在一起，围绕目前国际社会综合利用新能源的研究热点，重点分析了光伏发电与运行控制技术、风力发电与运行控制技术、生物质能发电与控制技术、海洋能发电技术、地热发电技术、分布式发电与储能技术等内容。

本书可作为电气工程及其自动化专业、自动化专业及相关专业的本科教材，也可作为卓越工程师人才培养的教学用书，还可供相关专业的研究生和工程技术人员参考。

图书在版编目（CIP）数据

新能源发电与控制技术 / 付蓉，马海啸，周岩主编．2版．-- 北京：中国电力出版社，2025.2
ISBN 978-7-5198-9405-4
Ⅰ．TM61
中国国家版本馆CIP数据核字第2024KS3845号

出版发行：中国电力出版社
地　　址：北京市东城区北京站西街19号（邮政编码100005）
网　　址：http://www.cepp.sgcc.com.cn
责任编辑：乔　莉（010-63412535）
责任校对：黄　蓓　马　宁
装帧设计：赵姗姗
责任印制：吴　迪

印　　刷：固安县铭成印刷有限公司
版　　次：2015年10月第一版　2025年2月第二版
印　　次：2025年2月北京第一次印刷
开　　本：787毫米×1092毫米　16开本
印　　张：15.25
字　　数：365千字
定　　价：49.90元

前　言

能源和环境问题是当今人类生存和发展所面临的紧迫问题。鉴于煤炭、石油、天然气等常规能源的不可再生的消耗和生态环境保护的需要，新能源的开发和电力存储技术的发展迫在眉睫，发展新能源发电技术具有极其重要的社会意义和经济价值。

新能源发电技术是一个涉及电气、动力、材料、控制、电子、信息等多学科交叉的高新技术，也是当前电气工程重要的研究领域和发展方向。为了推动新能源发电技术的发展，目前急需将最新的科技知识与教学成果融入教材内容中，体现专业特色，培养适应时代发展需求的相关人才。

本教材主要介绍了新能源发电及其控制技术，特色是将新能源发电技术、电力电子技术和信息控制技术有机结合在一起，从系统的角度加以分析阐述。主要内容包括光伏发电、风力发电、生物质能发电、海洋能发电等，并介绍了现阶段比较常用的分布式发电和储能技术。

第 1 章是新能源发电与控制技术导论，分析了我国新能源发展现状。第 2 章是光伏发电与控制技术，主要介绍了太阳能的一些基本应用及其实例，并对光伏发电及其并网进行了系统的介绍。第 3 章是风力发电与控制技术，重点介绍了风力发电机组及其工作原理、风力发电机组的控制策略和并网技术，并对风电并网进行了仿真分析。第 4、5 章对生物质能发电技术、海洋能发电技术和地热发电技术的发展、结构组成和技术特点进行了详细介绍。第 6 章介绍了分布式发电和储能技术，主要对飞轮储能、超导磁储能、超级电容器储能、氢储能、源网荷储组网技术的发展、应用及其前景进行了详细的介绍。

本书由付蓉、马海啸、周岩主编，王瑾、汤奕参编，东南大学李扬主审。第 1、3 章由付蓉编写，第 2 章由马海啸编写，第 4、5 章由王瑾和汤奕编写，第 6 章由周岩编写，全书由付蓉统稿。在本书的编写过程中，硕士研究生孙万钱、叶海云、陈西、窦友婷和周振凯等帮助完成了书中的部分算例、书稿的输入工作，在此谨对他们表示衷心的感谢。

由于编者的理论水平和实践经验有限，书中难免有不当或疏漏之处，恳请读者批评指正。

编者

2024 年 12 月

目 录

第1章 概　　述

1.1 能源结构与能源储备

1.1.1 我国能源结构现状

随着经济的快速发展和人民生活水平的不断提高，我国能源消费总量也迅速增加，主要表现在两方面：首先，我国年人均能源消费量逐年增加，导致一次能源消费总量快速增加；其次，石油、天然气等在所有一次能源消费中所占比例越来越大。预计到2040年，我国人均一次能源消费量将达到约2.71t标准煤，这一水平相当于目前世界人均能源消费量的平均值，但远低于发达国家当前的平均水平。由于我国人均常规能源资源相对匮乏，尤其是石油和天然气等一次能源的对外依赖性过大，加之全年电力供应不足，已经成为制约我国经济、社会可持续发展的重要因素。如果无法妥善解决这些问题，我国将面临相当严峻的能源形势。

近几年来，我国煤炭能源生产和消费都有了明显的增长。2020年，我国煤炭产量占全国一次能源生产总量的67.2%，煤炭消费量占全国能源消费总量的56.9%。可见，无论生产还是消费，煤炭都是我国最主要的能源形式。与全球其他国家相比，我国煤炭的生产量也占绝对优势，约占全球煤炭生产总量的1/2。然而，我国煤炭能源的储量并非全球第一。2020年我国与全球主要煤炭能源储量国比较见表1-1。由表1-1可知，2020年，我国煤炭储量为1431.97亿t，占全球煤炭储量的13.33%，仅排在全球第四位；美国的煤炭储量为2489.41亿t，占全球煤炭储量的23.18%，排在全球第一位；俄罗斯的煤炭储量为1621.66亿t，占全球煤炭储量的15.10%，排在全球第二位；澳大利亚的煤炭储量为1502.27亿t，占全球煤炭储量的13.99%，排在全球第三位。与我国煤炭生产量全球第一以及储量全球第四的地位形成鲜明对比的是我国煤炭的储采比，2020年我国煤炭的储采比只有37，这意味着以目前产量计算，我国已探明的煤炭储量只能持续生产37年；而同期俄罗斯的储采比为407，澳大利亚的储采比为315。综上所述，虽然我国煤炭的产量目前居世界第一，储量居世界第四，但是我国煤炭产业存在严重的过度开采问题，相对于发达国家，我国煤炭产业不具备可持续发展的能力。因此，我国未来必须寻找适当的能源形式来替代煤炭作为我国第一能源的地位和作用，以保证我国能源经济的可持续发展。

表1-1　　2020年我国与全球主要煤炭能源储量国比较

国家和地区	煤炭总储量/亿t	占全球比例（%）	储采比
美国	2489.41	23.18	—
俄罗斯	1621.66	15.10	407
澳大利亚	1502.27	13.99	315
中国	1431.97	13.33	37

2020 年，我国石油产量占全国一次能源生产总量的 6.8%，石油消费量占全国能源消费总量的 18.8%。虽然产量和消费量都远低于煤炭，但石油仍然是我国第二大能源形式，对我国经济发展至关重要。我国与全球主要石油能源储量国比较见表 1-2。由表 1-2 可知，从储量上来看，我国石油储量远低于煤炭储量。具体来说，2020 年我国石油储量为 26.5 亿桶，仅占全球石油总储量的 1%，显示出石油储量非常匮乏。而同期石油储量较大的委内瑞拉、沙特阿拉伯和加拿大石油储量分别为 303.8 亿、297.5 亿桶和 168.1 亿桶，远高于我国的石油储量。2020 年底，石油储量高于我国的国家共 12 个。从全球分布来看，石油资源主要分布在中东（如沙特阿拉伯、伊朗、伊拉克、科威特和阿联酋）和美洲（如委内瑞拉和加拿大），而亚洲石油储量最为贫乏。从石油生产方面来看，2020 年我国石油产量占全球石油总产量的 4.41%，位列沙特阿拉伯、俄罗斯、美国、加拿大和伊拉克之后，居全球第六位。另外，2019 年底我国的石油储采比为 18.7。这表明在石油储量相对贫乏的情况下，我国的石油生产量依然庞大，但由于我国石油的过度开发，其未来的开发潜力却极其有限，可能面临石油资源枯竭的问题。最后，从我国能源已探明储量的发展情况来看，2010、2015 年和 2020 年我国石油已探明剩余储量为 20.5 亿、25.7 亿桶和 26.5 亿桶，这说明和其他多数国家一样，随着经济发展和技术进步，我国在不断发现新的石油储量，这可以在一定程度上延长我国石油的开采年限。然而，问题的关键在于我国石油的总储量是不变的，除非未来可以发现更多新的石油储备，否则这种过度的石油生产方式必将在短期内造成我国石油更大的消费缺口。

表 1-2　2020 年我国与全球主要石油能源储量国比较

国家和地区	2010（亿桶）	2015（亿桶）	2020（亿桶）	占全球比例（%）	储采比
中国	20.5	25.7	26.5	1	—
委内瑞拉	296.5	—	303.8	17.54	1542.1
沙特阿拉伯	264.6	261.1	297.5	17.2	68.9
加拿大	175.9	172	168.1	10.4	—

天然气是我国第三大化石能源，但其储量同样贫乏。截至 2020 年底，我国天然气储量为 8.4 万亿 m^3，占全球天然气总储量的 4.47%，居全球第六位。我国与全球主要天然气能源储量国比较见表 1-3。由表 1-3 可知，从全球天然气储备情况来看，2020 年俄罗斯以 37.4 万亿 m^3 的储量位居全球第一位，占全球天然气总储量的 19.9%，伊朗和卡塔尔紧随其后，分别以 32.1 万亿 m^3 和 24.7 万亿 m^3 的储量位居全球第二位和第三位，分别占全球天然气总储量的 17.07%和 13.11%。而我国天然气目前的储量并没有任何优势。从天然气生产潜力方面来看，2020 年底我国天然气储采比为 43，而同期俄罗斯、伊朗、卡塔尔等天然气高储量国家的储采比分别约为 58.6、92.3 和 100，可见我国天然气长期开采潜力较弱。从天然气已探明剩余储量方面来看，2020 年我国天然气已探明剩余储量较 2015 年提高了 3.7 万亿 m^3，这说明虽然过去的五年间我国天然气开采量有所增长，但新探明的天然气储量明显超过了已开采的天然气储量，而我国天然气开发还处于早期阶段，这意味着如果未来能够不断探明新的天然气储量，则我国天然气的开采年限还会进一步延长。

表 1-3　2020 年我国与全球主要天然气能源储量国比较

国家和地区	2010（万亿 m^3）	2015（万亿 m^3）	2020（万亿 m^3）	占全球比例（%）	储采比
中国	3.5	4.7	8.4	4.47	43
伊朗	29.6	34	32.1	17.07	92.3
俄罗斯	47.6	37.6	37.4	19.9	58.6
卡塔尔	25.4	24.7	24.7	13.11	100

1.1.2　我国的能源资源消费现状

能源是一个国家经济增长和社会发展的基础资源。自我国改革开放以来，经济增长迅速，随着经济的快速发展，能源消费量也有了显著的增长。从 2002 年到 2022 年，我国能源消费增长了 3 倍以上，由 2002 年的 16.96 亿 t 标准煤已经增长到 2022 年的 54.1 亿 t 标准煤，特别是 2001 年以来，我国能源消费量增长明显加速。从人均能源消费来看，虽然其增速略慢于能源消费总量的增速，但是三十几年来人均能源消费也增加了 4 倍。一个国家的能源消费量受到该国能源供给量和环境保护两个方面的制约。

首先，从能源供给方面来看，一个国家的能源消费量取决于该国的能源供给量，改革开放之初，经济发展相对缓慢，能源消费也相对较少。1980 年，我国能源生产总量为 6.20 亿 t 标准煤，同年能源消费量为 5.86 亿 t 标准煤，能源生产量略大于能源消费量。随着改革开放的逐渐深入和我国经济的快速发展，1992 年我国能源消费总量首次超过能源生产总量，开创了我国能源市场供不应求的局面。之后的 20 年里，随着工业化的进一步推进和城镇化战略的实施，我国能源供求差距进一步拉大。到 2010 年，我国能源生产总量为 27.97 亿 t 标准煤，而同年的能源消费总量达到了 30.80 亿 t 标准煤。随着经济的迅猛发展，到 2022 年，我国一次能源生产总量为 46.6 亿 t 标准煤，而能源消费总量达到了 54.1 亿 t 标准煤。虽然我国能源供给量持续增长，但能源供给量的增长目前已经无法满足经济增长对能源的需求，能源进口量持续增长，能源对外依存度逐年上升，而这对于一个国家的持续发展十分不利。

随着我国经济的快速发展，我国石油消费量急剧上升，虽然近些年来我国石油生产能力有了明显提升，但是仍然无法满足我国石油消费的需求。1995～2010 年期间，我国石油消费量一直大于生产量，并且产销差距越来越大。到 2010 年，我国石油生产量为 29002.58 万 t 标准煤，而石油消费量为 61647.54 万 t 标准煤，超出生产量 32644.96 万 t 标准煤，显示出我国石油消费缺口明显加大，石油消费量为生产量的 2.13 倍，严重超出生产能力。2016 年我国原油产量为 19969 万 t，这是自 2010 年以来年产量首次低于 2 亿 t。随后，通过实施油气行业增储上产“七年行动计划”，我国石油企业的资本开支增加，原油产量逐渐回升。2021 年，我国石油消费量约为 7.15 亿 t，这是多年来首次出现回落。2022 年，我国石油生产量为 2.0467 亿 t 标准油，占全球石油生产总量的 4.43%，这是 2016 年以来首次超过 2 亿 t，同年我国石油消费量达到 7.19 亿 t 标准油。由此可见，目前我国石油的生产能力已经远远无法满足我国石油的消费水平，因此，为了满足我国石油的正常消费需求，我国必须大量地进口石油。目前我国石油进口量已经超过了自身生产量，这使得我国石油对外依存度变得越来越高，未来必然制约我国经济的持续发展。另外，我国石油的储采比为 17.8，远远低于沙特阿拉伯等石油储量丰富的国家。因此，我国不仅目前石油生产能力不足，未来生产潜力也较小，为了使我国能源经济能够可持续发展，我国必须在短时间内找到解决这一问题的有效对策。

相对于石油来说，我国天然气的生产与消费的匹配度要高得多，在绝大多数年份里，我国天然气完全可以自给自足。1980 年，我国天然气生产量为 1861.38 万 t 标准煤，同年我国天然气消费量为 1874.784 万 t 标准煤，供需基本保持平衡。1980～1995 年期间，我国天然气的生产和消费都维持在一个相对稳定的水平，产销差距非常小；1995～2006 年期间，我国天然气生产水平略超过消费水平，呈现出轻微的生产过剩状况；2007～2010 年，我国天然气消费量波动较大，且在 2009 年之后呈现出生产不足的情况。2012 年，我国天然气生产量为 0.965 亿 t 标准油，占全球天然气生产总量的 3.2%，而同年我国天然气消费量为 1.295 亿 t 标准油，占全球天然气消费总量的 4.3%。由此可见，虽然一直以来我国天然气的生产量可以满足我国经济发展对天然气的消费需求，但是近两年我国的天然气市场已经开始出现生产能力不足的问题。2012 年年底，我国天然气的储采比为 28.9，这一数据说明我国天然气未来仍具有一定的开发潜力，但持续时间有限。2020 年，我国天然气生产量为 1888 亿 m^3，而消费量达到了 3240 亿 m^3，占全球天然气消费量的 8.7%，同年我国天然气的储采比为 44.5。

然而，能源消费量的增加必然会对环境造成负面影响。随着我国能源消费量的不断增加，我国已成为目前全球最大的 CO_2 排放国。在 1997～2010 年期间，欧盟的 CO_2 排放量从 42.99 亿 t 减少到 41.43 亿 t，而美国的 CO_2 排放量略有增长，从 60.81 亿 t 增长到 61.45 亿 t，增长了 1.05%，几乎可以忽略不计。然而在同一期间，我国的 CO_2 排放量从 33.84 亿 t 增长到 83.33 亿 t，增长了 146.25%，并因此成为全球最大的 CO_2 排放国，特别是在 2002 年以后，我国的 CO_2 排放量增长速度明显加快，对环境已经造成极大的影响。2020 年，全球实现了碳排放量减少 6.3%的目标，但随着经济复苏，如何在不干扰生计和日常生活的前提下实现持续、大规模的减排成为一个亟待解决的难题。在 2020 年全球 CO_2 排放量排行榜中，中国、美国和欧盟仍是主要的排放体。其中，美国的 CO_2 排放量为 4.4572 亿万 t，而中国和印度的排放量分列第二和第三位。我国在现行政策推动下，大力推广可再生能源，因此我国的碳排放量增长速度已经放缓。我国当前面临经济增长的压力，而经济增长必然导致我国能源消费量增加，从而造成能源消费量过大，消费增长速度过快，这已经在一定程度上超出了我国的资源负载能力和环境承受能力。控制我国能源消费量增长速度，提高我国能源消费效率，已经成为我国未来经济发展和解决环境保护问题的当务之急。

1.1.3 我国可持续发展战略

当前，全球气候变暖和能源供应安全问题已成为世界各国共同关注的重大战略问题，也是国际经济、社会、政治、外交和安全等领域的重要话题。随着我国经济的持续快速增长，能源资源环境也已成为制约未来发展的关键因素。在这一新形势下，大力开发利用可再生能源，不仅是世界能源发展的必然趋势，也是我国能源战略和可持续发展战略的必然选择。在我国应对全球气候变化的国家行动方案中，以及实施节能减排的工作计划中，都已将加快可再生能源发展列为一项重大举措。我国对可再生能源发展的规划十分重视，并在《“十四五”可再生能源发展规划》（简称《规划》）中明确了 2025 年的发展目标和重点任务。根据《规划》，到 2025 年，可再生能源的年发电量将达到约 3.3 万亿 kW·h，这个数字比 2020 年增长了约 50%。在“十四五”期间，可再生能源发电量增量占全社会用电量增量的比例将超过 50%，风电和太阳能发电量将实现翻倍增长。此外，《规划》还提出，到 2025 年，可再生能源消费总量将达到约 10 亿 t 标准煤，占一次能源消费的比例将达到 18%左右。我国可再生能源电力总量和非水电消纳责任权重将分别达到 33%和 18%左右，利用率保持在合理水平。同时，太阳能热利用、地热能供暖、生物质供热和生物质燃料等非电利用规模将达到 6000 万 t 标准煤以上。我国可再生能源的发展将呈现大规模、高比例、市场化和高质量的新特征。具体来说，将加快提高发电装机占比，其中风电和光伏发电将承担起新增电力的主要责任。同时，《规划》强调了市场化发展方向，即由补贴支撑发展转为平价低价发展，由政策驱动发展转为市场驱动发展。

《规划》不仅强调了区域布局优化发展、重大基地支撑发展、示范工程引领发展以及行动计划落实发展，还部署了五个方面的重点任务，包括城镇屋顶光伏行动、千乡万村驭风行动等九大行动计划，以保障规划全面落地。这些规划和目标体现了我国政府在推动能源绿色低碳转型、实现应对气候变化国家自主贡献目标方面的坚定决心和明确方向。此举将有利于我国能源结构的调整和保障能源供应安全，对减少温室气体排放、保护环境将发挥更加重要的作用。未来随着我国能源需求的增加和能源结构的调整优化，预计到 2050 年，风力发电装机容量将达到 3 亿～5 亿 kW；预计到 2030 年，小水电资源将基本开发完毕，形成 1 亿 kW 的装机规模；太阳能发电在 2020 年之后得到大规模的发展，预计 2050 年将有 10%的发电装机容量来自于太阳能发电，达到 2 亿～3 亿 kW；太阳能热水器保有量可以达到 15 亿 m^2；生物质能源在能源供应中，特别是在农村能源和交通运输领域将会占有重要地位。届时，可再生能源在能源消费总量中的占比将达到 30%或更高，为保障能源供应安全、减少温室气体排放和保护生态环境作出更大的贡献。

新能源技术及其产业将成为带动我国未来产业结构调整和经济结构调整的非常重要的新兴产业。中央和各级地方财政根据《可再生能源法》的相关规定，设立了可再生能源发展专项资金。国家通过税收政策积极支持可再生能源发展。增加国家财政对可再生能源领域的研发投入，鼓励科技创新，加强人才培养，支持产学研合作，开展可再生能源的科学研究、技术开发和产业化，完善保护知识产权的法治环境，全面提高可再生能源技术创新能力和服务水平。

1.2 能源的分类与新能源特点

1.2.1 能源的分类

能源也称能量资源或能源资源。能源是指可产生各种能量（如热量、电能、光能和机械能等）或可做功的物质的统称。能源可分为不同的类型，按其来源可分为：

1）来自地球外部天体的能源（主要是太阳能）。除直接辐射外，太阳能还为风能、水能、生物能和矿物能源等的产生提供基础。人类所需能量的绝大部分都直接或间接地来自太阳。正是通过光合作用，各种植物将太阳能转变成化学能并储存在植物体内。煤炭、石油、天然气等化石燃料是由古代埋在地下的动植物经过漫长的地质年代逐渐形成的。它们实质上是由古代生物固定下来的太阳能。此外，水能、风能、波浪能和海洋能等也都是由太阳能转换来的。

2）地球本身蕴藏的能量。这些能量通常是指与地球内部的热能有关的能源和与原子核反应有关的能源，如原子核能、地热能等。温泉和火山爆发喷出的岩浆就是地热能的一种表现。地球可分为地壳、地幔和地核三层，它本身是一个大热库。地壳是地球表面的一层，一般厚度为几公里至70km不等。地壳下面是地幔，它主要由熔融状的岩浆构成，厚度为2900km。火山爆发一般是这部分岩浆喷出。地球内部为地核，地核中心温度为2000℃。由此可见，地球上的地热资源储量也很大。

3）地球和其他天体相互作用而产生的能量，如潮汐能。根据能源的形成条件和利用特点，能源又可分为一次能源和二次能源。一次能源是天然能源，指在自然界中直接存在的能源，如煤炭、石油、天然气和水能等。二次能源是由一次能源经过加工转换而成的能源产品，如电力、煤气、蒸汽及各种石油制品等。一次能源又分为可再生能源（如水能、风能及生物质能）和非再生能源（如煤炭、石油、天然气和油页岩等），其中煤炭、石油和天然气是一次能源的核心，它们构成了全球能源体系的基础；除此以外，太阳能、风能、地热能、海洋能、生物能和核能等可再生能源也属于一次能源的范畴；二次能源是指由一次能源直接或间接转换成其他种类和形式的能量资源，例如电力、煤气、汽油、柴油、焦炭、洁净煤、激光和沼气等能源都属于二次能源。

1.2.2 新能源特点

新能源的各种形式都是直接或者间接地来自太阳或地球内部深处所产生的热能，包括太阳能、风能、生物质能、地热能、水能和海洋能，以及由可再生能源衍生出来的生物燃料和氢能。

新能源包括各种可再生能源和核能。相对于传统能源，新能源普遍具有污染少、储量大的特点，对于解决当今世界面临的环境污染和资源（特别是化石能源）枯竭问题具有重要意义。同时，由于很多新能源分布均匀，它们在缓解由争夺能源引发的国际冲突方面也有着重要意义。

新的技术必然要替代落后的生产方式，这是历史发展的必然趋势。新的能源体系、由新技术支撑的能源利用方式以及新的能源利用理念最终会替代传统的能源利用方式。因此，新能源发展的关键是针对传统能源利用方式应具有先进性和替代性，主要包含以下几个方面：①高效利用能源；②综合利用资源；③发展可再生能源；④开发替代能源；⑤节能。

1.3 新能源发电现状

1.3.1 新能源发电技术的应用

1．风力发电

地球风能约为2.74×10^9MW，其中可利用风能为2×10^7MW，它是地球水能的10倍。仅需利用地球上1%的风能，就能满足全球能源的需要。我国已探明的风能理论储量为32.26

亿 kW，其中陆上可开发利用的风能为 2.53 亿 kW，近海区域可利用的风能为 7.5 亿 kW。风力发电是目前新能源开发技术最成熟且最具规模化商业开发前景的发电方式，也是世界上增长最快的新能源，在新能源发电装机容量中位居第一位。根据全球风能理事会的预测，2024～2030 年间，全球风电装机容量将新增 1210GW，并且已经将这一预测上调了 10%，同时为了实现第 28 次联合国气候变化大会的目标，风电行业需要将年新增装机容量从 2023 年的 117GW 至少提高到 2030 年的 320GW。1973 年发生的石油危机让美国、西欧等发达国家为寻求替代化石燃料能源，投入大量经费，并利用新技术研制现代风力发电机组。自 20 世纪 80 年代开始建立示范风电场，成为电网新能源。到了 20 世纪 90 年代，随着对环境保护的要求日益严格，特别是要履行减少 CO_2 等温室效应气体排放的承诺，风力发电得到迅猛发展，其装机容量在总装机容量中的占比不断提高。截至 2023 年 12 月底，全国风电装机容量约为 4.4 亿 kW，同比增长 20.7%，风电和光伏发电量在 2022 年首次突破 1 万亿 kW • h，达到 1.19 万亿 kW • h，占全社会用电量的 13.8%，陆上 6MW 级、海上 10MW 级风机已成为主流，量产单晶硅电池的平均光电转换效率达到 23.1%，显示了我国在风电技术方面的进步。随着技术进步和成本降低，风电市场展现出巨大的发展潜力，预计未来几年将继续保持增长势头。

2．太阳能发电

太阳能发电系统由太阳电池板、太阳能控制器和蓄电池（组）组成。太阳能发电的基本原理是利用光电效应，当阳光照射到太阳电池板上时，直接产生光生电流。太阳电池板是太阳能发电系统中的核心部分，也是价值最高的部分。其作用是将太阳的辐射能转换为电能，这些电能可以储存在蓄电池中，也可以推动负载工作。太阳电池板的质量和成本将直接决定整个系统的质量和成本。目前，太阳电池主要分为单晶硅、多晶硅和非晶态硅三种类型。单晶硅太阳电池光电转换效率最高，已达到 20%以上，但价格也最贵。非晶态硅太阳电池光电转换效率最低，同时价格也最便宜。目前，在世界范围内已建成多个几百兆瓦级别的联网光伏电站。

3．燃料电池发电

燃料电池是一种将储存在燃料和氧化剂中的化学能直接转化为电能的装置。当源源不断地从外部向燃料电池供给燃料和氧化剂时，它可以连续发电。燃料电池的原理是一种电化学装置，其组成与传统电池相同。其单体电池是由正负两个电极（负极为燃料电极和正极为氧化剂电极）以及电解质组成。不同的是，传统电池的活性物质储存在电池内部，这限制了电池容量；而燃料电池的正、负极本身并不包含活性物质，它们只是个催化转换元件。因此，燃料电池是将化学能转化为电能的能量转换机器。电池工作时，燃料和氧化剂由外部供给并进行反应。原则上，只要反应物不断输入，反应产物不断排出，燃料电池就能连续发电。

燃料电池具有高效率、无污染、建设周期短、易维护以及成本低的特点，它不仅是汽车领域最有潜力的替代清洁能源，还广泛应用于航天飞机、潜艇、水下机器人、通信系统、中小规模电站和家用电源中，尤其适合提供移动、分散电源和接近终端用户的电力供给，同时还能解决电网调峰问题。随着燃料电池的商业化推广，其市场前景十分广阔。人们预测，燃料电池将有望成为继火电、水电、核电后的第四代发电方式，从而引领 21 世纪新能源与环保的绿色革命。

4．生物质能发电

生物质能是指所有可以作为能源使用的源于植物的物质。植物的成长依赖于光合作用，绿色植物的叶绿素吸收阳光，并与植物吸收的 CO_2 和水合成碳水化合物，将太阳能转变成生物质的化学能并储存起来。因此，生物质能本质上来源于太阳能，是太阳能的有机储存形式。生物质能源资源主要包括：①农作物秸秆和水生植物可用作燃料的部分，如甘薯、木薯、玉米、小麦、水稻、高粱、番薯等和产生糖类的甘蔗、甘草、果实等及其秸秆（玉米秸、稻草、棉秆等）；②合理采伐的薪柴、原木采伐和木材加工的剩余物或废弃物；③水生藻类和微生物；④可提炼石油的植物类，如橡胶树、蓝珊瑚、桉树等；⑤能源植物，如麻风树、黄连木等；⑥人畜粪便；⑦农副产品加工后的有机废弃物，如有机的废水、废渣等。

5．潮汐发电

潮汐发电是利用潮水涨落产生的水位差所具有的势能来发电的，也就是将海水涨落潮的能量转换为机械能，再将机械能转换为电能发电的过程。具体地说，潮汐发电就是在海湾或有潮汐的河口修建一道拦水堤坝，将海湾或河口与海洋隔开，构成水库，随后在坝内或坝房安装水轮发电机组，利用潮汐涨落时海水位的升降，驱动海水转动水轮发电机组发电。

6．地热发电

地球是一个巨大的热仓库。其内部的热能通过热水、蒸汽、干热等形式源源不断地涌出地表，为人类提供丰富且廉价的能源。根据科学家的推算，全球潜在地热能源的资源量约41013MW，相当于当前全球总能耗的45万倍。地热是一种洁净的可再生能源，地热发电是利用超过沸点的中高温地热（蒸汽）直接驱动汽轮机，并带动发电机发电；或者通过热交换器，利用地热加热某种低沸点的工作流体，使之变成蒸汽，然后驱动汽轮机，并带动发电机发电。最近兴起的“热干燥过程法”地热发电技术，不受地理环境限制，可以在任何地方进行地热开采。原理是首先将水通过压力泵压入地下4～6km深处，在此处岩石层的温度大约为200℃。水在高温岩石层被加热后，通过管道加压被提取到地面，并送入热交换器中。热交换器出水驱动汽轮机发电，进而将地热转换成电能。而驱动汽轮机工作的热水冷却后，再重新输入到地下供循环使用。

7．核能发电

核能在全球的能源结构中占有重要地位，而铀又有着比可再生能源高得多的利用价值。自从人类发现铀裂变可释放出巨大能量以来，特别是近50年来，核能的发展和应用在世界经济发展中起到举足轻重的作用。当今核能主要是被应用于核能发电、海水淡化、制氢、供热、为舰船提供动力源以及太空探索空间反应堆等。在全球范围内，已有不少国家在开发和利用传统核能，这是在核裂变的原理下形成的能源（简称核能）。它是20世纪人类在能源领域中的重大成就，影响着世界经济的发展。

1.3.2 储能技术的应用

由于风能、太阳能、海洋能等多种新能源发电受到气候和天气的显著影响，发电功率难以保持平稳，而电力系统要求供需平衡，即电能消耗和发电量相等，一旦这种平衡遭到破坏，轻则导致电能质量下降，造成频率和电压不稳，重则引发大规模停电事故。为了解决这一问题，在风力发电、太阳能光伏发电或者太阳能热发电等新能源发电设备中都配备有储能装置，在电力充沛时，除了供给用户之外，多余的电力可以储存起来。在晚上、弱风或者超大风的情况下，当发电机组停运或者停运机组过多时，发电量不足以满足负荷需求，此时可以将储存的电力释放出来。

1．蓄电池

蓄电池相对其他储能技术来说，具有漫长的发展历史。铅酸蓄电池作为最古老且最成熟的蓄电池技术，可通过蓄电池组来提高容量，优点是成本低，缺点是电池寿命比较短。进入21世纪以来，各种新型的蓄电池相继被成功研发，并逐渐应用于电力系统中。蓄电池储能在配电网得到广泛应用。风力发电、太阳能光伏发电中，由于发电受季节、气候影响大，发电功率随机性大，因此蓄电池储能是必备的储能装置。

2．抽水储能电站

在电力系统中，用来大规模调整系统供电峰谷的主要是抽水储能电站。抽水储能是电力系统中应用最为广泛的一种储能技术。它在技术上成熟可靠，容量大小主要受到水库容量的限制。抽水储能电站必须建有上下水库，利用电力系统中多余的电能将下水库（下池）的水抽到上水库（上池）内，以位能的方式蓄能。现在抽水储能电站的能量转换效率已经提高到了75%以上。除了蓄电池和抽水储能电站这些常规的储能方式外，还有新近发展起来的超导储能、飞轮储能、超级电容器储能和氢储能等。

3．超导储能

超导储能系统（SMES）利用由超导线制成的线圈，将电网供电励磁产生的磁场能量储存起来，当需要时再将储存的电能释放回电网或用于其他用途。超导储能主要受到运行环境的影响，即使是高温超导体，也需要运行在液氮的温度下，目前该项技术还有待进一步突破。

4．飞轮储能

飞轮储能是一个被广泛认可的大规模储能手段，其主要技术突破体现在以下三个方面：①高温超导磁悬浮技术的发展，使磁悬浮轴承成为可能，这样可以减小摩擦阻力，很好地实现储能供能；②高强度材料的出现，使飞轮能以更高的速度旋转，储存更多的能量；③电路电子技术的进步，使能量转换和频率控制能满足电力系统稳定安全运行的要求。

5．超级电容器储能

超级电容器（Super Capacitor）通过极化电解质来储能。它是一种电化学元件，但其储能的过程并不发生化学反应，这种储能过程是可逆的，也正因为此，超级电容器可以反复充放电数十万次。超级电容器可以被视为悬浮在电解质中的两个无反应活性的多孔电极板，当在两个极板上施加电压时，正极板吸引电解质中的负离子，而负极板吸引正离子，实际上形成两个电容性存储层，被分离的正离子聚焦在负极板附近，而负离子聚焦在正极板附近。与常规电容器相比，超级电容器具有更高的能量密度，不过技术难点在于耐压能力仍然不够高，如果能解决这一技术难点，超级电容器的容量将大大提高。目前超级电容器在小电器上应用比较多，比如电动玩具等小运动器件的电源。

6．氢储能

氢储能在电力供过于求时，采用电解水的方式获得氢，然后低温液态存储起来，再在需要时通过燃烧释放出来，氢也是燃料电池的主要燃料之一。但目前氢能的生产成本是汽油的4～6倍，且其运输、存储和转化过程的成本也都高于化石能源。有人提出利用太阳能、风能和水能发电进行电解水，真正实现新能源产生新能源，并达到储存能量的效果，真正实现清洁能源的可持续利用。

1.3.3 我国新能源的发展

我国是全球风电发展速度最快的国家之一。截至2023年，我国风电并网装机容量已经突破3亿kW，较2016年底相比实现了翻番，是2020年底欧盟风电总装机容量的1.4倍，美国的2.6倍，连续12年稳居全球第一。我国风电仍保持着强劲发展的势头，市场预期良好，到2022年，全国21省市共核准290个风电项目，合计核准容量为41.91GW。2022年前三季度，全国新增风电并网装机容量为1924万kW，其中“三北”地区（华北、东北和西北）的占比相对较高。

我国的太阳能电池制造水平比较先进，实验室光电转换效率已经达到21%，一般商业电池光电转换效率为10%～14%。国内已建成数百座100kW以上的光伏电站。我国早在1958年就开展了燃料电池的研究工作，是世界上较早从事燃料电池研究的国家之一。天津电源研究所首先开展了熔融碳酸盐燃料电池（MCFC）的研究，后来由于电池结构材料的耐腐蚀性等关键技术一时难以解决而终止。到20世纪70年代末，我国的燃料电池研究取得了一定的进展，技术水平逐渐接近当时的国际先进水平。20世纪80年代，在财力、物力短缺及技术难度很大的情况下，许多单位逐步恢复了对燃料电池的研究。中国科学院大连化学物理研究所一直从事再生型，碱性燃料电池（AFC）系统的研究，并成功组装出千瓦级水下用的石棉膜型氯氧燃料电池。1993年以来，该所又深入探索了MCFC电解质隔膜的工艺技术及阳极气体重整技术。近年来，我国科研人员对新型太阳能电池，如铜铟镓硒（CIGS）薄膜太阳能电池和铜锌锡硫（CZTS）薄膜太阳能电池进行了深入研究。CIGS薄膜太阳能电池的最高光电转换效率（PCE）已达到22.3%，而CZTS薄膜太阳能电池的PCE也达到了12.6%。结合我国社会经济的发展状况，燃料电池的主要应用背景有四个方面：①将燃料电池系统用于民用发电，主要包括生活小区以及较偏远地区的供电，其发电容量在数十千瓦至兆瓦级范围内，适合建立磷酸型燃料电池（PAFC）、MCFC和固体氧化物燃料电池（SOFC）的燃料电池电站；②利用电动汽车发展的机遇，开展电动汽车用的燃料电池系统研究，这主要是指质子交换膜燃料电池（PEMFC）系统技术的开发；③解决农村能源及城市垃圾场、污水处理场的能源问题，可以有计划地在以上地区开展以沼气类为燃料的燃料电池系统的研究，调整能源供应结构，保护生态环境，并推动“绿色能源”计划的逐步实施；④在一定的条件下，继续深入研究航天及军队特殊用途的燃料电池系统，如为航天器、舰船、潜艇等提供动力源。

生物能发电在我国已取得一定成绩，蔗渣/稻壳发电燃烧发电、稻壳汽化发电和沼气发电等技术已得到应用。2019年深圳龙岗垃圾发电厂建成，每天处理5000t垃圾，年发电量超12亿kWh。为我国垃圾发电的发展积累了一定的经验，这将为解决我国城市垃圾处理问题带来新的希望和契机。生物质能上游原材料丰富且广泛，在国家大力支持和推广下，我国生物质能发电装机量迅速增加。2021年我国生物质能发电累计装机量为3798万kW，较2015年增加了2767万kW，年复合增长率达到20.48%。同时，我国生物质能发电量从2015年的527亿kW•h增加到2021年的1637亿kW•h，年复合增长率达到17.58%。生物质能发电量占总发电量的比例从2015年的0.92%上升到2021年的2.02%，7年扩大了1.1个百分点。

世界上第一座潮汐电站是法国的朗斯河口电站，其装机容量为24kW。我国沿海地区已建成9座小型潮汐电站，1980年建成的江厦潮汐电站是我国第一座双向潮汐电站，同时也是我国规模最大的一座双向潮汐电站，该电站安装了6台三种型号的双向灯泡贯流式潮汐发电机组，其总装机容量为4100kW，年发电量为997万kW·h。我国近海潮汐能资源技术可开发装机容量大于500kW的坝址共171个，但实际建成的电站数量较少。

我国地热发电研究始于20世纪50年代。1970年，中国科学院在广东省丰顺县汤坑镇邓屋村建成了发电量为60kW的地热发电站。这是我国第一座地热试验发电站。1976年，全世界海拔最高的地热发电站在我国羊八井盆地上建成并成功发电，该地现已发展成为一座全新的地热城，地热开发利用正朝着综合性方向发展。截至2023年底，该电厂已有8台3000kW机组，总装机容量为2.5万kW，年发电量在拉萨电网中占到45%。羊八井地热发电站目前是我国最大的地热发电站。此外，我国海拔最高的地热电站是羊易地热电站，它位于海拔近4700m的高地，从2018年9月29日投运至今，累计发电突破5亿kW·h。羊易地热电站采用新技术，通过“只取热不取水”模式，实现了发电尾水100%回灌循环再利用，具有较高的环保效益。根据测算，这座地热电站每年实现减排CO_2 42万t、氮氧化合物6200t、SO_2 1.2万t，节省标准煤11.6万t。近年来，随着对地热能开发利用的重视程度不断提高，地热电站有望迎来新的发展机遇。鉴于西藏地区地热资源丰富，未来地热发电有望在国家清洁能源基地建设中发挥更大作用。

1.4 发展新能源的意义

大力发展新能源，在节能减排、发展低碳经济、优化我国现有能源结构、保护生态环境以及促进经济社会可持续发展等方面，都具有重要的战略意义。

发展新能源可促进国内碳排放交易市场的发展，优化碳排放交易市场机制，为节能减排提供良好平台。节能减排不仅是实现人与自然和谐相处的基本前提，也是落实科学发展观的重大举措。新能源产业因其污染排放少，可以起到很好的减少污染物排放的作用。

发展新能源不仅能进一步完善我国清洁能源体系，还能够促进低碳技术的发展，为发展低碳经济奠定坚实基础。在气候变化和能源危机的双重挑战下，发展以低能耗、低污染和低排放为特征的低碳经济，不仅成为世界各国的普遍共识，也被认为是人类继原始文明、农业文明和工业文明之后走向生态文明的重要标志。

发展新能源能改变我国单一的能源构成形式，对于构建新的能源体系，摆脱对传统化石能源的依赖具有重要意义。煤、石油和天然气等化石能源，按目前开采速度，其可供开采时间已相当有限，预示着在不久的将来会面临日益枯竭的危机。而新能源具有资源丰富、分布广泛、无污染和可再生等优点，是国际社会公认的理想替代能源。未来，全球新能源和可再生能源比例将占世界能源构成的50%以上，是主要的能源支柱。我国是能源消费大国，大力发展新能源以应对能源危机刻不容缓。

我国具有发展新能源丰富的资源条件和工业基础。近年来，新能源产业处于快速发展阶段，部分新能源利用技术已达到商业化水平。从资源、技术和产业的角度来看，我国拥有大规模发展新能源的潜力。

在国家大力支持下，新能源产业呈现出良好的发展势头。在未来的能源结构中，新能源将扮演重要角色，对优化能源结构、保护生态环境、保障能源供应、促进经济社会可持续发展及构建和谐低碳社会具有重要意义。但是，由于技术、体制和政策等方面制约，新能源还有很长的路要走，未来新能源的发展将是一条充满机遇和挑战之路。我国新能源产业起步晚，在技术方面和国际先进水平相比还存在很大差距。同时我国又是能源消费大国，化石能源已不能满足日益增长的经济需要。因此，要在优化能源结构、引进并消化吸收国外先进技术、制定一系列利好新能源发展政策等方面加大力度，促进新能源产业又好又快的发展。

思考与练习

1-1　什么是一次能源和二次能源及其种类？

1-2　我国为什么大力发展新能源？

1-3　新能源具有什么特征？

1-4　不同能源发电的碳排放强度如何？

第2章　光伏发电与运行控制技术

太阳是万物之源，太阳能是最原始且最永恒的能量，它不仅清洁无污染，而且取之不尽，用之不竭。同时，太阳能还是其他各种形式可再生能源的基础。目前，世界各国正在大力发展太阳能的应用工程与技术，包括太阳能热利用、太阳能光伏发电等相关技术。本章首先介绍了太阳能的基本知识；其次阐述了太阳电池的相关技术及其发电原理；接着重点介绍了太阳能光伏发电系统最大功率点跟踪（MPPT）控制的原理及常用方法；然后分析了光伏逆变器的主要拓扑结构、工作原理及光伏逆变器的漏电流抑制方法。

2.1 太 阳 能 概 述

2.1.1　太阳辐射

1．太阳的概况

太阳是太阳系的中心天体，它是离地球最近的一颗恒星。太阳也是一个炽热的气态球体，直径约为 1.39×10^6km，质量约为 2.2×10^{27}t，为地球质量的 3.32×10^5 倍，其质量占整个太阳系的 99.865%，而体积比地球大 1.3×10^6 倍，平均密度为地球的 1/4。太阳是太阳系里唯一可以自行发光的天体。如果没有太阳的照射，地球的地面温度将迅速降低到接近热力学温度 0K，人类及大部分生物将无法生存。

太阳的主要组成气体为氢（约 80%）和氦（约 19%）。太阳内部持续进行着氢聚合成氦的核聚变反应，不断地释放出巨大的能量，并以辐射和对流的方式由核心向表面传递热量，导致温度也从中心向表面逐渐降低。

太阳的结构从中心到边缘可分为太阳核心、辐射层、对流层和太阳大气（包括光球层和色球层），如图 2-1 所示。

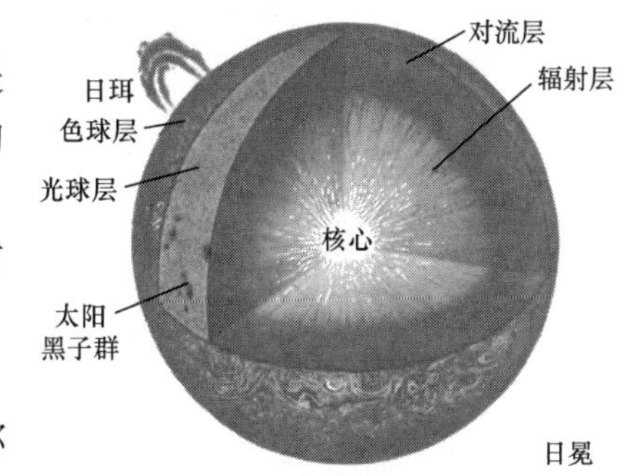

图 2-1　太阳结构示意图

1）太阳核心。在太阳半径的 0.23 倍以内的区域是太阳的内核，其温度为 8×10^6～4×10^7K，密度为水的 80～100 倍，占太阳全部质量的 40%和总体积的 15%。这部分产生的能量占太阳产生总能量的 90%。氢聚合时释放出 γ 射线，当它经过较冷区域时，由于能量消耗，波长增加，因此变成 X 射线或紫外线及可见光。

2）辐射层。在太阳半径的 0.23～0.7 倍之间的区域称为辐射输能区，温度降到 1.3×10^5K，密度下降为 0.079g/cm^3。它包含了各种电磁辐射和粒子流，辐射从内部向外部传递过程是多次被物质吸收而又再次发射的过程。在这个区域中，光子将核心产生的能量向外传送。一个光子产生以后，它前进约 1μm 即被一个气体分子吸收。气体分子吸收光子后被加热，随即释放出一个波长相同的光子。太阳内核产生的能量通过这个区域辐射出去。

3）对流层。在太阳半径的0.7～1.0倍之间的区域称为对流区，温度下降到5×10^3K，密度下降到10^{-8}g/cm^3。在对流区，太阳气体呈对流的不稳定状态。物质的径向对流运动强烈，热的物质向外运动，而冷的物质沉入内部，太阳内部的能量正是靠物质的这种径向对流运动，由内部向外部传输，即能量通过对流方式传播。

4）太阳大气。太阳的外部是一个光球层，它就是人们肉眼所看到的太阳表面，其温度为5762K，厚约1.5×10^4km，密度为10^{-8}g/cm^3，它由强烈电离的气体组成，太阳能绝大部分辐射都是由此向太空发射的。光球层外面分布着太阳大气，不仅能发光，而且几乎是透明的，它称为反变层，是由极稀薄的气体组成，厚约数百千米，能吸收某些可见光的光谱辐射。反变层的外面是太阳大气上层，称为色球层，厚为$1\sim1.5\times10^4$km，大部分由氢和氦组成。色球层外面是伸入太空的银白色日冕，高度有时达几十个太阳半径。

从太阳的构造来看，太阳并不是一个温度恒定的黑体，而是一个多层的能发射和吸收不同波长的辐射体。然而在太阳能利用中，通常将它视为一个温度为6000K、发射波长为0.3～3μm的黑体。

2．太阳辐射的形式和影响辐射的因素

太阳辐射是地球表层能量的主要来源。太阳辐射在大气上界的分布是由地球的天文位置决定的，称此为天文辐射。除太阳本身的变化外，天文辐射的能量还主要取决于日地距离。由于地球沿着椭圆形轨道绕太阳运行，因此日地距离并不是一个常数。根据某一点的辐射强度与该点和辐射源之间距离的二次方成反比，这意味着地球大气层上方的太阳辐射强度会随日地距离的不同而有所差异。然而，由于日地距离太大（平均距离为1.5×10^8km），地球大气层外的太阳辐射强度几乎是一个常数。因此人们就采用太阳常数来描述地球大气层上方的太阳辐射强度，它是指平均日地距离时，在地球大气层上界垂直于太阳辐射的单位表面积上所接受的太阳辐射能，通过各种先进手段测得的太阳常数的标准值为1353W/m^2，一年中由于日地距离的变化所引起太阳辐射强度的变化不超过±3.4%。

人们可利用的太阳辐射是指穿过大气层后到达地面的太阳辐射。由于大气中的空气分子、水蒸气和尘埃等会对太阳辐射进行吸收、反射和散射，不仅使辐射强度减弱，还会改变辐射的方向和光谱分布。因此，实际到达地面的太阳辐射通常由直射辐射、漫射辐射和反射辐射三部分组成。直射辐射是指直接来自太阳，其辐射方向不发生改变的辐射：天空晴朗无云时，到达地面的辐射中90%是直射辐射；漫射辐射是被大气反射和散射后方向发生了改变的太阳辐射，当天空乌云密布见不到太阳时，此时到达地面的辐射基本全是漫射辐射；反射辐射是指非水平面接收到的来自地面的辐射，反射辐射一般都很弱，但当地面有冰雪覆盖时，垂直面上的反射辐射可达总辐射的40%。

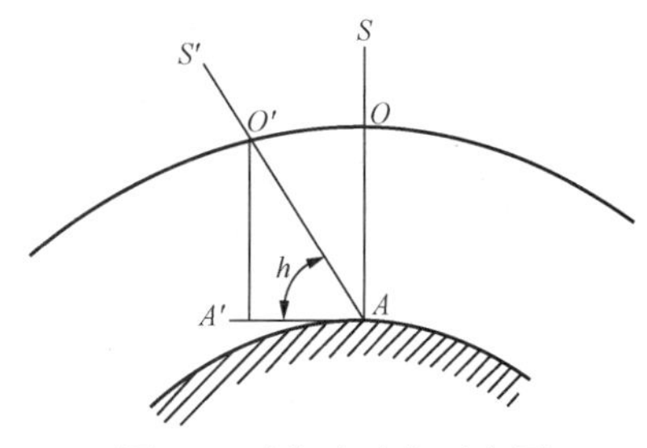

图2-2 太阳高度角示意图

太阳高度角是影响太阳辐射的主要因素之一。太阳光线与地平面的夹角称为太阳高度角h，如图2-2所示。A为地球海平面上的一点，A点的切线为AA'。当太阳在天顶位置S时，太阳辐射穿过大气层到达A点的路径为OA，太阳高度角h为90°。当太阳位于

S'点时，其穿过大气层到达 A 点的路径为 $O'A$，此时太阳高度角 h 小于 90°。很显然，太阳光在大气层中行进的距离 OA 最短，大气层对辐射的削弱最小，因此 h 为 90°时辐射最强，而 h 为 0°或 180°时辐射最弱。

太阳高度角随纬度变化而变化，一般太阳辐射强度从低纬度向高纬度逐渐减弱。纬度越低，正午太阳高度角越大，这一现象可以解释为什么即使南极或北极处于极昼期，平均气温仍然在零下。任意纬度地区的太阳高度角还有日变化和年变化。这一现象可以解释为什么每天中午气温最高以及每年的夏天气温最高。

大气层的削弱作用是影响到达地球表面太阳辐射的另一主要因素。太阳辐射在遇到大气层的各种成分时，一部分被反射回宇宙空间，一部分被吸收，还有一部分被散射，使到达地球表面的太阳辐射能不论在量上还是在质组成光谱上都发生不同程度的减弱。大气的削弱作用主要有三个方面，分别是选择性吸收、反射和散射作用。太阳辐射是一种电磁波，其波长范围在 0.15～4μm 之间，波长从长到短分为红外线、可见光和紫外线三个部分。地球大气层中的某些成分会吸收太阳辐射的能量，而这种吸收作用是具有选择性的。在大气层的平流层中分布着数层臭氧层，臭氧层能够强烈吸收太阳辐射中的大量紫外线，保护地球表面免受太阳紫外线的伤害。大气层对流层中的 CO_2、水汽、云和浮尘等物质可以直接吸收太阳辐射中大量的红外线。大气直接吸收太阳辐射的能量大约为 19%，主要集中在紫外线和红外线，而对于可见光则几乎没有吸收。第二种作用是大气的反射作用，大气中的云层和尘埃会直接反射太阳辐射，而反射作用的强弱取决于大气中云层和尘埃的数量。具体来说，在晴朗天气，大气中云层很少，反射作用就很弱；在阴雨天气，大气中有大量云层，反射作用就很强，尤其在雷雨前后，我们会看到天空非常的暗，有时甚至犹如夜晚，这是因为大量太阳辐射被云层反射的结果。此外，大气中的尘埃也会反射太阳辐射，比如，在沙尘暴来临时，天空中有大量的尘埃，会大量反射太阳辐射。总体而言，经过大气层时被反射的太阳辐射能量和地面反射的太阳辐射能量相加，大约占太阳辐射总量的 34%。第三种作用是大气的散射作用，散射作用是指当太阳辐射在大气层中经过微小尘埃和大气分子等物质时，光线以尘埃为中心向四周发散的现象。在可见光中波长较短的蓝紫光比较容易被大气散射，所以我们晴朗天气时看到的天空会呈现蔚蓝色。也就是说，在同等条件下，可见光中的红光是最不容易被散射的。总的来说，大气的选择性吸收、反射和散射作用对太阳辐射能量进行了削弱，使得到达地球表面的太阳辐射能量显著减少。对于地球来说，由于大气削弱作用的存在，使得地球表面白天的温度不会过高，保证了生物的正常生存。而没有大气层的月球表面，在太阳直接照射时，其表面温度可以上升到 160℃左右。

3．太阳能与地球上的能流

尽管太阳辐射到地球大气层的能量仅仅占其总辐射能量的 22 亿分之一，但已高达 173 000TW，也就是说，太阳每秒钟照射到地球上的能量相当于 500 万 t 煤。地球上的生物依赖这些能量维持生存，太阳能与地球上能流的关系如图 2-3 所示。可以看出，地球上的风能、水能、海洋温差能、波浪能、生物质能以及部分潮汐能都是来源于太阳；即使是地球上的化石燃料（如煤、石油、天然气等），从根本上说也是远古时期储存下来的太阳能，所以广义的太阳能所包括的范围非常大，而狭义的太阳能则仅限于太阳辐射能的光热、光电和光化学的直接转换。

总之，太阳能既是一次能源，又是可再生能源。它资源丰富，可免费使用且无须运输，同时对环境无任何污染。但太阳能也有两个主要缺点：一是能流密度低；二是其强度受多种因素（如季节、地点、气候等）的影响，不能维持常量。

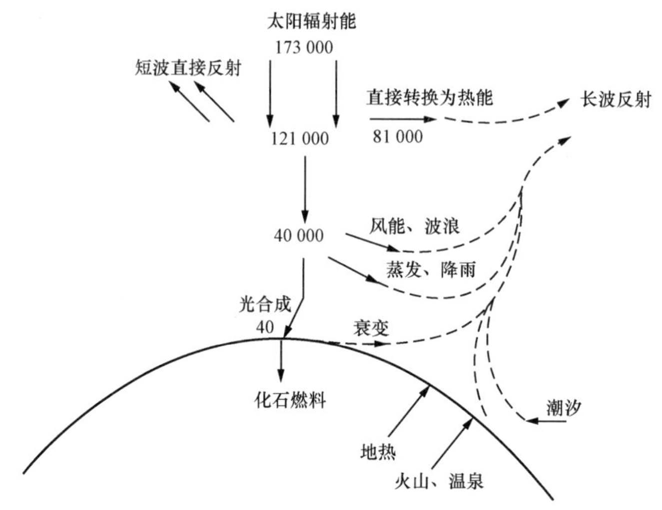

图 2-3　地球上的能流（单位为 TW）

2.1.2　太阳能的利用

1．太阳能利用史

人类对太阳能的利用有着悠久的历史。我国早在两千多年前的战国时期就已经知道利用钢制四面镜聚焦太阳光来点火，并懂得利用太阳能来干燥农副产品。1615 年，法国工程师所罗门·德·考克斯发明了一台利用太阳能的热量来加热空气使其膨胀抽水的机器——太阳能发动机，这一发明使他成为世界上第一个成功将太阳能转换为机械能的人，同时也标志着太阳能开始作为能源和动力使用。此后近百年间，太阳能综合利用技术的发展大约经历了以下七个阶段。

第一阶段（1900～1920 年）：这一阶段世界上太阳能研究的重点是太阳能动力装置，采用的聚光方式具有多样化的特点，且开始采用平板集热器和双循环低沸点工质，装置在规模上逐渐扩大，最大输出功率达 73.64kW，实用目的比较明确，但造价仍然很高。

第二阶段（1920～1945 年）：这一阶段太阳能研究工作处于低潮，参加研究工作的人数和研究项目大幅减少，这与矿物燃料的大量开发利用和第二次世界大战的爆发有关，而太阳能未能解决当时对大量能源的需求，因此太阳能研究工作逐渐受到冷落。

第三阶段（1945～1965 年）：第二次世界大战结束后的 20 年中，一些有远见的人士已经注意到石油和天然气资源正在迅速减少，开始呼吁人们重视这一问题，从而逐渐推动了太阳能研究工作的恢复，并且成立了太阳能学术组织，举办了学术交流和展览会，再次兴起太阳能研究的热潮。1954 年，贝尔实验室成功研制出第一个具有实用价值的硅光伏电池，《纽约时报》将这一突破性的成果称为“最终导致使无限阳光为人类文明服务的一个新时代的开始”。1955 年，西部电工（Western Electric）开始出售硅光伏技术商业专利，在亚利桑那大学召开国际太阳能会议，霍夫曼（HOFFMAN）电子推出效率为 2%的商业光伏电池产品，电池为14mW/片。1962年，第一个商业通信卫星Telstar发射，所用的光伏电池功率为14W。1963年，夏普公司成功生产光伏电池板；日本在一个灯塔安装242W光伏电池阵列，在当时是世界最大的光伏电池阵列。1964年，宇宙飞船“光轮”发射，安装了470W的光伏阵列。

第四阶段（1965～1973年）：这一阶段中，太阳能的研究工作停滞不前，主要原因是太阳能利用技术处于成长阶段，技术尚不成熟，并且投资大、效果不理想，难以与常规能源竞争，因而得不到公众、企业和政府的重视和支持。

第五阶段（1973～1980年）：自从石油在世界能源结构中担当主角之后，石油已成为影响一个国家经济和决定其生死存亡、发展和衰退的关键因素。1973年10月爆发中东战争，石油输出国组织采取石油减产、提价等办法，支持中东人民的斗争，维护本国的利益。其结果是使那些依靠从中东地区大量进口廉价石油的国家在经济上遭到沉重打击，这便是西方所称的“能源危机”（也称“石油危机”）。这次能源危机在客观上使人们认识到：必须彻底改变现有的能源结构，应加速向未来能源结构过渡，从而使许多国家，尤其是工业发达国家，重新加强了对太阳能及其他可再生能源技术发展的支持，在世界范围内再次兴起了开发利用太阳能的热潮。这一时期，太阳能的开发利用工作处于前所未有的大发展时期，具有以下特点：①各国加强了太阳能研究工作的计划性，很多国家制定了近期和远期的阳光计划，开发利用太阳能已成为政府主导的行为，支持力度大大增加，1978年美国建成100kW光伏电站，国际的合作也十分活跃，一些发展中国家开始积极参与太阳能的开发利用工作；②研究领域不断扩大，研究工作日益深入，并取得一系列重大成果，如复合抛物面聚光器（CPC）、真空集热管、非晶硅太阳电池、光解水制氢和太阳能热发电等，光伏电池转换效率不断提高，1980年单晶硅光伏电池效率达到20%，多晶硅为14.5%；③太阳能热水器、太阳电池等产品开始实现商业化，太阳能产业初步建立，但规模较小，经济效益尚不理想。

第六阶段（1980～1992年）：20世纪70年代兴起的开发利用太阳能热潮，在进入20世纪80年代后不久便开始消退，逐渐进入低谷期。世界上许多国家相继大幅度削减了太阳能研究经费，其中美国最为突出。导致这种现象的主要原因是：世界石油价格大幅度回落，而太阳能产品价格居高不下，缺乏竞争力；太阳能技术没有重大突破，提高效率和降低成本的目标没有实现，以致动摇了人们开发利用太阳能的信心；核电发展较快，对太阳能的发展起到了一定的抑制作用。

第七阶段（1992年至今）：由于大量燃烧矿物能源，造成了全球性的环境污染和生态破坏，对人类的生存和发展构成了威胁。在这样的背景下，1992年联合国在巴西召开了“世界环境与发展大会”，会议通过了《里约热内卢环境与发展宣言》《21世纪议程》和《联合国气候变化框架公约》等一系列重要文件，这一文件将环境与发展纳入统一的框架，并确立了可持续发展的新模式。这次会议之后，世界各国加强了清洁能源技术的开发，将太阳能的利用与环境保护结合在一起，推动太阳能应用工作走出低谷，迎来新的发展机遇。1996年，联合国在津巴布韦召开了“世界太阳能高峰会议”，会上通过了《世界太阳能10年行动计划》（1996—2005年）、《国际太阳能公约》《世界太阳能战略规划》等重要文件，会后发表了《哈拉雷太阳能与持续发展宣言》。这次会议进一步表明了联合国和世界各国对开发太阳能的坚定决心，要求全球共同行动，广泛利用太阳能。德国于1999年1月启动了“十万太阳能屋顶计划”，共安排4.6亿欧元的财政预算，对开发利用太阳能的企业和用户进行资助。美国于2010年启动了“100 万套屋顶光伏规划”，在 100 万套屋顶安装光伏发电系统，总安装容量达 300 万 kW。此后在世界范围内开始建成了多个兆瓦级的联网光伏电站。其中，总功率为 5MW 的太阳能发电站于 2004 年 9 月在德国莱比锡附近落成；总功率为 80.7MW 的太阳能发电站于 2009 年 8 月在德国利伯罗瑟地区落成；2023 年 9 月，世界上功率最大的光伏电站——迪拜五期 900MW 光伏电站交付使用；2024 年 1 月，我国国家能源局正式发布 2023 年全国电力工业统计数据，截至 2023 年 12 月底，全国累计发电装机容量约 29.2 亿 kW，同比增长 13.9%，其中，太阳能发电装机容量约 610GW，正式超越水电约 420GW 的装机规模，成为全国装机容量第二大的电源形式，在电力能源结构中的地位进一步攀升。这个阶段世界太阳能应用的特点是：①太阳能应用与全球可持续发展和环境保护紧密结合，各国共同行动，为实现世界太阳能发展战略而努力；②太阳能发展目标明确，重点突出，措施得力，保证太阳能事业的长期稳定发展；③在加大太阳能研究开发力度的同时，积极促进科技成果转化为生产力，发展太阳能产业，加速商业化进程，扩大太阳能应用领域和规模，逐渐提高经济效益：④国际太阳能领域的合作空前活跃，规模不断扩大，效果十分显著。

通过上述回顾可知，在 20 世纪的百年间，太阳能的发展道路并不平坦，一般每次高潮期后都会出现低潮期。太阳能应用的发展历程与煤、石油、核能等传统能源完全不同，人们对其认识存在显著差异，反复多变且发展耗时长。这一方面说明了太阳能开发难度大，短时间内很难实现大规模应用；另一方面也说明了太阳能的应用还受矿物能源供应、政治和战争等因素的影响，其发展道路比较曲折。尽管如此，从总体来看，20 世纪在太阳能科技方面取得的进步仍比以往任何一个世纪都更明显，而且 21 世纪光伏产业进步更加快速。

2．太阳能的采集

太阳能的利用过程包括太阳能的采集、转换、储存、传输与应用等多个环节。其中太阳能的采集主要通过以下几种方式实现。

1）平板集热器。历史上早期出现的太阳能装置主要为太阳能动力装置，大部分采用聚光集热器，只有少数采用平板集热器。平板集热器是在 17 世纪后期发明的，但直至 1960 年以后才真正得到深入研究和规模化应用。在太阳能低温利用领域，平板集热器的技术经济性能远比聚光集热器好。为了提高效率和降低成本，或者为了满足特定的使用要求，人类开发研制了多种平板集热器。按工质划分，有空气集热器和液体集热器，目前广泛使用的是液体集热器；按吸热板芯材料划分，有钢板铁管、全铜、全铝、铜铝复合、不锈钢、塑料及其他非金属集热器等；按结构划分，有管板式、扁盒式、管翅式、热管翅片式和蛇形管式集热器，还有带平面反射镜集热器和逆平板集热器等；按盖板划分，有单层或多层玻璃、玻璃钢或高分子透明材料、透明隔热材料集热器等。目前，国内外使用比较普遍的是全铜集热器和铜铝复合集热器，其在泳池水温调节中的应用如图 2-4 所示。

2）真空管集热器。为了减少平板集热器的热损，提高集热温度，国际上在 20 世纪 70 年代成功研制出真空集热管，其吸热体被封闭在高度真空的玻璃管内，大大提高了热性能。将若干支真空集热管组装在一起，即构成真空管集热器，为了增加太阳光的采集量，有的在真空集热管的背部还加装了反光板。真空集热管主要分为全玻璃真空集热管、玻璃 U 形真空集热管、金属热管真空集热管、直通式真空集热管和储热式真空集热管等。最近，我国还成功研制了全玻璃热管真空集热管和新型全玻璃直通式真空集热管。

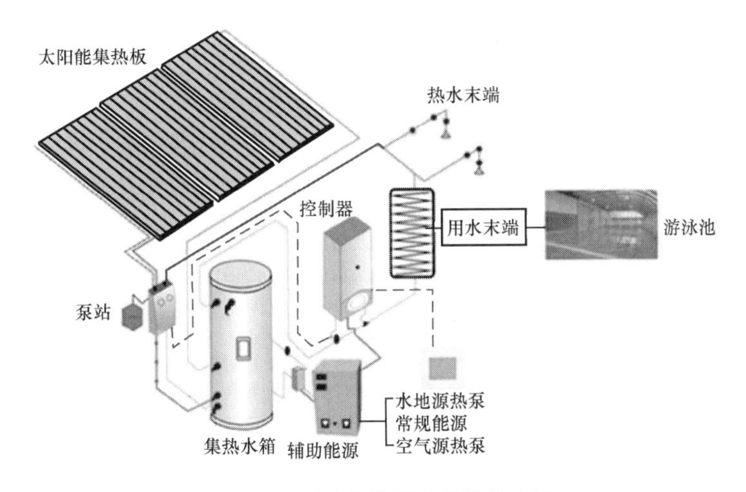

图 2-4　平板式集热器在泳池的应用

3）聚光集热器。聚光集热器主要由聚光器、吸收器和跟踪系统三大部分组成。按照聚光原理的不同，聚光集热器基本可分为反射聚光和折射聚光两大类，每类中按照聚光器的不同又可细分为若干种类型。为了满足太阳能利用的要求，简化跟踪机构，提高可靠性，降低成本，在 20 世纪研制开发了多种聚光集热器，但推广应用的数量远比平板集热器少，商业化程度也相对较低。在反射式聚光集热器中应用较多的是旋转抛物面镜聚光集热器（点聚焦）和槽形抛物面镜聚光集热器（线聚焦）。前者可以获得高温，但要进行二维跟踪；后者可以获得中温，但要进行一维跟踪。

其他反射式聚光器还有圆锥反射镜、球面反射镜、条形反射镜、斗式槽形反射镜、平面镜和抛物面镜聚光器等。此外，还有一种应用在塔式太阳能发电站的聚光镜—定日镜，如图 2-5 所示。定日镜由许多平面反射镜或曲面反射镜组成，这些反射镜在计算机控制下将阳光都反射至同一吸收器上，使吸收器可以达到很高的温度，从而获得很大的能量。利用光的折射原理可以制成折射式聚光器，历史上曾有人在法国巴黎用两块透镜聚集阳光进行熔化金属的表演，也有人利用一组透镜辅以平面镜组装成太阳能高温炉。当然，玻璃透镜由于比较重、制造工艺复杂及造价高的特点，很难做得很大。

4）光伏电池板。光伏电池板是以光化学或光电效应为途径将太阳能直接转换为电能的一种装置，如图 2-6 所示。目前，其发展主要趋势是以光电效应为原理，而以光化学效应为原理的光伏电池板仍在研发的初始时期。

图 2-5　定日镜在塔式太阳能电站中的应用

图 2-6　光伏电池板

3．太阳能的转换

太阳能是一种辐射能，具有即时性特点，必须即时转换成其他形式的能量才能被储存和利用。将太阳能转换成不同形式的能量需要不同的能量转换器，例如，集热器通过吸收面可以将太阳能转换成热能，光伏电池利用光伏效应可以将太阳能转换成电能，植物通过光合作用可以将太阳能转换成生物质能等。原则上，太阳能可以直接或间接转换成任何形式的能量，但转换次数越多，最终太阳能转换的效率越低。

1）太阳能－热能转换。黑色吸收面吸收太阳辐射，可以将太阳能转换成热能，其吸收性能好，但辐射热损失大，所以黑色吸收面不是理想的太阳能吸收面。选择性吸收面具有高太阳吸收比和低发射比的特性，吸收太阳辐射的性能好，且辐射热损失小，是比较理想的太阳能吸收面。这种吸收面由选择性吸收材料制成，简称为选择性涂层。

2）太阳能－电能转换。电能是一种高品位能量，其利用、传输和分配都比较方便。将太阳能转换为电能是大规模利用太阳能的重要技术基础，世界各国都对此给予了高度重视，其转换途径多种多样，包括光电直接转换、光热电间接转换等。

3）太阳能－氢能转换。氢能是一种高品位能源，太阳能可以通过分解水或其他途径转换成氢能，即太阳能制氢，其主要方法如下：

a．太阳能电解水制氢。电解水制氢是目前应用较广且技术比较成熟的方法，效率较高（75%～85%），但耗电大，因此使用常规电解水制氢，从能量利用角度来看得不偿失。只有当太阳能发电的成本大幅度下降后，才能实现大规模电解水制氢。

b．太阳能热分解水制氢。太阳能热分解水制氢技术是直接利用太阳能聚光器收集太阳能，将水加热到 2500K 高温下使其分解为 H_2 和 O_2。以色列的亚伯拉罕・科根（Abranham Kogan）教授从理论和实验两方面对太阳能热分解水制氢技术可行性进行了论证，并对多孔陶瓷膜反应器进行了研究。太阳能热分解水制氢技术面临的主要问题是高温太阳能反应器的材料问题和高温下 H_2 和 O_2 的有效分离问题。

c．太阳能热化学循环制氢。为了降低太阳能直接热分解水制氢所需的高温，提出了一种化学循环制氢的方法，通过金属氧化物分解吸热和金属水解放热两个过程，使水分解产生 H_2 和 O_2，而中间产物不消耗，可循环使用。与热分解水制氢相比，太阳能热化学制氢不仅降低了直接法所需的温度，减少了对反应设备材料的限制，还显著提高了安全性。热化学循环分解的温度为 900～1200K，这是普通旋转抛物面镜聚光器比较容易达到的温度范围，其分解水的效率为 17.5%～75.5%。存在的主要问题是中间产物的还原问题，即使还原率达到 99.9%～99.99%，也还要进行 0.1%～0.01%的补充，这将影响氢的价格，并带来一定的环境污染。

d．太阳能光化学分解水制氢。这一制氢过程与上述热化学循环制氢有相似之处，该方法在水中添加某种光敏物质作为催化剂，增加对阳光中长波光能的吸收，进而利用光化学反应制氢。日本科学家利用碘对光的敏感性，设计了一套包括光化学、热电反应的综合制氢流程，每小时可产氢 97L，效率达 10%左右。

e．生物光合作用制氢。绿藻在无氧条件下，经太阳光照射可以释放氢气；蓝绿藻等许多藻类在无氧环境中适应一段时间后，在一定条件下也有光合放氢作用。由于对光合作用和藻类放氢机理的理解不够充分，藻类放氢的效率很低，要实现工程化产氢还有很长的路要走。据估计，若藻类光合作用产氢效率提高到 10%，则每天藻类可产 $9g/m^2$ 氢分子。

4）太阳能－生物质能转换。通过植物的光合作用，太阳能将二氧化碳和水合成有机物（生物质能）并释放出氧气。光合作用是地球上最大规模转换太阳能的过程，现代人类所用燃料都是远古和当今社会通过光合作用利用太阳能的结果。目前，光合作用机理尚不完全清楚，能量转换效率一般只有百分之几，因此对其机理的研究具有重大的理论意义和实际意义。

5）太阳能－机械能转换。物理学家通过实验证明光具有压力，并提出利用在宇宙空间中巨大的太阳帆，在阳光的压力作用下可推动宇宙飞船前进的设想，实现将太阳能直接转换成机械能。但这一方案成本非常高，通常太阳能转换为机械能需要通过中间过程进行间接转换。

4．太阳能的储存

地面上接收到的太阳能受气候、昼夜和节气的影响，具有间断性和不稳定性。因此，太阳能的储存显得尤为重要，特别是对大规模利用太阳能更为重要。太阳能无法直接进行储存，必须转换成其他形式的能量进行储存。实现大容量、长时间且经济的储存太阳能，在技术上比较困难。

（1）热能储存

1）显热储存。利用材料的显热储能是最简单的储能方法，在实际应用中，水、沙、石子、土壤等都可作为储能材料，其中水的比热容最大，因此应用较广泛。

2）潜热储存。利用材料在相变时放出和吸入潜热储能，其储能量大，且在温度不变的情况下释放热量。在太阳能低温储存中，常用含结晶水的盐类储能，如10水硫酸钠、10水氯化钙、12水磷酸氢二钠等。但在使用中要解决过冷和分层问题，以保证工作温度的稳定性和延长使用寿命。太阳能中温储存温度范围一般在100～500℃之间，通常在300℃左右。适宜于中温储存的材料有高压热水、有机流体和多晶盐等。太阳能高温储存温度一般在500℃以上，目前正在试验的材料有金属钠、熔融盐等。对于1000℃以上的极高温储存，可以选用氧化铝和氧化锗耐火球作为储存材料。

3）化学储热。利用化学反应储热，具有储热量大、体积小和质量轻的特点，化学反应产物可分离储存，需要时才发生放热反应，储存时间长。真正能用于储热的化学反应必须满足以下条件：反应可逆性好、无副反应；反应迅速；反应生成物易分离且能稳定储存；反应物和生成物无毒、无腐蚀、无可燃性；反应热大、反应物价格低等。目前已筛选出一些化学吸热反应，这些反应基本满足上述条件，如$Ca(OH)_2$的热分解反应，利用上述吸热反应储存热能，用热时则通过放热反应释放热能。但是，$Ca(OH)_2$在大气压下脱水反应所需温度高于500℃，因此利用太阳能在这一温度下实现脱水十分困难，尽管加入催化剂可降低反应温度，但反应温度仍相当高。其他可用于储热的化学反应还有金属氢化物的热分解反应、硫酸氢碘循环反应等。

4）塑晶储热。1984年，美国在市场上推出一种塑晶家庭取暖材料。塑晶学名为新戊二醇（NPG），它和液晶结构相似，有晶体的三维周期性，但力学性质像塑料。它能在恒定温度下储热和放热，但并不依靠固-液相变储热，而是通过塑晶分子构型发生固-固相变储热。塑晶在恒温44℃时，白天吸收太阳能而储存热能，晚上则放出白天储存的热能。

5）太阳池储热。太阳池（Solar Pond）是一种以太阳辐射为能源的人造的盐水池，也称盐田。它是利用具有一定盐浓度梯度的池水作为集热器和蓄热器的一种太阳能热利用系统。随着盐水池深度的增加，温度也在增加，由于池底温度高于池表面温度，因此可以利用池底这部分热能使水分蒸发，卤水、海水或含盐水在浓缩过程中，当某一盐分的浓度达到该温度条件下的饱和度，甚至过饱和时，该组分将以固体盐（或水和盐，甚至水合复盐）的形式析出，达到从多组分复杂卤水、海水或含盐水相中分离某种盐类的目的。这种方式因简单、造价低且适用于大规模使用，所以引起了人们的重视。

（2）电能储存

电能储存比热能储存困难，目前常用的电能储存方式是蓄电池，正在研究开发的是超导储能。铅酸蓄电池通过化学能和电能的可逆转换，实现充电和放电，虽然其价格较低，但存在使用寿命短、体积大、质量重及需要经常维护等不足。目前，与光伏发电系统配套的储能装置中，大部分为铅酸蓄电池。现有的蓄电池储能密度较低，难以满足大容量、长时间储存电能的要求。某些金属或合金在极低温度下成为超导体，理论上，电能可以在一个超导无电阻的线圈内无限期地储存。这种超导储能不经过任何其他能量转换过程，直接储存电能，具有效率高、启动迅速的优点，可以安装在任何地点，尤其是消费中心附近，同时不产生任何污染，但目前超导储能在技术上尚不成熟，需要进一步研究开发。

（3）氢能储存

氢可以大量、长时间储存。它能以气相、液相、固相（氢化物）或化合物（如氨、甲醇等）形式储存。气相储存：当储氢量少时，可以采用常压湿式气柜或高压容器进行储存；当储氢量大时，可以储存在地下仓库及不漏水土层覆盖的含水层、盐穴和人工洞穴内。液相储存：液氢具有较高的单位体积储氢量，但蒸发损失大。将氢气转化为液氢需要进行氢的纯化和压缩、正氢与仲氢的转化，以及最后的液化过程。由于液氢生产过程复杂、成本高，目前主要用作火箭发动机的燃料。固相储存：利用金属氢化物固相储存，具有储氢密度高、安全性好的特点。目前，基本能满足固相储存要求的材料主要是稀土系合金和钛系合金。

（4）机械能储存

太阳能转换为电能，推动电动水泵将低位水抽至高位，从而以位能的形式储存太阳能；太阳能也能转换为热能，推动热机压缩空气，同样也能储存太阳能；但在机械能储存中，最受人关注的是飞轮储能。近年来，随着高强度碳纤维和玻璃纤维的应用，用其制造的飞轮转速大大提高，增加了单位质量的动能储量；电磁悬浮、超导磁浮技术的发展，结合真空技术，极大地降低了摩擦阻力和风力损耗；电力电子技术的新进展，使飞轮电动机与系统的能量交换更加灵活。在太阳能光伏发电系统中，飞轮可以代替蓄电池用于蓄电。

5．太阳能的传输

太阳能与煤和石油不同，它不需要通过交通工具进行运输，而是应用光学原理，通过光的反射和折射进行直接传输，或者将太阳能转换成其他形式的能量进行间接传输。

直接传输适用于较短距离，基本上有三种方法：通过反射镜及其他光学元件组合，改变阳光的传播方向，使其达到用能地点；通过光导纤维可以将入射在其一端的阳光传输到另一端，传输时光导纤维可任意弯曲；采用表面镀有高反射涂层的光导管，通过反射可以将阳光导入室内。

间接传输适用于各种不同距离，主要方法有：将太阳能转换为热能，并通过热管将太阳能传输到室内；将太阳能转换为氢能或其他载能化学材料，然后通过车辆或管道等可输送到用能地点；在空间电站中，将太阳能转换为电能，再通过微波或激光将电能传输到地面。

6．太阳能的利用

随着科技的不断发展，太阳能的利用形式也越来越多样化。

1）太阳能热水器。太阳能热水器在光热利用领域取得了显著成就。我国在太阳能热水器的基础理论研究、工艺材料研究、应用研究、技术标准制定、制造水平提升和产品质量保障等方面，总体处于国际先进水平，且多个指标领先国际。截至 2016 年，我国太阳能热水器的年产量和保有量均居世界首位，其年产量已达 1.1 亿 m^2，保有量为 6.1 亿 m^2。2020 年我国太阳能热水器年产量达 2.7 亿 m^2，保有量达 8.0 亿 m^2。

2）太阳能热电站。太阳能热发电是太阳能热利用的一个重要方面，这项技术利用集热器将太阳辐射的热能集中起来给水加热并产生蒸汽，然后通过汽轮机带动发电机发电。根据集热方式的不同，太阳能热发电又分为高温发电和低温发电。2018 年 12 月，我国甘肃省敦煌市成功建成了百兆瓦级光热电站——首航节能敦煌 100 MW 熔盐塔式光热电站。

3）太阳能光伏电站。太阳能光伏电站是指一种利用太阳光能，通过晶硅板、逆变器等装置组成的发电体系，它能与电网相连并向电网输送电力。预计到 2030 年，太阳能光伏发电在全球总电力供应中的占比将达到 10%以上。到 2040 年，太阳能光伏发电的占比将达到 20%以上。

4）光伏/建筑一体化设施。太阳能若能全方位地解决建筑内热水、采暖、空调和照明用能的问题，这将是最理想的方案。太阳能与建筑（包括高层建筑）一体化研究与实施，是太阳能开发利用的重要方向。北京 2008 年奥运会秉承了“绿色奥运、科技奥运、人文奥运”的理念，北京奥运村使用的生活热水主要依靠太阳能，奥运会期间，可以供 16000 人使用。此外，奥运会主场馆“鸟巢工程”还首次采用了太阳能发电技术，其中太阳能光伏发电系统总装机容量为 130kW，对奥运场馆的电力供应起到良好的补充作用。

5）太阳能飞机。太阳能飞机是以太阳辐射作为推进能源的飞机。太阳能飞机的动力装置由光伏电池组、直流电动机、减速器、螺旋桨和控制装置组成。由于太阳辐射的能量密度小，为了获得足够的能量，飞机上应有较大的摄取阳光的表面积，以便铺设太阳电池，因此太阳能飞机的机翼面积较大。经典的机型有“太阳神”号、“天空使者”号、“西风”号和“太阳脉动”号。

6）太阳能汽车。太阳能汽车是电动汽车的一种，所不同的是电动汽车的蓄电池靠工业电网充电，而太阳能汽车用的是光伏电池。太阳能汽车使用光伏电池将光能转化成电能，这些电能会储存在蓄电池中，以便为汽车的电动机提供动力。

7）太阳能光伏/光热技术。光伏发电是太阳能利用的主要方式之一，但是当前光伏电池上接收的太阳辐射中，通常仅有 20%左右可以转化为电能，其余大部分则转化为热能，导致电池组件温度升高，光电转化效率下降，甚至可能造成光伏面板因过热而损坏。同时，为保证更高的热效率，太阳能集热器需要消耗电能，因此太阳能光伏/光热（Photovoltaic/Thermal，PV/T）技术应运而生，如图 2-7 所示。这种技术将光伏模块和太阳能热组件相结合，不仅提高了整体性能，还降低了制造成本，提高了空间利用率。荷兰能源研究中心的研究数据显示，PV/T 系统可以在减少 40%集热器面积的基础上，产生与独立光伏和光热联合系统相同数量的能量。

8）太阳能海水淡化。利用太阳能进行海水或苦咸水淡化，主要是利用太阳能产生的热能来驱动海水相变过程并进行蒸馏，如图 2-8 所示。蒸馏过程分为被动式蒸馏和主动式蒸馏两种。被动式太阳能蒸馏系统的典型代表是盘式太阳能蒸馏器。由于它结构简单、取材方便，至今仍被广泛采用。比较理想的盘式太阳能蒸馏器的效率约为 35%，晴好天气时，其产水量一般在 3～4kg/m^2 之间。在主动式太阳能蒸馏系统中，由于配备有其他的附属设备，使其运行温度得以大幅提高，或使其内部的传热传质过程得以优化。此外，在大部分的主动式太阳能蒸馏系统中，都能主动回收蒸汽在凝结过程中释放的潜热，因此这类系统能够得到比传统的太阳能蒸馏器高一至数倍的产水量。

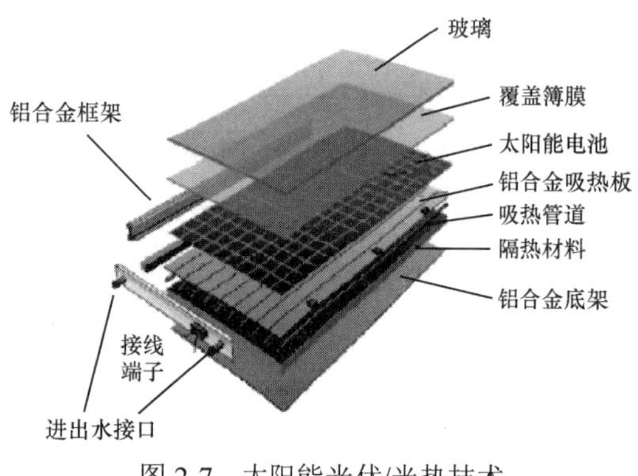

图 2-7　太阳能光伏/光热技术

图 2-8　太阳能海水淡化装置

9）太阳能信号灯、草坪灯等。太阳能信号灯、草坪灯与普通信号灯、草坪灯相比，更环保、节电，它们因具有蓄电功能，在安装时不需要敷设电缆，可以有效避免施工造成的断电等情况。在连续雨雪、阴天条件下，太阳能信号灯、草坪灯可保证 72h 正常工作。

2.2 光伏电池

2.2.1 半导体基础知识

1．导体、绝缘体和半导体

物质由原子组成，而原子由原子核和核外电子组成，电子受原子核的作用，按一定的轨道绕核高速运动。有的电子受原子核的作用力较小，可以在物质内部的原子间自由运动，这种电子称为自由电子，它是物质导电的基本电荷粒子。单位体积中自由电子的数量称为自由电子浓度，用 n 表示，它是决定物体导电能力的主要因素之一。

在晶体中，由于原子的振动，自由电子会做无规则的运动。导体中的自由电子在电场力作用下会发生定向运动，从而形成电流。在单位电场强度（1V/cm）下，定向运动的自由电子的直线速度称为自由电子的迁移率，用 μ 表示，这也是决定物体导电能力的主要因素。表征物体导电能力的物理量称为电导率，用 σ 表示，其计算式为

$$\sigma = en\mu \tag{2-1}$$

式中：e 为电子的电量。

导体中的自由电子定向运动形成电流所受到的阻力称为电阻，它也表征物体导电能力。导体的电阻特性用电阻率 ρ 表示，计算式为

$$\rho = 1/\sigma \tag{2-2}$$

按材料的导电能力划分，物质可分为三类：

善于传导电流的物质称为导体，如铜、铝、铁等金属，它们的电阻率为 10^{-9}～$10^{-6}\Omega \cdot cm$；

不能导电或者导电能力微弱到可以忽略不计的物质称为绝缘体，如橡胶、玻璃、塑料和干木材等，它们的电阻率为 10^{8}～$10^{20}\Omega\cdot cm$；导电能力介于导体和绝缘体之间的物质称为半导体，其电阻率为 10^{-5}～$10^{7}\Omega\cdot cm$，如硅、锗、砷化镓、硫化镉等材料都是半导体。

金属导体和半导体都具有导电性，但它们的导电机理是不完全相同的。金属导体导电是自由电子（n 恒定）在电场力作用下的定向运动，其导电性能基本恒定。半导体导电是电子和空穴在电场力作用下的定向运动。电子和空穴的浓度受温度、杂质含量、光照等因素影响，这些因素的变化会影响其导电能力，使其导电性能不稳定，这是半导体材料的重要特性。

2．硅的晶体结构

硅是最常见且应用最广泛的半导体材料，硅的原子序数为 14，即它的原子核外有 14 个电子，这些电子围绕着原子核做层状的轨道分布运动，如图 2-9 所示。具体来说，第一层有 2 个电子，第二层有 8 个电子，而最外层排列着剩余的 4 个电子，这些电子称为价电子，硅的物理化学性质主要由最外层的价电子决定。

硅晶体和所有的晶体一样是由原子（或离子、分子）在空间按一定规则排列而成的，如图 2-10 所示。这种对称且有规则的排列叫作晶体的晶格。若一块晶体从头到尾都按同一方向重复排列，呈现出长程有序的状态，则称其为单晶体。在硅的晶体结构中，每个硅原子紧邻有四个硅原子，每两个相邻原子之间有一对电子，它们与两个相邻原子核都有相互作用，称为共价键。正是靠共价键的作用，使硅原子紧紧结合在一起，从而构成了硅晶体。由许多小颗粒单晶杂乱排列在一起的固体称为多晶体。而非晶体没有上述特征，但仍保留了相互间的结合形式（如一个硅原子仍有四个共价键），短程看是有序的，长程是无序状态，这样的材料称为非晶体，也称为无定形材料。

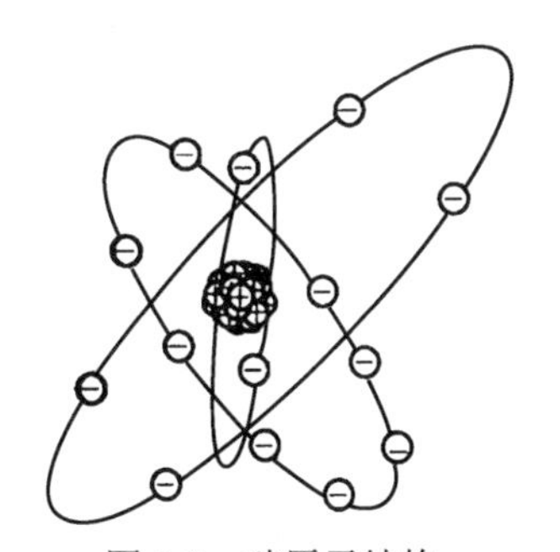

图 2-9　硅原子结构

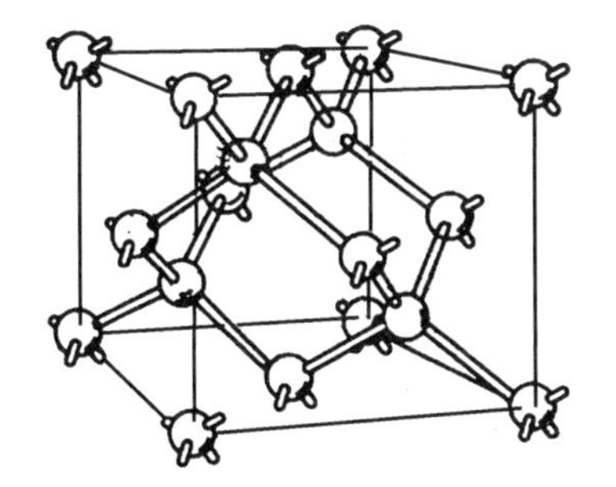

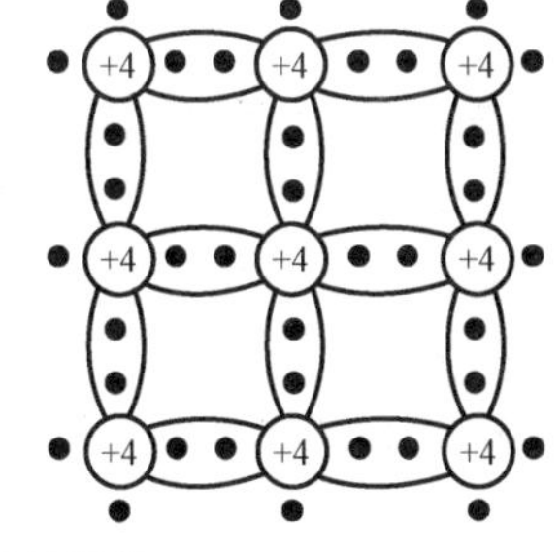

图 2-10　硅的晶体结构

3．能级和能带

电子在原子核周围运动时，每一层轨道上的电子都有确定的能量，最里层的轨道，电子距原子核距离最近，受原子核的束缚最强，相应的能量最低。第二层轨道具有较大的能量，越外层的电子，受原子核的束缚越弱，能量越大。以人造卫星绕地球的环形运动为比喻，越外层的电子轨道相当于越高的人造卫星轨道，要将人造卫星送入更高的轨道，必须给它更大的能量，也就是说，轨道越高，能量也越大。为了形象地表示电子在原子中的运动状态，用一系列高低不同的水平横线来代表电子运动所取的能量值，这些横线就是标志电子能量高低的电子能级。图 2-11 是单个硅原子的电子能级示意图，字母 E 表示能量，脚注 1、2、…表示电子轨道层数，括号中的数字表示该轨道上的电子数。图 2-11 表明，每层电子轨道都有一个对应的能级。

在晶体中，由于原子之间的距离很近，相邻原子的电子轨道相互交叠并产生互相作用。

因此，与轨道相对应的能级就不再是单一的电子能级，而是分裂成众多能量非常接近但又大小不同的电子能级，这些能量相差很小的电子能级形成一个能带。每个单原子的电子能级对应到一个特定的能带（见图 2-11）。外层的电子由于易受相邻原子的影响，因此它所对应的能带较窄。电子在每个能带中的分布通常是先填满能量较低的能级，然后逐步填满较高的能级，且每个能级只允许填充两个具有相同能量的电子。

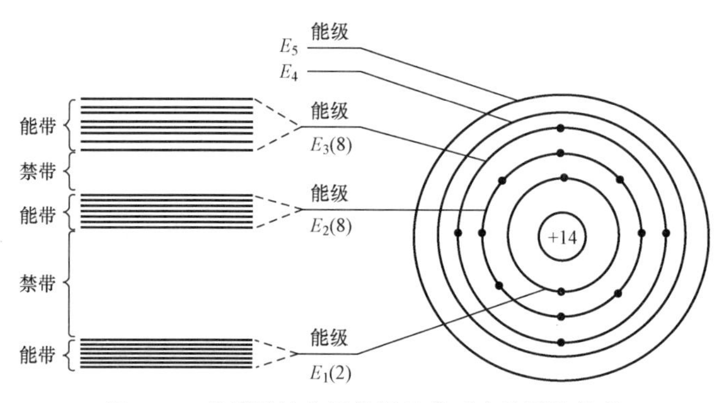

图 2-11　单原子的电子能级及其对应的固体能带

内层电子能级所对应的能带都是电子填满的，而最外层价电子能级所对应的能带是否能被填满，主要取决于晶体的种类。如铜、银、金等金属晶体的价电子能带中，有一半的能级是空的，而硅、锗等晶体的价电子能带全被电子填满。

4．禁带、价带和导带

根据量子理论，晶体中的电子不存在两个能带中间的能量状态，即电子只能在各能带内运动，在能带之间的区域没有电子，这个区域称为禁带。电子的定向运动形成了电流，这种运动是因为它受到外电场的作用，使电子获得了附加的能量，电子能量增大，就有可能使电子从较低的能带跃迁到较高的能带。这一跃迁现象是理解半导体导电特性的基础。

完全被电子填满的能带称为满带，最高的满带容纳的价电子称为价带，价带上面完全没有电子的能带称为空带。有的能带只有部分能级上有电子，其余能级是空。这种部分填充的能带在外电场的作用下可以产生电流，而没有被电子填满且处于最高满带上的一个能带称为导带。金属、半导体和绝缘体的能带如图 2-12 所示。

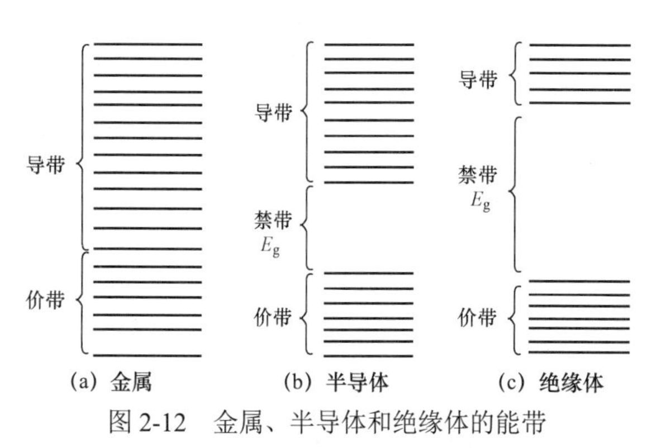

图 2-12　金属、半导体和绝缘体的能带

由图 2-12（b）看出，价电子要从价带越过禁带跃迁到导带中去参与导电运动，必须从外界获得不小于 E_g 的附加能量，E_g 的大小就是导带底部与价带顶部之间的能量差，称为禁带宽度或带隙。常用单位是电子伏（eV），电子伏是电学中的能量单位，1eV 是指在强度为 1V/cm 的电场中，使电子顺着电场方向移动 1cm 所需的能量。例如，硅的禁带宽度在室温下为 1.12eV，也就是说，当外界给予价带里的电子 1.12eV 的能量时，电子就有可能越过禁带跃迁到导带中。

金属与半导体的区别在于金属在一切条件下都具有良好的导电性，其导带和价带重叠在一起，不存在禁带，即使接近绝对零度，电子在外电场的作用下仍可以参与导电。

半导体与绝缘体的区别在于禁带宽度不同。绝缘体的禁带宽度比较大，它在室温时激发到导带上的电子非常少，其电导率很低；半导体的禁带宽度比绝缘体小，室温时有相当数量的电子跃迁到导带中。例如，每立方厘米的硅晶体导带上约有 10^{10} 个电子；而每立方厘米的导体晶体的导带中约有 10^{22} 个电子。因此，导体的电导率远远高于半导体。

5．电子和空穴

晶格完整且不含杂质的半导体称为本征半导体。

半导体在热力学温度零度时，电子填满价带，而导带是空的。此时的半导体和绝缘体的情况相同，均不能导电。当温度高于热力学温度零度时，价电子在热激发下有可能摆脱共价键的束缚，从价带跃迁到导带，使其价键断裂。电子从价带跃迁到导带后，在价带中留下一个空位，这个空位称为空穴，具有一个断键的硅晶体如图 2-13 所示。

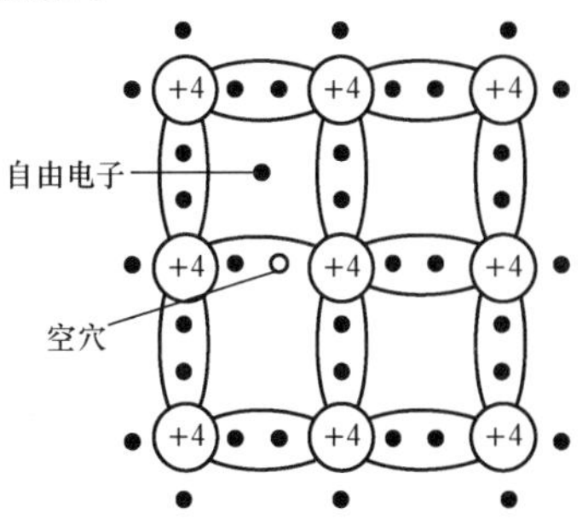

图 2-13　具有一个断键的硅晶体

空穴可以被相邻满键上的电子填充而出现新的空穴，也可以说是价带中的空穴被相邻的价电子填充而产生新的空穴，这样的重复过程，其结果可以简单地描述成空穴在晶体内的移动，这种移动相当于电子在价带中的运动。这种在价带中可以自由移动的空位称为空穴，而空穴可以看成是带正电的物质粒子，所带电荷与电子相等，但符号相反。由于自由电子和空穴在晶体内的运动都是无规则的，因此并不能产生电流。如果存在电场，自由电子将沿着电场相反的方向运动，而空穴则与电场同方向运动，半导体就是靠导带的电子和价带的空穴的定向移动来形成电流的。电子和空穴都被称为载流子。值得注意的是，半导体的本征导电能力很小，它是通过电子和空穴两种载流子来传导电流，而在金属中，仅通过自由电子一种载流子传导电流。

6．掺杂半导体

实际使用的半导体都掺有少量的某种杂质，这里所说的“杂质”是有选择的。例如，在纯净的硅中掺入少量的五价元素磷，这些磷原子在晶格中取代硅原子，并用其四个价电子与相邻的硅原子进行共价结合。磷有五个价电子，用去四个还剩一个。这个多余的价电子虽然没有被束缚在共价键中，但仍受到磷原子核的正电荷的吸引。不过这种吸引力很弱，只要很少的能量（约 0.04eV）就可以使它脱离磷原子到晶体内成为自由电子，从而产生电子导电现象；同时，磷原子由于缺少一个电子而变成带正电的磷离子，如图 2-14（a）所示。由于磷原子在硅晶体中起着释放电子的作用，所以将磷等五价元素叫作施主型杂质（或叫 N 型杂质），其浓度用符号 N_D 表示。在掺有五价元素（即施主型杂质）的半导体中，电子的数目远远大于空穴的数目，半导体的导电主要取决于电子，导电方向与电场方向相反，这样的半导体叫作电子型或 N 型半导体。

如果在纯净的硅中掺入少量的三价元素硼，其原子只有三个价电子，当硼和相邻的四个硅原子进行共价结合时，还缺少一个电子，要从其中一个硅原子的共价键中获取一个电子填补。这样就在硅中产生了一个空穴，而硼原子由于接受了一个电子而成为带负电的硼离子，如图 2-14（b）所示。硼原子在晶体中起着接受电子而产生空穴的作用，所以叫作受主型杂质（或叫 P 型杂质），其浓度用符号 N_A 表示。在含有三价元素（即受主型杂质）的半导体中，空穴的数目远远超过电子的数目，半导体的导电主要是由空穴决定的，导电方向与电场方向相同，这样的半导体叫作空穴型或 P 型半导体。

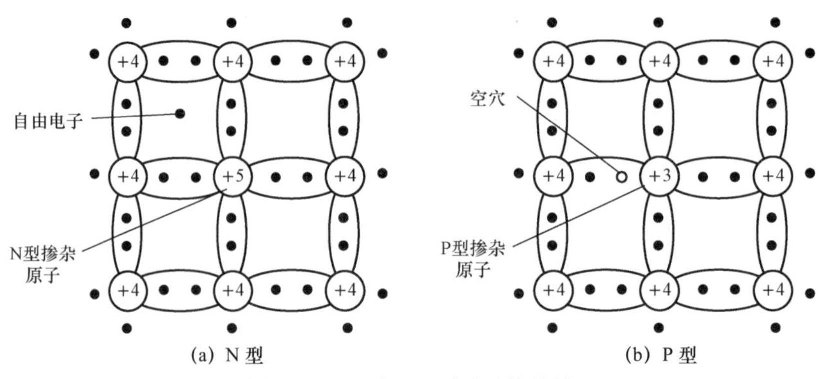

图 2-14 N 型和 P 型硅晶体结构

单位体积（$1cm^3$）中电子或空穴的数目叫作载流子浓度，它决定着半导体电导率的大小。

没有掺杂的半导体称为本征半导体，其中电子和空穴的浓度是相等的。在含有杂质和晶格缺陷的半导体中，电子和空穴的浓度不相等。将数目较多的载流子叫作多数载流子，简称多子；将数目较少的载流子叫作少数载流子，简称少子。例如，N 型半导体中，电子是多子，空穴是少子；P 型半导体中则相反，空穴是多子，电子是少子。

在掺杂半导体中，杂质原子的能级处于禁带之中，形成杂质能级。五价杂质原子形成施主能级，位于导带的下面；三价杂质原子形成受主能级，位于价带的上面。施主（或受主）能级上的电子（或空穴）跃迁到导带（或价带）中的过程称为电离。电离过程所需的能量就是电离能（注意空穴从受主能级激发到价带的过程，实际上就是电子从价带激发到受主能级中的过程）。由于它们的电离能很小，施主能级距离导带底和受主能级距离价带顶都十分接近。在一般的使用温度下，N 型半导体中的施主杂质或 P 型半导体中的受主杂质几乎全部电离。

7．载流子的产生与复合

由于晶格的热振动，电子不断从价带被激发到导带，形成电子－空穴对，这就是载流子产生的过程。在没有电场的情况下，由于电子和空穴在晶格中的运动是无规则的，它们常常在运动过程中碰在一起，即电子跳到空穴的位置上，填补空穴，这时电子－空穴对就随之消失。这种现象叫作电子和空穴的复合，即载流子复合。按能带论的观点，复合就是导带中的电子落进价带的空能级，使一对电子和空穴消失。

在一定的温度下，晶体内不断产生电子和空穴，同时电子和空穴不断复合，如果没有外来的光、电、热的影响，单位时间内产生和复合的电子－空穴对数目将达到相对平衡，晶体的总载流子浓度保持不变，这种状态称为热平衡状态。

在外界因素的作用下，例如 N 型硅受到光照时，价带中的电子吸收光子能量跃迁到导带（这种电子称为光生电子），同时在价带中留下等量的空穴，这种现象称为光激发。在光激发过程中，电子和空穴的产生率大于复合率。这些多于平衡浓度的光生电子和空穴称为非平衡载流子。由光照而产生的非平衡载流子称为光生载流子。

8．载流子的输运

半导体中存在能够导电的自由电子和空穴，这些载流子有两种输运方式：漂移运动和扩散运动。

半导体中在外加电场的作用下，载流子按照一定方向的运动称为漂移运动。

载流子在热平衡状态下进行不规则的热运动，其运动方向不断改变，因此平均位移等于零，不会形成电流。载流子之所以不断改变方向，是因为在运动中不断与晶格、杂质、缺陷发生碰撞。每经过一次碰撞，载流子就改变一次运动方向，这种现象叫作散射。外界电场的存在使载流子进行定向的漂移运动，并形成电流。

扩散运动是半导体在因外加因素影响使载流子浓度不均匀而引起的载流子从浓度高处向浓度低处的迁移运动。类似于在一杯清水中滴一滴红墨水，过一段时间整杯水都变红了，这就是扩散运动的结果。扩散运动和漂移运动不同，它不是由于电场力的作用产生的，而是因为载流子存在浓度差的结果。PN 结的形成主要是因为载流子的扩散运动。

2.2.2 光伏电池发电原理

光伏电池是一种将光能转换为电能的装置，其输出功率与日照强度、环境温度之间存在非线性关系。因此必须先掌握光伏电池的工作原理，了解其光电转换的具体过程和光电转换效率受哪些因素影响，同时还要熟悉其等效电路模型。

1．PN结工作原理

PN 结是光伏电池的核心，也是其赖以工作的基础。它是怎样形成的呢？如图 2-15（a）所示，将一块 N 型半导体和一块 P 型半导体紧密接触，在交界处 N 区中电子浓度高，要向 P 区扩散（净扩散），在 N 区一侧就形成一个正电荷的区域；同样，P 区中空穴浓度高，要向 N 区扩散，P 区一侧就形成一个负电荷的区域。这个 N 区和 P 区交界面两侧的正负电荷薄层区域称为空间电荷区，即通常所说的 PN 结，如图 2-15（b）所示。

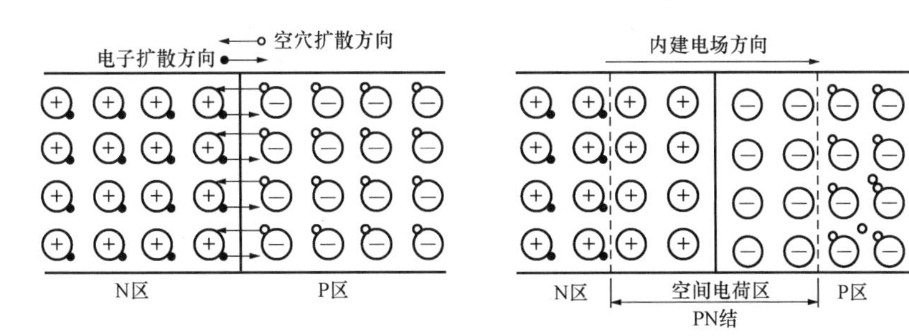

(a) 形成 PN 结前载流子的扩散过程　　(b) PN 结空间电荷区和内建电场

图 2-15 PN 结

在 PN 结内，存在一个由 PN 结内部电荷产生的从 N 区指向 P 区的电场，这个电场叫作内建电场或自建电场。由于内建电场的存在，在空间电荷区内将产生载流子的漂移运动，使电子由 P 区拉回 N 区，空穴由 N 区拉回 P 区，其运动方向正好和扩散运动的方向相反。开始时扩散运动占优势，空间电荷区内两侧的正负电荷逐渐增加，空间电荷区增宽，内建电场增强。随着内建电场的增强，漂移运动也随之增强，进而阻止扩散运动的进行，使其逐步减弱。最后，扩散运动和漂移运动趋向平衡，此时扩散和漂移的载流子数目相等而运动方向相反，实现了动态平衡。在平衡状态下，内建电场 N 区的电动势高于 P 区，两边电动势之差称作 PN 结势垒，也称为内建电动势差或接触电动势差，用符号 U_D 表示。由电子从 N 区流向 P

区可知，P 区相对于 N 区的电动势差为一负值。由于 P 区相对于 N 区具有电动势$-U_D$（取 N 区电动势为零），因此 P 区中所有电子都具有一个附加电动势能，其值为

$$电动势能 = 电荷 \times 电动势 = (-q)\times(-U_D) = qU_D \quad (2\text{-}3)$$

式中：q 为电子电荷；U_D 为势垒高度。

当 PN 结加上正向偏压（即 P 区接电源的正极，N 区接电源的负极）时，外加电场的方向与内建电场的方向相反，使空间电荷区中的电场减弱。这样就打破了扩散运动和漂移运动的相对平衡，使得电子源源不断地从 N 区扩散到 P 区，同时空穴从 P 区扩散到 N 区，使载流子的扩散运动超过漂移运动。由于 N 区的电子和 P 区的空穴均是多子，因此通过 PN 结的电流（称为正向电流）很大。当 PN 结加上反向偏压（即 N 区接电源的正极，P 区接电源的负极）时，外加电场的方向与内建电场的方向相同，使空间电荷区中的电场增强，此时载流子的漂移运动超过扩散运动。N 区中的空穴一旦到达空间电荷区边界，就会被电场拉向 P 区，同样地，P 区的电子一旦到达空间电荷区边界，也会被电场拉向 N 区。它们构成 PN 结的反向电流，其方向是由 N 区流向 P 区。由于 N 区的空穴和 P 区的电子均为少子，故通过 PN 结的反向电流很快达到饱和，而且其值很小。由此可见，电流容易从 P 区流向 N 区，但不易从相反的方向通过 PN 结，这就是 PN 结的单向导电性。

2. 光伏效应

光伏电池的工作原理以半导体 PN 结上接收太阳光照产生光伏效应为基础。当光伏电池受到光照时，根据光量子理论，只要照射光的能量满足 $E=h\nu=hc/\lambda\geqslant E_g$（$h$ 为普朗克常数；ν 为照射光频率；c 为光速；E_g 为禁带宽度，硅材料 E_g=1.12eV），则照射光在 N 区、空间电荷区和 P 区被吸收，将价带电子激发到导带，分别产生电子－空穴对。由于入射光强度从表面到光伏电池体内呈指数衰减，导致在各处产生光生载流子的数量有差别，沿光强衰减方向将形成光生载流子的浓度梯度，从而产生载流子的扩散运动。N 区中产生的光生载流子到达 PN 结区 N 侧边界时，由于内建电场的方向是从 N 区指向 P 区，静电力立即将光生空穴拉到 P 区，光生电子留在 N 区。同理，在 P 区中到达 PN 结区 P 侧边界时，光生电子立即被内建电场拉向 N 区，空穴被留在 P 区。同样，空间电荷区中产生的光生电子－空穴对被内建电场分别拉向 N 区和 P 区。PN 结及两侧产生的光生载流子被内建电场分离，在 P 区聚集光生空穴，在 N 区聚集光生电子，使 P 区带正电，N 区带负电，在 PN 结两侧产生光生电动势。上述过程通常称作光生伏特效应或光伏效应。光生电动势的电场方向和平衡 PN 结内建电场的方向相反。光伏效应原理如图 2-16 所示。

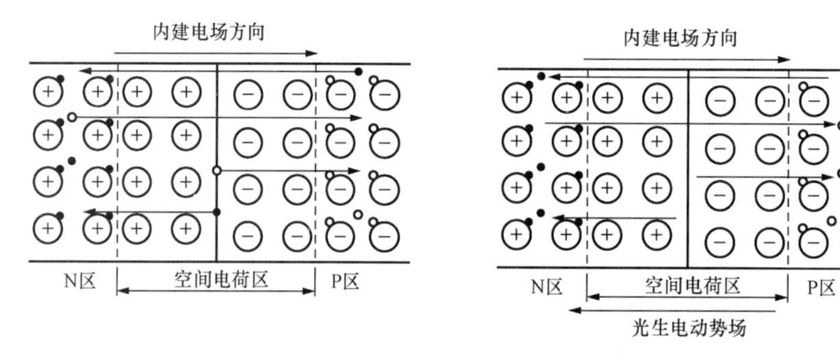

图 2-16　光伏效应示意图

当光伏电池的两端接上负载时，这些被分离的电荷就形成电流。图 2-17 形象地表示了光

伏电池的发电原理，光伏电池是将太阳辐射能转变为电能的装置。

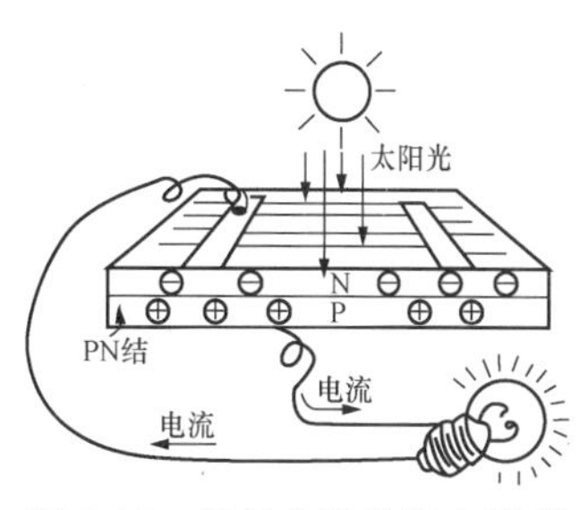

图 2-17 光伏电池的发电原理

3．光伏电池等效电路

光伏电池模型主要分为物理模型和外特性模型两大类。物理模型侧重于分析光电转换的具体过程，其模型较为复杂。而外特性模型则是根据其运行输出特性进行分析，得出等效模型电路。综上所述，利用光生伏特效应原理制成的光伏电池，其核心在于 PN 结，因此每个光伏电池单元的外特性模型主要部分可看成是一个恒电流源与一只正向二极管的并联回路，也称作单二极管形式，如图 2-18（a）所示。

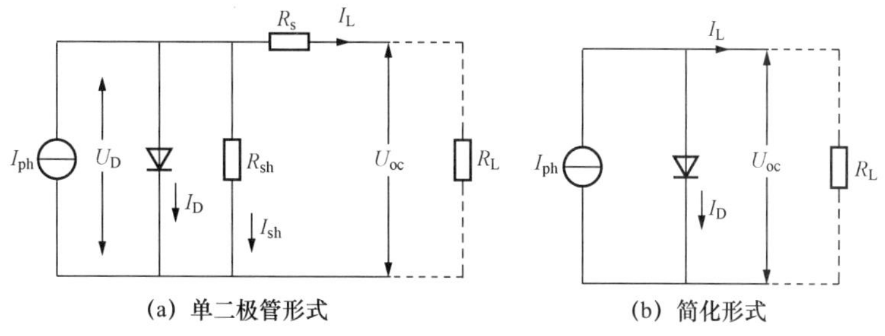

图 2-18 光伏电池单元的等效电路模型

图 2-18 中，I_{ph} 为光伏电池内部光生电流，与光伏电池受光面积和太阳入射光的辐照度成正比；I_D 为光伏电池内部暗电流，特指光伏电池在无光照时，在外电压作用下 PN 结流过的单向电流；I_L 为光伏电池的输出负载电流；U_D 为等效二极管的端电压；U_{oc} 为光伏电池的开路电压，与入射光照强度的对数成正比，与环境温度成反比，而与光伏电池受光面积的大小无关；R_L 为光伏电池的外接负载电阻；R_s 为光伏电池内部的等效串联电阻，一般小于 1Ω，主要由光伏电池的体电阻、PN 结扩散层横向电阻、电极导体电阻、电极与硅表面间接触电阻以及线路导体电阻等组成；R_{sh} 为光伏电池内部的等效旁路电阻，一般为几千欧姆，主要由光伏电池表面污浊和半导体晶体缺陷引起的漏电流对应的 PN 结的漏电阻和光伏电池边缘的漏电阻等组成。

在图 2-18（a）所示的光伏电池等效电路模型中，还应考虑由 PN 结形成的结电容和其他分布电容。由于光伏电池属于直流装置，通常不包含高频交流分量，因此这些电容效应的参数可以忽略不计。光伏电池的内阻特性表现为串联电阻 R_s 很小，并联电阻 R_{sh} 很大，为了进一步简化等效电路，这些电阻参数也都可忽略不计。由此，光伏电池等效电路模型可简化为仅由一个电流为 I_{ph} 的恒流源与一个二极管并联组成的模型，如图 2-18（b）所示。

根据图 2-18（a）所示光伏电池单元的等效电路模型和定义，考虑二极管 PN 结的特性方程，可列出光伏电池等效电路的电流、电压特性数学模型为

$$I_L = I_{ph} - I_D - I_{sh} \tag{2-4}$$

$$I_D = I_o\left[\exp\left(\frac{qU_D}{AkT}\right) - 1\right] \tag{2-5}$$

$$I_L = I_{ph} - I_o\left[\exp\left(\frac{qU_D}{AkT}\right) - 1\right] - \frac{U_D}{R_{sh}} \tag{2-6}$$

$$U_D = U_{oc} + I_L R_s \tag{2-7}$$

$$I_{sc} = I_o \left[\exp\left(\frac{qU_{oc}}{AkT} \right) - 1 \right] \tag{2-8}$$

$$U_{oc} = \frac{AkT}{q} \ln\left(\frac{I_{sc}}{I_o} + 1 \right) \tag{2-9}$$

式中：I_o 为光伏电池内部等效二极管的 PN 结反向饱和电流，近似为常数，不受光照强度的影响，只与该光伏电池材料自身性能有关，反映出光伏电池对光生载流子最大的复合能力；I_{sc} 为光伏电池内部的短路电流，是指置于标准光源的照射下，光伏电池在输出短路（R_L=0）时流过输出端的电流（值得注意的是，有些文献资料中将光伏电池等效电路模型中的 I_{ph} 等同于 I_{sc}，这是在忽略了等效电路输出短路时流过二极管反向漏电流的近似结果）；q 为电子电荷，$q=1.6\times10^{-19}$C；k 为玻尔兹曼常数，$k=1.38\times10^{-18}$erg/K 或 0.86×10^{-4}eV/K；T 为光伏电池所处环境的绝对温度；A 为光伏电池内部 PN 结的曲线常数。

理想形式下，设 $R_s\to0$，$R_{sh}\to\infty$，得到的如图 2-18（b）所示的简化等效电路的数学模型为

$$I_L = I_{ph} - I_D - \frac{U_D}{R_{sh}} \approx I_{ph} - I_D \tag{2-10}$$

$$P = U_L I_L = U_L I_{ph} - U_L I_o \left[\exp\left(\frac{qU_L}{AkT} \right) - 1 \right] \tag{2-11}$$

式中：U_L 为光伏电池输出端电压；P 为光伏电池输出功率。

4．光伏电池伏安特性

根据式（2-4）～式（2-9）即可得到光伏电池电压－电流关系曲线，简称为伏安特性曲线（见图 2-19）。

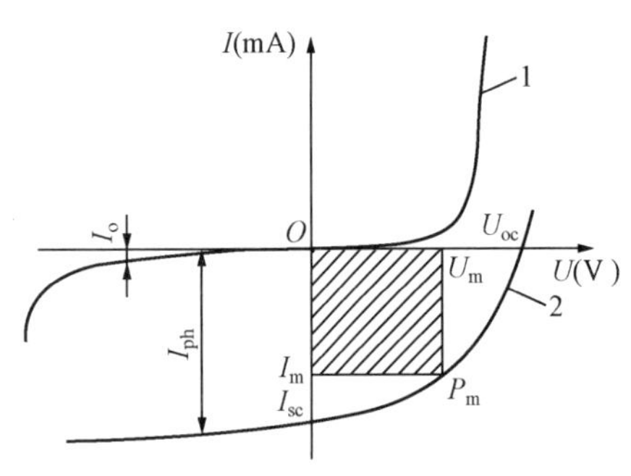

图 2-19　光伏电池伏安特性曲线

由图 2-19 可知，光伏电池的短路电流 I_{sc} 即为伏安特性曲线与电流轴的交点；开路电压 U_{oc} 即为伏安特性曲线与电压轴的交点。根据光伏电池的功率定义式 $P=UI$，可在光伏电池伏安特性曲线图上作出一系列 P 为不同常数的等功率曲线。其中必有一条功率曲线与光伏电池伏安特性曲线相切，其相切点就称为最大功率工作点（MPP），记为 M，这条功率曲线就代表着该光伏电池的最大输出功率曲线。M 点对应的电流值为最佳输出电流 I_m，对应的电压值为最佳输出电压 U_m；由 I_m 和 U_m 构成的矩形几何面积即为该特性曲线所能包含的最大面积，称为光伏电池的最佳输出功率或最大输出功率 P_m；从坐标原点引出交于 M 点的直线被称为最佳负载线，$R_L=R_m$。

F_F 称为光伏电池的填充因子或曲线因子，计算公式见式（2-12）。它是表征光伏电池性能优劣的一个重要参数。该值越大，说明光伏电池的最大输出功率越接近理论上的最大输出值，性能越好。影响填充因子的因素有很多，不仅与光伏电池材料的 PN 结曲线因子常数 A，内阻 R_s、R_{sh} 等内部参数有关，还与光伏电池工作温度和光照强度等外部条件有关。

$$F_F = \frac{I_m U_m}{I_{sc} U_{oc}} < 1 \tag{2-12}$$

因此最大功率和填充因数的数学关系满足

$$P_m = I_m U_m = F_F I_{sc} U_{sc} \tag{2-13}$$

由式（2-13）和图 2-19 可得到光伏电池的功率－电压输出特性曲线，如图 2-20 所示。由图 2-20 可见，特性曲线右侧电压较高区域内，光伏电池可近似视为电压源，具有明显的低电阻特性；而在曲线左侧电压较低区域内，光伏电池又近似视为电流源，具有明显的高电阻特性。换言之，对于同样功率输出的光伏电池，既可以用作电压源外接电压型负载，也可以用作电流源外接电流型负载。在电压源与电流源的交点处为功率输出最大值。在最大功率点的两侧，光伏电池的功率输出会急剧下降至零值。

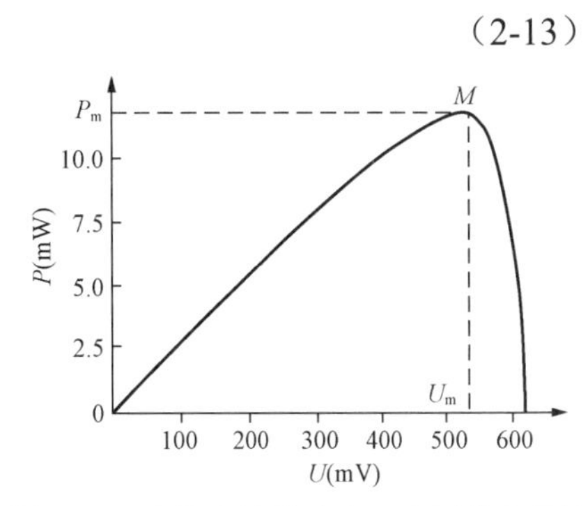

图 2-20　光伏电池的功率－电压输出特性

5．光伏电池串并联输出特性

工程中的光伏电池为了在太阳能的作用下输出足够大的电功率，要将众多小光伏电池单体通过串并联的方式组合在一起构成光伏电池板使用。光伏电池板串联后的伏安特性如图 2-21 所示。当光伏电池板串联使用时，主要考虑负载电压的影响，同时要考虑蓄电池的浮充电压、温度及控制电路等影响。一般光伏电池的输出电压随温度的升高而降低，因而在计算光伏电池板串联级数时，要留有一定的裕量。

同样，在确定光伏电池板的并联数量时，要综合考虑多个因素，包括负载的总耗电量、当地年平均日照情况和蓄电池组的充电效率，同时还要考虑电池表面不清洁和老化等带来的不良因素，光伏电池板并联后的伏安特性如图 2-22 所示。

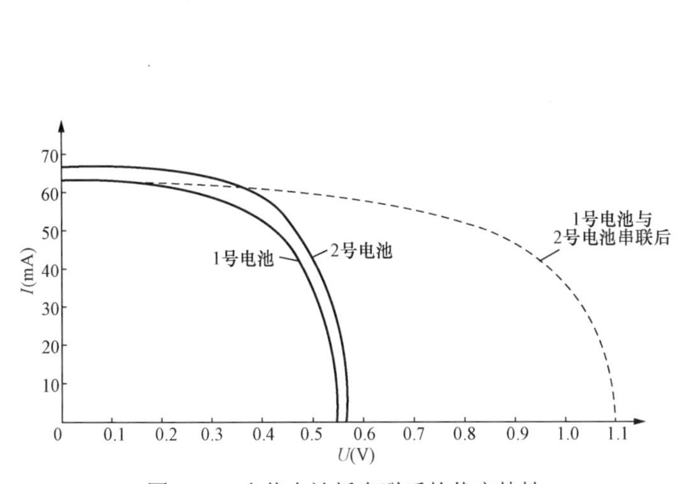

图 2-21　光伏电池板串联后的伏安特性

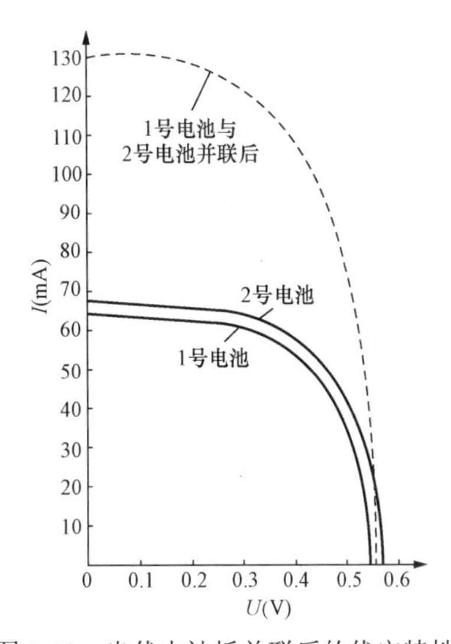

图 2-22　光伏电池板并联后的伏安特性

2.2.3 光伏电池分类

1．单晶硅光伏电池

为了提高光伏电池的转换效率，科研人员探索了多种结构和技术来改进电池的性能，具体措施包括：采用背电场技术，减小了背表面处的复合，提高了开路电压；设计浅结电池，该设计减小了正表面复合，提高了短路电流；采用金属－绝缘体－半导体（MIS）和金属－绝缘体－NP（MINP）光伏电池，进一步降低了电池的正表面复合。近几年，表面钝化技术不断进步，从薄的氧化层（<10nm）到厚氧化层（约 110nm）的应用，使表面态密度和表面复合速度大大降低，单晶硅光伏电池的转换效率得到了迅速提高。下面介绍几种高效、低成本的硅光伏电池。

1）发射极钝化及背面局部扩散（PERL）光伏电池。该电池正反两面都进行了钝化，并采用光刻技术将电池表面的氧化层制作成倒金字塔形状。两面的金属接触面都进行缩小处理，其接触点进行硼与磷的重掺杂，局部背场技术（LBSF）减少了背接触点处的复合，且背面由于铝在二氧化硅上形成了良好的反射面，使入射的长波光反射回电池体内，增加了对光的吸收，如图 2-23 所示。这种单晶硅电池的光电转换效率已达 24.7%，多晶硅电池的光电转换效率已达 19.9%。

2）埋栅光伏电池（BCSC）。该电池采用激光刻槽或机械刻槽。激光在硅片表面刻槽，然后通过化学镀铜工艺制作电极，如图 2-24 所示。批量生产的这种电池的光电转换效率已达 17%，而我国实验室中其光电转换效率为 19.55%。

3）高效背表面反射器（BSR）光伏电池。这种电池的背面和背面接触之间用真空蒸镀的方法沉积一层高反射率的金属薄膜（一般为铝）。背反射器就是将电池背面做成反射面，它能反射透过电池基体到达背表面的光，从而提高光的利用率，使光伏电池的短路电流增加。

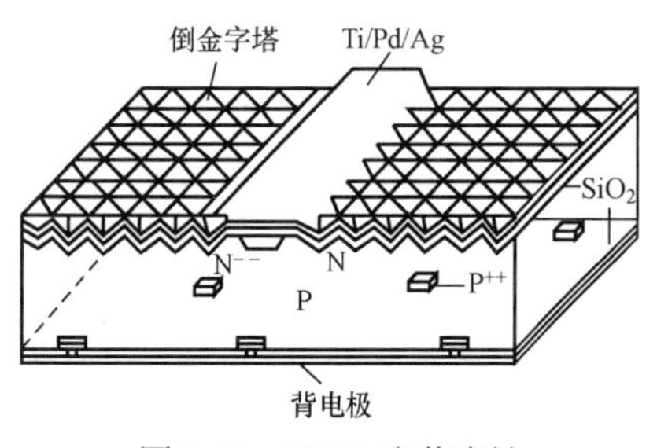

图 2-23 PERL 光伏电池

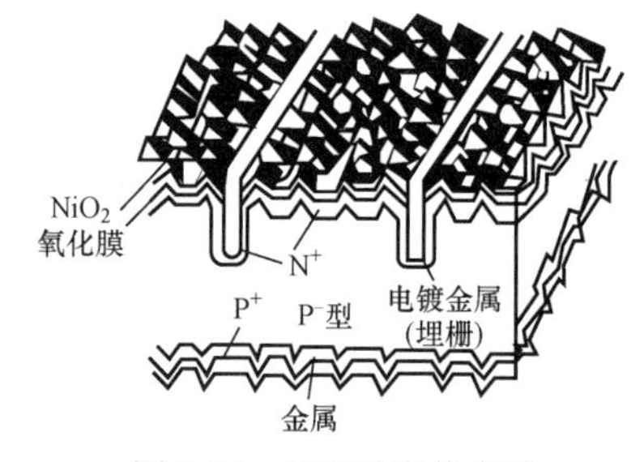

图 2-24 BCSC 光伏电池

4）高效背表面场和背表面反射器（BSFR）光伏电池。BSFR 光伏电池也称为漂移场光伏电池，它是在 BSR 电池结构的基础上增加了一层 P^+层。这种结构有助于光生电子－空穴对的分离和少数载流子的收集。目前 BSFR 电池的效率为 14.8%。

2．多晶硅薄膜光伏电池

多晶硅薄膜是由许多大小不等且具有不同晶面取向的小晶粒构成，其特点是在长波段具有高光敏性，能有效吸收可见光，且具有与晶体硅相似的光照稳定性，因此被认为是高效、低耗的理想光伏器件材料。

目前，多晶硅薄膜光伏电池光电转换效率达 16.9%，但仍处于实验室研究阶段，如果能研发出一种在廉价衬底的基础上制备性能优异的多晶硅薄膜光伏电池的方法，该电池就可以实现商业化生产，这也是目前主要研究的重点。多晶硅薄膜光伏电池因其良好的稳定性和丰富的材料来源，被认为是一种很有前途的地面用廉价光伏电池。

3．非晶硅光伏电池

晶体硅光伏电池通常的厚度为 300μm 左右，这是因为晶体硅是间接吸收半导体材料，光的吸收系数低，需要较厚的厚度才能充分吸收阳光。非晶硅也称无定形硅或 a－Si，是直接吸收半导体材料，光的吸收系数很高，仅几微米就能完全吸收阳光，因此非晶硅光伏电池可以制作得很薄，材料和制作成本也相对较低。

从微观原子排列来看，非晶硅是一种“长程无序”而“短程有序”的连续元规则网络结构，其中包含有大量的悬挂键、空位等缺陷。在技术上有实用价值的是 a－Si：H 合金。在这种合金膜中，氢补偿了非晶硅中的悬挂键，使缺陷态密度大大降低，从而使掺杂成为可能。

（1）非晶硅的优点

1）有较高的光学吸收系数，在 0.315～0.75μm 的可见光波长范围内，其吸收系数比单晶硅高一个数量级。因此，即使很薄（1μm 左右）的非晶硅也能吸收大部分的可见光，从而降低制备材料的成本。

2）禁带宽度为 1.5～2.0eV，相较于晶体硅的 1.12eV 更宽，因此与太阳光谱的匹配度更高。

3）制备工艺和所需设备简单，沉积温度低（300～400℃），耗能少。

4）可沉积在廉价的衬底上，如玻璃、不锈钢甚至耐温塑料等，可做成能弯曲的柔性电池。

由于非晶硅有上述优点，因此许多国家都高度重视非晶硅光伏电池的研究与开发工作。

（2）非晶硅光伏电池结构及性能

1）非晶硅光伏电池结构。性能较好的非晶硅光伏电池常采用 P－I－N 结构，如图 2-25 所示。

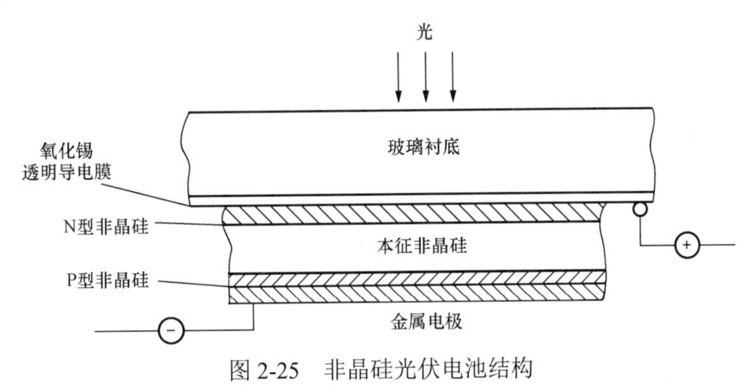

图 2-25　非晶硅光伏电池结构

2）非晶硅光伏电池的性能。

a．非晶硅光伏电池的电性能。目前实验室非晶硅光伏电池的光电转换效率达 15%，稳定效率为 13%。商品化的非晶硅光伏电池的光电转换效率一般为 6%～7.5%。非晶硅光伏电池的温度变化情况与晶体硅光伏电池不同，温度升高对其效率的影响比晶体硅光伏电池要小。

b．光致衰减效应。非晶硅光伏电池经光照后会产生 10%～30%的电性能衰减，这种现象称为非晶硅光伏电池的光致衰减效应。此效应限制了非晶硅光伏电池作为功率发电器件的大规模应用。为减小这种光致衰减效应，又开发了双结和三结的非晶硅叠层光伏电池，目前实验室中已将光致衰减效应减小至 10%。

由于非晶硅光伏电池的价格比单晶硅光伏电池便宜，因此在市场上已占有较大的份额。但其性能不够稳定，尚未广泛作为大功率电源使用，目前主要用于计算器、电子表、收音机等弱光和微功率器件。

4．化合物薄膜光伏电池

目前，光伏电池（如单晶硅、多晶硅电池）价格偏高，其中一个原因是电池材料贵且消耗大。因而，开发研制薄膜光伏电池成为降低光伏电池价格的重要途径。

薄膜光伏电池由沉积在玻璃、不锈钢、塑料、陶瓷衬底或薄膜上的几微米或几十微米厚的半导体膜构成。由于其半导体层很薄，可以大大节省光伏电池材料，降低生产成本，因此被认为是最有前景的新型光伏电池。

薄膜光伏电池在适当的衬底上只需铺设几微米至几十微米厚度的光伏材料，即可满足对光的大部分吸收，实现光电转换。这样，就可以减少使用价格昂贵的半导体材料，从而可以大大降低生产成本。薄膜化的活性层必须用基板来增加其机械性能，在基板上形成的半导体薄膜可以是多晶的，也可以是非晶的，不一定非要用单晶材料。因此，研究开发出不同材料的薄膜光伏电池是降低价格的有效途径。

1）化合物多晶薄膜光伏电池。除上面介绍过的非晶硅光伏电池和多晶硅薄膜光伏电池外，目前已成功开发出多种化合物多晶薄膜光伏电池，主要有硫化镉/碲化镉（CdS/CdTe）、硫化镉/铜镓铟硒（$CdS/CuGalnSe_2$）、硫化镉/硫化亚铜（CdS/Cu_2S）等，其中性能相对较好的有 CdS/CdTe 电池和 $CdS/CuGalnSe_2$ 电池。

2）化合物薄膜光伏电池的制备。研究各种化合物薄膜光伏电池的目的是找出一种廉价且高成品率的工艺方法，这是实现工业化生产的关键。由于所采用的材料性能存在差异，因此成功的工艺方法也各不相同，下面仅介绍两种化合物薄膜光伏电池。

a．CdS/CdTe 薄膜光伏电池。CdS/CdTe 薄膜光伏电池制造工艺完全不同于硅光伏电池，它不需要形成单晶，可以连续大面积生产，与晶体硅光伏电池相比，虽然效率低，但价格比较便宜。这类电池目前存在性能不稳定问题，长期使用会导致电性能严重衰退，技术上还有待于进一步改进。

b．$CdS/CulnSe_2$ 薄膜光伏电池。$CdS/CulnSe_2$ 薄膜光伏电池是以铜铟硒三元化合物半导体为基本材料制成的多晶薄膜光伏电池，其性能稳定，光电转换效率较高，且成本低，是一种具有潜力的光伏电池。

5．砷化镓光伏电池

（1）砷化镓光伏电池的优点

1）砷化镓的禁带宽度（1.424eV）与太阳光谱匹配良好，效率较高。

2）砷化镓的禁带宽度大，其光伏电池可以适应高温下工作。

3）砷化镓的吸收系数大，只要 5μm 厚度就能吸收 90%以上的太阳光，因此光伏电池可制作得很薄。

4）砷化镓光伏电池耐辐射性能好，由于砷化镓是直接跃迁型半导体，少数载流子的寿命短，因此由高能射线引起的衰减较小。

5）在砷化镓多晶薄膜光伏电池中，晶粒直径只需几微米。

6）在达到同样转换效率的情况下，砷化镓光伏电池开路电压大，短路电流小，且不易受串联电阻影响，这种特征在大倍数聚光和流过大电流的情况下尤为突出。

（2）砷化镓光伏电池的缺点

1）砷化镓单晶晶片价格比较昂贵。

2）砷化镓的密度为 5.318g/cm^3（298K），而硅的密度为 2.329g/cm^3（298K），这种高密度在空间应用中可能带来不利因素。

3）砷化镓比较脆，易损坏。

由于砷化镓的光吸收系数很大，绝大多数的入射光在光伏电池的表面层被吸收，因此，光伏电池性能对表面的状态非常敏感。早期制作的砷化镓光伏电池，因其表面存在高复合速率，严重影响了电池对短波长光的响应，使电池效率低下。后期采用液相外延技术，在砷化镓表面生长一层光学透明的宽禁带镓铝砷（$Ga_{1-x}Al_xAs$）异质面窗口层，有效阻碍了少数载流子流向表面发生复合，使效率明显提高。

6．聚光光伏电池

聚光光伏电池是在高倍太阳光下工作的光伏电池。该电池使大面积聚光器上接受的太阳光汇聚在一个较小的范围内，形成“焦斑”或“焦带”。位于焦斑或焦带处的光伏电池接收到更多的光能，使单体电池输出更多的电能，其潜力得到了充分发挥。只要有高倍聚光器，一只聚光电池输出的功率就相当于几十只甚至更多常规电池的输出功率之和。这样，用廉价的光学材料代替昂贵的半导体材料，可使发电成本降低。为了保证焦斑汇聚在聚光电池上，聚光器和聚光电池通常被安装在太阳跟踪装置上。

聚光电池的种类繁多，而且器件理论、制造和应用都与常规电池有很大不同。下面仅简单介绍平面结聚光硅光伏电池。

一般来说，硅光伏电池的输出功率基本上与光强成正比。例如，一个直径为 3cm 的圆形常规电池，在标准光强（即 1000W/m^2）下输出功率约为 70MW。而同样面积的聚光电池，在 100 倍光强（即 100kW/m^2）照射下工作，其输出功率约为 7W。聚光电池的短路电流基本上也与光强成正比。当电池在高光强下工作时，其开路电压也有所提升。填充因子同样取决于电池的串联电阻，而聚光电池的串联电阻与光强的大小及光的均匀性密切相关。因此，聚光电池对其串联电阻的要求很高，一般需要特殊的密栅线设计和制造工艺来满足这一要求。虽然高光强可以提高填充因子，但电池上光强分布不均匀也会降低填充因子。

在高光强下工作时，电池的温度会显著上升，此时必须采取措施使光伏电池强制降温，并且由于需要对太阳进行跟踪，还需要额外采取动力、控制装置和严格的抗风措施。

随着聚光比的提高，聚光光伏系统所接收到光线的角度范围逐渐变小，为了更加充分地利用太阳光，使太阳光线总是能够精确地垂直入射在聚光电池上，尤其是对于高倍聚光器，必须配备跟踪装置。

太阳每天从东向西运动，其高度角和方位角在不断改变，同时在一年中，太阳赤纬角还在−23.45°～+23.45°之间来回变化。太阳在东西方向的位置变化是主要的。在地平坐标系中，太阳的方位角几乎每天变化 180°，而太阳赤纬角在一年中的变化只 S46.90°。因此，跟踪方法又有单轴跟踪和双轴跟踪之分。单轴跟踪只在东西方向跟踪太阳，而双轴跟踪则同时在东西和南北两个方向跟踪太阳。显然，双轴跟踪的效果要比单轴跟踪好，但双轴跟踪的结构更复杂，价格也更高。太阳能自动跟踪聚焦式光伏系统的关键技术在于精确跟踪太阳，其聚光比越大，对跟踪精度的要求就越高。例如，聚光比为 400 时，跟踪精度要求小于 0.2°。在一般情况下，跟踪精度越高，跟踪装置的结构设计就越复杂，控制要求越严格，造价也就越贵，有的甚至要高于光伏系统中光伏电池的造价。

点聚焦型聚光器一般要求双轴跟踪，而线聚焦型聚光器仅需单轴跟踪，有些简单的低倍聚光器甚至可不用跟踪装置。

跟踪装置主要包括机械结构和控制部分，其形式多种多样。例如，有的以石英晶体为振荡源，通过驱动步进机构进行单轴、间歇式主动跟踪，具体为每隔 4min 驱动一次，每次立轴旋转 1°，从而在每昼夜实现立轴旋转 360°的时钟运动。比较普遍的是采用光敏差动控制方式，该方式主要由传感器、方位角跟踪机构、高度角跟踪机构和自动控制装置等组成。当太阳光辐照度达到工作照度时自动开机，在太阳光线发生倾斜时，高灵敏探头将检测到的光差变化信号转换成电信号，并传给自动跟踪控制器，该控制器驱使电动机开始工作，通过机械减速装置及传动机构，使光伏电池板旋转，直到正对太阳的位置时，光差变化为零，此时高灵敏探头给自动跟踪控制器发出停止信号，该控制器随即停止输出高电平，使其主光轴始终与太阳光线相平行。当太阳西下且亮度低于工作照度时，自动跟踪控制器停止工作。次日早晨，当太阳从东方升起时，自动跟踪控制器转向东方，再自东向西转动，实现自动跟踪太阳的目的。

7．光电化学光伏电池

（1）光电化学光伏电池的特点

早在 1839 年，人们就开始发现电化学体系的光效应，即将铂、金、铜、银卤化物作为电极，浸入稀酸溶液中。当光线照射电极一侧时，就产生了电流。从 20 世纪 70 年代初开始，对这个领域的研究日渐增多。利用半导体与液体结制成的电池称为光电化学电池，这种电池具有下列优点。

1）形成半导体－电解质界面很方便，制造方法简单，没有固体器件形成 PN 结和栅线时的复杂工艺，从理论上讲，其光电转换效率可与 PN 结或金属栅线接触相比较。

2）可以直接由光能转换成化学能，解决了能源储存问题。

3）几种不同能级的半导体电极可结合在一个电池内，使光线可以透过溶液直达势垒区。

4）制作电板材料可以不用单晶材料，而是选择半导体多晶薄膜，或采用粉末烧结法来制备。

用简单方法就能制成大面积光电化学光伏电池，为降低光伏电池生产成本提供了新的途径，因而光电化学光伏电池被认为是太阳能利用的一个新方向。

（2）光电化学光伏电池的结构与分类

1）光生化学电池。光生化学电池的结构如图 2-26 所示，该电池由阳极、阴极和电解质溶液组成，两个电极（电子导体）浸在电解质溶液（离子导体）中。当受到外部光照时，光被溶液中的溶质分子所吸收，进而引发电荷分离，在光照电极附近

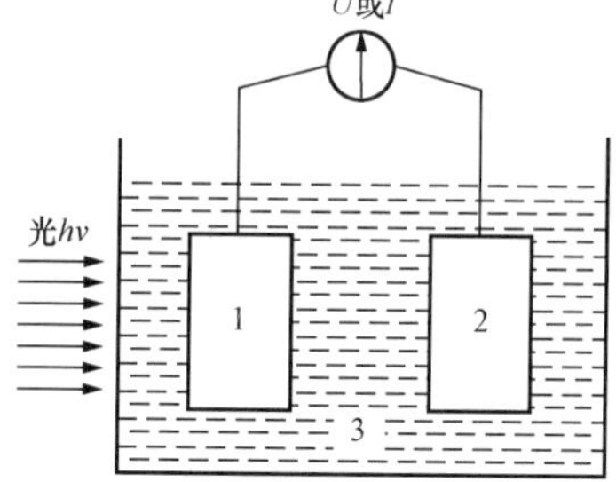

图 2-26　光生化学电池的结构
1、2—电极；3—电解质溶液

发生氧化还原反应，由于金属电极和溶液分子之间的电子迁移速度差别很大，因此产生了电流，这类电池称为光生化学电池，也称光伽伐尼电池，目前所能达到的光电转换效率依然很低。

2）半导体 - 电解质光电化学电池。半导体 - 电解质光电化学电池的工作原理是照射光被半导体电极所吸收，在半导体电极与电解质界面进行电荷分离。若电极为 N 型半导体，则在界面发生氧化反应，这类电池称为半导体 - 电解质光电化学电池。它在光电转换形式上与一般太阳电池类似，都是光子激发产生电子和空穴，也称为半导体 - 电解质太阳电池或温式光伏电池。但它与 PN 结光伏电池不同，是利用半导体 - 电解质液体界面进行电荷分离而实现光电转换的，因此也称为半导体液体结光伏电池。

2.2.4　光伏电池的制备

硅光伏电池是目前使用最广泛的光伏电池，根据硅材料的晶体结构不同，可分为单晶硅、多晶硅和非晶硅光伏电池三种。单晶硅和多晶硅光伏电池也称为晶体硅光伏电池，它们目前占光伏电池市场的大部分份额，其产量占到当前世界光伏电池总产量的 90%左右。晶体硅光伏电池的制造工艺技术成熟，性能稳定可靠，光电转换效率高，使用寿命长，已实现了工业化大规模生产。

1．硅材料的优异性能

1）硅材料丰富，易于提纯，纯度可达小数点后 12 个 9（12N），其中电子级硅纯度要求达到 9N，而光伏电池硅的纯度达到 7N 即可。

2）硅原子占晶格空间小（34%），这对于电子的运动和掺杂过程有利。

3）硅原子核外有 4 个电子，掺杂后，容易形成电子 - 空穴对。

4）容易生成大尺寸的单晶硅（ϕ400×1100mm，质量 438kg）。

5）易于通过沉积工艺制作单晶硅、多晶硅和非晶硅薄层材料。

6）易于腐蚀加工，切片损伤小，便于实现可控钝化。

7）带隙适中（在室温下，硅的禁带宽度 E_g=1.12eV），受本征激发影响小。

8）硅材料力学性能好，便于机械加工，且物理性能稳定。

9）硅材料便于金属掺杂，可以制作低阻值的欧姆接触。

10）硅材料表面的 SiO_2 薄层制作简单，SiO_2 薄层有利于减小反射率，提高光伏电池的发电效率；SiO_2 薄层绝缘性能好，便于电气绝缘的表面钝化处理；此外，SiO_2 薄层还是一种良好的掩膜层和阻挡层。

2．硅材料的制备

制造光伏电池的硅材料以石英砂（SiO_2）为原料，先将石英砂放入电炉中，通过碳还原反应得到冶金硅，较好的纯度范围在 98%～99%之间。冶金硅与氯气（或氯化氢）反应得到 $SiCl_4$（或 $SiHCl_3$ 氢硅），经过精馏使其纯度提高，然后通过氢气还原成多晶硅。多晶硅经过坩埚直拉法（Cz 法）或区熔法（Fz 法）制成单晶硅棒，这个过程可进一步提高硅材料的纯度，同时减少单晶硅的缺陷和有害杂质。在制备单晶硅的过程中，可根据需要对其进行掺杂，地面用晶体硅光伏电池材料的电阻率为 0.5～3Ω·cm，而空间用硅光伏电池材料的电阻率约为 10Ω·cm。

3．光伏电池板的制备

从硅材料到制成光伏电池板，需要经过一系列复杂的工艺过程，以多晶硅光伏电池板为例，其生产过程大致是：硅砂→硅锭→切割→硅片→电池单体→电池板。

（1）光伏电池单体

光伏电池单体又称光伏电池片，是将光能转换成电能的最小单元，尺寸一般为 2cm×2cm 到 15cm×15cm 不等。光伏电池单体的工作电压为 0.45～0.5V（开路电压约为 0.6V），典型值为 0.48V，工作电流为 20～25mA/cm^2，一般不直接作为电源使用，原因主要有以下几点：

1）单体电池是由单晶硅或多晶硅材料制成，薄（厚度约 0.2mm）而脆，不能承受较大的撞击。

2）尽管光伏电池的电极在材料和制造工艺上不断改进，增强了耐湿性和耐腐蚀性，但它们仍不能长期裸露于大气中。大气中的水分和腐蚀性气体会缓慢地腐蚀电极（尤其是上电极和硅扩散层表面的接触面），导致电极逐渐脱落，进而缩短光伏电池的使用寿命。因此，在使用中必须采取有效措施将光伏电池与大气隔绝。

3）光伏电池单体无论面积大小（整片或切割成小片），其开路电压 0.5～0.6V 和工作电压 0.45～0.5V（典型值或峰值电压 0.48V）都不能满足一般用电设备的电压要求，这是由硅材料本身性质所决定的。电池单体的输出电流和发电功率与其面积大小成正比，即面积越大，输出电流和发电功率也越大。光伏电池单体的面积受到硅材料尺寸的限制（其尺寸一般为 2cm×2cm 到 15cm×15cm 不等），工作电流为 20～25mA/cm^2，所以输出功率很小。目前较大的光伏电池单体尺寸为 15cm×15cm，峰值功率约为 3W；常见的光伏电池尺寸为直径 10cm 的圆片和 10cm×10cm 的正方片，峰值功率分别约为 1W 和 1.4W。而常用电器需要 6V 以上的工作电压和十几瓦以上的电功率，因此，光伏电池单体无法满足这些需求。

（2）光伏电池板

光伏电池实际使用时，需要按负载要求，将若干单体电池按电性能进行分类并进行串并联，经封装后组合成可以独立作为电源使用的最小单元，这个独立的最小单元称为光伏电池板。若干光伏电池板串并联构成光伏电池阵列，以满足各种不同的用电需求。

1）光伏电池单体的连接方式主要有串联、并联和串并联混合三种连接方式，如图 2-27 所示。如果每个单体电池的性能是一致的，通过串联多个单体电池，可在不改变输出电流的情况下，使输出电压成比例地增加；而采用并联连接方式，则可在不改变输出电压的情况下，使输出电流成比例地增加；对于串并联混合连接方式，则既可增加组件的输出电压，又可增加组件的输出电流。光伏电池标准板一般用 9 串 4 列或 12 串 3 列共 36 片的单体电池串联而成，由于单片光伏电池单体的工作电压典型值为 0.48V，因此光伏电池标准组件额定输出电压约为 17V，这一电压正好可以对 12V 的蓄电池进行有效充电。

制作光伏电池板时，需根据标称的工作电压确定光伏电池片的串联数；同时，根据标称的输出功率（或工作电流）来确定光伏电池片的并联数。

2）光伏电池板的板型设计。要尽量节约封装材料，合理排列光伏电池单体，以减小其总面积。在生产电池板之前，需要对电池板的外形尺寸、输出功率以及电池片的排列布局等进行设计，这种设计在业内被称为光伏电池板的板型设计。设计者既要了解电池片的性能参数，又要了解电池板的生产工艺过程和用户的使用需求，以确保电池板尺寸合理、电池片排布紧凑美观。

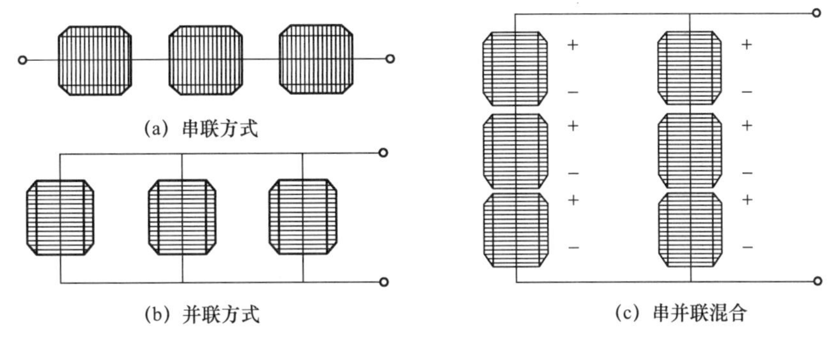

图 2-27　光伏电池单体的连接方式

电池板的板型设计一般从两个方向入手：一是根据现有电池片的功率和尺寸确定电池板的功率和尺寸；二是根据电池板的尺寸和功率要求选择电池片的尺寸和功率。

下面以 36 片串联形式的电池板为例，介绍电池板的板型设计方法。

例如，要生产一块光伏电池板，现在手头有单片功率为 2W、尺寸为 125mm×125mm 的单晶硅电池片，需要确定电池板的功率、板型和尺寸。根据电池片情况，首先选用 36 片 2W 的电池片，组件总功率为 2W×36 = 72W，电池片排列可采用 4×9 或 6×6 的形式，如图 2-28 所示。根据板型大小，图中电池片与电池片中的间隙取 5mm；上下边距一般取 35mm，左右边距一般取 15mm。这些尺寸都确定以后，即可确定玻璃的长和宽尺寸。4×9 板型的玻璃尺寸长为 1235mm，宽为 545mm；6×6 板型的玻璃尺寸长为 845mm，宽为 805mm。组件安装边框后的长和宽尺寸一般要比玻璃尺寸大 4～5mm，因此通常所说的光伏板外形尺寸都是指加上边框后的尺寸。

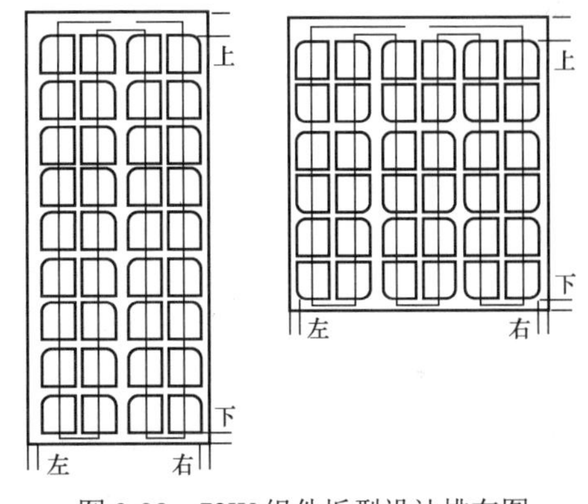

图 2-28　72W 组件板型设计排布图

板型设计时，要尽量选取较小的边距尺寸，以减少玻璃、EVA、TPT 及铝型材等原材料的消耗，同时使组件质量减轻。当用户没有特殊要求时，组件外形应尽量设计成接近正方形，这是因为在同样面积下，正方形的周长最短，因此制作同样功率的电池组件时，可减少边框铝型材的使用量。

4．光伏电池板封装工艺

光伏电池板的封装既可以保护电池片表面、电极和互连线等免受腐蚀，也可以防止电池片的碎裂。因此，封装是光伏电池板生产中的关键步骤，封装质量的好坏决定了光伏电池板的使用寿命。若缺乏良好的封装工艺，那么即使电池本身的质量再好，也无法保证生产出高质量的电池板。

光伏电池板封装工艺流程如下：电池片测试分选→激光划片（整片使用时无此步骤）→电池片单焊（正面焊接）并自检验→电池片串焊（背面串接）并自检验→中检测试→叠层敷设（玻璃清洗、材料下料切割、敷设）→层压（层压前灯检、层压后削边、清洗）→终检测试→装边框（涂胶、装镶嵌角铝、装边框、撞角或螺钉固定、边框打孔或冲孔、擦洗余胶）→装接线盒、焊接引线→高压测试→清洗、贴标签→电池板抽检测试→电池板外观检验→包装入库。

5．光伏电池方阵的工程设计

光伏电池方阵也称光伏阵列（Solar Array 或 PV Array），是为了满足高电压、大功率的发电要求，由若干个光伏电池板通过串、并联方式连接而成的。除光伏电池板的串并联组合外，光伏电池方阵还需要防反充（防逆流）二极管、旁路二极管、电缆等，用于对电池板进行电气连接，并配备专用的、带避雷器的直流接线箱。有时，为了防止鸟粪等污染物玷污光伏电池板表面，导致产生“热斑效应”，还需要在方阵中安装驱鸟器。

（1）光伏电池板的串并联组合

光伏电池方阵中，电池板的连接有串联、并联和串并联混合连接三种方式。当每个单体电池组件性能一致时，多个电池组件的并联连接可在不改变输出电压的情况下，使方阵的输出电流成比例地增加；而串联连接时，则可在不改变输出电流的情况下，使方阵输出电压成比例地增加；组件串并联混合连接时，既可增加方阵的输出电压，又可增加方阵的输出电流。但是，组成方阵的所有电池组件性能参数不可能完全一致，所有的连接电缆、插头插座接触电阻也各不相同，于是导致各串联电池组件的输出电流受限于其中电流最小的组件；而各并联电池组件的输出电压则会受到其中电压最低的电池组件的限制。因此，方阵组合连接会产生损失，使方阵的总效率总是低于所有单个组件的效率之和。这种方阵组合连接损失的大小与电池组件性能参数的离散性密切相关，在电池组件的生产工艺过程中，除了尽量提高电池组件性能参数的一致性外，还可以对电池组件进行测试、筛选和组合，即将特性相近的电池组件组合在一起。例如，串联组合的各组件输出电流要尽量相近，并联组合每串与每串的总输出电压也要尽量相近，以最大限度地减少组合连接损失。因此，方阵组合连接应遵循以下原则：

1）串联时，需要选择输出电流相同的组件，并为每个组件并联旁路二极管。

2）并联时，需要选择输出电压相同的组件，并在每一条并联支路中串联防反充（防逆流）二极管。

3）尽量确保组件连接线路最短，并使用较粗的导线。

4）严格防止性能变差的个别电池组件混入电池方阵中。

（2）光伏电池板的热斑效应

在光伏电池方阵中，若发生阴影（例如树叶、鸟类、鸟粪等）落在某单体电池或一组电池上的情况，或当组件中的某单体电池被损坏时，而组件（或方阵）的其余部分仍处于阳光暴晒之下正常工作，此时未被遮挡的那部分光伏电池（或组件）需要为局部被遮挡或已损坏的光伏电池（或组件）提供负载所需的功率，这会导致该部分光伏电池（或组件）如同一个工作于反向偏置下的二极管，其电阻和压降都很大，从而消耗功率并导致发热，这就是热斑效应，如图 2-29 和图 2-30 所示。

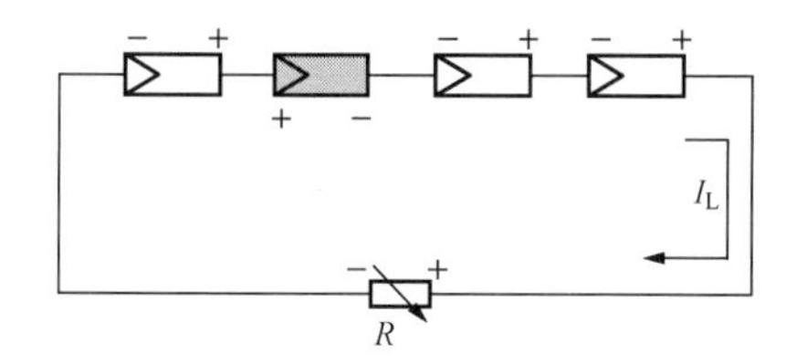

图 2-29　串联光伏电池板热斑形成示意图

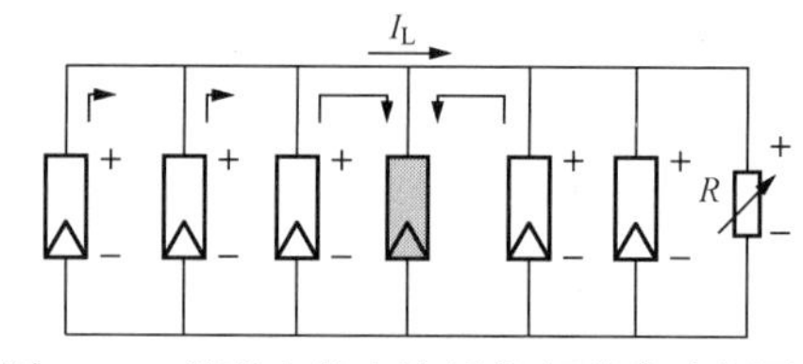

图 2-30　并联光伏电池板热斑形成示意图

热斑效应会严重破坏光伏电池板，甚至可能导致焊点熔化、封装材料破损，乃至使整个组件失效。产生热斑效应除了以上原因外，还包括个别质量不好的电池片混入电池组件、电极焊片虚焊、电池片隐裂或破损及电池片性能变坏等因素，这些都需要引起高度重视。

热斑效应的防护措施为：在串联回路中，需要在光伏电池板的正负极间并联一个旁路二极管 VDb，以避免串联回路中光照组件所产生的能量被遮蔽的组件所消耗；在并联支路中，需要串联一个二极管 VDs，以避免并联回路中光照组件所产生的能量被遮蔽的组件所吸收，串联二极管在独立光伏发电系统中可同时起到防止蓄电池在夜间反充电的作用。

热斑效应防护电路如图 2-31 所示。

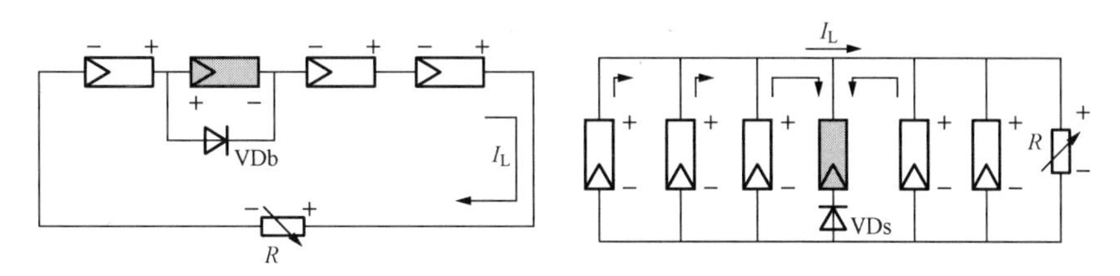

图 2-31　光伏电池板热斑效应防护电路

（3）防反充（防逆流）和旁路二极管

在光伏电池方阵中，二极管是很重要的器件，普遍采用的是硅整流二极管，在选用时要确保规格参数留有充足的裕量，以防止击穿损坏。具体来说，反向峰值击穿电压和最大输出电流应至少为最大运行输出电压和输出电流的 2 倍。在太阳能光伏发电系统中，二极管主要分为两类。

1）防反充（防逆流）二极管。防反充（防逆流）二极管的作用主要体现在两个方面：一是光伏电池板或方阵在不发电时，防止蓄电池的电流反过来向组件或方阵倒送，这样不仅消耗能量，而且会使组件或方阵发热甚至损坏；二是在电池方阵中，防止方阵各支路之间的电流倒送。这是因为串联各支路的输出电压不可能完全相等，而是存在高低差异，或者某一支路因为故障、阴影遮蔽等使该支路的输出电压降低时，高电压支路的电流就会流向低电压支路，甚至会使方阵总体输出电压降低。在各支路中串联接入防反充二极管 VDs 就可避免这一现象的发生。

在独立光伏发电系统中，如果光伏控制器的电路中已内置防反充（防逆流）二极管，即控制器带有防反充功能时，那么组件输出端就不需要再接入防反充（防逆流）二极管。

2）旁路二极管。当多个光伏电池板串联组成电池方阵的一个支路时，需要在每块电池板的正负极输出端反向并联一个二极管 VDb，这个并联在组件两端的二极管称为旁路二极管。旁路二极管的作用是方阵串中的某个组件或组件中的某一部分被阴影遮挡或出现故障停止发电时，在该组件旁路二极管两端会形成正向偏压使二极管导通，从而使组件串工作电流绕过故障组件，经二极管旁路流过，不影响其他正常组件的发电，同时也防止被旁路组件因受到较高的正向偏压或热斑效应而发热损坏。

旁路二极管通常直接安装在组件接线盒内，根据组件功率的大小和电池片串的数量，会安装 1～3 个二极管，如图 2-32 所示。其中，图 2-32（a）采用 1 个旁路二极管，当该组件被遮挡或有故障时，组件将被全部旁路；图 2-32（b）和图 2-32（c）分别采用 2 个和 3 个二极管将电池组件分段旁路，当该组件的某一部分有故障时，可以做到只旁路组件的 1/2 或 1/3，其余部分仍然可以继续正常工作。

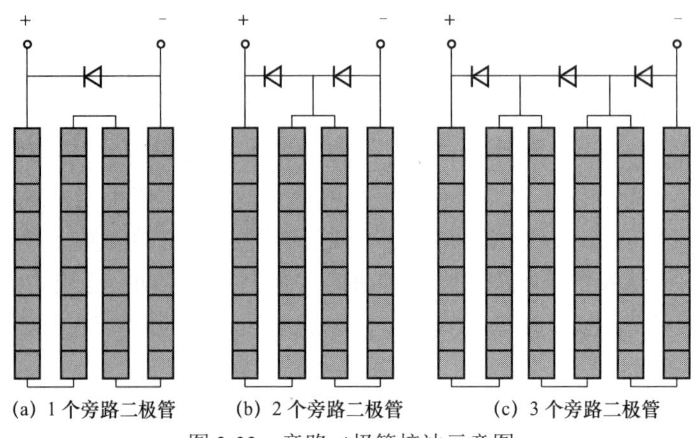

图 2-32 旁路二极管接法示意图

并不是任何场合都需要旁路二极管，当组件单独使用或并联使用时，是不需要接旁路二极管的。对于组件串联数量不多且工作环境较好的场合，也可以考虑不加旁路二极管。

（4）光伏电池方阵的电路

光伏电池方阵的基本电路由光伏电池板、旁路二极管、防反充（防逆流）二极管和带避雷器的直流接线箱等构成，常见电路形式有并联方阵电路、串联方阵电路和串并联混合方阵电路，如图 2-33 所示。

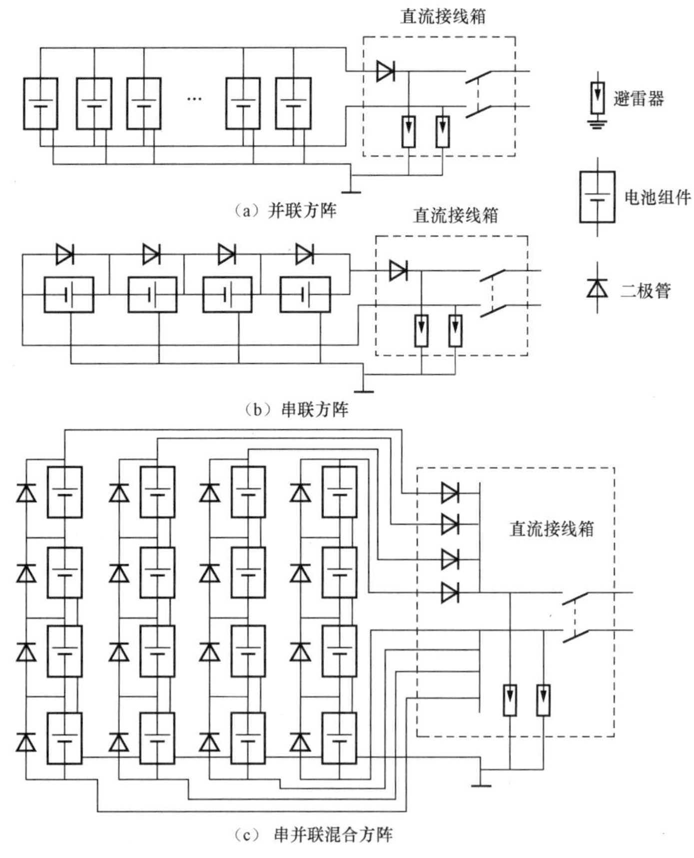

图 2-33 光伏方阵基本电路示意图

（5）光伏电池方阵的计算

光伏电池方阵是根据负载需要将若干个电池板通过串联和并联进行组合连接，得到规定的输出功率和电压，从而为负载提供电力。方阵的输出功率与光伏电池板的串并联数量有关，串联是为了获得所需要的输出电压，并联是为了获得所需要的输出电流，从而确保方阵整体的输出功率。

独立光伏发电系统的电压往往被设计成与蓄电池的标称电压相对应或者是其整数倍，如 48、36、24、12V 等。对于交流光伏发电系统和并网光伏发电系统，方阵的电压等级往往为逆变输出做准备，如 110V 或 220V。对电压等级更高的光伏发电系统，则采用多个方阵进行串联，组合成与电网等级相同的电压等级，如组合成 600V、10kV 等，再通过逆变器后与电网连接。因此可以根据这些电压选取串联光伏电池板的数量，然后再根据系统总功率选取并联支路数，进而确定系统需要光伏电池板的总数量。

2.2.5　光伏电池的仿真建模

对于光伏发电系统来说，进行仿真建模有利于优化整个系统的性能设计，便于提前发现潜在的问题，缩短研发周期，提高系统的可靠性和总体效率。在光伏发电系统仿真建模的过程中，最基本的要求是准确反映光伏电池的性能，并且能快速得到仿真结果。

如前所述，光伏电池的模型分为两种：基于物理特性的模型和基于外特性的模型。基于物理特性的模型建模，其主要优点是能够较为准确地反映光伏电池的物理特性，且仿真精度高；缺点是模型结构较为复杂，并且与光伏组件产品的常规参数对应关系不明确，导致参数求解较困难。而基于外特性的模型建模，其主要优点是模型结构较简单，且与光伏组件产品的实际参数直接对应，求解容易；缺点是不能准确反映物理特性，对光照、温度等外围参数的设定较困难。在仿真中，常选用基于物理特性的模型，虽然这一模型较为复杂，但其仿真精度更高，并能够反映外界光照和温度的变化，模拟出太阳辐射强度、环境温度实时变化的情况。

参照光伏电池的物理模型，可建立用于实现其仿真的 MATLAB/Simulink 仿真模型，如图 2-34 所示。

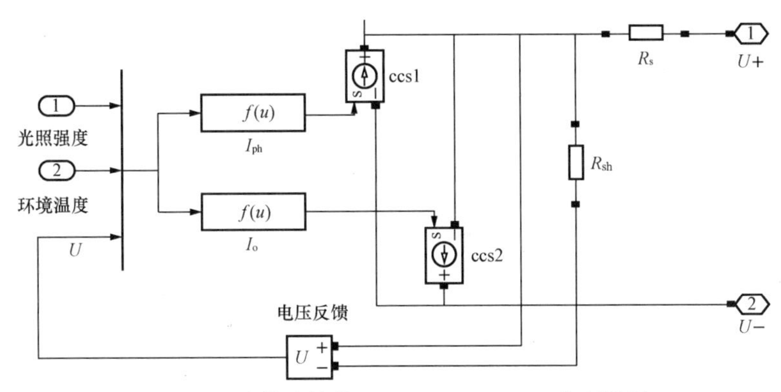

图 2-34　光伏电池的 MATLAB/Simulink 仿真模型

图 2-34 中，①和②分别用于输入光照强度和环境温度的参数，根据模型函数输入受控源，

最终结合电路得到光伏电池的输出。在温度 25℃、光照 1000W/m² 的仿真条件下，光伏电池仿真模型仿真出的特性曲线如图 2-35 所示。

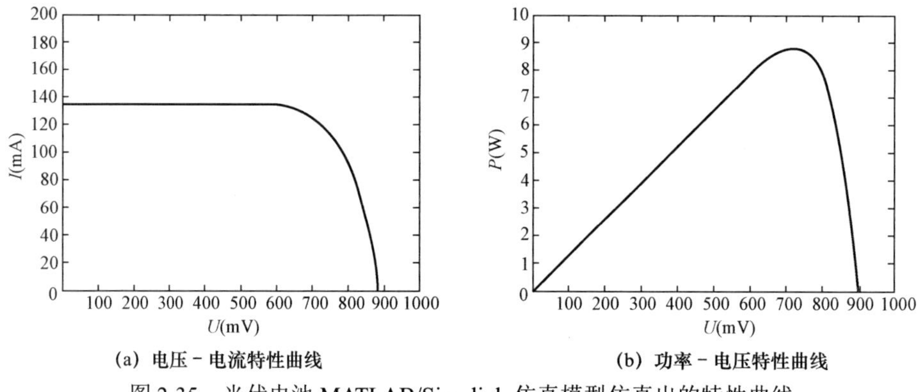

(a) 电压－电流特性曲线 (b) 功率－电压特性曲线

图 2-35 光伏电池 MATLAB/Simulink 仿真模型仿真出的特性曲线

2.3 最大功率点跟踪技术

2.3.1 最大功率点受外界因素的影响

光伏电池的输出特性会受多种因素的影响，如光照强度、温度和负载状态的变化都会使其输出功率发生变化。同时，在不同条件下的光伏电池最大功率点的位置也会变化。为了更好地使光伏发电系统在各种条件下都能达到最大的功率输出，就要首先研究外界光照强度和温度变化对光伏电池输出特性的影响。下面分别以单个光伏电池模型仿真出的电压－电流特性和功率－电压特性为例，分析在不同的光照强度和温度下其输出特性的变化情况。

图 2-36（a）表示设定环境温度为 25℃不变，不同光照强度对光伏电池电压－电流特性的影响；图 2-36（b）表示保持光照强度为 1000W/m² 不变，不同温度对光伏电池电压－电流特性的影响。

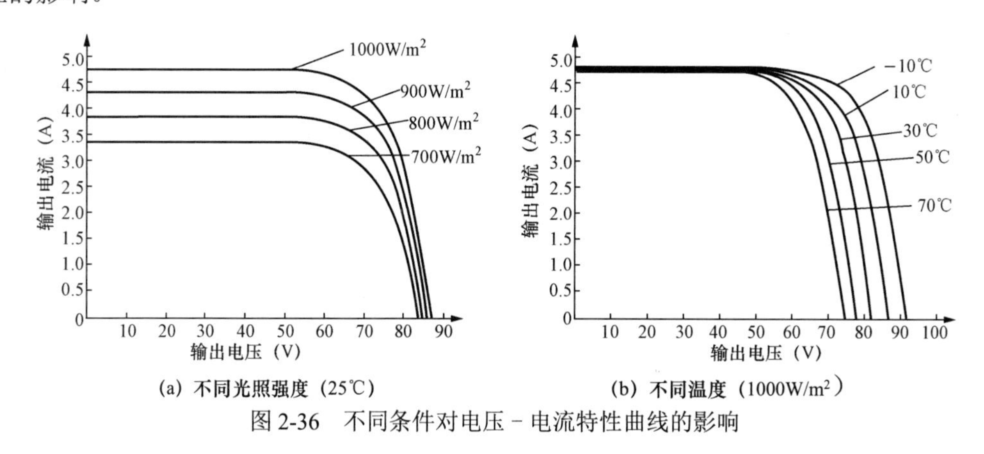

(a) 不同光照强度（25℃） (b) 不同温度（1000W/m²）

图 2-36 不同条件对电压－电流特性曲线的影响

由图 2-36（a）可看出，在同一温度下，随着光照强度的增加，电压－电流特性曲线近似整体向上平移，说明短路电流 I_{sc} 随光照强度的升高明显增大，而开路电压 U_{oc} 将随光照的升高略有增大。由图 2-36（b）可以看出，在同一光照强度下，随着温度的升高，光伏电池的开路电压 U_{oc} 向左偏移，说明温度对开路电压有明显影响，而电压－电流特性曲线在恒流源线性区受温度影响变化不大，短路电流 I_{sc} 随温度升高只是略有增加。

图 2-37（a）表示，设定环境温度为 25℃不变的情况下，不同光照强度对光伏电池功率-电压特性的影响；图 2-37（b）表示，保持光照强度为 1000W/m^2 不变的情况下，不同温度对光伏电池功率－电压特性的影响。

由图 2-37（a）可看出，在同一光照强度下，功率－电压特性曲线存在一个最大功率输出点，在该点的左边区域，输出功率随着输出电压的升高而升高，在该点的右边区域，输出功率随输出电压的升高而降低；在不同光照强度下，随着光照强度的增加，输出功率－电压特性曲线近似整体向上平移。由图 2-37（b）可以看出，在同一光照强度下，随着温度的升高，系统开路电压向左偏移，说明温度对功率－电压特性曲线有明显影响，但该特性曲线在最大功率点左边的线性区受温度影响变化不大。

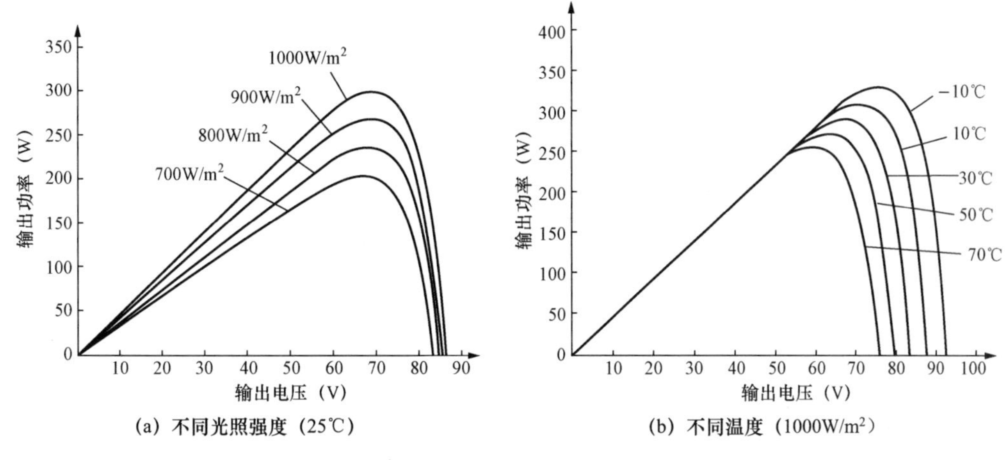

图 2-37 不同条件对功率－电压特性曲线的影响

图 2-37（a）和图 2-37（b）的变化趋势类似，都是在右侧电压较高区域内，光伏电池可视为一系列不同等级的电压源，具有明显的低电阻特性；而在左侧电压较低区域内，光伏电池又视为一系列不同等级的电流源，具有明显的高电阻特性。在温度不变的条件下，最大功率点与光照强度成正比；在光照强度不变的条件下，最大功率点与温度成反比。

另外，由图 2-36 和图 2-37 还可以看到，除了输出功率受光照强度和温度影响之外，光伏电池的开路电压和短路电流也会受到光照强度和温度变化的影响。其中，开路电压 U_{oc} 随温度升高而明显降低，短路电流 I_{sc} 随光照强度的增加而明显增加。

2.3.2 光伏 MPPT 控制基本原理

通过上一小节的分析可知，光伏电池的输出特性呈现非线性特征，并且其性能明显受光照强度和环境温度的影响。但在任意光照强度和环境温度下，光伏电池都存在一个特定的最大功率点。此外，即使在光照强度和环境温度稳定的情况下，光伏电池的输出功率也会随着外接负载的变化而变化。从理论上讲，只要将光伏电池与负载完全匹配并直接耦合（如负载为被充电的蓄电池），负载的电压－电流特性曲线与最大功率点轨迹曲线即可重合或渐进重合，使光伏电池处于高效输出状态。但在日常应用中，很难满足负载与光伏电池的直接耦合条件。因此，为了提高光伏发电系统的整体效率，一个重要的途径就是实时调整系统负载特性，即调整光伏电池的工作点，使之能在不同的光照强度和温度下始终保持工作在最大功率点附近，这一过程就称为最大功率点跟踪（Maximum Power Point Trackers，MPPT）。

为了在限定条件下有效利用光伏电池，以产生更多的电能并输出最大的功率，光伏发电系统常需采用 MPPT 控制策略或算法，以实现负载与光伏电池间的最佳匹配。带有 MPPT 功能的光伏充电系统结构原理框图如图 2-38 所示。

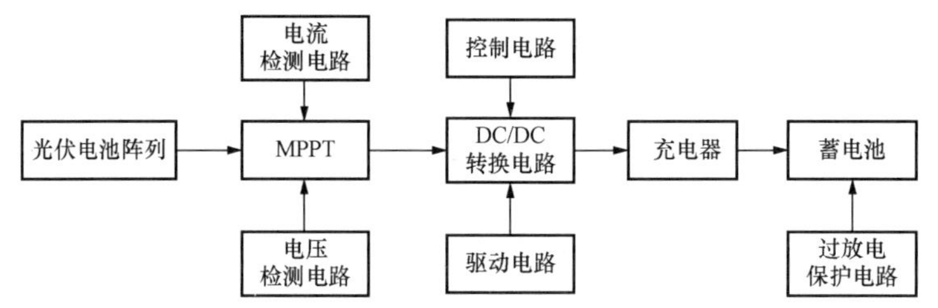

图 2-38　带有 MPPT 功能的光伏充电系统结构原理框图

以在可变光照强度下工作的光伏电池输出特性图为例（见图 2-39），简单介绍 MPPT 控制过程及原理。图 2-39 中有两条分别代表不同的光照强度下光伏电池工作的输出特性曲线（曲线 1 和曲线 2）。在初始光照条件下，光伏电池的输出特性表现为曲线 1，负载曲线也为 1，此时系统的工作点运行在最大功率点 A_1，满足在最大功率点工作的要求。随着光照强度减弱，使得光伏电池的输出特性表现为曲线 2。如果维持原有负载 1 不变，系统的工作点会移动到 A_2 点，偏移了当前光照强度下应有的最大功率点 B_1。若想追踪最大功率点，使得光伏电池系统在新条件下运行于最大功率点，就应将系统的负载特性由负载 1 改为负载 2。同理，如果系统已经稳定工作在最大功率点 B_1 后，光照强度再次增强，使得光伏电池的输出特性由曲线 2 又回升至曲线 1，则系统的工作点相应地会自动由 B_1 变化到 B_2。这时就要将负载 2 改回至负载 1，以便在光照强度增强的情况下再次调整工作点，保证系统运行于新条件下的最大功率点 A_1。这个从 A_1 工作点到 B_1 工作点之间的往返跟踪过程称为 MPPT 控制。

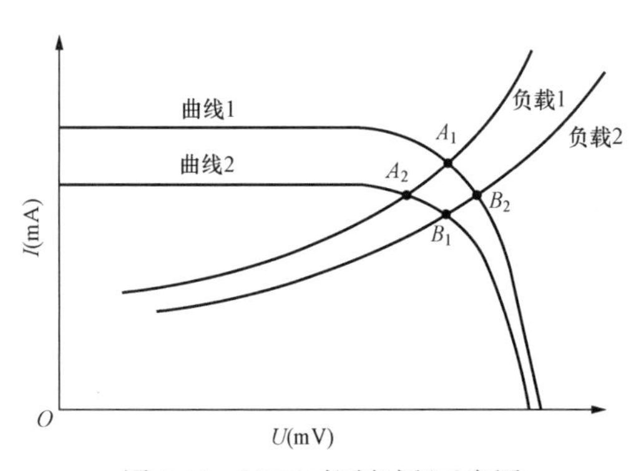

图 2-39　MPPT 控制过程示意图

由此可见，光伏发电系统中的 MPPT 控制策略流程为：根据实时检测光伏电池的输出功率，经过一定的控制算法预测当前工况下光伏电池可能达到的最大功率点，然后通过改变当前的阻抗、电压或电流等电量参数来满足最大功率输出的要求。不论是因外部光照强度变化，还是因内部光伏电池的结温变化，导致光伏电池的输出功率减少，系统始终可以自动运行于当前工况下的最佳工作状态，以实现最大功率输出，从而可提高整个光伏发电系统的转换效率。

2.3.3 光伏 MPPT 控制实现方法

光伏电池在外界光照强度、环境温度等条件不断变化中表现出很强的非线性特性，其物理和数学模型相对复杂，各种 MPPT 控制方法也都有各自的优缺点。但无论采用哪种 MPPT 控制方法，其最终的目的都是在外界条件发生变化的情况下，使得光伏发电系统能有效、快速地跟踪到最大功率点并继续运行。

MPPT 控制方法可根据控制算法进行分类，也可根据具体实现环节的控制参数进行分类。若根据 MPPT 算法的特征和具体实现机理的过程，可将 MPPT 方法分为三大类：①基于参数选择方式的间接控制法；②基于采样数据的直接控制法；③基于现代控制理论的人工智能控制法。

下面将对上述三类 MPPT 方法的思路和实现方法进行详细介绍，并从控制的难易程度、控制速度与精度等方面对其进行简要的分析。

1．基于参数选择方式的间接控制法

这类 MPPT 方法主要包括恒定电压法、开路电压比例系数法、短路电流比例系数法、曲线拟合法和查表法等，它们主要依赖于预存的数据库和具体光伏电池参数，通过数学函数和经验公式得到近似的 MPPT。在这类控制方法中，需要通过实际硬件参数和经验数据确定相应的初始值，并作为控制的基础。因此，从严格意义上来说，这类方法都是近似的 MPPT 控制方法，没有真正实现在线实时跟踪与控制，误差相对较大，尤其受外界环境和自身工作状态影响时，这种误差会更加明显。

（1）恒电压跟踪法（CVT）

在外界环境条件保持不变的情况下，光伏电池有且仅有一个最大功率点输出，对该输出特性进一步分析可以发现，当温度基本保持不变，而光照强度发生变化时，其典型的输出功率 - 电压曲线如图 2-40 所示。

从图 2-40 中可以看出，在一定温度条件下，最大功率点近似分布在同一直线上，若采用垂直线代替，即保持电压恒定不变，说明光伏电池的最大功率点大致对应某一恒定电压，可对其进行等效代替。通过实验测试，可以得到光伏电池在某一日照强度及温度下的最大功率点的电压值，该电压即为最大功率点处的输出电压 U_m，因此恒电压跟踪法的控制思想就是将系统输出电压稳定控制在特定值 U_m 处。

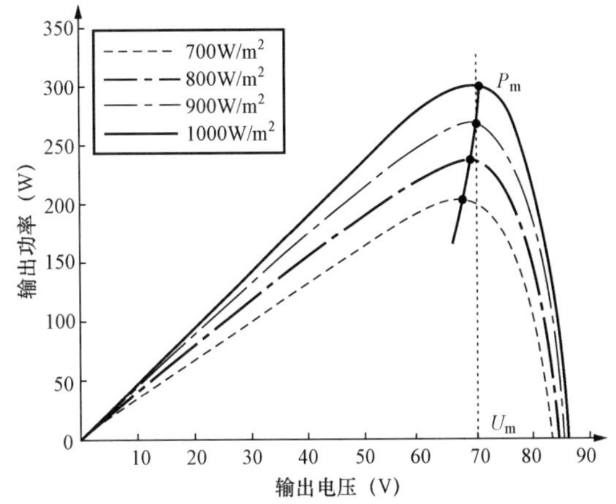

图 2-40 不同光照强度下的功率 - 电压曲线

在光伏初期应用中，大多数采用的控制策略是固定输出电压法。以卫星上的光伏电池板为例，因为外太空温度变化小，并且光照强度恒定，所以保持输出电压为 U_m 就可以维持输出功率在最大功率点处。

这种方法优点是：实施简单，系统性能稳定，但其有效使用的前提是保证光伏电池的工作环境温度和自身结温变化不大。它的缺点是：因环境温度和光伏电池自身结度的变化会导致最大功率点的电压值发生偏移，在四季分明或者昼夜温差较大的场合中，使用这一控制法会造成一定的功率损失。

综上所述，恒电压跟踪法通常适用于功率较小、日照情况稳定且外界温度变化不大的独立光伏发电系统，如小功率 LED 照明系统等，其控制效果只是与 MPPT 控制近似，并没有在真正意义上实现 MPPT。

实现恒电压跟踪法的光伏发电系统可由光伏阵列、DC/DC 变换器、采样和控制电路四部分组成，其结构如图 2-41 所示。

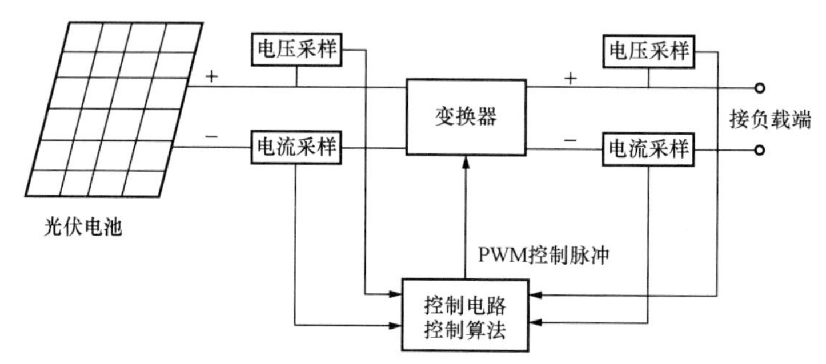

图 2-41　一般光伏发电系统结构拓扑

在具体的恒电压跟踪控制实现过程中，首先对光伏电池侧传感器输出信号进行采样并得到运行参数，然后在控制器中将系统参数通过控制算法和控制程序转换成脉冲宽度调制（PWM）控制脉冲，最终作用于变换器，以实现对系统的控制。在 MATLAB/Simulink 仿真平台上搭建的恒电压跟踪控制模型如图 2-42 所示。

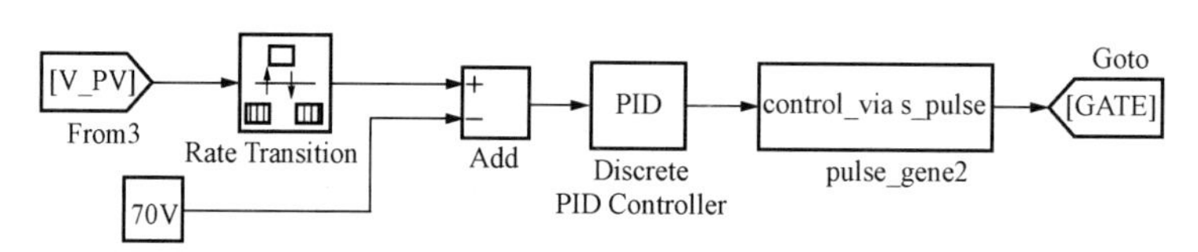

图 2-42　MATLAB/Simulink 恒电压跟踪控制模型

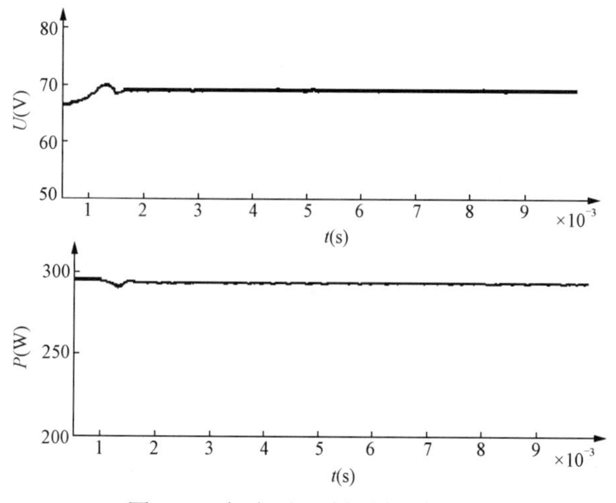

图 2-43　恒电压跟踪控制仿真曲线

图 2-42 中，V_PV 为采样所得到的电压信号，设定参考电压为 70V，通过 PID 控制调节输出 PWM 控制脉宽。该模型对 300W 光伏系统仿真控制的输出电压和功率曲线如图 2-43 所示。

从图 2-43 可以得出，在经过一定调整以后，系统可以使输出电压稳定在设定电压附近，稳态误差很小。由于设定的参考电压并不完全等于当前系统最大功率点电压，因此输出功率略微低于理想值，但功率输出曲线平滑稳定。

系统可通过改变光伏电池的光照强

度来检测系统的动态响应能力。在0、0.005、0.01s和0.015s时刻，分别设定光照强度为1000、700、800W/m^{2}和1000W/m^2，仿真曲线如图2-44所示。

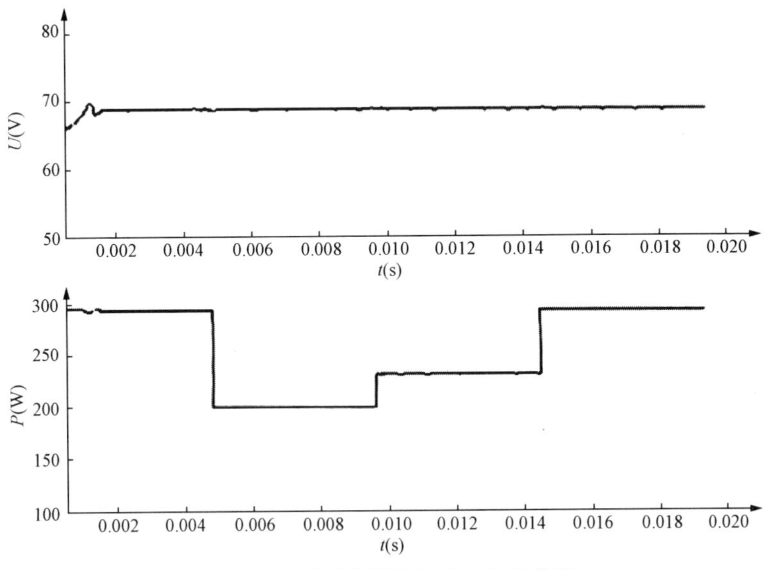

图2-44　不同光照强度下的仿真曲线

从图2-44可以看出，在光照强度剧烈变化时，上述模型能够快速准确地调节系统，使其工作在参考电压附近，系统动态响应快，稳态误差小，运行较为稳定。

（2）开路电压比例系数法

对于大多数实际应用的光伏系统，外界环境在时刻变化，如果输出电压始终保持不变，将会造成一定的功率损失。因此，在原始的恒定电压法基础上，该技术得到了进一步的发展，如适时对输出电压进行调整。据实验分析验证，在外界温度和光照条件变化不大的情况下，U_m和光伏电池开路电压U_{oc}存在如下近似的线性关系

$$U_m = k_u U_{oc} \tag{2-14}$$

式中：k_u为开路电压比例系数，其值介于0.7～0.8之间。

可见，只要知道光伏电池开路电压U_{oc}的值，再根据实验测得k_u的值，就可得到控制输出电压 U_m，从而使光伏电池板的输出功率保持在最大功率点附近。具体实现方式是，首先对光伏电池的开路电压U_{oc}进行采样，然后利用式（2-14）计算得到输出电压U_m的值，最后利用控制电路对输出电压进行控制，达到输出较大功率的目的。

这种方法的优点在于其原理简单，控制系统可以采用简单的模拟电路来实现，同时控制结果具有很强的抗扰动能力，即使因为采样错误或外界强烈干扰导致系数出现偏差，也能在下一控制周期得以修正。而它的缺点在于，由于最大功率点电压和开路电压之间的关系仅通过一个近似的比例系数来表示，因此光伏电池仍旧不是工作在真正的最大功率点上。另外，因U_{oc}值要将负载侧断开测量，由此会导致一定的瞬时功率损失。

（3）短路电流比例系数法

短路电流比例系数法与开路电压比例系数法类似。由光伏电池的外特性可知，光伏电池的最大功率点电流I_m在不同的光照强度和温度下也会随着光伏电池的短路电流I_{sc}变化而变

化，且两者之间同样存在着近似的线性关系，即

$$k_{\mathrm{i}} = \frac{I_{\mathrm{m}}}{I_{\mathrm{sc}}} < 1 \tag{2-15}$$

式中：k_i 为短路电流比例系数，对于不同的光伏电池，k_i 有不同的取值，一般取 0.85 ± 0.07。

这种方法的优缺点和开路电压比例系数法类似。另外，I_{sc} 通常需要添加开关周期性的短路光伏电池进行测量，所以测量 I_{sc} 要比测量 U_{oc} 更加复杂。

（4）曲线拟合法

曲线拟合法是根据光伏电池的功率－电压特性曲线，通过对光伏电池端输出电压 U_L 和输出电流 I_L 的不断采样，建立一个与其功能相似的电路原理性模型，再与已得到的最大功率点直接建立拟合曲线方程。

这种方法的优点在于，通过不断的采样和修正，即可确定其合理的参数。而它的缺点在于，建立模型时，既要事先对光伏电池的物理模型有所了解，又要进行较大的拟合运算，不能体现出数学模型的快速性。即使如此，在实际应用中，仍然很难直接实现复杂模型的拟合。

（5）查表法

查表法是根据实际需要，预先设定好各种参数模型并存储在数据表中。当系统运行时，根据实际工况选择不同的参数，再通过查表调取相关数据来进行 MPPT 控制。这种方法的优点是可以有效地解决曲线拟合法速度慢的问题；而它的缺点是需要建立庞大的数据表格并预先存储起来。

2．基于采样数据的直接控制法

这类 MPPT 方法主要包括定步长或变步长的扰动观测法、电导增量法、实际测量法和寄生电容法等。这些方法的主要特征是根据电压、电流的检测值经 MPPT 算法直接实现控制。由于采用了电压、电流的实时采样信号，因此这些方法相较于近似控制法具有更高的精度，它们能够根据系统实时运行情况进行 MPPT 控制，满足一般的应用场合要求，因而在实际应用中得到了广泛的应用。

（1）定步长扰动观测法

1）扰动观测法基本原理。扰动观测法，又称为登山法或爬山法，是目前最常用且研究最多的一种 MPPT 方法。其基本工作原理为：首先将光伏电池置于一个给定的工作点上，随后周期性、微小定量地增加或减少光伏电池的输出电压ΔU和输出电流ΔI，这一过程称为扰动，扰动电量的增减幅度称为步长。在增加扰动的同时，可以实时监测光伏电池的输出功率变化趋势。再根据扰动前后的比较结果，修正下一周期的调节对象。若扰动电量增加后，光伏电池输出功率也增加，则继续增加扰动电量，反之则改变扰动方向；若扰动电量减少后，光伏电池输出功率增加，则继续减少扰动电量，反之则改变扰动方向。以此不断寻找逼近光伏电池的最大功率点，最终在其附近较小的范围内实现往复振荡运行，从而达到动态平衡。

这种方法的优点是：被测参数少，控制系统结构简单，控制算法较易实现，对传感器精度要求不高，而且是一种真正意义上的 MPPT。其缺点在于：控制目标相对模糊，由于不断地进行扰动，光伏电池的工作点始终在最大功率点附近波动，不能稳定工作在最大功率点上，导致一定的功率损失；对于单级式系统而言，这种波动易影响并网电流的质量；另外，在光

照强度快速变化的情况下，甚至会出现方向判断错误的情况。而且扰动跟踪步长无法兼顾跟踪精度和响应速度，扰动步长越大，响应速度越快，但精度越差；扰动步长越小，精度越高，但响应速度越慢。

扰动观测法的控制流程图如图 2-45 所示。

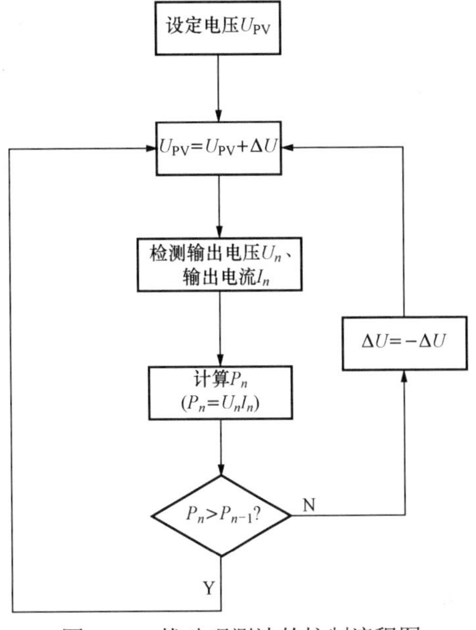

图 2-45　扰动观测法的控制流程图

通常加入电力电子变换器后，电压扰动量ΔU 的调节可通过占空比扰动量ΔD 的调节来完成。以典型的独立光伏发电系统为例，光伏电池通常通过 DC/DC 变换器对蓄电池进行充电，在光伏电池输出端和蓄电池端分别并联适当大小的电容器，如图 2-46 所示。

图 2-46 中，DC/DC 变换器采用 Buck 电路，若电感电流连续，则稳态时负载端电压 U_L 和光伏电池端输出电压 U_{PV} 具有如下关系

$$U_L=U_{PV}D \tag{2-16}$$

由此可见，若 U_L 接在蓄电池上且近似恒定，则 DC/DC 变换器开关的占空比 D 将决定光伏电池的输出电压 U_{PV}，这样只要控制占空比 D 就可调节 U_{PV}，从而实现 MPPT 控制。

与电压扰动法类似，占空比扰动法的控制流程图如图 2-47 所示。

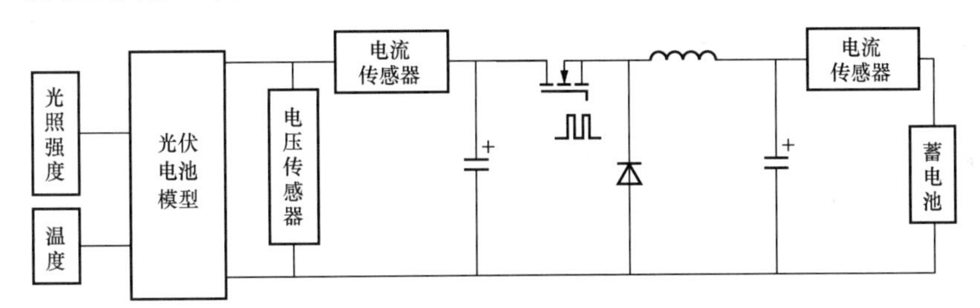

图 2-46　独立光伏发电系统结构拓扑

2）扰动步长的选取原则。扰动步长是扰动观测法的重要参数，其选取对控制性能有着决定性的影响。扰动步长并不是一成不变的，而是和实际系统存在着紧密联系，需要根据系统的具体参数和动态响应特性进行合理选取，因此研究如何合理选择扰动步长具有重要意义。

扰动观测法通过监测输出功率的变化ΔP 来跟踪最大功率点，但在特定情况下可能会出现误判断现象，如不能准确区分输出功率的变化是由外界光照强度变化还是由控制参考值变化引起的。

以占空比扰动法为例，假设系统在第 k 次采样时工作在最大功率点 M 处，如图 2-48 所示，占空比的扰动方向为负，即 $D(n)=D(n-1)-\Delta D$，经调整后工作点移至 A 点，如图 2-48（a）中曲线Ⅰ所示。如果在第 n 次采样点到第 n+1 次采样之间，光照强度发生变化且增大到曲线Ⅱ，实际在第 n+1 次采样时，系统运行工作点变为 B 点，而不再是 A 点。

设ΔP_d是由占空比改变引起的输出功率变化大小，ΔP_s是由光照强度改变引起的输出功率

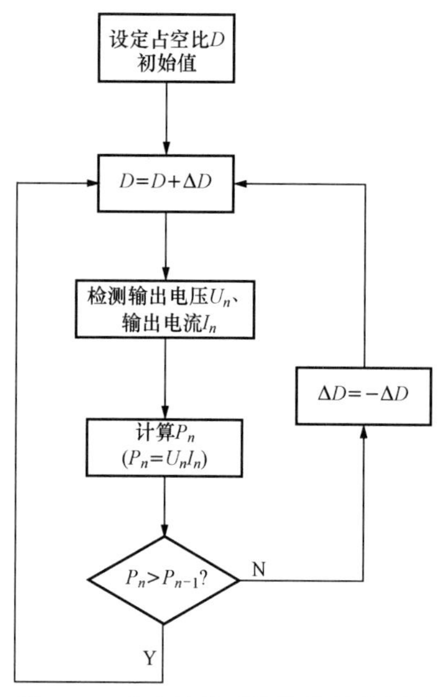

图 2-47　占空比扰动法的控制流程图

变化大小。在图 2-48（a）中，$\Delta P_d>\Delta P_s$，即使工作点由 A 点转移到 B 点，由于总的输出功率变化$\Delta P<0$，因此在下个控制周期将进行正向调节，即 $D(n+1)=D(n)+\Delta D$，使功率输出朝着最大功率点移动。而在图 2-48（b）中，$\Delta P_d<\Delta P_s$，由于总的输出功率变化$\Delta P>0$，因此在下个控制周期将进行负向调节，即 $D(n+1)=D(n)-\Delta D$，这会使得下一运行点背离最大功率点 M 移动至 C 点，使系统出现控制电压反向变化，且朝着最大功率点的相反方向变化，从而使 MPPT 失效。

由上面分析可知，在选取扰动观测法的扰动步长时，需要确保每次采样间隔内，系统运行点都满足条件 $|\Delta P_d|>|\Delta P_s|$，这样才可以保证在光照强度变化时不会出现误判断的现象。另外，还需要与选择的控制周期进行合理匹配。

3）控制周期的选取。控制周期 T_a 是扰动观测法的另一重要参数，它对算法能否有效跟踪最大功率点起着决定性作用。考虑外界环境缓慢变化的情况，控制周期 T_a 的选取不能太小，如果对光伏电池输出电压、电流采样太快，势必会在上一扰动控制还未达到稳态时就进行了下一次的判断和控制，其动态过渡过程会影响控制精度，甚至产生误判断。而每一次采样和控制周期所引起的功率变化ΔP_d和ΔP_s将受到扰动步长和控制周期的共同作用。因此，这两个参数需要合理匹配，才能满足控制要求。

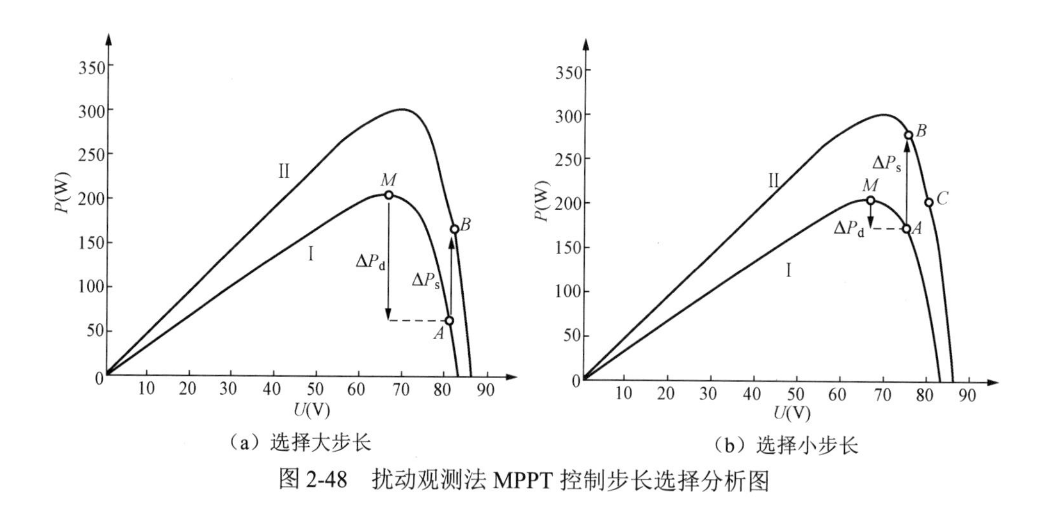

（a）选择大步长　　（b）选择小步长

图 2-48　扰动观测法 MPPT 控制步长选择分析图

4）扰动观测法的适用对象。总之，扰动观测法具有控制策略简单、容易实现、对参数检测的精度要求不高且在日照变化不是很剧烈的情况下控制效果较好等优点。但该方法也存在一明显的缺点，即需要判断施加电压干扰的系统是否始终工作在最大功率点处。即使是在稳态时，系统工作电压也不能稳定在一个特定值上，由此不可避免地会造成一定的功率损失。此外，系统在选择扰动步长和控制周期时，不能单独追求动态响应速度和稳态精度，而是需要选择一个折中的结果。若扰动步长较大，则系统能较快搜寻到最大功率点，动态响应较快，但会在最大功率点附近有较大波动，导致功率损失也较大；而若扰动步长较小，则在最大功率点附近的波动较小，但系统搜寻最大功率点却需要较长时间，动态响应较慢。

扰动观测法还有另一缺陷，即当外界环境参数变化太快时，如光照强度发生突变，则扰动观测法可能会发生电压崩塌，如图2-49所示。当光照强度发生突变（如太阳光突然被云层挡住）时，光伏电池的功率－电压曲线将由Ⅰ变为Ⅱ。如果系统原来工作在最大功率点的左侧区域，设工作在A点，此时输出电压为U_A，输出功率为P_A。由扰动观测法得到的控制策略是增大输出电压使系统的输出功率趋于最大值，工作点由A点变为A'点，输出电压为$U_{A'}$，输出功率为$P_{A'}$。此时由于光照强度发生突变，功率－电压曲线由曲线Ⅰ变为Ⅱ，系统运行点由A'变为B点，但输出电压仍为$U_{A'}$，输出功率变为P_B。此时，扰动观测法MPPT控制器检测到输出功率减小，根据控制策略将会减小电压值，这与理想的控制方向相反，因此将导致最大功率点跟踪方向错误，严重时还会导致电压、功率崩溃，甚至系统出现严重的振荡现象。

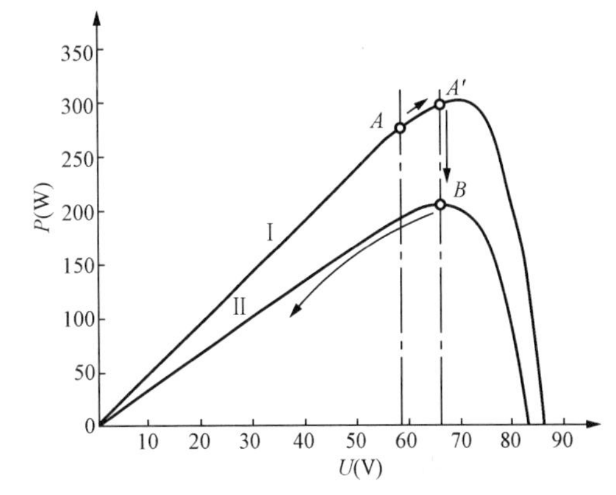

图2-49 扰动观测法MPPT控制在光照突变时运行分析

综上所述，扰动观测法适用于外界环境较稳定的中小功率系统，并在满足一定的动态响应的基础上，尽量减小扰动步长，增大控制周期，即以牺牲部分动态响应速度来提升系统稳态精度和抗扰动能力。由于光伏发电系统为长期运行系统，系统的稳态特性显得尤为重要，因此扰动观测法在中小功率系统中具有较广泛的应用价值。

5）扰动观测法的仿真。利用扰动观测法的MPPT控制策略，建立一个光伏电池通过Buck电路对蓄电池进行最大功率充电的仿真主电路模型。该模型包括光伏电池模块、主电路模块和检测模块。在MATLAB/Simulink中搭建定步长扰动观测法的MPPT控制仿真模型，如图2-50所示。基于该模型仿真出光伏输出电压、电流及功率的波形，如图2-51所示。

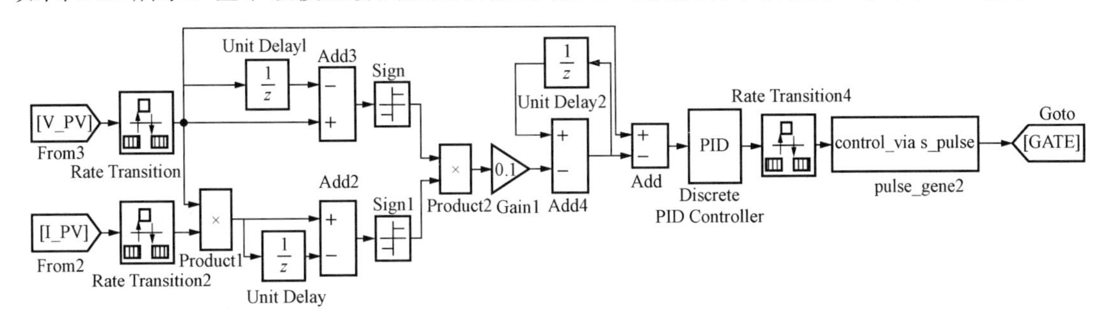

图2-50 MATLAB/Simulink扰动观测法MPPT控制仿真模型

该仿真中，设定系统光伏电池额定功率为300W，在20、25、30ms和35ms时刻，光照强度分别设置为700、800、900W/m^{2}和1000W/m^2。由图2-51（a）可以看到，光伏系统能快速准确地进行 MPPT 控制，但在稳态时波动较大，说明传统扰动观测法存在频繁扰动问题。由图 2-51（b）可见，系统从起始点开始运行，最终能稳定在某一范围内进行 MPPT 控制，并在光照强度变化后，也能快速调整工作点以达到最佳状态。

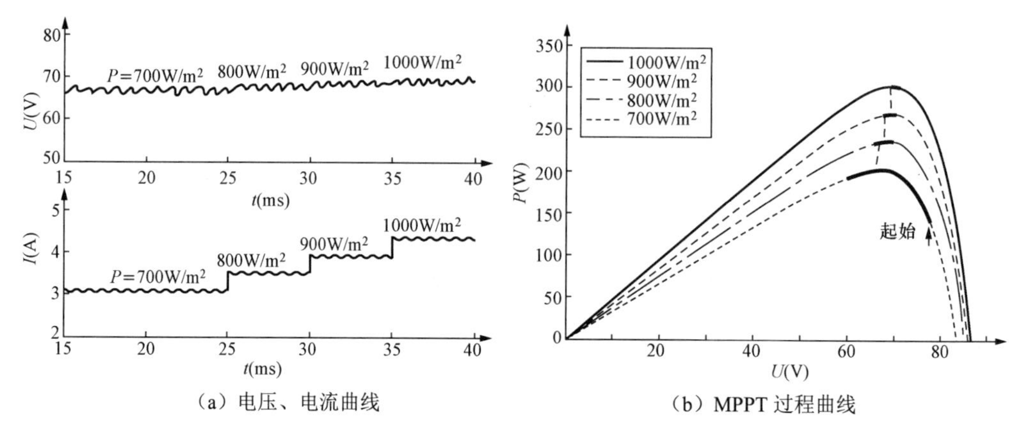

（a）电压、电流曲线

（b）MPPT 过程曲线

图 2-51　扰动观测法 MPPT 控制仿真曲线

（2）变步长扰动观测法

变步长扰动观测法是为了克服定步长扰动观测法在响应速度与稳态精度之间矛盾而改良并衍生出来的一种方法。

变步长扰动观测法的控制思想是加入步长变化的环节，当工作点远离最大功率点区间时，设定扰动步长相对较大；当工作点接近最大功率点区间时，设定扰动步长相对较小。这样的设计既能在稳态时减小功率损失，又能在外界条件发生剧烈变化时提高动态响应速度和系统稳定性，从而达到预定的控制效果。

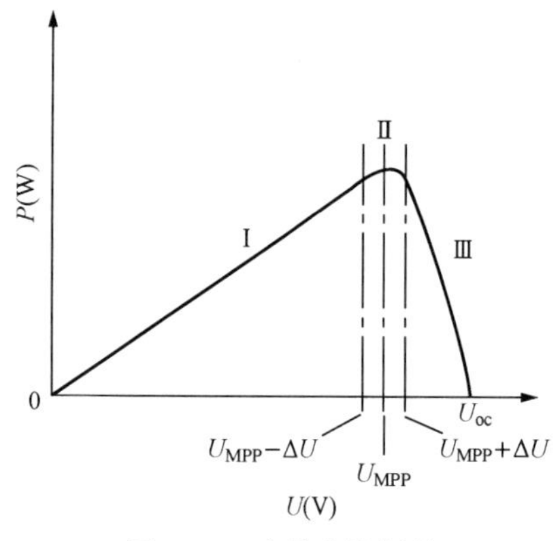

图 2-52　光伏电池板的三段式功率 - 电压曲线

光伏电池板的功率 - 电压曲线可以分为三段，如图 2-52 所示。在Ⅰ段，$U<U_{MPP}-\Delta U$，曲线近似为一斜率为正值的直线；在Ⅱ段，$U_{MPP}-\Delta U<U<U_{MPP}+\Delta U$，曲线近似为以最大功率点为中心对称的正弦波；在Ⅲ段，$U_{MPP}+\Delta U< U < U_{oc}$，曲线近似为一斜率为负值的直线。根据变步长扰动观测法的控制思想，在Ⅰ段和Ⅲ段选用大扰动步长，而在Ⅱ段采用小扰动步长，就可以在跟踪速度和减小稳态功率损失之间取得一个较好的平衡。

根据变步长扰动观测法的控制思路，可构建 MATLAB/Simulink 变步长扰动观测法 MPPT 控制模型，如图 2-53 所示。

该模型中，系统控制器根据电压、电流的采样数据，换算出当前系统的电压、电流和功率参数，进而判断当前系统是运行于Ⅰ段、Ⅱ段还是Ⅲ段，据此来设定合适的扰动步长，调整系统的占空比数据，从而实现系统的 MPPT 控制。基于以上控制模型，设置光伏系统输出的额定功率为 300W，环境温度为 25℃，改变光照强度分别为 700、800、900W/m² 和 1000W/m² 并模拟了光照强度在不同时刻的动态变化，仿真波形如图 2-54 所示。

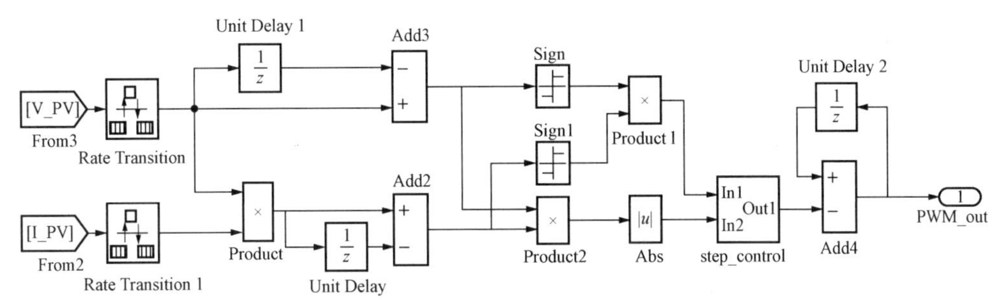

图 2-53　MATLAB/Simulink 变步长扰动观测法 MPPT 控制模型

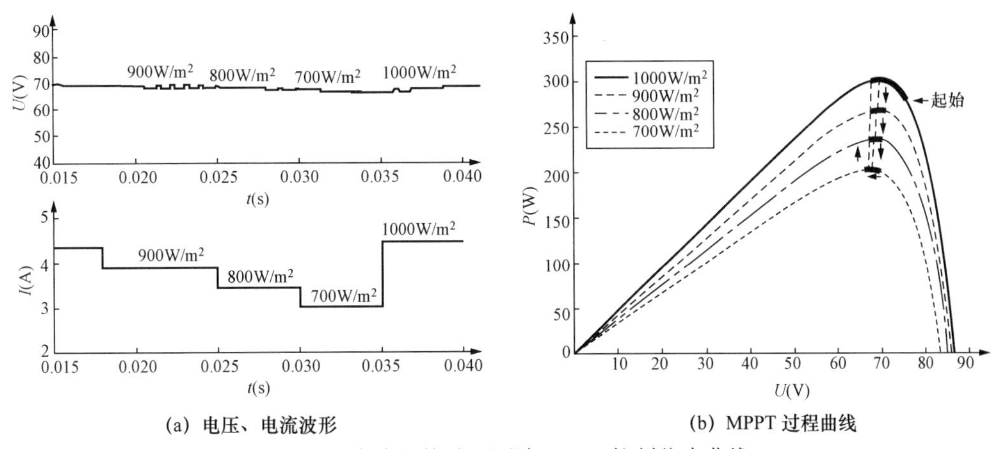

图 2-54　变步长扰动观测法 MPPT 控制仿真曲线

图 2-54（a）中，在光照强度快速变化时，光伏电池输出电压只有轻微波动，而输出电流变化明显，与理想的 MPPT 效果非常吻合，且电流波形动态响应时间短，稳态波动小，体现出很好的控制性能。图 2-54（b）中，系统从开始运行至稳定运行在最大功率点附近，当每次光照强度发生剧烈变化时，都能快速准确地运行在新的最大功率点处；波形中同一光照强度下的运行点变化范围较小，在一定程度上解决了扰动观测法在最大功率点附近反复振荡扰动和光照剧烈变化时出现误判断的问题。

变步长扰动观测法的优点是：初期增加步长，可以加快跟踪速度，以提高动态响应性能；而后期减小步长，可减小最大功率点附近的振荡幅度，进一步提高稳态性能和控制精度。与常规扰动观测法一样，其缺点是在温度或光照变化较剧烈时可能会出现跟踪失效的情况。

（3）电导增量法

1）电导增量法基本原理。电导增量法也是 MPPT 方法中较为常用的一种方法。电导增量法是通过比较光伏电池的电导增量和瞬间电导来改变系统的控制信号。该方法具有控制精确高、响应速度快的优点，适用于光照强度频繁变化的环境，它对硬件，特别是传感器的精度要求比较高，因而导致整个系统的硬件成本增加。

电导增量法的控制思想与扰动观测法类似，都是通过不断比较光伏电池工作时的电导增量和瞬间电导来改变系统的控制信号。由光伏电池工作特性曲线可知，最大功率点处的光伏电池输出功率 P_{PV} 与输出电压 U_{PV} 满足如下条件

$$\frac{dP_{PV}}{dU_{PV}}=\frac{d(U_{PV}I_{PV})}{dU_{PV}}=I_{PV}+U_{PV}\frac{dI_{PV}}{dU_{PV}}=0 \tag{2-17}$$

由此可得

$$\frac{I_{PV}}{U_{PV}}+\frac{dP_{PV}}{dU_{PV}}=G+dG=0 \tag{2-18}$$

式中：G 为输出特性曲线的电导；dG 为电导 G 的增量。

由于增量 dU_{PV} 和 dI_{PV} 可以分别用 ΔU_{PV} 和 ΔI_{PV} 来近似代替，可得

$$dU_{PV}(t_2)\approx\Delta U_{PV}(t_2)=U_{PV}(t_2)-U_{PV}(t_1) \tag{2-19}$$

$$dI_{PV}(t_2)\approx\Delta I_{PV}(t_2)=I_{PV}(t_2)-I_{PV}(t_1) \tag{2-20}$$

由上述公式推导，可得系统运行点与最大功率点的判据如下：

若 $G+dG\approx\frac{I_{PV}}{U_{PV}}+\frac{\Delta I_{PV}(t_2)-\Delta I_{PV}(t_1)}{\Delta U_{PV}(t_2)-\Delta U_{PV}(t_1)}>0$，则 $U_{PV}<U_{MPP}$，需要适当增大参考电压来达到最大功率点。

若 $G+dG\approx\frac{I_{PV}}{U_{PV}}+\frac{\Delta I_{PV}(t_2)-\Delta I_{PV}(t_1)}{\Delta U_{PV}(t_2)-\Delta U_{PV}(t_1)}<0$，则 $U_{PV}>U_{MPP}$，需要适当减小参考电压来达到最大功率点。

若 $G+dG\approx\frac{I_{PV}}{U_{PV}}+\frac{\Delta I_{PV}(t_2)-\Delta I_{PV}(t_1)}{\Delta U_{PV}(t_2)-\Delta U_{PV}(t_1)}=0$，则 $U_{PV}=U_{MPP}$，此时系统正工作在最大功率点处。

电导增量法算法原理如图 2-55 所示。在图 2-55 中，通过判定 dP_{PV}/dU_{PV} 的符号，即可得知当前系统工作点位置。电导增量法的控制流程也相对简单，其控制流程如图 2-56 所示。

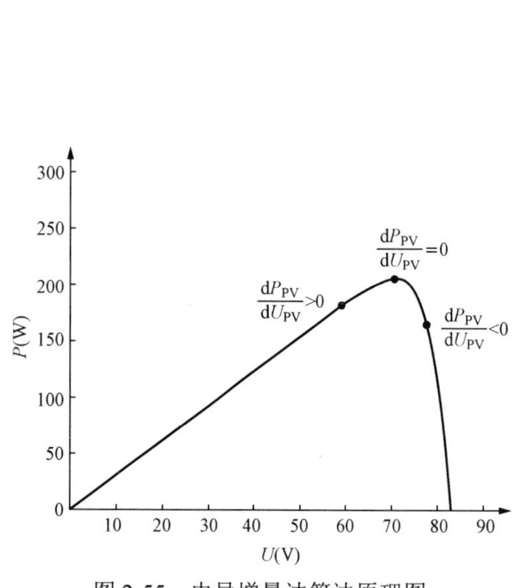

图 2-55　电导增量法算法原理图

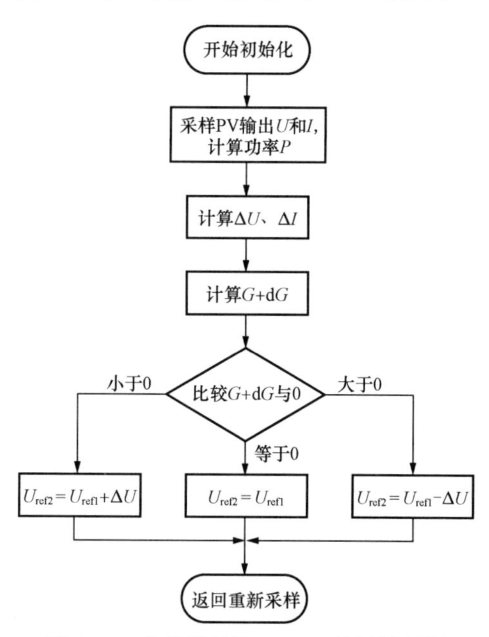

图 2-56　电导增量法 MPPT 控制流程图

在图 2-56 中，ΔU 和 ΔI 分别为当前采样和上一次采样所得的电压和电流变化量，计算判据中的 G 和 dG 为电导和电导增量；U_{ref1} 和 U_{ref2} 分别为当前控制周期和下一控制周期的电压参考值。

由上述分析可知，与扰动观测法类似，电导增量法同样运用了电压参考值设定变化的原理来进行 MPPT 控制，只是在判定工作点的过程中，采用了不同于传统扰动观测法的实现方式。由于最大功率点处电导判据会趋于 0，因此采用电导和瞬时电导的方法，可以有效避免在最大功率点附近反复振荡，改善了系统稳态性能。

电导增量法的最大优点在于，能够快速准确地使系统工作在最大功率点，不会像扰动观测法那样在最大功率点附近反复振荡。当外界光照强度等条件发生剧烈变化时，电导增量法也能快速地进行跟踪，确保系统运行效果的优越性。其缺点主要是电导增量法算法中需要反复进行微分运算，系统的计算量较大，需要配置高速的运算控制器以满足需求。而且对传感器精度要求非常高，一旦传感器精度不够，就会出现误判断的情况。因此，采用传统的电导增量法进行控制的系统成本相对较高，模型计算过程也相对复杂，导致控制效率不高。

2）电导增量法的仿真分析。在 MATLAB/Simulink 平台建立电导增量法的 MPPT 控制仿真模型，如图 2-57 所示。

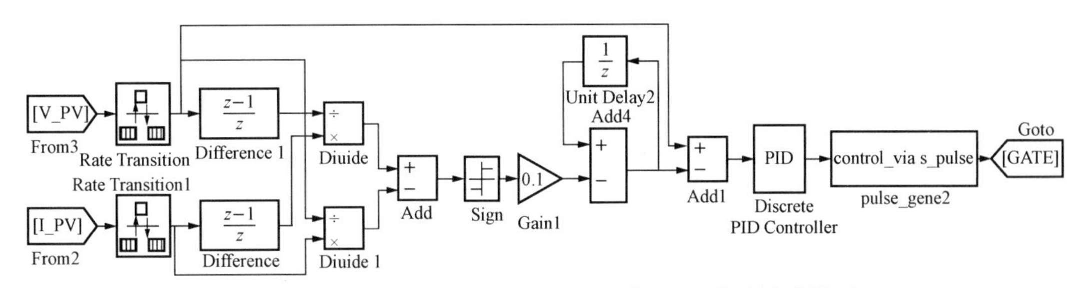

图 2-57　MATLAB/Simulink 电导增量法 MPPT 控制仿真模型

根据以上控制算法模型，设定系统光伏电池额定功率值为 300W$_p$，在 20、25、30ms 和 35ms 时刻的光照强度分别设置为 700、800、900W/m^2 和 1000W/m^2，其仿真曲线如图 2-58 所示。

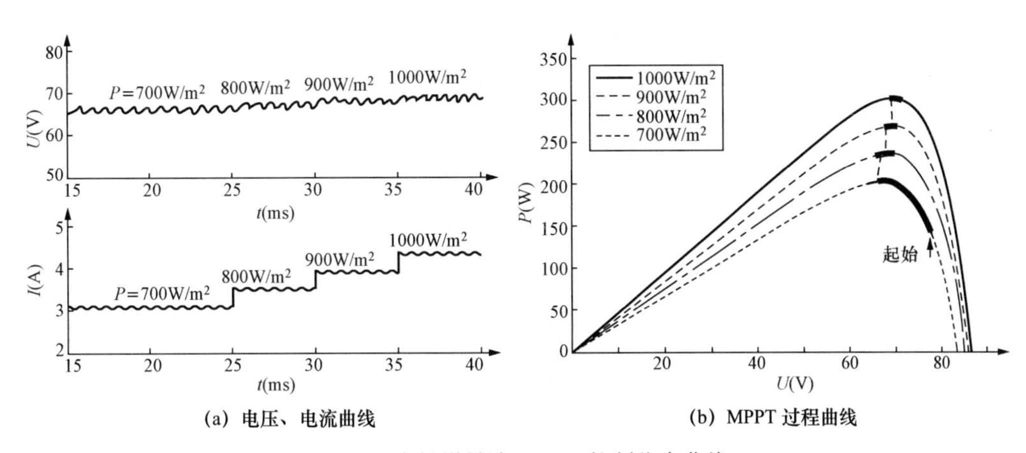

图 2-58　电导增量法 MPPT 控制仿真曲线

基于以上仿真图形，可以对电导增量法控制下的 MPPT 控制性能和特点进行分析。由图 2-58（a）可看出，稳态时的输出电压、电流波动较传统扰动观测法好，说明电导增量法的控制性能较优异；由图 2-58（b）可看出，系统在不同光照强度下的工作点运行轨迹波动较小，且在光照强度发生剧烈变化时，能快速准确地进行最大功率点跟踪。

（4）实际测量法

实际测量法又称为扫描法，它利用的是与实际大型光伏电池中光伏电池性能完全相同的小光伏电池模块，在相同日照量及温度条件下，建立一个光伏电池的参考模型，并对小光伏电池模块特性进行周期性的扫描，记录每一工作点的电压和电流，以得到输出功率。然后将输出功率中的最大值记为最大功率点输出，从而得到指导大面积光伏电池实现最大功率点跟踪的最佳控制参数。实际测量法也可直接对实际运行的光伏电池阵列中的某一块光伏电池的特性进行扫描，以获取所需的数据。

这种方法的优点是，既可以避免因光伏电池老化而导致精度下降，也可以根据外界条件的变化得到准确的最大功率点的参数。其缺点是会带来额外的成本消耗，在温度或光照强度变化剧烈时，不能及时准确地测得最大功率点。同时，对于由多种性能指标光伏电池构成的大型光伏发电系统，获取的数据参考价值有限。

（5）寄生电容法

寄生电容法是根据光伏电池单元存在的结电容所提出的算法。该方法的实现是在电导增量法的基础上，通过引入结电容变量，根据开关纹波对光伏电池的干扰，测量光伏电池输出功率和输出电压的平均谐波波动，计算得出等效寄生导纳，并进行自寻优，从而实现最大功率点的跟踪。

这种方法的优点是能够较好地反映出大型并联光伏电池所表现出的寄生电容对最大功率点的影响。其缺点是算法自身比较复杂，实现起来有一定的困难，需要进行大量的运算，因此实际应用很少。

3．基于现代控制理论的智能控制法

这类 MPPT 控制方法主要以模糊逻辑控制法和人工神经网络控制法为代表，主要特征是引入模糊控制和神经网络控制等现代控制理论，可以不依赖于复杂的系统数学模型，而是依据代控制理论模型采样数据，再通过较复杂的控制算法运算得出控制信号，以实现系统控制。该类型控制算法的实现过程较为复杂，但控制精度较高，对被控对象的数学模型准确性要求较低，适合难以建立准确数学模型的大型光伏发电系统，以及受外界条件和杂散参数影响严重的控制系统。此外，针对光伏电池的非线性特性，在 MPPT 控制方法中还引入了一些诸如滑模控制等非线性的控制策略。

（1）模糊逻辑控制法

模糊逻辑控制法（简称模糊控制）是一种基于模糊逻辑算法的 MPPT 控制方法。模糊逻辑属于人工智能，是以模糊集合论、模糊语言变量和模糊逻辑推理为基础的一种计算机数字控制技术。在实现过程中，计算机先将采集到的控制信息经语言控制规则进行模糊推理和模糊决策，求得控制量的模糊集，再经模糊判决得出输出控制的精确量，然后作用于被控对象，使被控过程达到预期的控制效果。模糊逻辑控制器的输入通常为误差量 E 和误差变化量ΔE，它们可用下式确定

$$\begin{cases} E(n)=\dfrac{P(n)-P(n-1)}{U(n)-U(n-1)} \\ \Delta E(n)=E(n)-E(n-1) \end{cases} \tag{2-21}$$

式中：$P(n)$、$U(n)$ 分别为光伏电池的输出功率和输出电压。

因最大功率点处的 $dP/dU=0$，故光伏电池工作在最大功率点时，误差量 $E(n)=0$。由于 MPPT 控制算法最终得到的是一个精确的控制量，因此需要通过隶属函数将模糊输出变换为精确输出的一个求解模糊的过程。图 2-59 为一个常用的包含 5 个模糊子集的三角形隶属函数，模糊集合定义为：NB 为负大，NS 为负小，ZE 为 0，PS 为正小，PB 为正大，ΔD 为输出控制变化量，即升压斩波电路的占空比变化量。模糊控制变量ΔD 的规则表见表 2-1，其中包括了误差量 E、误差变化量ΔE 和各个隶属函数。建立该规则的依据是使光伏电池的输出功率能快速达到给定的范围。

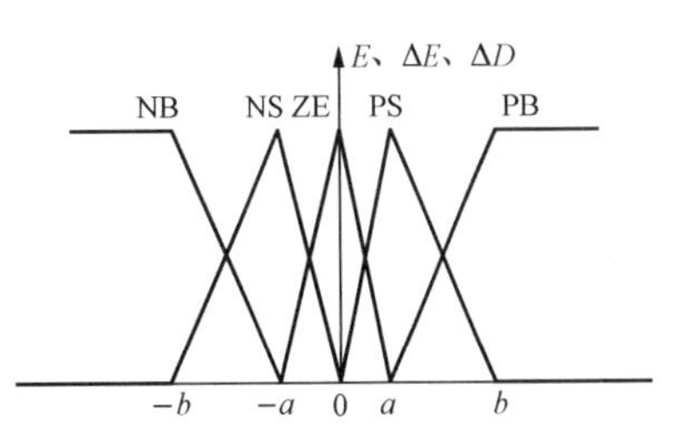

图 2-59　E、ΔE 和ΔD 的隶属函数

表 2-1　模糊控制（ΔD）的规则表

E \ ΔE	NB	NS	ZE	PS	PB
NB	PB	PB	PS	PS	PS
NS	PS	PS	PS	ZE	ZE
ZE	PS	ZE	NS	ZE	NS
PS	ZE	NS	NS	NS	NB
PB	NS	NS	NB	NB	NB

这种方法的优点是：它基于原有的经验和控制理论绘制成控制规则表，然后直接采用这些规则来控制系统，跟踪速度快，达到最大功率点后基本无波动，展现出较好的动态和稳态性能。它的缺点是：事先需要精确设计模糊集、隶属函数形状及控制规则表等环节，设计难度大、实验周期长；而且为提高自身复杂算法的运算速度，还需要配备高性能的控制器，导致硬件成本较高。

（2）神经网络法

神经网络是一种新型的信息处理技术，神经网络 MPPT 法就是将神经网络应用于 MPPT 的一种控制方法。常用的多层神经网络结构如图 2-60 所示，网络中包括输入层、隐含层和输出层三层神经元。待解决的问题越复杂，其中包含的层数和每层神经元的数量就越多。神经网络法应用于光伏电池时，输入信号可以是光伏电池的参数，如开路电压 U_{oc}、短路电流 I_{sc}，也可以是外界环境的光照强度及温度等参数，或者是上述参数的合成量。输出信号是经过优化后的输出电压、光伏变流器的占空比等。在神经网络中各个节点之间都有一个权重增益 W_{ij}，权重的确定必须经过神经网络的训练得到。选择恰当的权重，可以将输入函数转换为任意的期望函数输出，从而使光伏电池能够精确地工作于最大功率点。

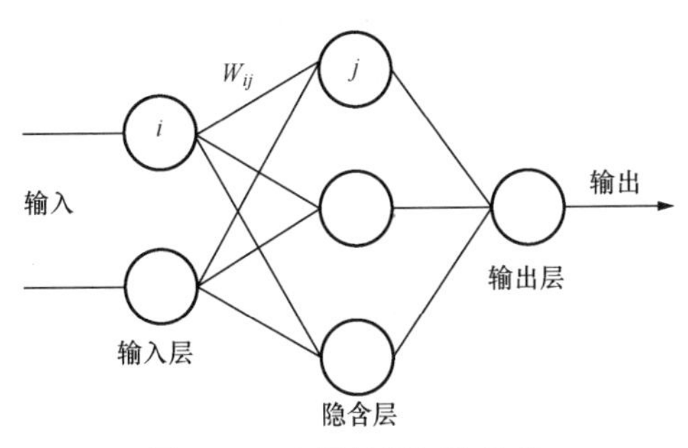

图 2-60　多层神经网络结构

这种方法的优点是：通过神经网络训练的 MPPT 控制系统，不仅可以使输入/输出信号与训练样本完全匹配，而且内插和外插的输入/

输出模式也能达到高度匹配，这是简单的查表功能所不能实现的，也是神经网络法的优势所在。它的缺点是：神经网络建立的训练过程必须使用大量的输入/输出样本数据，而光伏电池种类很多，大多数参数不同，对于不同的光伏电池系统都需要进行各自有针对性的训练，且这个训练过程非常长，有的长达数月甚至数年之久。

（3）滑模控制法

滑模控制法的核心思路在于控制的不连续性，通过不断变化的开关特性迫使系统在一定条件下沿规定状态轨迹做小幅度、高频率的上下滑模运动，以确保系统到达并保持在所设计的滑动面上。滑模变结构控制具有快速响应、对内部参数及外部扰动变化不灵敏等特点，物理实现过程也比较简单。采用滑模变结构控制方法来实现太阳能发电的最大功率输出，系统的控制规则可概括描述如下：

可取控制器的控制量为

$$u=\begin{cases}0, & s\geqslant 0\\ 1, & s<0\end{cases} \tag{2-22}$$

切换函数为

$$s=\frac{\mathrm{d}P}{\mathrm{d}U}=I+U\frac{\mathrm{d}I}{\mathrm{d}U} \tag{2-23}$$

式中：$s=0$ 为运动控制将要达到的终止点区域，称为滑动模态区，或简称为滑模区；u 为控制光伏电池输出的功率器件的开关函数。当 $u=0$ 时，表示开关器件断开；当 $u=1$ 时，表示开关器件导通。

这种方法的优点是：采用滑模控制法可以使光伏系统的跟踪速度得到明显的改善；只要正确建立系统及切换函数式，就可使系统从任何初始状态出发，最终稳定于切换函数 $s=0$ 处。其缺点是：由于开关器件调节变化步长Δu 会直接影响系统跟踪的动态和稳态特性，Δu 越大，跟踪速度越快，由此也会使得光伏电池输出功率和电压的波动越大。

2.3.4 MPPT 控制的性能指标

上述各种光伏系统的 MPPT 控制各有优缺点，在现实中适用于不同的场所。MPPT 控制算法正朝着优化数学与控制模型、融合多种控制思想、推动智能控制算法的实用化及加强控制算法与硬件回路的结合等方向发展。对于 MPPT 性能的检测，一般可根据实际应用经验及理论分析，对各种控制方法进行仿真和实验。然后结合控制算法自身的特性，对这些方法的控制性能进行相应的分析和比较。通常可从以下方面来检验测定或分析比较 MPPT 控制的性能优劣。

1．控制算法复杂度

MPPT 控制算法多种多样，每种算法的控制思想和要求不尽相同。控制算法的复杂度在工程具体实现中具有重要作用，一个过于复杂的算法和控制模型，势必需要投入高性能的控制器、高精度的传感器以及相关外围硬件设备，使系统实现成本增加，有时还会降低控制系统的容错能力。因此，控制算法是否精准，实现是否困难，对具体调试环节不确定因素是否敏感，以及调试参数的经验成分比例等，都将成为衡量算法优劣的重要指标。

2．系统稳态运行效率

系统稳态运行效率的高低主要表现在稳态运行时MPPT控制的精度上。MPPT控制的主要目标是提高系统的运行效率。因此，采用何种MPPT控制算法，以及该算法最终控制效率是否满足要求，都是至关重要的。若控制效率低下，则无法实现预期的控制效果。相反，可靠稳定的控制方法能尽可能提高系统的运行效率和发电量，降低系统的运行成本。

3．系统抗干扰性能

一般系统在正常运行中，若出现误判断或受到外界不确定因素的干扰，系统应具备及时纠正的能力。光伏系统MPPT控制在突发外界干扰的情况下，如果无法有效地进行矫正措施的判定，甚至做出错误判断，导致工作点进一步偏离最大功率点，则会使系统的电压和电流产生大范围波动，进而使系统发生振荡甚至运行事故。因此，一般较为成熟的方法需要具有较强的抗干扰性能。

4．动态响应能力

光照强度和环境温度的变化会导致光伏电池特性曲线发生改变。动态响应能力主要表现为控制系统通过搜寻判断能自动将工作点纠正到新的最大功率点上的反应速度和效果。

为了比较几种不同的MPPT控制方法的动态响应能力，可以在同一光伏发电系统的主回路实验平台上施加相同的外界变化条件，并采用不同的MPPT控制方法比较得到的实验结果。稳态电压和电流的波动范围体现出系统控制的稳定性和系统稳态运行时的可靠性。若这两个波动范围过大，则说明系统稳定性相对较差，在受外界干扰后易出现误判断，甚至出现系统振荡现象。动态响应时间是指当外界条件变化后，系统动态调整过程中的响应时间，它体现了控制方法的动态性能。一般来说，动态响应时间越短越好，但过短会导致系统出现振荡；若动态响应时间过长，则说明系统动态响应速度过慢，在受外界条件变化后，需要较长时间才能恢复稳定运行。

2.4 光伏控制器

2.4.1 光伏控制器的基本概念

在独立运行的太阳能光伏发电系统、风力发电系统和光伏－风能混合发电系统中，控制器是对光伏发电系统进行管理和控制的设备，是整个光伏发电系统的核心部分。不同类型的光伏发电系统对应着不同功能和复杂度的控制器，要根据系统的要求及重要程度来选择控制器。

控制器主要由电力电子开关、电子元器件、继电器和测量仪表等组成。在小型光伏发电系统中，控制器的基本作用是保护蓄电池，为蓄电池提供最佳的充电电流和电压，确保能够快速、平稳且高效地为蓄电池充电。在大、中型系统中，控制器起到平衡光伏系统能量、保护蓄电池及确保整个系统正常工作并显示系统工作状态等重要作用。控制器既可以单独使用，也可以和逆变器等集成在一起使用。

光伏发电系统中控制器的主要功能如下：

1）具有蓄电池充电过电压断开和恢复连接功能；具有蓄电池放电欠电压断开和恢复连

接功能。

2）具有对蓄电池充放电管理和最优充电控制功能。

3）具有防止光伏电池方阵、蓄电池极性反接的电路保护功能；具有防止负载、逆变器和其他设备短路的电路保护功能；具有防止夜间蓄电池通过光伏电池方阵反向放电的保护功能；具有防止雷击引起的击穿保护功能。

4）具有温度补偿功能（仅适用于蓄电池充满电压的情况）。当蓄电池温度低于 25℃时，蓄电池的充满电压的门限值应适当提高；相反，当蓄电池温度高于 25℃时，蓄电池的充满电压的门限值应适当降低。通常蓄电池的温度补偿系数为−(3～5)mV/(℃·cell)。

5）具有各种工作状态的显示功能。主要显示蓄电池（组）电压、负载状态、光伏电池方阵工作状态、辅助电源状态、环境温度状态和故障报警等。

在多数控制器中，蓄电池的荷电状态可由发光二极管的颜色判断。绿色表示蓄电池电能充足，可以正常工作；黄色表示蓄电池电能不足；红色表示蓄电池电能严重不足，必须充电后才能工作，否则会损坏蓄电池，此时控制器到负载的输出端自动断开。

6）具有稳压功能。如果用户使用直流负载，那么控制器还有稳压功能，即为负载提供稳定的直流电。

7）具有光伏系统数据及信息储存功能。

然而，控制器的功能并不是越多越好。若其功能太多，不仅提高了投资费用，还增加了系统出现故障的可能性，因此要根据实际情况合理配备必要的功能。

2.4.2 光伏控制器的电路原理

1．光伏控制器的分类

光伏控制器按电路方式的不同，可分为并联型、串联型、脉宽调制型、多路控制型、两阶段双电压控制型和最大功率点跟踪型；按光伏电池方阵输入功率和负载功率的不同，可分为小功率型、中功率型、大功率型及专用控制器（如草坪灯控制器）等；按放电过程控制方式的不同，可分为常规过放电控制型和剩余电量（SOC）放电全过程控制型。对于应用微处理器的电路，这些电路实现了软件编程和智能控制，并附带有自动数据采集、数据显示和远程通信功能的控制器，这类控制器称为智能控制器。

2．光伏控制器的电路原理

（1）光伏控制器的基本电路

虽然控制器的控制电路因光伏系统的不同而具有不同的复杂程度，但其基本原理是相同的。光伏发电系统原理框图如图 2-61 所示。该系统由光伏电池方阵、检测控制电路、控制开关、蓄电池和负载组成。其中，开关 K1 和 K2 分别为充电控制开关和放电控制开关。当 K1 闭合时，光伏电池方阵通过控制器给蓄电池充电；若蓄电池出现过充电的情况，K1 能及时切断充电回路，使光伏电池方阵停止向蓄电池供电；此外，K1 还能按预先设定的保护模式自动恢复对蓄电池的充电。若蓄电池出现过放电的情况，K2 能及时切断放电回路，蓄电池停止向负载供电。当蓄电池再次充电并达到预先设定的恢复充电点时，K2 又能自动恢复供电。K1 和 K2 可以由电子式开关（如各种晶体管、晶闸管、固态继电器、功率开关器件等）和机械式开关（如普通继电器等）构成。

下面按照电路方式的不同，分别对各类常用控制器的电路原理和特点进行介绍。

（2）并联型控制器

并联型控制器也称为旁路型控制器，它是利用并联在光伏电池两端的机械或电子开关控制充电过程。当蓄电池充满电时，将光伏电池的输出分流到旁路电阻器或功率模块上，然后以热的形式消耗掉（泄荷）；当蓄电池电压回落到一定值时，再断开旁路恢复充电。由于这种方式消耗热能，因此一般用于小型和低功率系统。采用并联型充放电控制器的光伏发电系统如图 2-62 所示。图 2-62 中，VD1 为防反充电二极管；VD2 为防反接二极管；K1 为控制器充电回路中的开关；K2 为蓄电池的放电开关；FU 为熔断器；*R* 为泄荷电阻；检测控制电路用于监控蓄电池的端电压。

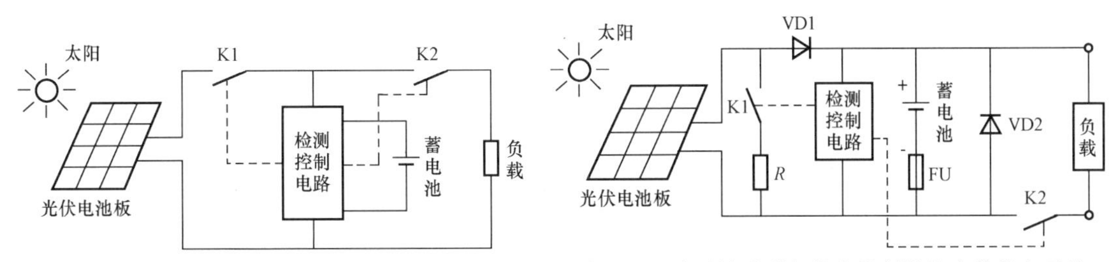

图 2-61　光伏发电系统原理框图　　图 2-62　采用并联型充放电控制器的光伏发电系统

这种光伏发电系统中，充电回路的开关器件 K1 并联在光伏电池或电池方阵的输出端。当充电电压超过蓄电池设定的充满断开电压值时，开关器件 K1 导通，同时防反充二极管 VD1 截止，使光伏电池的输出电流直接通过 K1 旁路泄放，不再对蓄电池进行充电，从而保证蓄电池不会过充电，起到防止蓄电池过充电的保护作用。

开关器件 K2 为蓄电池放电控制开关，当蓄电池的供电电压低于蓄电池的过放电保护电压值时，K2 关断，对蓄电池进行过放电保护。当负载因过载或短路使电流大于额定工作电流时，控制开关 K2 也会关断，起到输出过载或短路保护的作用。

检测控制电路随时对蓄电池的电压进行检测，当电压大于过充电电压时，K1 导通，电路实行过充电保护；当电压小于过放电电压时，K2 关断，电路实行过放电保护。

电路中的 VD2 为蓄电池防反接二极管，当蓄电池极性接反时，VD2 导通，蓄电池将通过 VD2 短路放电，短路电流将熔断器熔断，电路起到防蓄电池接反保护作用。开关器件、VD1、VD2 及熔断器 FU 等与检测控制电路共同组成控制器。该电路具有线路简单、价格便宜、充电回路损耗小和控制器效率高的特点。当过充电保护电路动作时，开关器件要承受光伏电池方阵输出的最大电流，所以要选用功率较大的开关器件。

（3）串联型控制器

串联型控制器通过串联在充电回路中的机械或电子开关器件来控制充电过程。当蓄电池充满电时，开关器件会自动断开充电回路，停止为蓄电池充电；当蓄电池电压回落到一定值时，充电电路再次接通，继续为蓄电池充电。串联在回路中的开关器件还可以在夜间切断光伏电池板供电，取代防反充二极管。串联型控制器同样具有结构简单、价格便宜等特点，但由于控制开关是串联在充电回路中，电路的电压损失较大，使充电效率有所降低。

串联型控制器的电路原理如图 2-63 所示。其电路结构与并联型控制器的电路结构相似，区别仅仅是将开关器件 K1 由并联在光伏电池板输出端改为串联在蓄电池充电回路中。检测控制电路用于监控蓄电池的端电压，当充电电压超过蓄电池设定的充满断开电压值时，K1 关断，使光伏电池板不再对蓄电池进行充电，起到防止蓄电池过充电的保护作用。其他元器件的作用和并联型控制器相同，这里不再赘述。

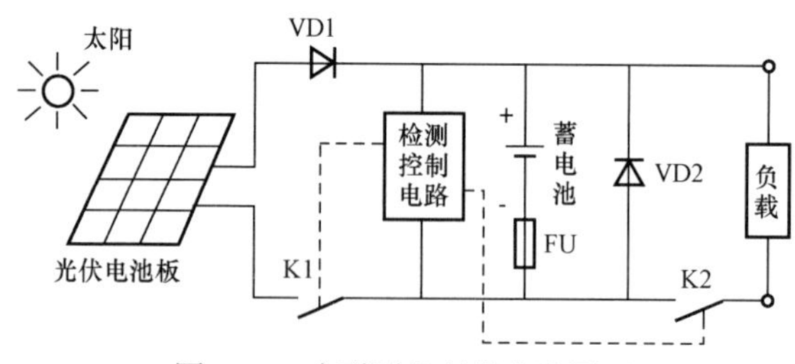

图 2-63　串联型控制器电路原理

串联控制器和并联控制器的检测控制电路实际上就是蓄电池过电压和欠电压的检测控制电路，主要是对蓄电池的电压随时进行取样检测，并根据检测结果向过充电和过放电开关器件发出接通或关断的控制信号。检测控制电路原理如图 2-64 所示。

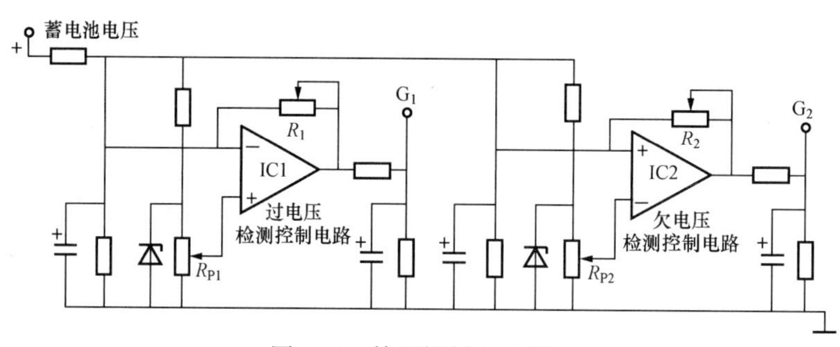

图 2-64　检测控制电路原理

该电路包括过电压检测控制电路和欠电压检测控制电路两部分，两者均由带回差控制的运算放大器组成。其中，IC1 等构成过电压检测控制电路，IC1 的同相输入端输入基准电压，反相输入端连接被测蓄电池，当蓄电池电压大于过充电电压值时，IC1 输出端 G_1 输出为低电平，使开关器件 K1 接通（并联型控制器）或关断（串联型控制器），起到过电压保护的作用。当蓄电池电压下降到小于过充电电压值时，IC1 的反相输入电位低于同相输入电位，其输出端 G_1 又从低电平变为高电平，蓄电池恢复正常充电状态。过充电保护与恢复的门限基准电压由 R_{F1} 和 R_1 配合调整确定。IC2 等构成欠电压检测控制电路，其工作原理与过电压检测控制电路相同。

（4）脉宽调制型控制器

脉宽调制（Pulse Width Modulation，PWM）型控制器电路原理如图 2-65 所示。该控制器以脉冲方式控制光伏组件的输入，当蓄电池逐渐充满时，随着端电压的升高，PWM 电路输出脉冲的频率和时间发生变化，导致开关器件的导通时间延长、间隔缩短，使充电电流逐渐趋近于零。当蓄电池电压由充满点下降时，充电电流又会逐渐增大。与前两种控制器相比，PWM 充电控制方式虽然没有固定的过充电电压断开点和恢复点，但是电路会在蓄电池端电压接近过充电控制点时，控制充电电流趋近于零。这种充电过程能形成较完整的充电状态，其平均充电电流的瞬时变化更符合蓄电池当前的充电状况，能够提升光伏系统的充电效率，并延长蓄电池的总循环寿命。另外，脉宽调制型控制器还可以实现光伏系统的最大功率跟踪功能，因此可作为大功率控制器用于大型光伏发电系统中。脉宽调制型控制器的缺点是其自身工作有 4%～8%的功率损耗。

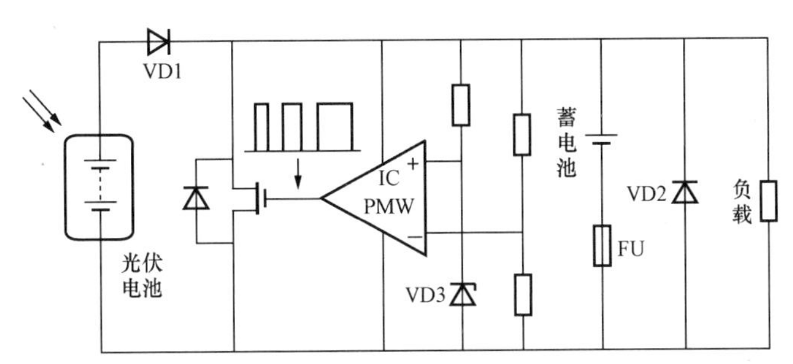

图 2-65 脉宽调制（PWM）型控制器电路原理

（5）多路控制器

多路控制器一般用于千瓦级以上的大功率光伏发电系统，将光伏电池方阵分成多个支路接入控制器。当蓄电池充满时，控制器将光伏电池方阵各支路逐路断开；当蓄电池电压回落到一定值时，控制器再将光伏电池方阵逐路接通，实现对蓄电池组充电电压和电流的调节。这种控制方式属于增量控制法，可以近似达到脉宽调制型控制器的效果，路数越多，增幅越小，越接近线性调节。但路数越多，成本也越高，因此确定光伏电池方阵路数时，要综合考虑控制效果和控制器的成本。

多路控制器的电路原理如图 2-66 所示。当蓄电池充满电时，控制电路将控制机械或电子开关从 K1～K*n* 顺序断开光伏电池方阵各支路 Z1～Z*n*。当第一路 Z1 断开后，如果蓄电池电压已经低于设定值，则控制电路等待；直到蓄电池电压再次上升到设定值后，断开第二路 Z2，然后再等待；如果蓄电池电压不再上升到设定值，则其他支路保持接通充电状态。当蓄电池电压低于恢复点电压时，被断开的光伏电池方阵支路依次顺序接通，直到天黑之前全部接通。图 2-66 中，VD1～VD*n* 为各个支路的防反充二极管；PA1 和 PA2 分别为充电电流表和放电电流表；PV 为蓄电池电压表。

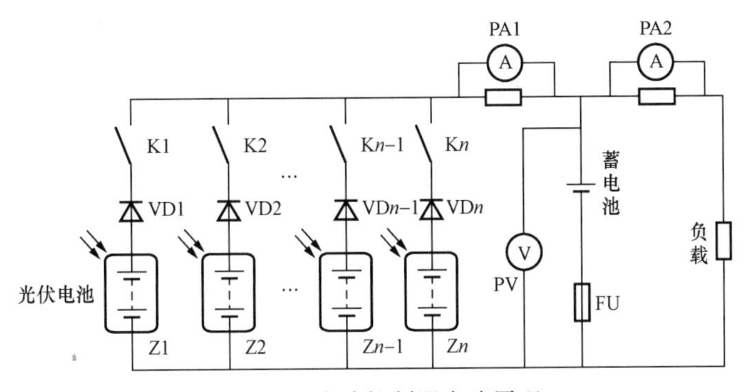

图 2-66 多路控制器电路原理

（6）智能型控制器

智能型控制器采用 CPU 或 MCU 等微处理器对光伏发电系统的运行参数进行高速实时采集，并按照一定的控制规律，通过单片机内设计的程序对单路或多路光伏组件进行切断与接通的智能控制。中、大功率的智能控制器还可通过单片机的 RS232/485 接口与计算机连接，实现远程控制和数据传输，并进行远距离通信。

智能控制器除了具有过充电、过放电、短路、过载和防反接等保护功能外，还可以利用蓄电池放电率高的特点，准确地进行放电控制。此外，智能控制器还具有高精度的温度补偿功能。智能型控制器的电路原理如图 2-67 所示。

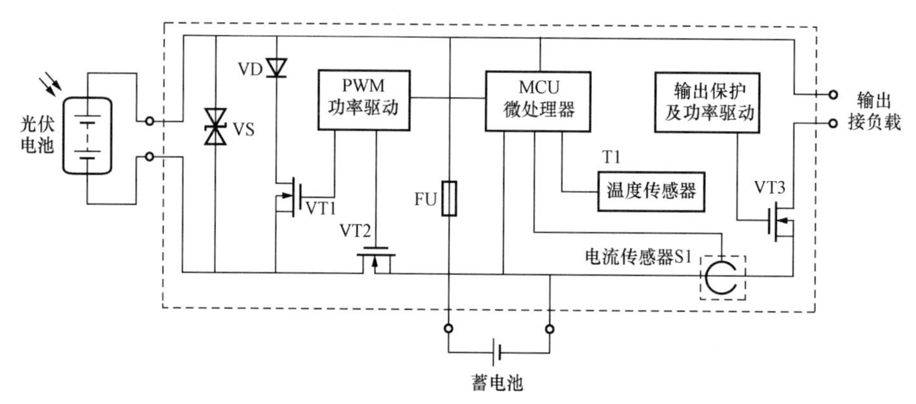

图 2-67　智能型控制器电路原理图

（7）最大功率点跟踪型控制器

光伏电池方阵的输出功率特性曲线以最大功率点处为界，分为左右两侧。当光伏电池工作在最大功率点电压右侧时，因离最大功率点较远，可以将电压值调小，即可增加功率；当光伏电池工作在最大功率点电压左侧时，若电压值较小，为了获得最大功率，可以将电压值调大。

光伏电池作为一种直流电源，其输出特性完全不同于常规的直流电源，因此对于不同类型的负载，其匹配特性也完全不同。负载的类型有电压接受型负载（如蓄电池）、电流接受型负载（如直流电动机）和纯阻性负载三种。

最典型的电压接受型负载是蓄电池，它是与光伏电池方阵直接匹配最好的负载类型。光伏电池电压随温度的变化大约只有 0.4%/℃（电压随太阳辐照度的变化更小），基本可以满足蓄电池的充电要求。蓄电池充满电压到放电终止电压的变化为+25%～−10%，如果直接连接，大约会有 20%的匹配损失。若采用 MPPT 控制，将使这样的匹配损失减少到 5%。

典型的电流接受型负载是带有恒定转矩的机械负载（如活塞泵）的直流永磁电动机。当太阳辐照度恒定时，光伏电池方阵与直流电动机有较好的匹配；但当太阳辐照度变化时，将这类负载直接与光伏电池方阵连接会导致很大的匹配损失，因为太阳辐照度与光电流成正比。采用 MPPT 控制将会减小匹配损失，有效提高系统的能量传输效率。

而纯阻性负载与光伏电池方阵的直接匹配特性是最差的。

实现 MPPT 的电路通常采用斩波器来完成 DC/DC 变换。斩波器电路分为降压型变换器（Buck 电路）和升压型变换器（Boost 电路）两种。无论采用哪种斩波器（Buck 或 Boost），都需要闭环电路控制开关 K 的导通和断开，从而使光伏电池方阵工作在最大功率点附近。

对于恒定电压变换器（CVT）或带温度补偿的 CVT，只需要将光伏电池方阵的工作电压信号反馈到控制电路，通过控制开关 K 的导通时间 T_{on}，使光伏电池方阵的工作电压始终工作在某一恒定电压即可。

对于为蓄电池充电的Boost电路，只需要保证充电电流最大，即可达到使光伏电池方阵有最大输出的目的，因此只需将Boost电路的输出电流（即蓄电池的充电电流）信号反馈到控制电路，通过控制开关K的导通时间 T_{on}，使Boost电路具有最大的电流输出即可。

无论是最大输出电流跟踪还是MPPT控制，都要考虑电路的稳定、抗云雾干扰和误判的问题。

总之，控制器的主要功能是使光伏发电系统始终处于发电的最大功率点附近，以获得最高效率。充电控制通常采用PWM技术，确保整个系统始终运行于最大功率点 P_m 附近区域。放电控制主要是指在蓄电池电量不足、系统故障（如蓄电池开路或接反）时切断开关。目前已研制出能同时跟踪调控点 P_m 和太阳移动参数的"向日葵"式控制器，这种控制器将固定光伏电池组件的效率提高了50%左右。随着光伏产业的发展，控制器的功能越来越强大，有将传统的控制部分、变换器及监测系统集成的趋势，如AES公司的SPP和SMD系列的控制器就集成了上述三种功能。

（8）采用单片机组成的MPPT充放电控制器基本原理

采用单片机组成的MPPT充放电控制器原理框图如图2-68所示，它由自带A/D转换功能的单片机（MCU）、电压采集电路、电流采集电路和DC/DC变换电路等组成。从技术上讲，该控制器主要由DC/DC变换电路、测量电路和单片机及其控制采集软件三部分组成，对各部分的技术要求如下。

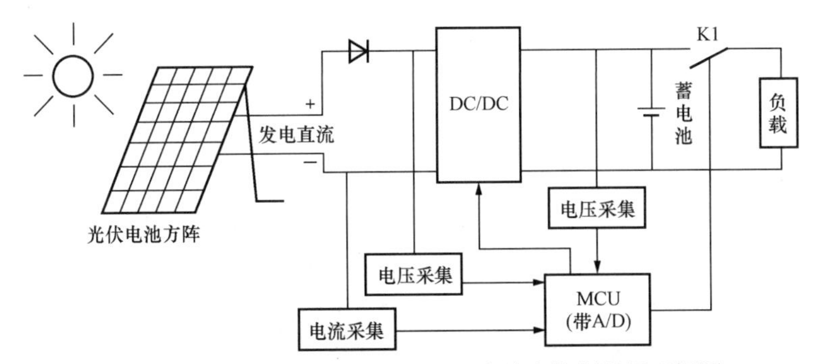

图2-68　采用单片机组成的MPPT充放电控制器原理框图

1）DC/DC变换电路。一般为Buck或Boost电路，要求有较高的转换效率，通常不低于85%，但小功率的DC/DC电路效率比较低，只有60%～75%。因此，具有MPPT功能的控制器在50W以下光伏发电系统中优势不明显，很少采用，而主要被应用在功率较大的系统中。另外还有一个系统匹配的问题，即DC/DC变换电路的设计与光伏电池组件功率、负载大小要匹配，以确保系统接近满载运行，使效率更高。DC/DC变换电路包括升压（Boost）型、降压（Buck）型和升降压（Buck与Boost结合）型，具体选择哪种类型，要根据光伏电池组件电压、蓄电池电压和负载工作电压来确定。

2）测量电路。主要是对DC/DC变换电路的输入侧电压和电流值、输出侧的电压值进行测量，另外还有温度等参数的测量。测量电路的设计要求简单可靠，且测量精度满足技术要求，从产品角度上还应有较高的性价比。

3）单片机及监控软件。单片机技术近年来发展很快，市场上出现很多高效、多功能和低功耗的单片机，选择的范围很大。如 INTEL80C196 单片机具有正弦波输出功能，菲利普公司的 P87LPC767 是一款带有 A/D 转换功能的紧凑型低功耗产品等，另外也有采用数字信号处理器（DSP）代替单片机的控制器。要实现 MPPT 功能，监控软件十分重要，不同的控制算法其效果差别很大。

（9）太阳能草坪灯控制电路

当白天太阳光照射在光伏电池上时，光伏电池将光能转变为电能，并通过控制电路将电能存储在蓄电池中。天黑后，蓄电池中的电能通过控制电路为草坪灯的 LED 光源供电。第二天早晨天亮时，蓄电池停止为光源供电，草坪灯熄灭，随后光伏电池继续为蓄电池充电。这一过程周而复始、循环工作。

图 2-69 是一个简单的太阳能草坪灯控制电路，该电路也可用在太阳能草坪灯及太阳能光控玩具中。该电路中，光伏电池兼作光线强弱的检测器，控制电路的通断，因为光伏电池本身就是一个很好的光敏传感元件。当有阳光照射时，光伏电池发出的电能通过二极管 VD 向蓄电池 DC 充电，同时光伏电池的电压也通过 R_1 加到 VT1 的基极，使 VT1 导通，VT2、VT3 截止，LED 不发光。当黑夜来临时，光伏电池两端电压几乎为零，此时 VT1 截止，VT2、VT3 导通，蓄电池中的电压通过 K、R_4 加到 LED 两端，LED 发光。在本电路中，光伏电池兼作光控元件；调整 R_1 的阻值，可根据光线强弱调整灯的工作控制点。该电路的不足是缺乏防止蓄电池过放电的电路或元件，当灯长时间在黑暗中工作时，蓄电池中的电能会几乎耗尽。开关 K 的设置就是为了防止草坪灯在存储和运输过程中将蓄电池的电能耗尽。

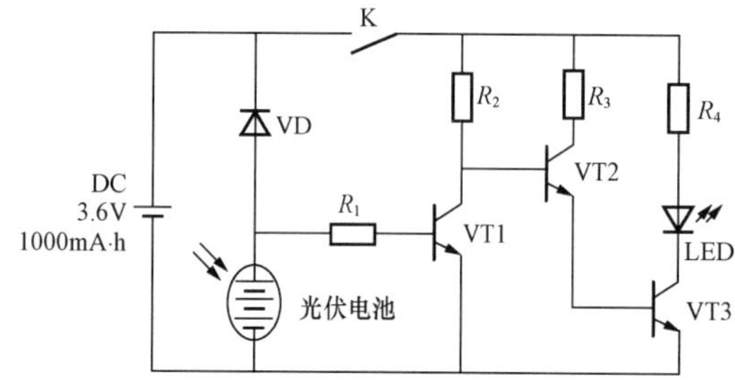

图 2-69 太阳能草坪灯控制电路原理（一）

图 2-70（a）是一款目前运用较多的具有防止蓄电池过放电功能的太阳能草坪灯控制电路图，VT3、VT4、L、C_1 和 R_5 组成互补振荡升压电路，VT1、VT2 组成光控制开关电路。当光伏电池上的电压低于 0.9V 时，VT1 截止，VT2 导通，VT3、VT4 等构成的升压电路工作，由于 C_2 的充放电作用，使 VT3、VT4 周而复始地导通和截止，从而使电路形成振荡。在振荡过程中，VT4 导通时电源经 L 向地放电，电流经 L 储能。当 VT4 截止时，L 两端产生的感应电动势和电源电压叠加后驱动 LED 发光。当天亮且光伏电池电压高于 0.9V 时，VT1 导通，VT2、VT3 同时截止，电路停止振荡，LED 不发光。调整 R_2 的阻值，可改变开关灯的启控点。当蓄电池电压降到 0.7～0.8V 之间时，该电路将停止振荡。该电路的优点是，即使蓄电池电压降到 0.7V，草坪灯仍能继续工作一段时间。而对于 1.2V 的蓄电池来说，已接近过放电的临界点，长期过放电必将影响蓄电池的使用寿命。因此，在图 2-70（a）电路的基础上进行了一些改进，具体如图 2-70（b）所示。即在 VT3 的发射极与电源正极之间串联一个二极管 VD2，由于 VD2 的接入，VT3 进入放大区的电压增加了 0.2V 左右，使得整个电路在蓄电池电压降到 0.9～1.0V 时停止工作。经过改进的控制电路使蓄电池的使用寿命大致可以延长一倍。

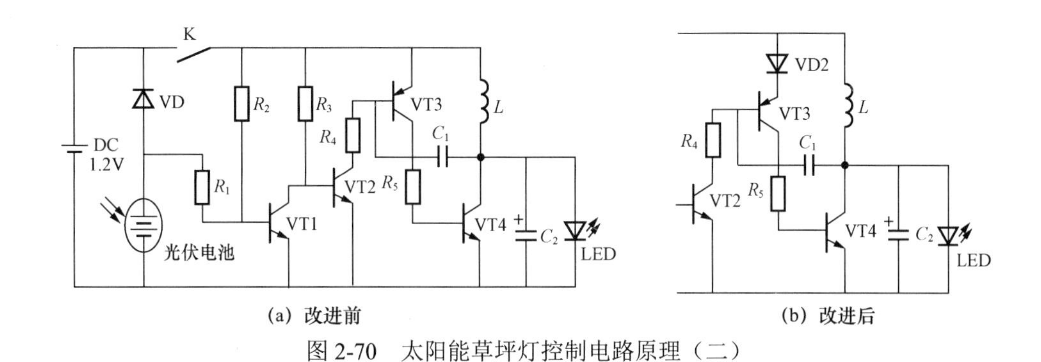

(a) 改进前　　(b) 改进后

图 2-70　太阳能草坪灯控制电路原理（二）

2.4.3　光伏控制器的选用

1．光伏控制器的主要性能特点

（1）小功率光伏控制器

1）目前，大部分小功率控制器都采用低功耗、长寿命的 MOSFET 场效应管等电子开关器件作为控制器的主要开关器件。

2）运用 PWM 控制技术对蓄电池进行快速充电和浮充充电，使太阳能发电能量得以充分利用。

3）具有单路、双路负载输出和多种工作模式。其主要工作模式有普通开/关工作模式（即不受光控和时控的工作模式）、光控开/光控关工作模式和光控开/时控关工作模式。双路负载控制器控制关闭的时间长短可分别进行设置。

4）具有多种保护功能，包括防止蓄电池和光伏电池接反、蓄电池开路、蓄电池过充电和过放电、负载过电压、夜间反充电及控制器温度过高等多种保护功能。

5）用 LED 指示灯显示工作状态、充电状况和蓄电池电量等信息，并通过 LED 指示灯颜色的变化反映系统工作状况和蓄电池剩余电量等的变化。

6）具有温度补偿功能。其作用是在不同的工作环境温度下，能够对蓄电池设置更为合理的充电电压，防止因过充电和欠充电状态而造成电池充放电容量过早下降甚至过早报废。

（2）中功率光伏控制器

一般将额定负载电流大于 15A 的控制器称为中功率控制器。其主要性能特点如下：

1）采用液晶显示屏（LCD）显示工作状态和充放电等各种重要信息，如电池电压、充电电流和放电电流、工作模式、系统参数、系统状态等。

2）具有自动/手动/夜间功能，可编制程序设定负载的控制方式为自动或手动方式。当手动方式时，可手动开启或关闭负载。当选择夜间功能时，控制器在白天关闭负载；当检测到夜晚时，延迟一段时间后会自动开启负载，定时时间到后，又自动关闭负载，延迟时间和定时时间可编制程序设定。

3）具有防止蓄电池过充电、过放电、输出过载、过电压、温度过高等多种保护功能。

4）具有浮充电压的温度补偿功能。

5）具有快速充电功能。当电池电压低于一定值时，快速充电功能自动开启，控制器将提高电池的充电电压；当电池电压达到理想值时，开启快速充电倒计时程序，定时时间到后，退出快速充电状态，以达到充分利用太阳能的目的。

6）中功率光伏控制器同样包括普通开/关工作模式（即不受光控和时控的工作模式）、光控开/光控关工作模式和光控开/时控关工作模式等。

（3）大功率光伏控制器

大功率光伏控制器采用微计算机芯片控制系统，具有下列性能特点：

1）配备 LCD 液晶点阵模块显示屏，可根据不同的场合通过编制程序任意设定和调整充放电参数及温度补偿系数，具有中文操作菜单，方便用户调整。

2）可适应不同场合的特殊要求，避免各路充电开关同时开启和关断时引起的振荡。可通过 LED 指示灯显示各路光伏充电状态和负载通断情况。

3）有 1～18 路光伏电池输入控制电路，控制电路与主电路完全隔离，具有极高的抗干扰能力。

4）具有电量累计功能，可实时显示蓄电池电压、负载电流、充电电流、光伏电流、蓄电池温度、累计光伏发电量（单位：A·h 或 W·h）和累计负载用电量（单位：W·h）等参数。同时还具有历史数据统计显示功能，包括过充电次数、过放电次数、过载次数和短路次数等信息的记录。

5）用户可分别设置蓄电池过充电保护和过放电保护时负载的通断状态。各路充电电压检测具有回差控制功能，可防止开关器件进入振荡状态。

6）具有蓄电池过充电、过放电、输出过载、短路、浪涌保护，以及光伏电池接反或短路、蓄电池接反、夜间防反充等一系列报警和保护功能。可根据系统要求提供发电机或备用电源启动电路所需的无源干节点。

7）配备 RS 232/485 接口，便于远程遥信和遥控；PC 监控软件可实时监测数据、显示报警信息和修改控制参数，并能读取 30 天内的蓄电池最高电压、最低电压、光伏发电量累计和负载用电量累计等历史数据。

8）参数设置具有密码保护功能，用户可修改密码。同时，具有过电压、欠电压、过载和短路等保护报警功能。

9）工作模式可分为普通充/放电工作模式（阶梯型逐级限流模式）和一点式充/放电模式（PWM 工作模式）。其中一点式充/放电模式分为四个充电阶段，控制更精确，能更好地保护蓄电池不被过充电，并充分利用太阳能。

10）配置不掉电实时时钟，可显示和设置时间。同时，具有雷电防护和温度补偿功能。

2．光伏控制器的主要技术参数

对于控制器的主要技术指标，GB/T 19064—2003《家用太阳能光伏电源系统技术条件和试验方法》有具体要求：控制器的损耗要小，规定控制器最大自身耗电不应超过其额定充电电流的 1%；控制器充电或放电的电压降不应超过系统额定电压的 5%。

光伏控制器的主要技术参数如下：

（1）系统电压

系统电压是指光伏发电系统的直流工作电压，也称为额定工作电压。常见的有 12V 和 24V，中、大功率控制器也有 48V、110V、220V 等。

（2）最大充电电流

最大充电电流是指光伏电池方阵输出的最大电流，根据功率大小分为多种规格，如5、6、8、10、12、15、20、30、40、50、70、100、150、200、250、300A等。有些厂家用光伏电池方阵最大功率来表示，间接地体现了最大充电电流这一技术参数。

（3）光伏电池方阵输入路数

小功率光伏控制器一般都是单路输入；而大功率光伏控制器都是由光伏电池方阵多路输入，一般可输入6路，最多的可输入12路、18路。

（4）电路自身损耗

控制器的电路自身损耗是其主要技术参数之一，也称为空载损耗（静态电流）或最大自消耗电流。为了降低控制器的损耗，提高光伏电源的使用效率，控制器的电路自身损耗要尽可能低。具体来说，其最大自身损耗不得超过额定充电电流的1%或0.4W。根据电路设计的不同，控制器自身损耗电流一般为5～20mA。同时，控制器充电或放电过程中产生的电压降不应超过系统额定电压的5%。

（5）蓄电池过充电保护电压（HVD）

蓄电池过充电保护电压也称为充满断开或过电压关断电压，一般可根据需要及蓄电池类型的不同，设定在14.1～14.5V（12V系统）、28.2～29V（24V系统）和56.4～58V（48V系统）之间，典型值分别为14.4V、28.8V和57.6V。蓄电池过充电保护的关断恢复电压（HVR）一般设定为13.1～13.4V（12V系统）、26.2～26.8V（24V系统）和52.4～53.6V（48V系统）之间，典型值分别为13.2V、26.4V和52.8V。

（6）蓄电池的过放电保护电压（LVD）

蓄电池的过放电保护电压也称为欠电压断开或欠电压关断电压，一般可根据需要及蓄电池类型的不同，设定在10.8～11.4V（12V系统）、21.6～22.8V（24V系统）和43.2～45.6V（48V系统）之间，典型值分别为11.1、22.2V和44.4V。蓄电池过放电保护的关断恢复电压（LVR）一般设定为12.1～12.6V（12V系统）、24.2～25.2V（24V系统）和48.4～50.4V（48V系统）之间，典型值分别为12.4、24.8V和49.6V。

（7）蓄电池充电浮充电压

蓄电池的充电浮充电压一般为13.7V（12V系统）、27.4V（24V系统）和54.8V（48V系统）。

（8）温度补偿

控制器一般都具有温度补偿功能，以适应不同的工作环境温度，为蓄电池设置更为合理的充电电压。控制器的温度补偿系数应满足蓄电池的技术要求，其温度补偿值一般设定在−（2～4）mV/℃之间。

（9）工作环境温度

控制器的使用或工作环境温度范围因厂家而异，一般在−20～+50℃之间。

（10）其他保护功能

1）控制器输入、输出短路保护功能。控制器的输入、输出电路都要设有短路保护电路，以提供保护功能。

2）防反充保护功能。控制器要具有防止蓄电池向光伏电池反向充电的保护功能。

3）极性反接保护功能。光伏电池方阵或蓄电池接入控制器，当极性接反时，控制器要具有保护电路的功能。

4）防雷击保护功能。控制器输入端应具有防雷击的保护功能，避雷器的类型和额定值应能确保吸收预期的冲击能量。

5）耐冲击电压和冲击电流保护功能。在控制器的光伏电池输入端施加 1.25 倍的标称电压并持续 1h，控制器不应损坏。控制器充电回路电流达到标称电流的 1.25 倍并持续 1h，控制器也不应损坏。

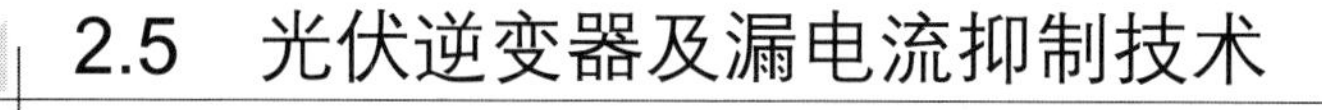

2.5 光伏逆变器及漏电流抑制技术

光伏逆变器是将光伏电池板产生的直流电转变为交流电的重要装置。早期的光伏逆变器通常接入工频隔离变压器，但由于存在体积大、成本高和效率低等缺点，逐渐被无变压器非隔离型光伏逆变器所取代。无变压器非隔离型光伏逆变器尽管具有许多优势，但因缺少变压器隔离，且光伏系统和大地之间存在电气回路，导致系统出现漏电流。漏电流会引起电网电流畸变、电磁干扰等问题，还会构成潜在的人身安全隐患。因此，研究如何解决非隔离型光伏逆变器漏电流的问题具有重要意义。

2.5.1 单相逆变器及其漏电流抑制技术

1. 单相全桥逆变器存在的漏电流问题

单相全桥 H4 逆变器的拓扑如图 2-71 所示，由光伏电池板以及四个开关管 S1～S4 组成。其中，C_{PV} 为光伏电池方阵对地寄生电容；C_{dc} 为直流母线电容；A、B 两点为系统交流输出点；O 为公共参考点；u_{cm}、i_{cm} 为共模谐振回路的共模电压和共模电流。图 2-71（a）表示并网模式，L_a、L_b 为并网滤波电感；图 2-71（b）表示离网模式，交流侧由滤波电感 L、滤波电容 C 和负载 R 构成。

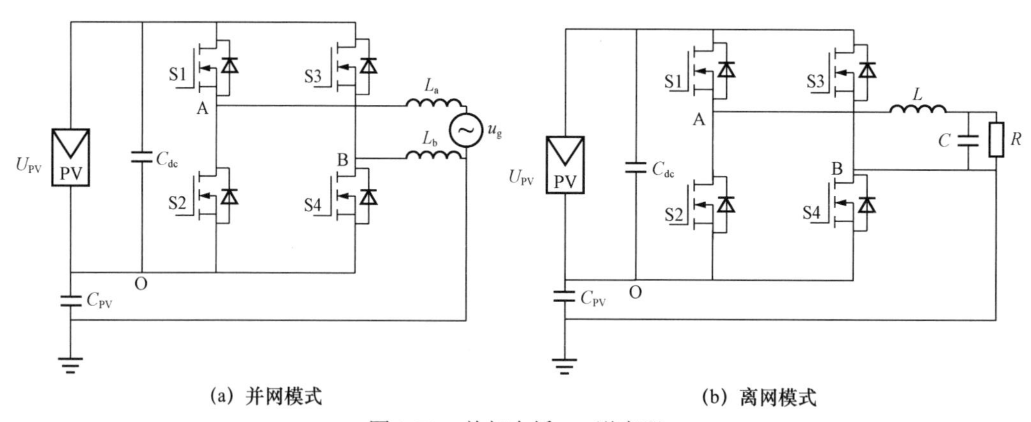

(a) 并网模式　　(b) 离网模式

图 2-71　单相全桥 H4 逆变器

由于光伏对地寄生电容 C_{pv} 的存在，当电路中的四个开关管在高频状态下工作时，会产生共模电压 u_{cm}。当共模电压 u_{cm} 变化时，会在能量流动路径中产生共模电流 i_{cm}。

无论是并网逆变器还是离网逆变器，其漏电流产生原理相同，以并网逆变器为研究对象，如图2-72所示。其中，1、2回路为共模电流回路；u_{AO}为节点A到O点的电压；u_{BO}为节点B到O点的电压。

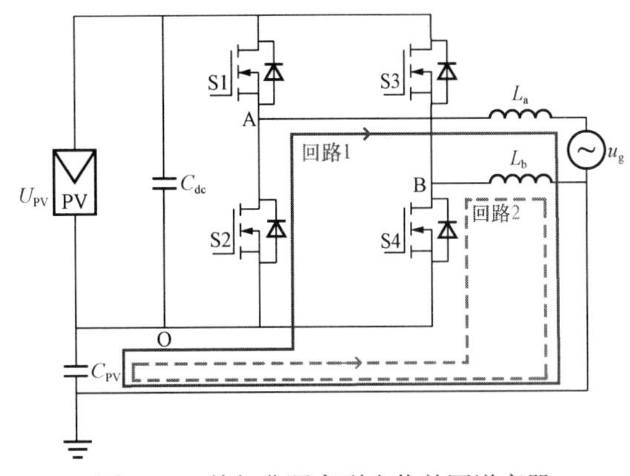

图2-72　单相非隔离型光伏并网逆变器

根据基尔霍夫电压定律，可列出共模回路的电压方程为

$$-u_{AO}+u_{La}+u_g+u_{cm}=0 \tag{2-24}$$

$$-u_{BO}-u_{Lb}+u_{cm}=0 \tag{2-25}$$

式中：u_{La}为电感L_a的电压；u_{Lb}为电感L_b的电压；u_g为电网电压。

若滤波电感对称，且两者的电压相等，即$u_{La}=u_{Lb}$，忽略共模电流在电感上的压降。将式（2-24）、式（2-25）相加可得

$$u_{cm}=\frac{u_{AO}+u_{BO}-u_g}{2} \tag{2-26}$$

无论是并网逆变器还是离网逆变器，其输出电压均为工频电压，频率远远小于开关管的工作频率，因此电网电压或负载电压产生的漏电流很小，可忽略不计，共模电压可近似为

$$u_{cm}=\frac{u_{AO}+u_{BO}}{2} \tag{2-27}$$

共模电压u_{cm}可定义为桥臂中性点A、B和公共参考点O之间电压和的平均值。

单相非隔离型光伏逆变器工作模态如图2-73所示。

工作模态1：在正半周期内，输出正电压，S1和S4导通，其余开关管关断，光伏组件向电网输送功率，如图2-73（a）所示，则$u_{AO}=U_{PV}$，$u_{BO}=0$。

工作模态2：开关管S4断开，由于电感电流不能突变，开关管S3反向并联的寄生二极管（体二极管）自然导通，电流经S1、L_a、u_g、L_b、体二极管续流，如图2-73（b）所示，由$u_{AO}=U_{PV}$，$u_{BO}=U_{PV}$。

工作模态3：在负半周期内，输出负电压，S2和S3导通，其余开关管关断，光伏组件向电网输送功率，如图2-73（c）所示，则$u_{AO}=0$，$u_{BO}=U_{PV}$。

工作模态4：开关管S3断开，由于电感电流不能突变，开关管S4反向并联的寄生二极管（体二极管）自然导通，电流经L_a、S2、体二极管、L_b、u_g续流，如图2-73（d）所示，则$u_{AO}=0$，$u_{BO}=0$。

同一桥臂上桥臂开关管导通时，u_{AO}或者u_{BO}等于U_{PV}；下桥臂开关管导通时，u_{AO}或者u_{BO}等于0；续流时，两桥臂中性点对“O”点电位为$U_{PV}/2$（不考虑谐振引起的电压振荡）。因此，电压u_{AO}、u_{BO}的变化规律是由控制开关管的正弦波脉宽调制脉冲决定的。

用两个以开关频率变换且幅值为光伏方阵输出电压U_{PV}的方波电压源等效u_{AO}、u_{BO}。光伏方阵被认为是短路。忽略差模回路和元件，只保留共模回路和元件。对于高频共模模型，可以短接电网电压源，得到光伏并网逆变器的简化示意图，如图2-74（a）所示。

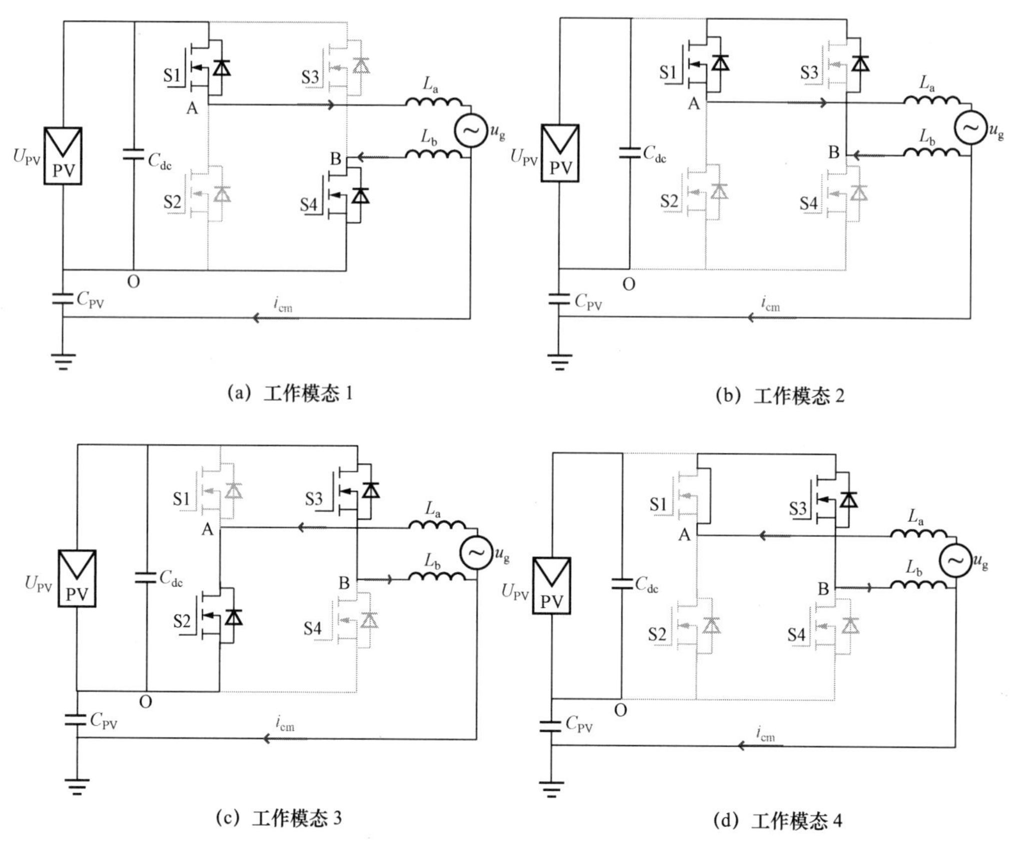

(a) 工作模态 1　(b) 工作模态 2

(c) 工作模态 3　(d) 工作模态 4

图 2-73　单相非隔离型光伏逆变器工作模态

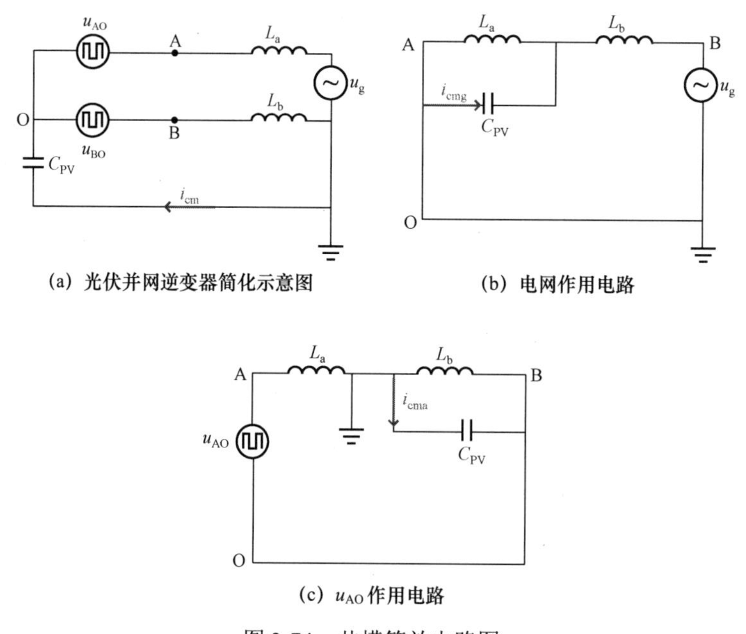

(a) 光伏并网逆变器简化示意图　(b) 电网作用电路

(c) u_{AO} 作用电路

图 2-74　共模等效电路图

假定电路中各电压电流的参考方向如图2-74所示。若滤波电感相等，即 $L_a = L_b = L$，分别计算电网两个电压源单独作用时的共模电流，再利用叠加定理计算出总共模电流 i_{cm} 的表达式，其中 ω_g 为电网频率，ω 为开关频率。

当电网单独作用时，两个电压源 u_{AO}、u_{BO} 用一根导线替代，共模电流定义为 i_{cmg}，如图 2-74（b）所示，其表达式为

$$i_{cmg} = -\frac{u_g}{\frac{1}{2}j\omega_g L + \frac{\frac{1}{2}j\omega_g L \frac{1}{j\omega_g C_{PV}}}{\frac{1}{2}j\omega_g L + \frac{1}{j\omega_g C_{PV}}}} \times \frac{\frac{1}{2}j\omega_g L}{\frac{1}{2}j\omega_g L + \frac{1}{j\omega_g C_{PV}}} = \frac{-\frac{1}{2}ju_g}{\frac{1}{4}\omega_g L + \frac{1}{\omega_g C_{PV}}} \tag{2-28}$$

当电压源 u_{AO} 单独作用时，共模电流定义为 i_{cma}，如图 2-74（c）所示，其表达式为

$$i_{cma} = \frac{\frac{1}{2}ju_{AO}}{\frac{1}{4}\omega L + \frac{1}{C_{PV}\omega}} \tag{2-29}$$

当电压源 u_{BO} 单独作用时，共模电流定义为 i_{cmb}，其表达式为

$$i_{cmb} = \frac{\frac{1}{2}ju_{BO}}{\frac{1}{4}\omega L + \frac{1}{C_{PV}\omega}} \tag{2-30}$$

因为电网频率远远小于开关频率，所以电网引起的漏电流可以忽略不计，即 $i_{cmg} \approx 0$。根据叠加定理以及式（2-27）可得两个电压源同时作用时的共模电流 i_{cm}，其表达式为

$$i_{cm} = i_{cmg} + i_{cma} + i_{cmb} = \frac{ju_{cm}}{\frac{1}{4}\omega L + \frac{1}{C_{PV}\omega}} \tag{2-31}$$

由于开关管频率 ω 非常高，使用较多的有 20kHz，因此可将 ω 视为无穷大。由式（2-31）共模电流的定义可看出，在 C_{PV} 不变的前提下，当共模电压 u_{cm} 恒定时，共模电流 i_{cm} 趋近于零。这样就相当于将如何抑制共模电流的问题转换成如何确保共模电压恒定的问题。

由式（2-27）可知，在单相全桥逆变器中，共模电压 u_{cm} 在 0、$U_{PV}/2$、U_{PV} 三者之间高频变化，因此存在共模电流。

2．低漏电流单相逆变器

为了抑制无变压器光伏并网逆变器中的漏电流，可以采用两种方法：改进调制策略和改进拓扑结构。共模电压不恒定的主要原因是在调制过程中使用了零矢量，如果在调制中不使用零矢量，就可以使共模电压保持恒定，继而消除共模电流。采用改进调制策略后，将会导致直流电压利用率降低的问题；而采用双极性调制时，输出电流纹波较大，为了衰减高频分量，需要增加电感值，进而导致逆变器体积增大。而通过改进拓扑结构，可继承单极性调制的主要优势，包括输出波形质量高、开关频率低和开关损耗小。改进拓扑结构都是以单极性调制为基础，通过增加开关管和二极管来改变共模电压，使其保持恒定。截至目前，国内外研究人员已经研发出多种可以抑制漏电流的全桥类非隔离型光伏逆变器，通过在直流侧加入

旁路开关和在交流侧加入续流回路两种方法，使得在整个逆变周期内 u_{cm} 基本保持不变，进而降低 i_{cm} 的大小。

（1）直流侧加旁路开关的单相逆变器

1）H5 拓扑结构。H5 电路拓扑是在全桥的基础上，在光伏和全桥逆变器的输入支路上面加入一个开关管 S5，在电路续流阶段切断光伏和电网直接的联系，实现电路前后级的直流解耦。该拓扑结构与传统的 H4 桥相比只多加入了一个开关管，具有结构简单、效率较高的优点；但是由于拓扑结构不对称，存在局部散热的问题，影响使用寿命。

H5 逆变器的主电路拓扑结构如图 2-75（a）所示，与传统全桥 H4 逆变器相比，输入侧增加了一个开关管 S5，开关管 S5、S2、S4 以高频开关频率工作，上桥臂开关管 S1、S3 以电网频率工作。其驱动时序如图 2-75（b）所示，其中 v_M 为调制波，v_{tri} 为载波，u_{AB} 为逆变器桥臂中性点输出电压。

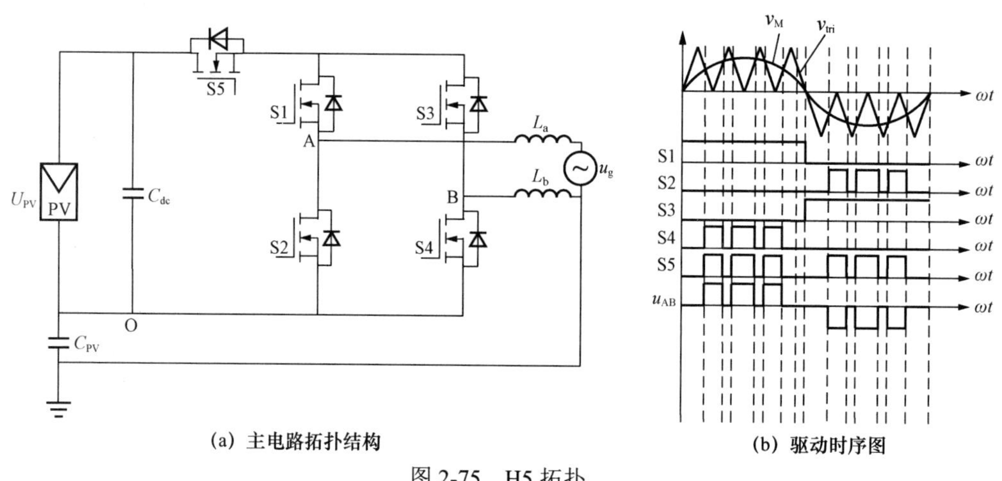

(a) 主电路拓扑结构　　(b) 驱动时序图

图 2-75　H5 拓扑

当电网电压在正半周期时，S1 导通，S4、S5 与 S3 反向并联的寄生二极管（体二极管）以高频开关频率交替导通，S4、S5 的开关动作一致。

工作模态 1：当 S4、S5 导通时，电流通过 S5、S1、S4 构成的回路流向电网，u_{cm} 为 $U_{PV}/2$，如图 2-76（a）所示。

工作模态 2：当 S4、S5 关断时，电路处于续流状态，电流通过 S1、体二极管构成续流回路，直流侧光伏电池方阵和交流侧电网隔离，A、B 两个输出端悬浮，u_{cm} 保持为 $U_{PV}/2$，如图 2-76（b）所示。

同理，当电网电压在负半周期时，S3 一直处于导通状态，S2、S5 与 S1 反向并联的寄生二极管（体二极管）以高频开关频率交替导通，S2、S5 的开关动作一致。

工作模态 3：当 S2、S5 导通时，电流通过 S5、S3、S2 构成的回路流向电网，u_{cm} 为 $U_{PV}/2$，如图 2-76（c）所示。

工作模态 4：当 S2、S5 关断时，电路处于续流状态，电流流经 S3、体二极管续流，同样与光伏电池方阵形成隔离，u_{cm} 保持为 $U_{PV}/2$，如图 2-76（d）所示。

因此，H5 逆变器在整个周期内 u_{cm} 恒为 $U_{PV}/2$，抑制了共模电流的产生。H5 拓扑结构的开关状态见表 2-2。

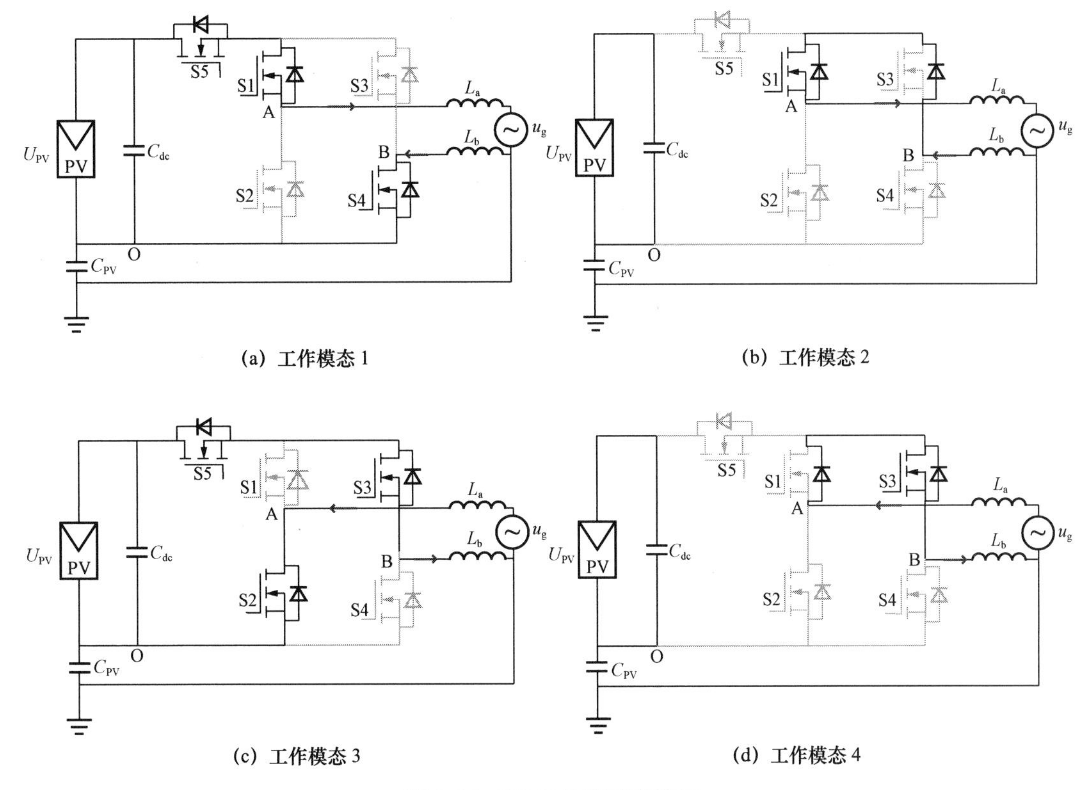

(a) 工作模态1　(b) 工作模态2

(c) 工作模态3　(d) 工作模态4

图2-76　H5拓扑的工作模态

表2-2　H5拓扑结构的开关状态

S1	S2	S3	S4	S5	u_{AO}	u_{BO}	u_{cm}	工作周期
1	0	0	1	1	U_{PV}	0	$U_{PV}/2$	P
1	0	0	0	0	$U_{PV}/2$	$U_{PV}/2$	$U_{PV}/2$	P
0	1	1	0	1	0	U_{PV}	$U_{PV}/2$	N
0	0	1	0	0	$U_{PV}/2$	$U_{PV}/2$	$U_{PV}/2$	N

注　P表示逆变周期的正半周；W表示逆变周期的负半周。

2）H6拓扑结构。H6主电路拓扑结构如图2-77（a）所示，即在直流侧的正负极均加入了一个开关管S5和S6，在一定程度上解决了H5局部散热的问题，也实现了在工作过程中直流侧与交流侧的解耦，从而可以有效地抑制漏电流，但是H6拓扑的成本有所增加。新增开关管S5、S6及S1～S4的驱动时序如图2-77（b）所示。

当电网电压在正半周期时，工作模态如图2-78（a）、（b）所示；当电网电压工作在负半周期时，工作模态如图2-78（c）、（d）所示。

工作模态1：如图2-78（a）所示，为电网正半周期能量传递模态，电流流经开关管S1、S4、S5、S6及滤波电感向电网传递能量。

工作模态2：如图2-78（b）所示，为正半周期续流模态，开关管S1、S3、S6处于导通状态，电流经过S1、S3体二极管、滤波电感续流。与全桥逆变器相比，此模态续流回路与直流侧完全断开，从而切断了漏电流的回路。

工作模态3：如图2-78（c）所示，为电网负半周期能量传递模态，电流流经开关管S2、

S3、S5、S6 及滤波电感向电网传递能量。

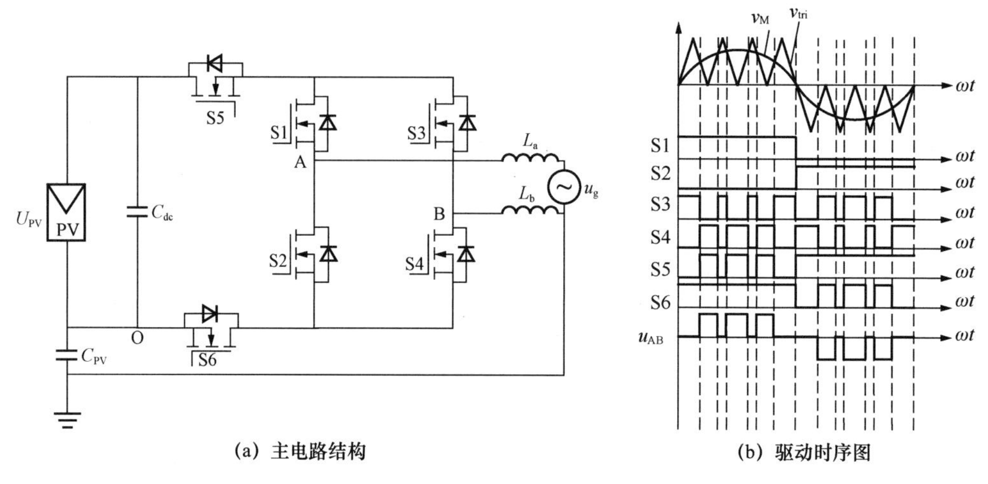

(a) 主电路结构　　(b) 驱动时序图

图 2-77　H6 拓扑

工作模态 4：如图 2-78（d）所示，为负半周期续流模态，开关管 S2、S4、S5 处于导通状态，电流经过 S2、S4 体二极管、滤波电感续流。与全桥逆变器相比，此模态续流回路与直流侧完全断开，同样切断了漏电流的回路。

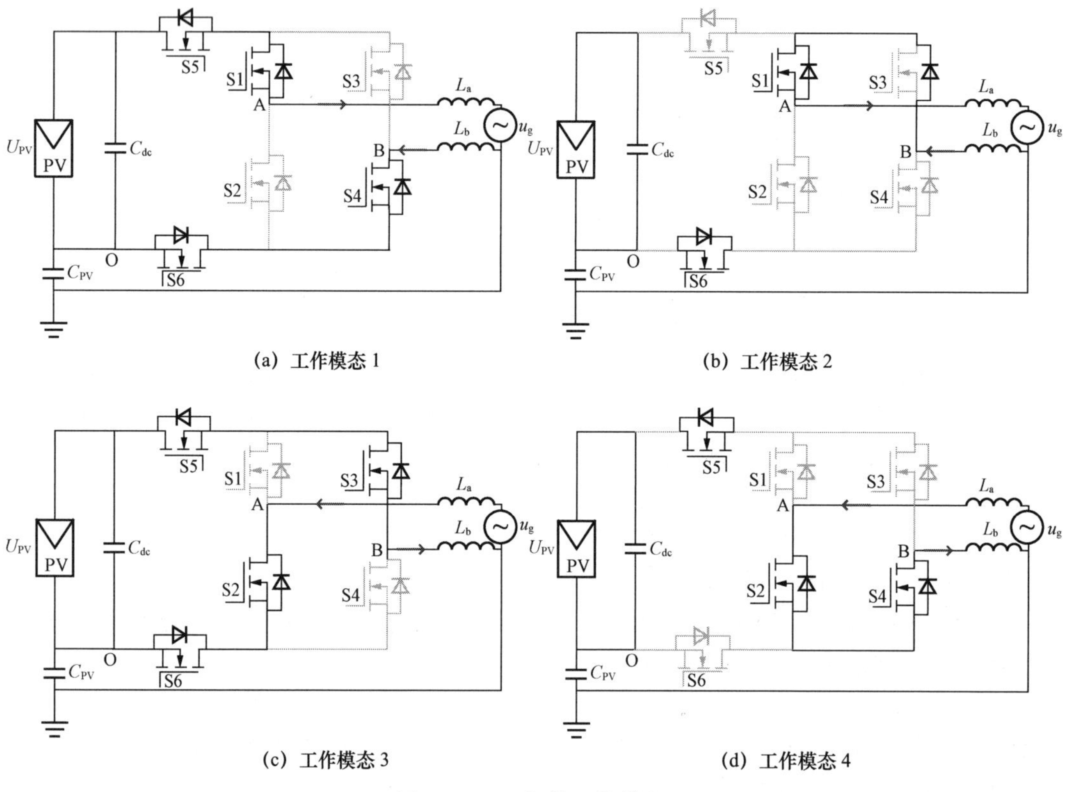

(a) 工作模态 1　　(b) 工作模态 2

(c) 工作模态 3　　(d) 工作模态 4

图 2-78　H6 拓扑工作模态

H6 拓扑结构的开关状态见表 2-3。

表 2-3 H6 拓扑结构开关状态

S1	S2	S3	S4	S5	S6	u_{AO}	u_{BO}	u_{cm}	工作周期
1	0	0	1	1	1	U_{PV}	0	$U_{PV}/2$	P
1	0	1	0	0	1	$U_{PV}/2$	$U_{PV}/2$	$U_{PV}/2$	P
0	1	1	0	1	1	0	U_{PV}	$U_{PV}/2$	N
0	1	0	1	1	0	$U_{PV}/2$	$U_{PV}/2$	$U_{PV}/2$	N

（2）交流侧加入续流回路

1）Heric 拓扑结构。Heric 拓扑是典型的交流侧解耦型拓扑，即在续流阶段，从交流侧断开光伏电池板和电网的电气连接。相比于 H5 拓扑，无论在功率传输阶段还是在续流阶段，电流都只经过两个开关管，可以降低导通损耗，提高系统效率。然而，Heric 拓扑因多使用一个开关管，故增加了系统的硬件成本。

Heric 逆变器的主电路拓扑结构如图 2-79（a）所示，其驱动时序如图 2-79（b）所示。

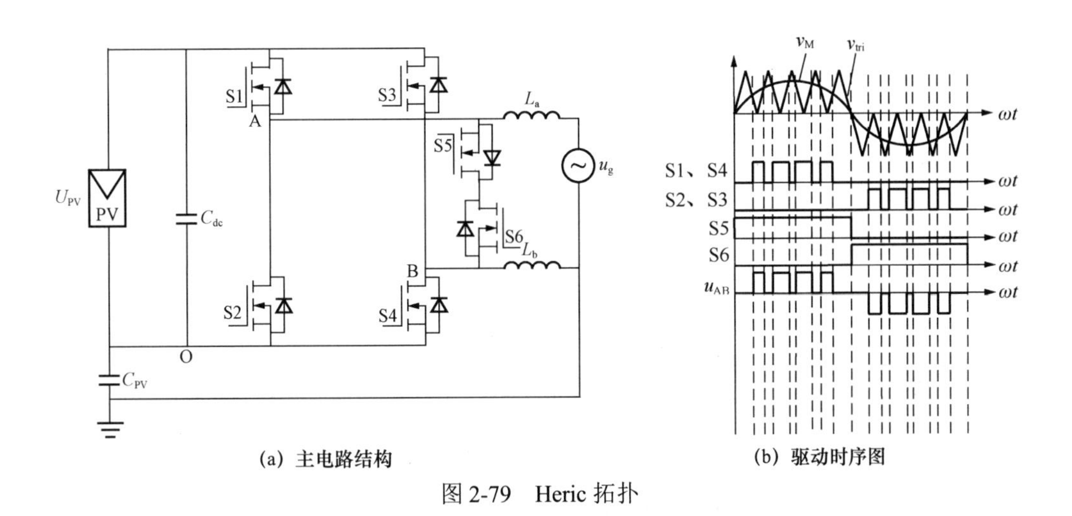

(a) 主电路结构　　(b) 驱动时序图

图 2-79 Heric 拓扑

工作模态 1：当 S1、S4 处于导通状态时，电流通过 S1、S4 组成的回路流向电网，u_{cm} 为 $U_{PV}/2$，如图 2-80（a）所示。

工作模态 2：当 S5 处于导通状态时，电流通过 S6、S5 的寄生二极管组成的回路续流，与光伏电池方阵形成隔离状态，u_{cm} 保持为 $U_{PV}/2$，如图 2-80（b）所示。

工作模态 3：当 S2、S3 处于导通状态时，电流通过 S2、S3 组成的回路流向电网，u_{cm} 为 $U_{PV}/2$，如图 2-80（c）所示。

工作模态 4：当 S6 处于导通状态时，电流通过 S5、S6 的寄生二极管组成回路续流，与光伏电池方阵形成隔离状态，u_{cm} 恒为 $U_{PV}/2$，如图 2-80（d）所示。

Heric 拓扑结构的工作状态见表 2-4。

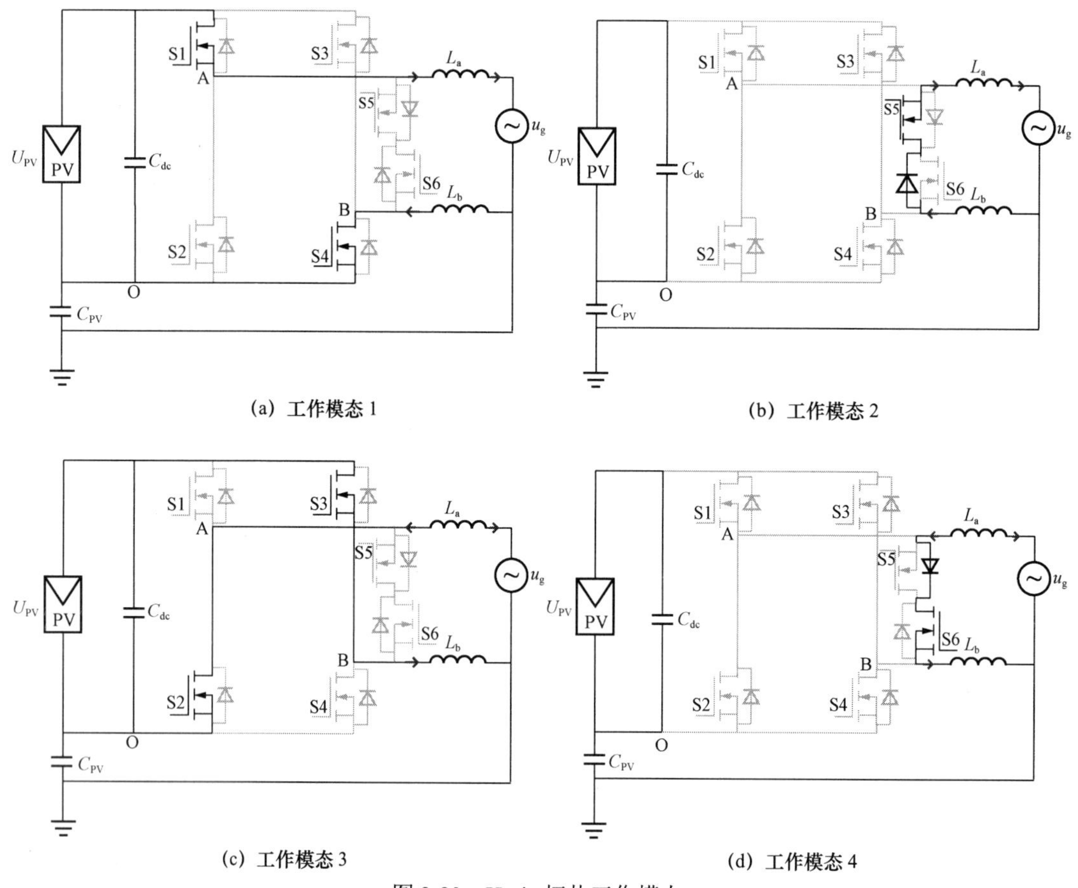

(a) 工作模态 1　　(b) 工作模态 2

(c) 工作模态 3　　(d) 工作模态 4

图 2-80　Heric 拓扑工作模态

表 2-4　　Heric 拓扑结构开关状态

S1	S2	S3	S4	S5	S6	u_{AO}	u_{BO}	u_{cm}	工作周期
1	0	0	1	0	1	U_{PV}	0	$U_{PV}/2$	P
0	0	0	0	0	1	$U_{PV}/2$	$U_{PV}/2$	$U_{PV}/2$	P
0	1	1	0	1	0	0	U_{PV}	$U_{PV}/2$	N
0	0	0	0	1	0	$U_{PV}/2$	$U_{PV}/2$	$U_{PV}/2$	N

2）ZVR 拓扑结构。ZVR 拓扑的主电路结构如图 2-81（a）所示，它是对 Heric 拓扑的一种改进。用四个二极管与一个开关管 S5 代替 Heric 中的续流回路，工作原理与 Heric 拓扑一样。但在续流过程中，有三个开关管同时导通，所以损耗有所增加，较 Heric 系统的整体效率降低。其驱动时序如图 2-81（b）所示。

工作模态 1：如图 2-82（a）所示，为电网正半周能量传递模态，开关管 S1、S4 处于导通状态，S2、S3 处于关断状态，电流流经开关管 S1、S4 和滤波电感向电网传递能量。

工作模态 2：如图 2-82（b）所示，为电网正半周续流模态，开关管 S1～S4 关断，S5 导通，电流经过 S5、VD2、VD3 和滤波电感续流。

工作模态 3：如图 2-82（c）所示，为电网负半周期能量传递模态，开关管 S2、S3 处于导通状态，S1、S4 处于关断状态，电流流经开关管 S2、S3 和滤波电感向电网传递能量。

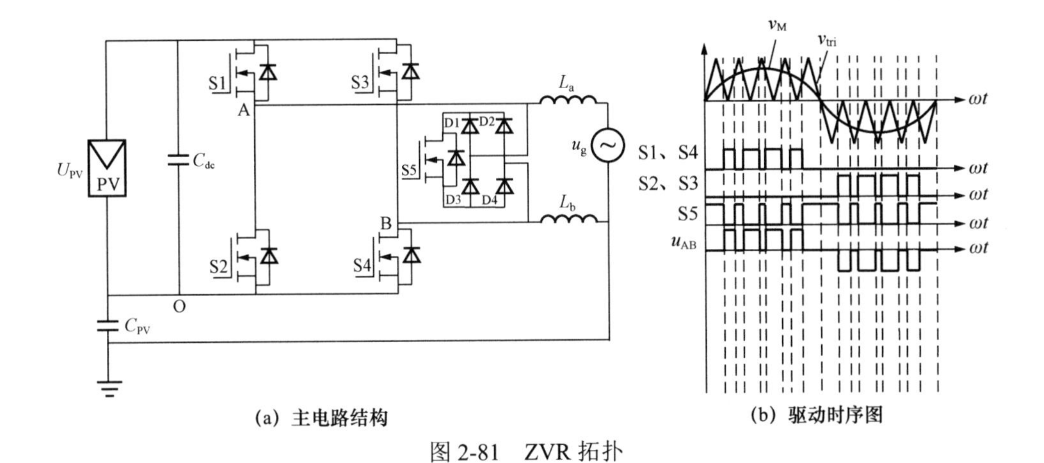

(a) 主电路结构　　(b) 驱动时序图

图 2-81　ZVR 拓扑

工作模态 4：如图 2-82（d）所示，为电网负半周期续流模态，开关管 S1～S4 关断，S5 导通，电流经过 S5、VD1、VD2 和滤波电感续流。

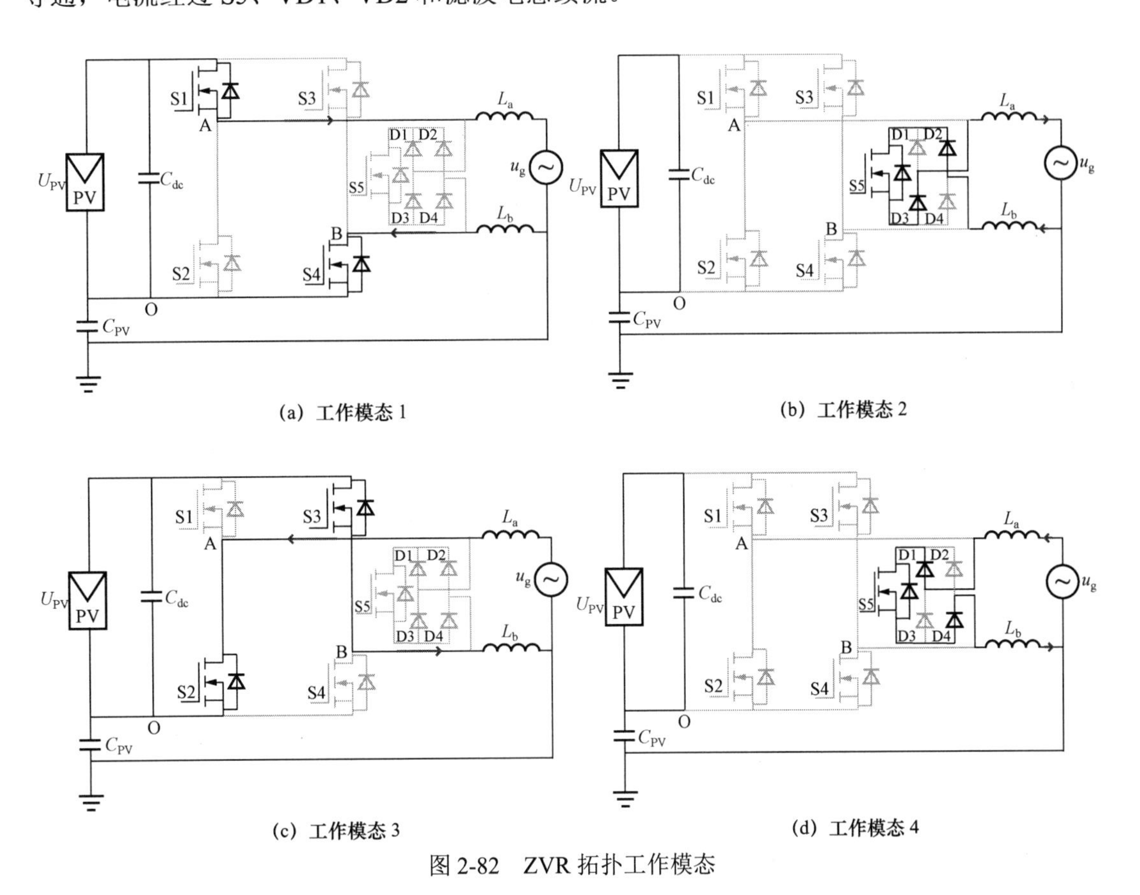

(a) 工作模态 1　　(b) 工作模态 2

(c) 工作模态 3　　(d) 工作模态 4

图 2-82　ZVR 拓扑工作模态

ZVR 拓扑结构的开关状态见表 2-5。

表 2-5　　ZVR 拓扑结构的开关状态

S1	S2	S3	S4	S5	u_{AO}	u_{BO}	u_{cm}	工作周期
1	0	0	1	0	U_{PV}	0	$U_{PV}/2$	P
0	0	0	0	1	$U_{PV}/2$	$U_{PV}/2$	$U_{PV}/2$	P
0	1	1	0	0	0	U_{PV}	$U_{PV}/2$	N
0	0	0	0	1	$U_{PV}/2$	$U_{PV}/2$	$U_{PV}/2$	N

（3）钳位型单相光伏逆变器

上述电路拓扑续流阶段，由于开关管寄生电容的存在引起了续流回路电压波动，共模电压处于不稳定状态，共模电流抑制效果变差，于是又研制出共模电压钳位型的光伏逆变器。典型代表如图 2-83 所示，其中图 2-83（a）为基于 O—H5 的钳位型光伏逆变器，图 2-83（b）为基于 Heric 的钳位型光伏逆变器。

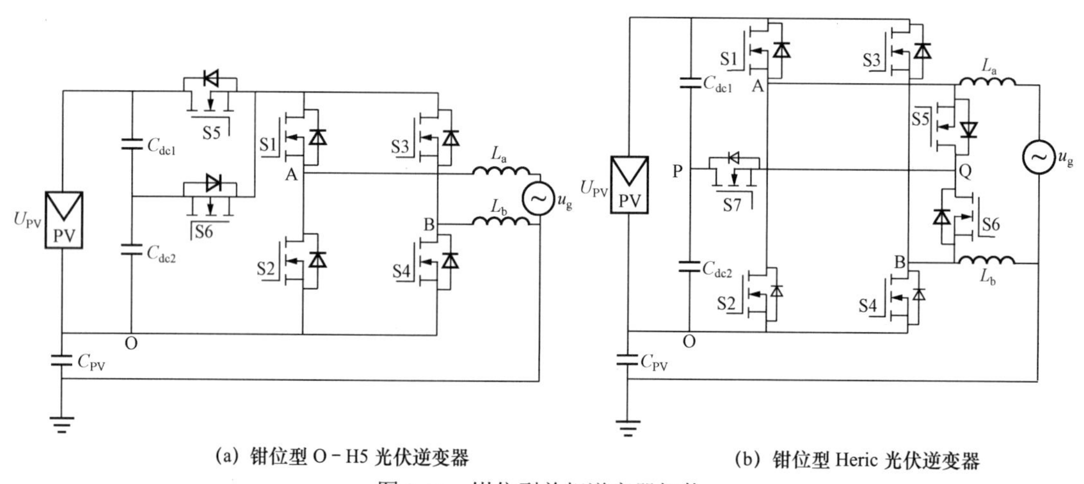

(a) 钳位型 O－H5 光伏逆变器　　(b) 钳位型 Heric 光伏逆变器

图 2-83　钳位型单相逆变器拓扑

直流侧钳位型光伏逆变器虽然可以实现续流阶段共模电压的恒定，但在功率传输阶段需要流经三只或四只功率开关管，明显增加了导通损耗。相比较而言，交流侧解耦型拓扑在功率传输阶段仅流经两只功率开关管，可保持输出效率高的优势，但需要的开关管数量较多，成本较大。

2.5.2　三相逆变器及其漏电流抑制技术

1．三相桥式逆变器存在的漏电流问题

类似单相光伏逆变器，三相光伏逆变器的输出侧既可以连接独立负载运行，也可以接入电网并网运行，两者的逆变原理相似，下面以并网逆变器为例进行分析。传统三相桥式光伏并网逆变器电路结构示意图如图 2-84 所示，其中，S1～S6 为三相桥臂开关管；U_{PV} 为光伏电池板的输入电压；C_{PV} 为光伏电池板对地寄生电容；C_{dc} 为直流侧稳压电容；L_a、L_b 和 L_c 为三相滤波电感；C_a、C_b 和 C_c 为三相滤波电容；E_a、E_b 和 E_c 为三相电网电压。由图 2-84 中可以看出，当功率开关管高频工作时，会产生共模电压。该共模电压会作用在光伏电池板、逆变器、电网和大地之间形成的共模回路中，从而产生共模漏电流 i_{cm}。

用三个等效电压源 u_{AQ}、u_{BQ}、u_{CQ} 分别代替图 2-84 中逆变器各桥臂输出端 A、B、C 点相对于直流输入负母线端 Q 点的电位差，将三个单相模型综合起来得到三相光伏逆变器共模等效模型，如图 2-85 所示。

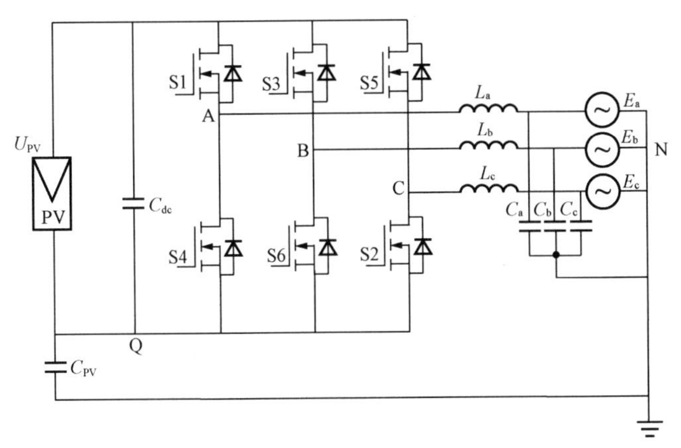

图 2-84　传统三相桥式光伏并网逆变器电路

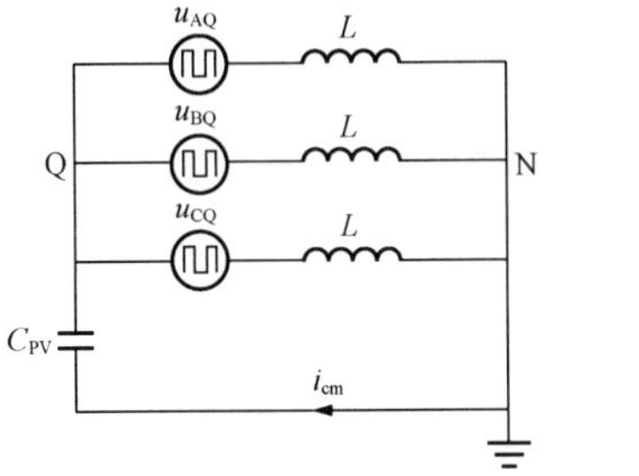

图 2-85　三相光伏逆变器共模等效模型

综上分析，可得到三相光伏逆变器的共模电压 u_{cm} 为

$$u_{cm}=\frac{u_{AQ}+u_{BQ}+u_{CQ}}{3} \tag{2-32}$$

假设三相滤波电感相等，即 $L_a=L_b=L_c=L$，由于电网电压的角频率与光伏逆变系统中开关管的开关频率相比很小，利用叠加定理可得到系统总漏电流的计算式为

$$\mathrm{i}_{cm}=i_{cma}+i_{cmb}+i_{cmc}=\frac{u_{cm}}{\dfrac{\mathrm{j}\omega L}{3}+\dfrac{1}{\mathrm{j}\omega C_{PV}}} \tag{2-33}$$

式中：i_{cma}、i_{cmb}、i_{cmc} 分别为 u_{AQ}、u_{BQ}、u_{CQ} 单独作用时所产生的漏电流。

可以看出，三相光伏逆变器系统漏电流大小由共模电压以及共模回路中的等效阻抗决定。当功率开关管角频率 ω 趋近于零时，共模漏电流也趋近于零。但是通常功率开关管的频率很高，无法降到低频，实际上，式（2-33）中的 ω 经等效替换后为共模电压的频率。由此可见，抑制共模漏电流大小的方法可以总结为以下两种：第一种是当共模电压频率一定时，降低共模电压的幅值；第二种是增加共模电压角频率，使共模回路中等效阻抗增大，从而减小漏电流。三相光伏逆变器系统漏电流共模等效电路如图 2-86 所示。

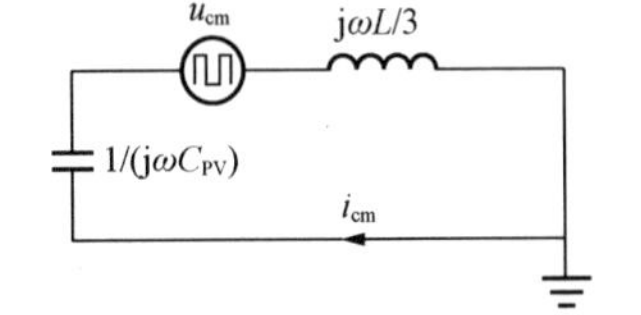

图 2-86　三相光伏逆变器系统共模漏电流共模等效电路

逆变器的开关状态决定着系统共模电压的大小，以 A 相桥臂为例，传统三相逆变器的开关状态定义如下：“1”表示上开关管 S1 导通，下开关管 S4 关断；“0”表示上开关管 S1 关断，下开关管 S4 导通。B 相和 C 相桥臂的情况类似，例如开关管 S1、S6、S2 导通时，开关状态表示为 M_1（100）。因此传统三相逆变器在正弦脉宽调制（SPWM）下共有八种工作模态，系统开关状态与共模电压关系见表 2-6。

表 2-6　　系统开关状态与共模电压关系

开关状态	u_{AQ}	u_{BQ}	u_{CQ}	u_{cm}
$M_1(100)$	U_{PV}	0	0	$U_{PV}/3$
$M_2(110)$	U_{PV}	U_{PV}	0	$2U_{PV}/3$
$M_3(010)$	0	U_{PV}	0	$U_{PV}/3$
$M_4(011)$	0	U_{PV}	U_{PV}	$2U_{PV}/3$
$M_5(001)$	0	0	U_{PV}	$U_{PV}/3$
$M_6(101)$	U_{PV}	0	U_{PV}	$2U_{PV}/3$
$M_7(111)$	U_{PV}	U_{PV}	U_{PV}	$U_{PV}/3$
$M_8(000)$	0	0	0	0

由表 2-6 可以看出，三相逆变器在工作模态（M_1～M_6）中，共模电压在 $U_{PV}/3$～$2U_{PV}/3$ 之间变化；在续流模态（M_7 和 M_8）中，共模电压在 0～U_{PV} 之间变化，因此共模电压在整个逆变周期内的变化上限为 U_{PV}，从而造成较高的漏电流。

2．低漏电流三相光伏逆变器

与单相光伏逆变器类似，为了抑制漏电流，三相光伏逆变器同样可以分为直流侧加入旁路开关和交流侧加续流回路两大类。

（1）直流侧加入旁路开关

1）三相 H7 逆变器。基于单相 H5 逆变器可推导得到三相 H7 逆变器，三相非隔离型 H7 逆变器的拓扑结构示意图如图 2-87（a）所示，它是在三相全桥逆变器拓扑的基础上增加了开关管 S7，并放置在桥式电路输入侧正直流母线上。其中，R 表示三相电阻性负载。新增开关管 S7 及三相桥臂开关管 S1～S6 的驱动时序图如图 2-87（b）所示。其中，v_c 为三角载波；v_{ra}、v_{rb} 和 v_{rc} 为相位互差 120°的正弦调制波。

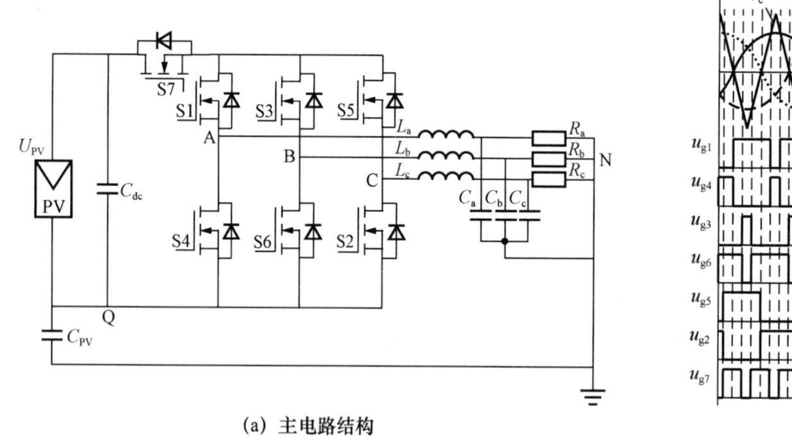

(a) 主电路结构

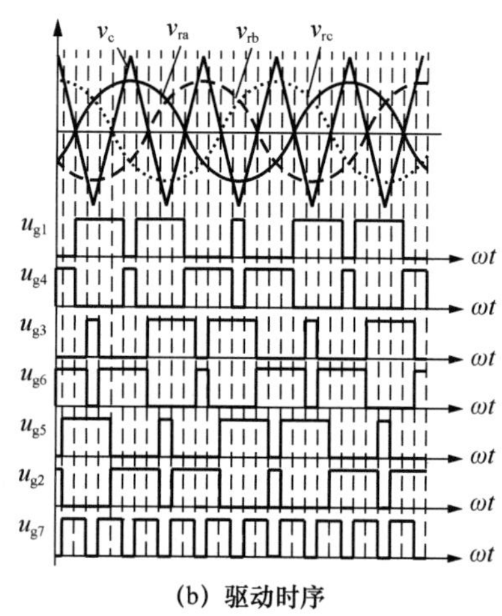

(b) 驱动时序

图 2-87　三相非隔离型 H7 逆变器拓扑及其驱动时序

为了便于分析，定义如下开关管状态：对于 A 相桥臂，开关管 S1 和 S4，“1”表示上开关管 S1 导通，下开关管 S4 关断；“0”表示上开关管 S1 关断，下开关管 S4 导通；“Z”表示开关管 S1 和 S4 均导通；同理可以定义 B 相和 C 相桥臂上开关管状态。对于隔离开关管 S7，“1”表示 S7 导通，“0”表示 S7 关断。例如，当开关管 S1、S6、S2、S7 导通且其余开关管关断时，开关状态记为 $M_1(1001)$。因此三相 H7 逆变器在整个周期内共有七个工作模态，其开关状态与共模电压的关系见表 2-7，逆变器工作过程中的七种工作模态如图 2-88 所示。

表 2-7　　三相 H_7 逆变器开关状态与共模电压关系

开关状态	u_{AQ}	u_{BQ}	u_{CQ}	u_{cm}
M_1(1001)	U_{PV}	0	0	$U_{PV}/3$
M_2(1101)	U_{PV}	U_{PV}	0	$2U_{PV}/3$
M_3(0101)	0	U_{PV}	0	$U_{PV}/3$
M_4(0111)	0	U_{PV}	U_{PV}	$2U_{PV}/3$
M_5(0011)	0	0	U_{PV}	$U_{PV}/3$
M_6(1011)	U_{PV}	0	U_{PV}	$2U_{PV}/3$
M_7(ZZZ0)	0	0	0	0

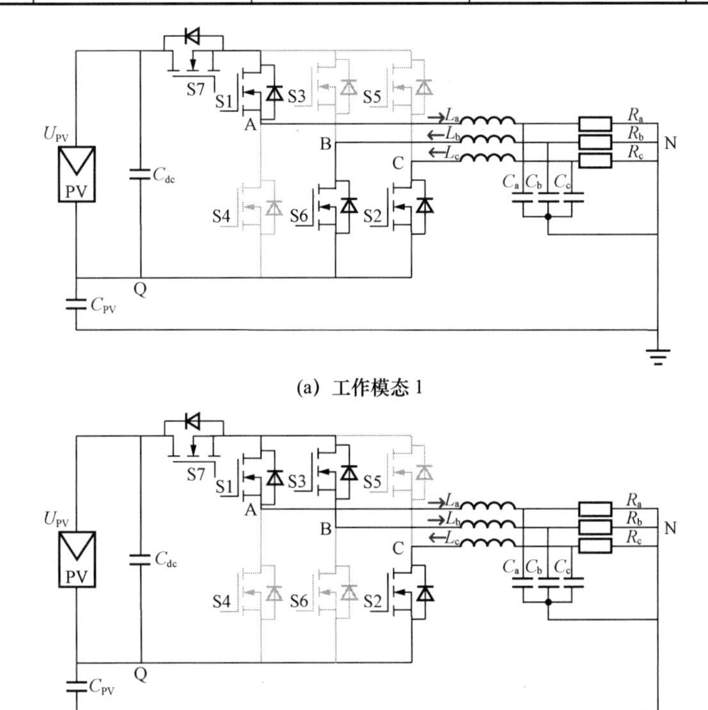

(a) 工作模态 1

(b) 工作模态 2

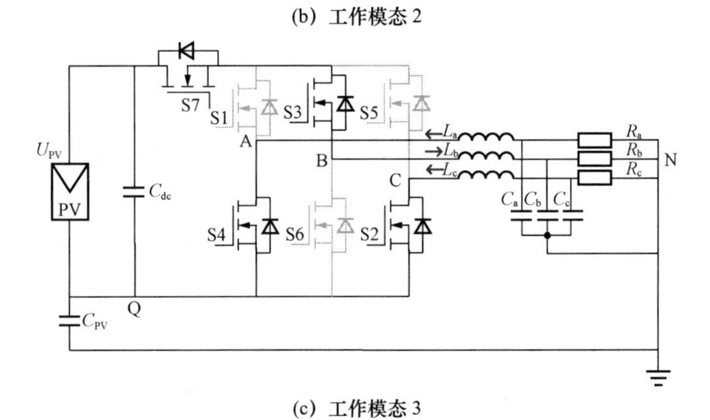

(c) 工作模态 3

图 2-88　三相 H7 逆变器拓扑工作模态（一）

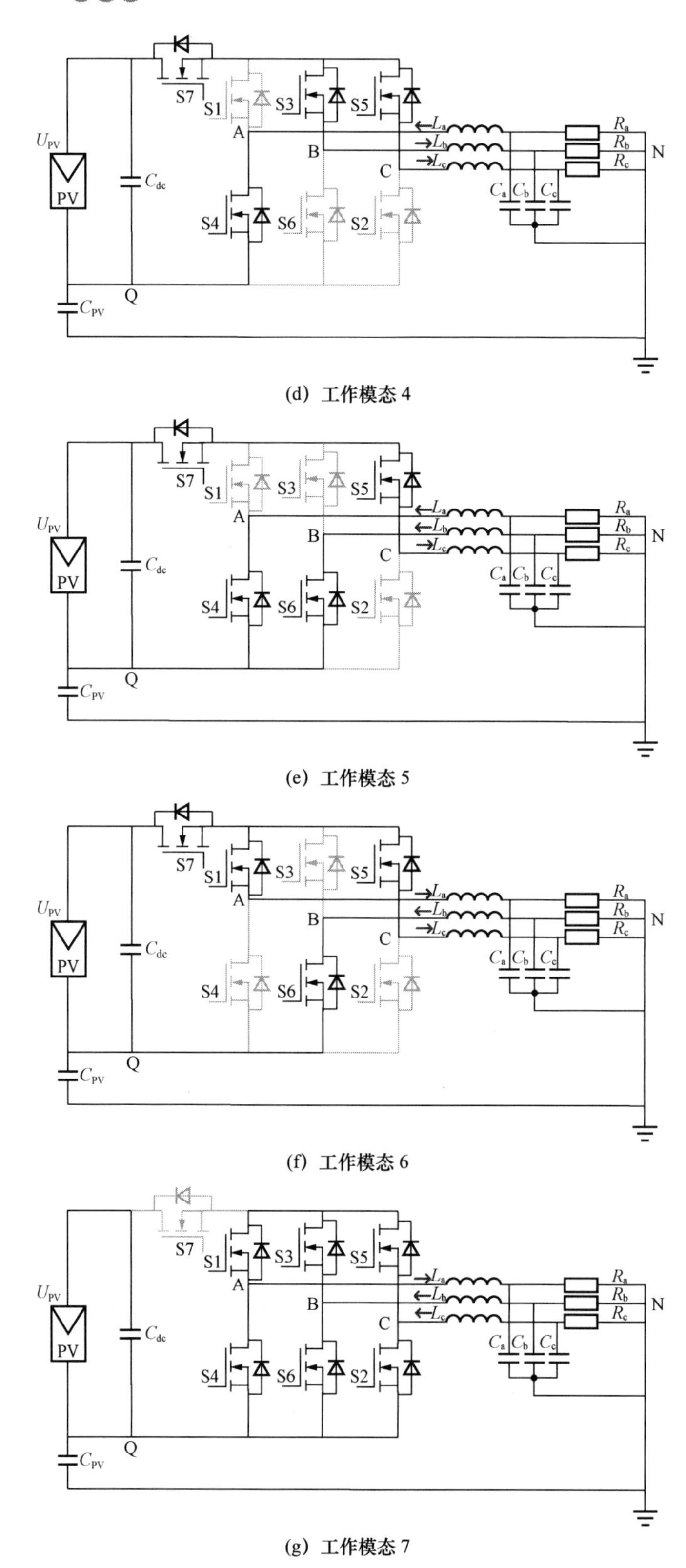

(d) 工作模态 4

(e) 工作模态 5

(f) 工作模态 6

(g) 工作模态 7

图 2-88　三相 H7 逆变器拓扑工作模态（二）

工作模态 1：如图 2-88（a）所示，开关管 S1、S6 和 S2 导通，隔离开关管 S7 也导通，其余开关管均处于关断状态。电流从直流输入正端流出，依次流经 S7—S1—L_a—R_a—中性点 N—R_b、R_c—L_b、L_c—S2、S6，最后流回到直流输入的负端，此时共模电压 u_{cm} 为 $U_{PV}/3$。

工作模态 2：如图 2-88（b）所示，开关管 S1、S3 和 S2 以及隔离开关管 S7 处于导通状态，其余开关管均处于关断状态。电流从直流输入正端流出，依次经过 S7—S1、S3—L_a、L_b—R_a、R_b—中性点 N—R_c—L_c—S2，最后流回到直流输入的负端，此时共模电压 u_{cm} 为 $2U_{PV}/3$。

工作模态 3：如图 2-88（c）所示，开关管 S4、S3 和 S2 以及隔离开关管 S7 处于导通状态，其余开关管均处于关断状态。电流从直流输入正端流出，依次经过 S7—S3—L_b—R_b—中性点 N—R_a、R_c—L_a、L_c—S4、S2，最后流回到直流输入的负端，此时共模电压 u_{cm} 为 $U_{PV}/3$。

工作模态 4：如图 2-88（d）所示，开关管 S4、S3 和 S5 以及隔离开关管 S7 处于导通状态，其余开关管均处于关断状态。电流从直流输入正端流出，依次经过 S7—S3、S5—L_b、L_c—R_b、R_c—中性点 N—R_a—L_a—S4，最后流回到直流输入的负端，此时共模电压 u_{cm} 为 $2U_{PV}/3$。

工作模态 5：如图 2-88（e）所示，开关管 S4、S6 和 S5 以及隔离开关管 S7 处于导通状态，其余开关管均处于关断状态。电流从直流输入正端流出，依次经过 S7—S5—L_c—R_c—中性点 N—R_a、R_b—L_a、L_b—S4、S6，最后流回到直流输入的负端，此时共模电压 u_{cm} 为 $U_{PV}/3$。

工作模态 6：如图 2-88（f）所示，开关管 S1、S6 和 S5 以及隔离开关管 S7 处于导通状态，其余开关管均处于关断状态。电流从直流输入正端流出，依次经过 S7—S1、S5—L_a、L_c—R_a、R_c—中性点 N—R_b—L_b—S6，最后流回到直流输入的负端，此时共模电压 u_{cm} 为 $2U_{PV}/3$。

工作模态 7：如图 2-88（g）所示，为逆变器续流工作模态，此时三相桥臂的开关管 S1～S6 全部导通，隔离开关管 S7 关断，该模态是从前一不同的正常传输模态过渡而来的，这里以模态 1(M_1)过渡到模态 7(M_7)为例，其他情况类似。由于电感电流续流，电流可以经过 L_a—L_b—S6—S4、L_a—L_b—S3—S1、L_a—L_c—S2—S4 和 L_a—L_c—S5—S1 多个回路中续流。此时隔离开关管 S7 关断，续流回路与直流侧完全断开，该模态下的共模电压 u_{cm} 为 0。

通过以上分析可知，三相 H7 逆变器在整个周期内共模电压有 0、$U_{PV}/3$ 和 $2U_{PV}/3$ 三个数值，在续流工作模态时，直流母线上的隔离开关管关断，能够实现逆变器直流侧与交流侧的解耦，从而切断共模回路。与传统三相桥式逆变器相比，在整个逆变周期内，H7 光伏逆变器的共模电压变化范围减小，并能够减小漏电流，但是在续流状态下，共模电压处于不稳定状态，使漏电流的抑制效果受到一定程度的影响。

2）三相 H8 逆变器。由单相 H6 逆变器推衍可以得到三相 H8 逆变器的拓扑结构如图 2-89 所示。它是在传统三相桥式逆变器拓扑的正、负直流母线上各添加一个隔离开关管 S7 和 S8。根据系统开关状态与共模电压的逻辑关系，采用 SPWM 和数字逻辑运算相结合的调制策略对三相 H8 逆变器进行控制。

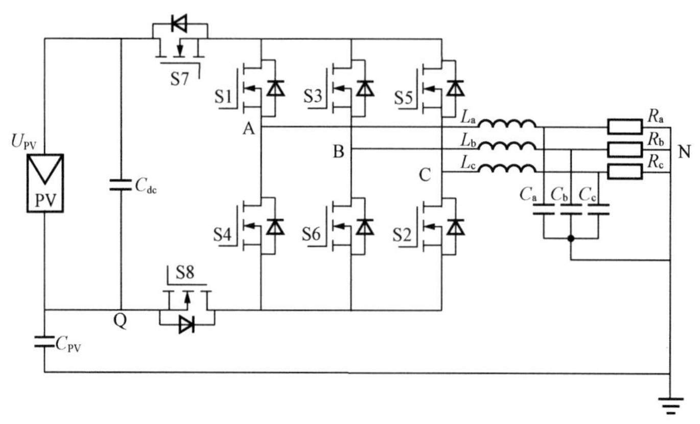

图 2-89　三相非隔离型 H8 逆变器主电路拓扑图

与 H7 逆变器类似，可以定义 H8 逆变器桥臂上各开关管开关状态，对于隔离开关管 S7 和 S8，“1”表示 S7 和 S8 均导通，“0”表示 S7 和 S8 均关断。例如，当开关管 S1、S6、S2、S7 和 S8 导通，其余开关管关断时，开关状态记为 M_1(1001)。因此，三相 H8 逆变器在整个逆变周期内共有七个工作模态，三相 H8 逆变器开关状态与共模电压的关系见表 2-8，逆变器工作过程中的七种工作模态如图 2-90 所示。

表 2-8　　三相 H8 逆变器开关状态与共模电压关系

开关状态	u_{AQ}	u_{BQ}	u_{CQ}	u_{cm}
M_1(1001)	U_{PV}	0	0	$U_{PV}/3$
M_2(1101)	U_{PV}	U_{PV}	0	$2U_{PV}/3$
M_3(0101)	0	U_{PV}	0	$U_{PV}/3$
M_4(0111)	0	U_{PV}	U_{PV}	$2U_{PV}/3$
M_5(0011)	0	0	U_{PV}	$U_{PV}/3$
M_6(1011)	U_{PV}	0	U_{PV}	$2U_{PV}/3$
M_7(ZZZ0)	$U_{PV}/2$	$U_{PV}/2$	$U_{PV}/2$	$U_{PV}/2$

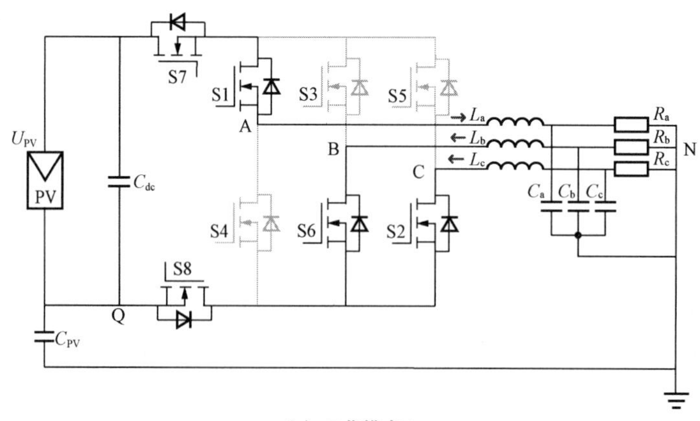

(a) 工作模态 1

图 2-90　三相 H8 逆变器拓扑工作模态（一）

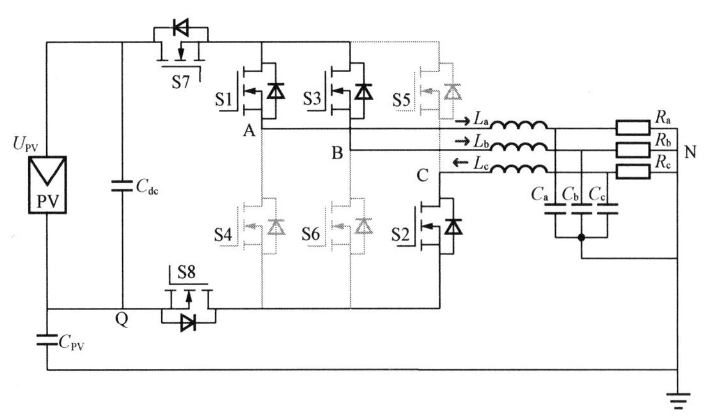

(b) 工作模态 2

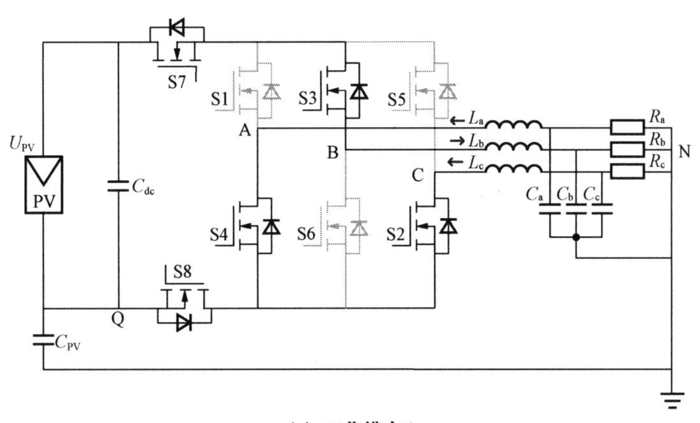

(c) 工作模态 3

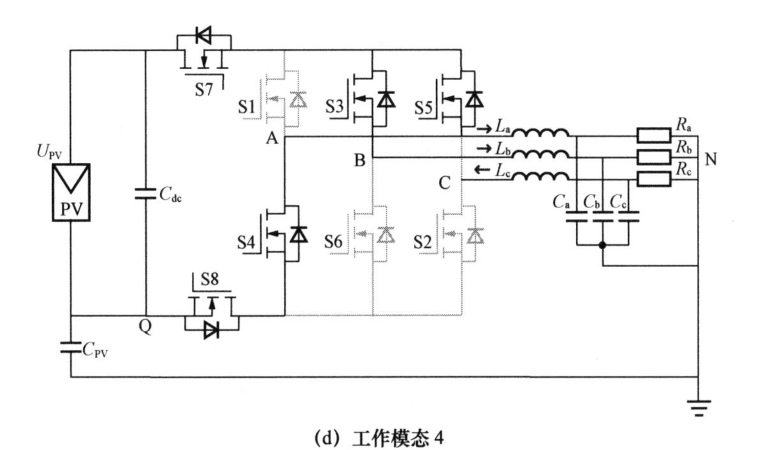

(d) 工作模态 4

图 2-90　三相 H8 逆变器拓扑工作模态（二）

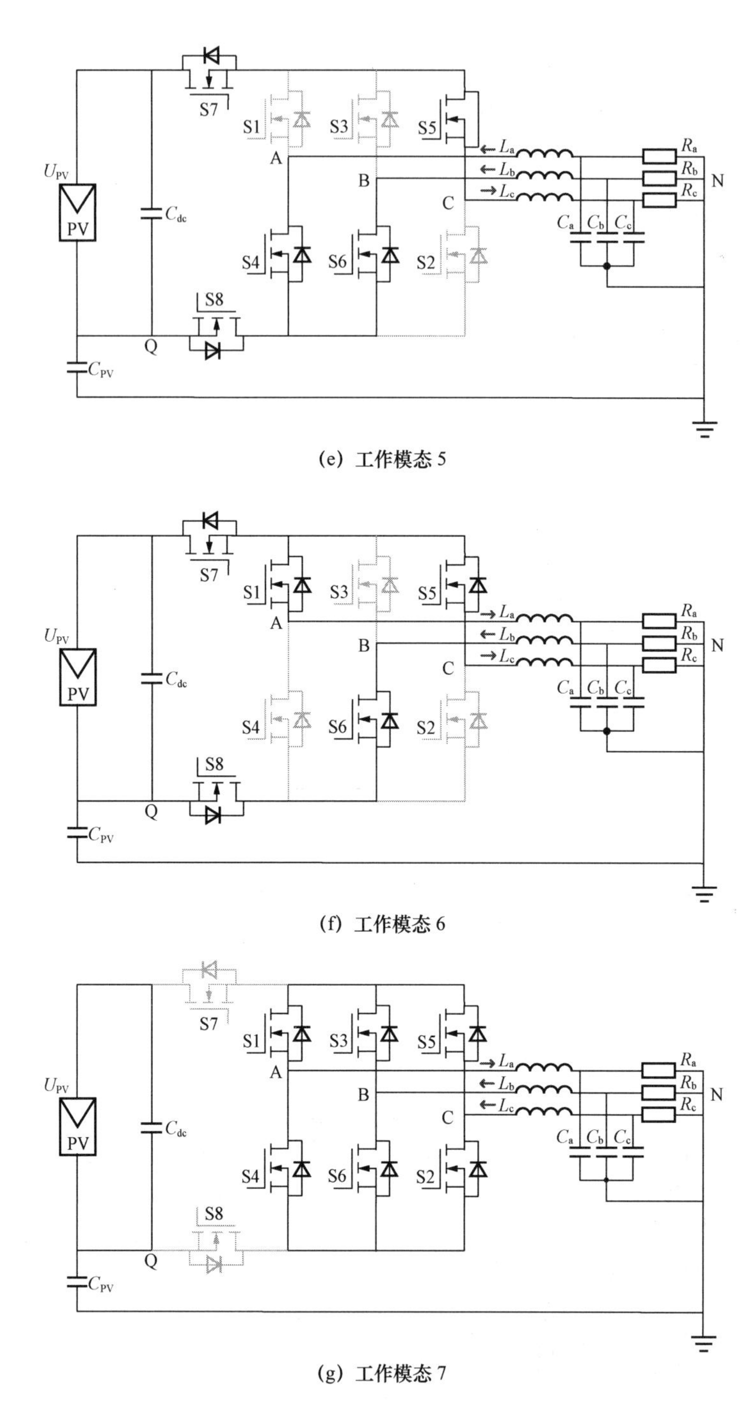

(e) 工作模态 5

(f) 工作模态 6

(g) 工作模态 7

图 2-90 三相 H8 逆变器拓扑工作模态（三）

工作模态 1：如图 2-90（a）所示，开关管 S1、S6 和 S2 导通，隔离开关管 S7 和 S8 也导通，其余开关管均处于关断状态。电流从直流输入正端流出，依次流经 S7—S1—L_a—R_a—中性点 N—R_b、R_c—L_b、L_c—S2、S6—S8，最后流回到直流输入的负端，此时共模电压 u_{cm} 为 $U_{PV}/3$。

工作模态 2：如图 2-90（b）所示，开关管 S1、S3 和 S2 以及隔离开关管 S7 和 S8 处于导通状态，其余开关管均处于关断状态。电流从直流输入端正端流出，依次经过 S7—S1、S3—L_a、L_b—R_a、R_b—中性点 N—R_c—L_c—S2—S8，最后流回到直流输入的负端，此时共模电压 u_{cm} 为 $2U_{PV}/3$。

工作模态 3：如图 2-90（c）所示，开关管 S4、S3 和 S2 以及隔离开关管 S7 和 S8 处于导通状态，其余开关管均处于关断状态。电流从直流输入正端流出，依次经过 S7—S3—L_b—R_b—中性点 N—R_a、R_c—L_a、L_c—S4、S2—S8，最后流回到直流输入的负端，此时共模电压 u_{cm} 为 $U_{PV}/3$。

工作模态 4：如图 2-90（d）所示，开关管 S4、S3 和 S5 以及隔离开关管 S7 和 S8 处于导通状态，其余开关管均处于关断状态。电流从直流输入正端流出，依次经过 S7—S3、S5—L_b、L_c—R_b、R_c—中性点 N—R_a—L_a—S_4—S8，最后流回到直流输入的负端，此时共模电压 u_{cm} 为 $2U_{PV}/3$。

工作模态 5：如图 2-90（e）所示，开关管 S4、S6 和 S5 以及隔离开关管 S7 和 S8 处于导通状态，其余开关管均处于关断状态。电流从直流输入正端流出，依次经过 S7—S5—L_c—R_c—中性点 N—R_a、R_b—L_a、L_b—S4、S6—S8，最后流回到直流输入的负端，此时共模电压 u_{cm} 为 $U_{PV}/3$。

工作模态 6：如图 2-90（f）所示，开关管 S1、S6 和 S5 以及隔离开关管 S7 和 S8 处于导通状态，其余开关管均处于关断状态。电流从直流输入正端流出，依次经过 S7—S1、S5—L_a、L_c—R_a、R_c—中性点 N—R_b—L_b—S6—S8，最后流回到直流输入的负端，此时共模电压 u_{cm} 为 $2U_{PV}/3$。

工作模态 7：如图 2-90（g）所示，为逆变器续流工作模态，此时三相桥臂的开关管 S1～S6 全部导通，隔离开关管 S7 和 S8 关断，该模态从前一不同的正常传输模态过渡到此，这里以模态 1(M_1)过渡到模态 7(M_7)为例，其他情况类似。由于电感电流续流，电流同时在 L_a—R_a—中性点 N—R_b—L_b—S6—S4—L_a、L_a—R_a—中性点 N—R_b—L_b—S3—S1—L_a、L_a—R_a—中性点 N—R_c—L_c—S2—S4—L_a 和 L_a—R_a—中性点 N—R_c—L_c—S5—S1—L_a 四个回路中续流。由于两个隔离开关管关断，续流回路与直流侧完全断开，且开关结电容具有分压作用，此时共模电压 u_{cm} 为 $U_{PV}/2$。

通过以上分析可知，三相 H8 逆变器在直流侧增加了两个隔离开关管，在续流状态下能够使得逆变器直流侧与交流侧解耦，从而切断共模回路；从工作模态可以看出，在整个逆变器周期内，逆变器共模电压在 $U_{PV}/3$、$U_{PV}/2$ 和 $2U_{PV}/3$ 三个值之间变化，最大变化幅度为 $U_{PV}/3$。与三相 H7 逆变器相比，H8 逆变器共模电压变化幅度进一步减小，显著减小了漏电流的大小，然而，在续流工作模态下，共模电压幅值在 $U_{PV}/2$ 附近波动，削弱了漏电流抑制能力。

（2）交流侧加续流回路

1）三相非隔离型 Heric 拓扑逆变器。三相非隔离型 Heric 拓扑是在单相 Heric 拓扑的基础上推导出来的，三相非隔离型 Heric 拓扑主电路结构如图 2-91 所示，与传统三相逆变器拓扑相比，该拓扑分别在 A 相、B 相、C 相输出端与母线电容 C_{dc1} 和 C_{dc2} 中性点之间加入了 S_{a1} 与 S_{a2}、S_{b1} 与 S_{b2}、S_{c1} 与 S_{c2} 六个开关管，构成三个可控的双向通路。当逆变器直流侧与交流侧解耦时，电流能在三个可控双向通路中进行续流。根据系统开关状态与共模电压的逻辑关系，采用 SPWM 和数字逻辑运算相结合的调制策略对三相非隔离型 Heric 逆变器进行控制。

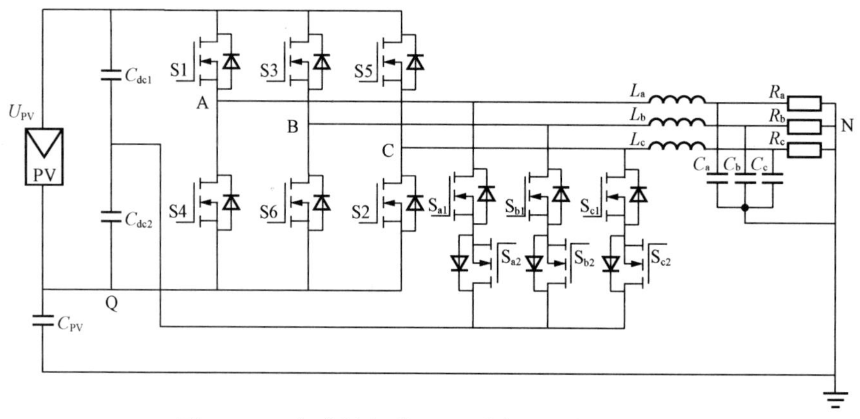

图 2-91　三相非隔离型 Heric 逆变器主电路拓扑图

定义三相 Heric 逆变器开关管开关状态为[M_1,M_2,M_3,M_4]。其中，M_1 表示 A 相桥臂开关管 S1 和 S4 的开关状态，M_1=1 表示 A 相桥臂上开关管 S1 导通，下开关管 S4 关断；M_1=0 表示 A 相桥臂上开关管 S1 关断，下开关管 S4 导通；M_1=Z 表示 A 相桥臂上下开关管 S1 和 S4 均关断。同理，M_2 和 M_3 表示 B 相、C 相桥臂上开关管的开关状态。M_4 表示续流电路中六个开关管开关状态，M_4=1 表示续流电路中六个开关管均导通；M_4=0 表示续流电路中六个开关管均关断。因此三相 Heric 逆变器在整个逆变器周期内共有七个工作模态，三相 Heric 逆变器开关状态与共模电压的关系见表 2-9，逆变器工作过程中的七种工作模态如图 2-92 所示。

表 2-9　　三相 Heric 型逆变器开关状态与共模电压关系

开关状态	u_{AQ}	u_{BQ}	u_{CQ}	u_{cm}
M_1(1000)	U_{PV}	0	0	$U_{PV}/3$
M_2(1100)	U_{PV}	U_{PV}	0	$2U_{PV}/3$
M_3(0100)	0	U_{PV}	0	$U_{PV}/3$
M_4(0110)	0	U_{PV}	U_{PV}	$2U_{PV}/3$
M_5(0010)	0	0	U_{PV}	$U_{PV}/3$
M_6(1010)	U_{PV}	0	U_{PV}	$2U_{PV}/3$
M_7(ZZZ1)	$U_{PV}/2$	$U_{PV}/2$	$U_{PV}/2$	$U_{PV}/2$

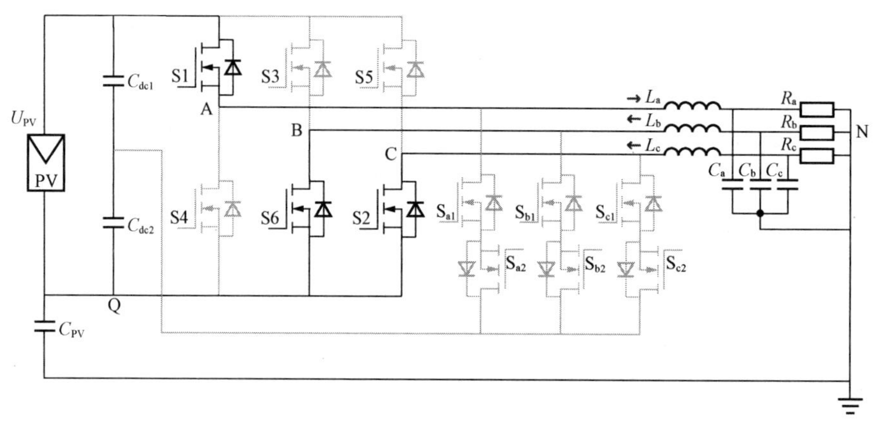

(a) 工作模态 1

图 2-92　三相 Heric 逆变器拓扑工作模态（一）

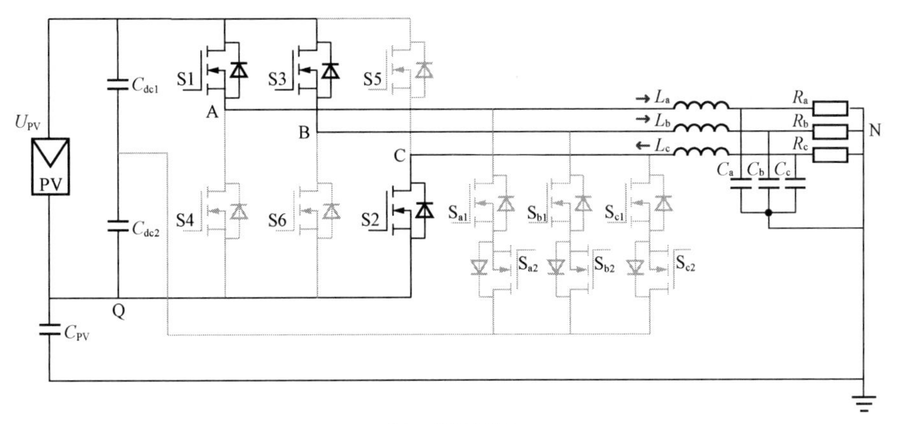

(b) 工作模态 2

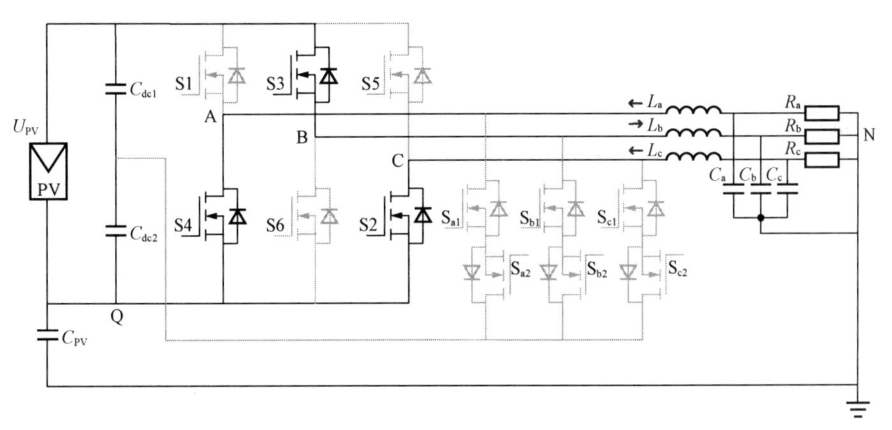

(c) 工作模态 3

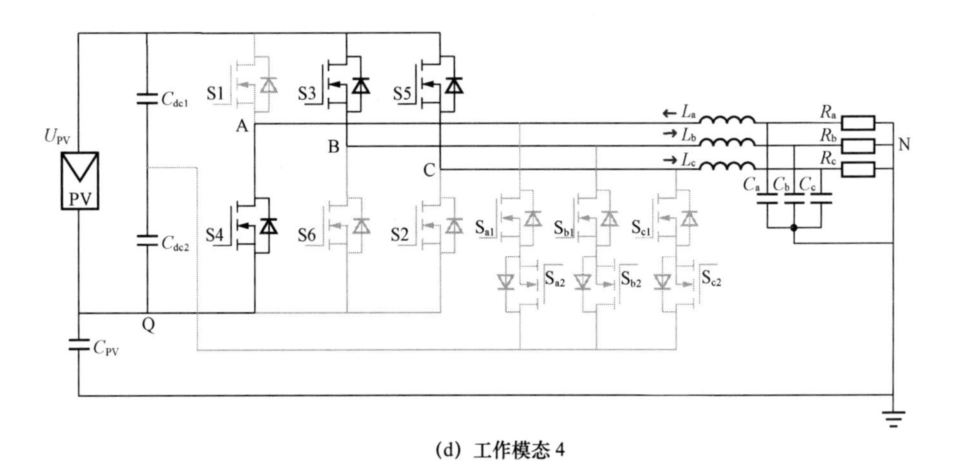

(d) 工作模态 4

图 2-92　三相 Heric 逆变器拓扑工作模态（二）

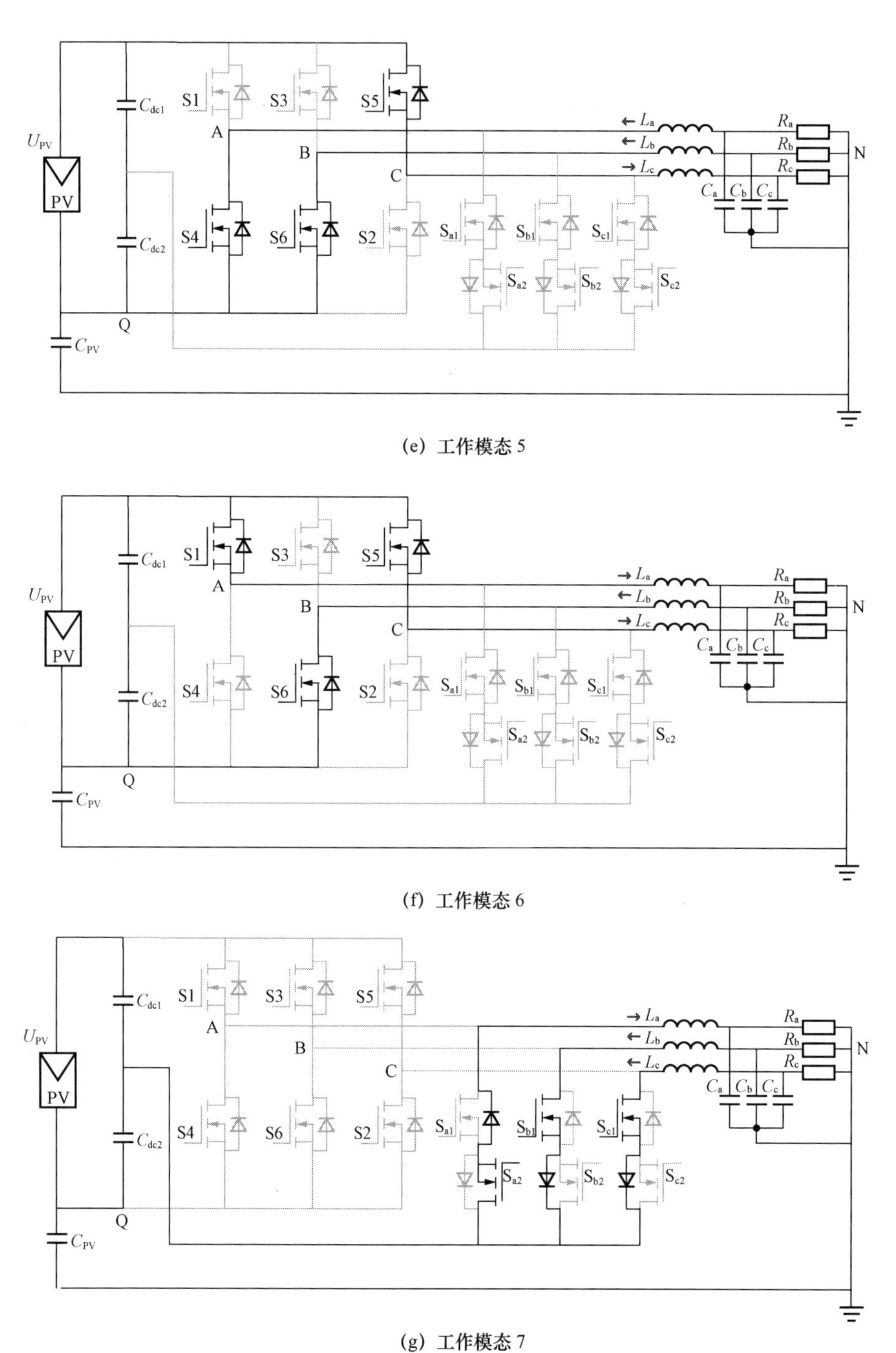

(e) 工作模态 5

(f) 工作模态 6

(g) 工作模态 7

图 2-92 三相 Heric 逆变器拓扑工作模态（三）

工作模态 1：如图 2-92（a）所示，开关管 S1、S6 和 S2 导通，续流回路中的六个开关管及所有其他开关管均处于关断状态。电流从直流输入正端流出，依次流经 S1—L_a—R_a—中性点 N—R_b、R_c—L_b、L_c—S2、S6，最后流回到直流输入的负端，此时共模电压 u_{cm} 为 $U_{PV}/3$。

工作模态 2：如图 2-92（b）所示，开关管 S1、S3 和 S2 导通，续流回路中的六个开关管及所有其他开关管均处于关断状态。电流从直流输入端正端流出，依次经过 S1、S3—L_a、L_b—R_a、R_b—中性点 N—R_c—L_c—S2，最后流回到直流输入的负端，此时共模电压 u_{cm} 为 $2U_{PV}/3$。

工作模态 3：如图 2-92（c）所示，开关管 S4、S3 和 S2 导通，续流回路中的六个开关管及所有其他开关管均处于关断状态。电流从直流输入正端流出，依次经过 S3—L_b—R_b—中性点 N—R_a、R_c—L_a、L_c—S4、S2，最后流回到直流输入的负端，此时共模电压 u_{cm} 为 $U_{PV}/3$。

工作模态 4：如图 2-92（d）所示，开关管 S4、S3 和 S5 导通，续流回路中的六个开关管及所有其他开关管均处于关断状态。电流从直流输入正端流出，依次经过 S3、S5—L_b、L_c—R_b、R_c—中性点 N—R_a—L_a—S4，最后流回到直流输入的负端，此时共模电压 u_{cm} 为 $2U_{PV}/3$。

工作模态 5：如图 2-92（e）所示，开关管 S4、S6 和 S5 导通，续流回路中的六个开关管及所有其他开关管均处于关断状态。电流从直流输入正端流出，依次经过 S5—L_c—R_c—中性点 N—R_a、R_b—L_a、L_b—S4、S6，最后流回到直流输入的负端，此时共模电压 u_{cm} 为 $U_{PV}/3$。

工作模态 6：如图 2-92（f）所示，开关管 S1、S6 和 S5 导通，续流回路中的六个开关管及所有其他开关管均处于关断状态。电流从直流输入正端流出，依次经过 S1、S5—L_a、L_c—R_a、R_c—中性点 N—R_b—L_b—S6，最后流回到直流输入的负端，此时共模电压 u_{cm} 为 $2U_{PV}/3$。

工作模态 7：如图 2-92（g）所示，为逆变器续流工作模态，此时续流回路中的六个开关管导通，桥臂上的开关管 S1～S6 均处于关断状态。由于该模态前一状态为不同的正常传输模态，这里以模态 1(M_1)过渡到模态 7（M_7）为例，其他情况类似。由于电感电流续流，电流依次经过 L_a—R_a—中性点 N—R_b、R_c—L_b、L_c—S_{b1}、S_{c1}—S_{b2}（体二极管）、S_{c2}（体二极管）—S_{a2}—S_{a1}（体二极管）。在此模态下，逆变器续流回路与直流侧完全断开，桥臂 A、B 和 C 三点电位输出电压均为 $U_{PV}/2$，故共模电压 u_{cm} 为 $U_{PV}/2$。

通过以上分析可知，三相 Heric 逆变器通过在交流侧增加了解耦通路，使续流状态下逆变器直流侧与交流侧解耦，从而切断共模回路，可大幅度减小漏电流大小。但是，共模电压幅值在续流状态下存在波动，影响了其对漏电流的抑制性能；此外，三相 Heric 逆变器在整个工作周期内，电流流经开关管数量较多，导致开关管导通损耗较高，逆变器的效率降低。

2）三相非隔离型 ZVR 拓扑逆变器。三相非隔离型 ZVR 拓扑是在单相 HB-ZVR 逆变电路的基础上推衍得出的一种拓扑形式，三相非隔离型 ZVR 逆变器主电路拓扑结构图如图 2-93 所示，该拓扑在传统三相六开关管逆变器拓扑的基础上增加了一个三相续流回路，续流回路包括功率开关管 S7 以及一个由二极管 VD_{a1}、VD_{a2}、VD_{b1}、VD_{b2}、VD_{c1} 和 VD_{c2} 组成的三相整流桥。根据系统开关状态与共模电压的逻辑关系，采用 SPWM 和数字逻辑运算相结合的调制策略对三相 ZVR 逆变器进行控制。

在一个完整的逆变周期内，定义三相 ZVR 逆变器的开关状态为[M_1,M_2,M_3,M_4]。其中，M_1 表示 A 相桥臂开关管 S1 和 S4 的开关状态，M_1=1 表示 A 相桥臂上开关管 S1 导通，下开关管 S4 关断；M_1=0 表示 A 相桥臂上开关管 S1 关断，下开关管 S4 导通；M_1=Z 表示 A 相桥臂上下开关管 S1 和 S4 均关断。同理，M_2 和 M_3 表示 B 相、C 相桥臂上开关管的开关状态。M_4 表示续流开关管 S7 的开关状态，M_4=1 表示续流开关管 S7 导通；M_4=0 表示续流开关管 S7 关断。因此三相 ZVR 逆变器在一个完整周期内共有七种工作模态，分别为六个非续流模态和一个续流模态，三相 ZVR 逆变器开关状态与共模电压的关系见表 2-10，逆变器工作过程中的七种工作模态如图 2-94 所示。

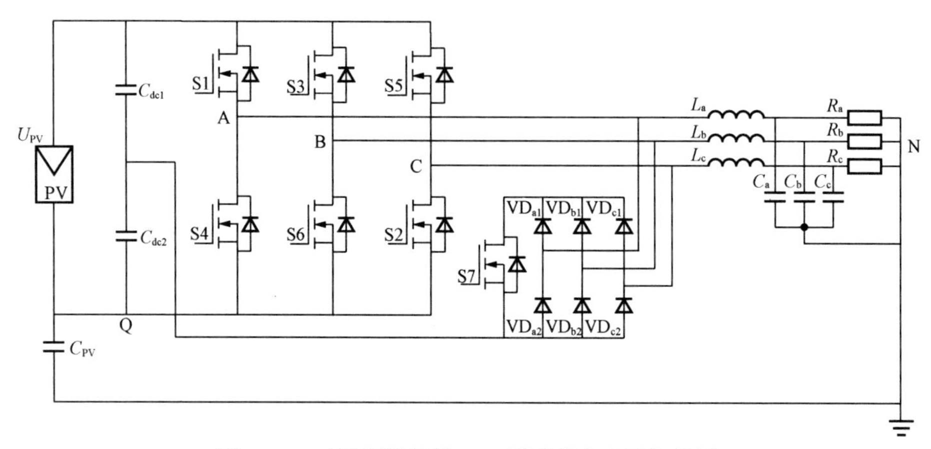

图 2-93　三相非隔离型 ZVR 逆变器主电路拓扑图

表 2-10　　　　三相 ZVR 型逆变器开关状态与共模电压关系

开关状态	u_{AQ}	u_{BQ}	u_{CQ}	u_{cm}
M_1(1000)	U_{PV}	0	0	$U_{PV}/3$
M_2(1100)	U_{PV}	U_{PV}	0	$2U_{PV}/3$
M_3(0100)	0	U_{PV}	0	$U_{PV}/3$
M_4(0110)	0	U_{PV}	U_{PV}	$2U_{PV}/3$
M_5(0010)	0	0	U_{PV}	$U_{PV}/3$
M_6(1010)	U_{PV}	0	U_{PV}	$2U_{PV}/3$
M_7(ZZZ1)	$U_{PV}/2$	$U_{PV}/2$	$U_{PV}/2$	$U_{PV}/2$

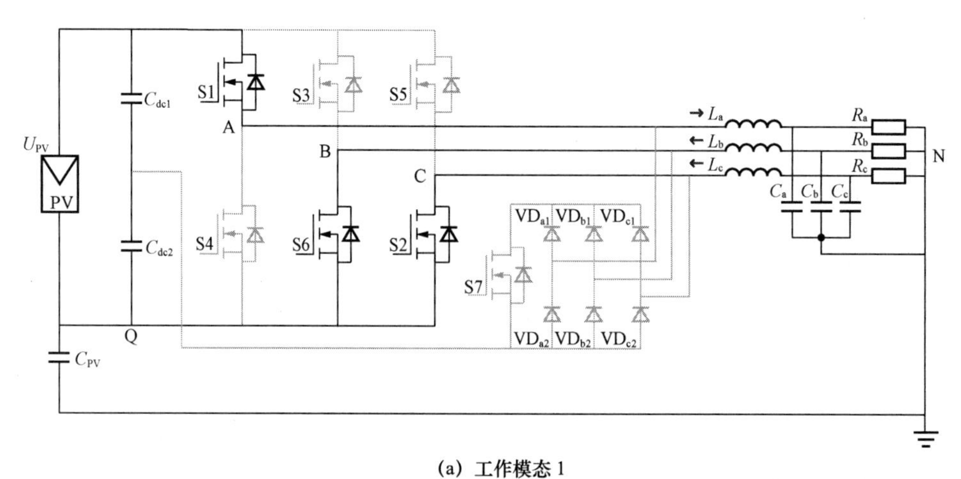

(a) 工作模态 1

图 2-94　三相 ZVR 逆变器拓扑工作模态（一）

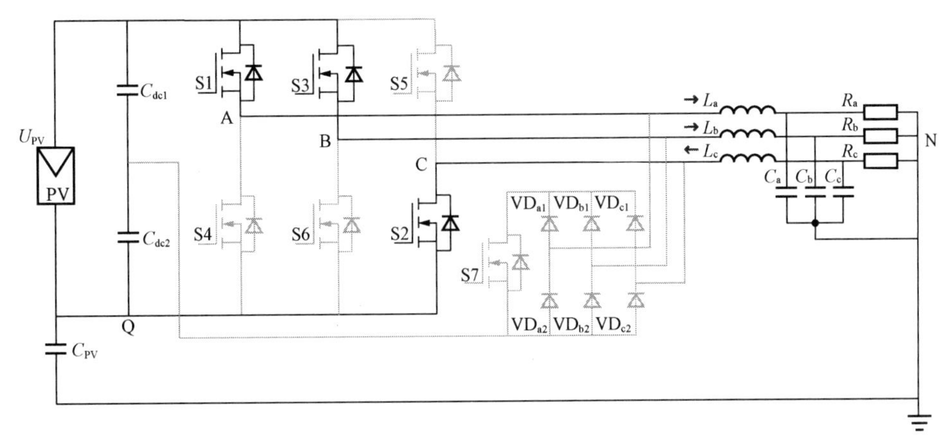

(b) 工作模态 2

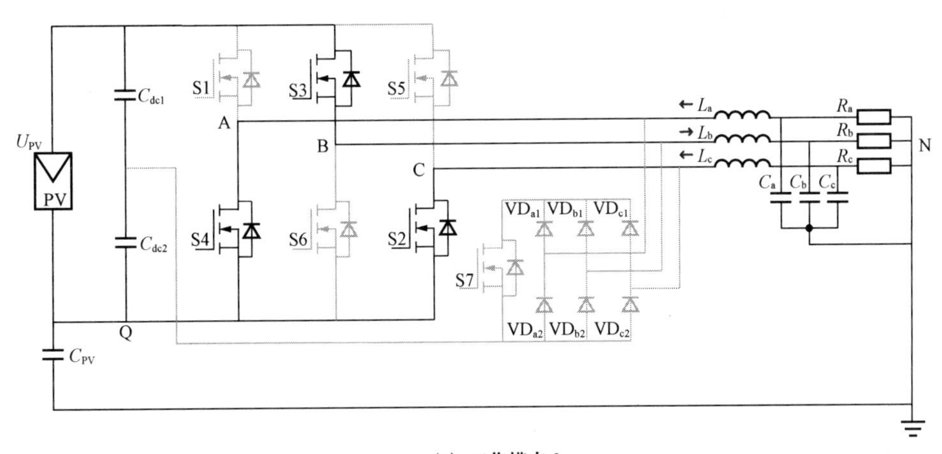

(c) 工作模态 3

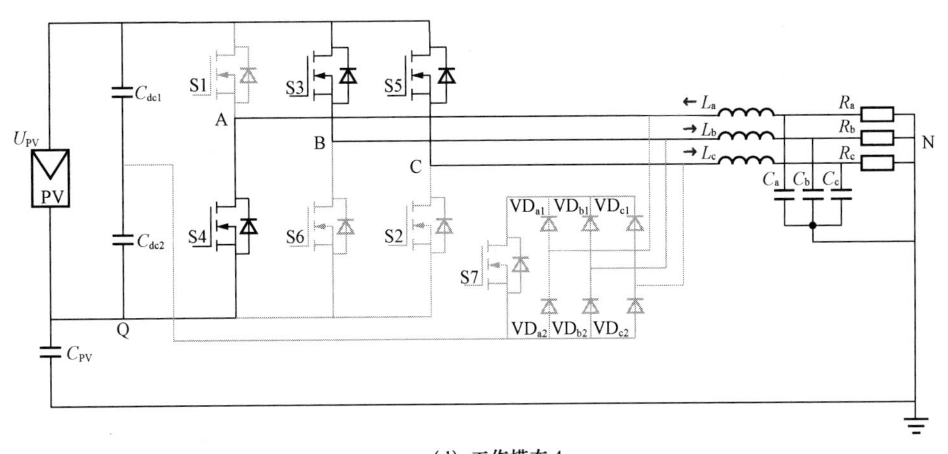

(d) 工作模态 4

图 2-94　三相 ZVR 逆变器拓扑工作模态（二）

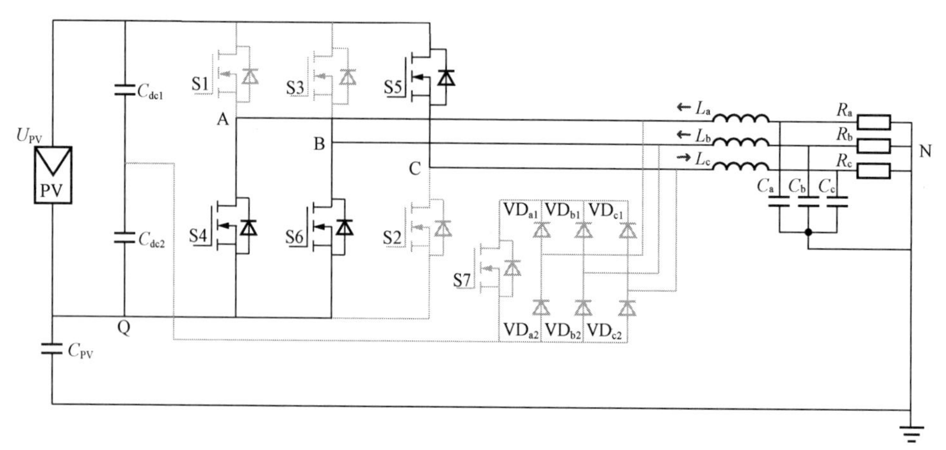

(e) 工作模态 5

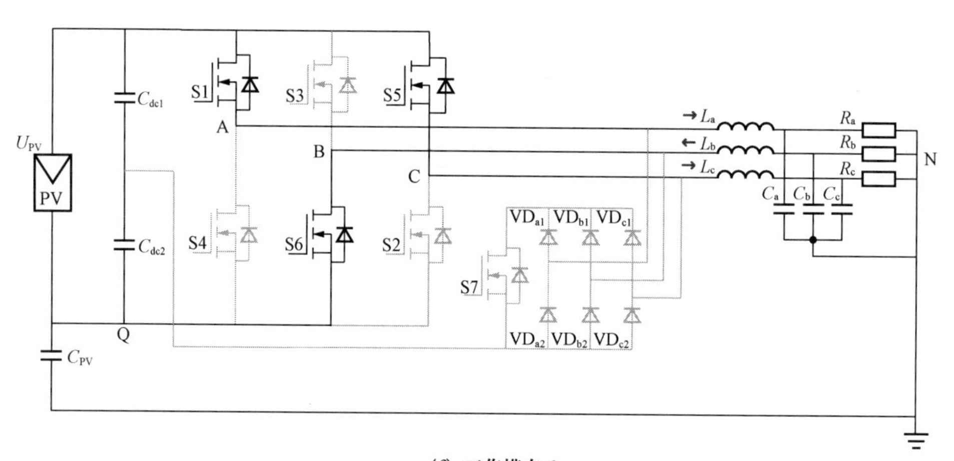

(f) 工作模态 6

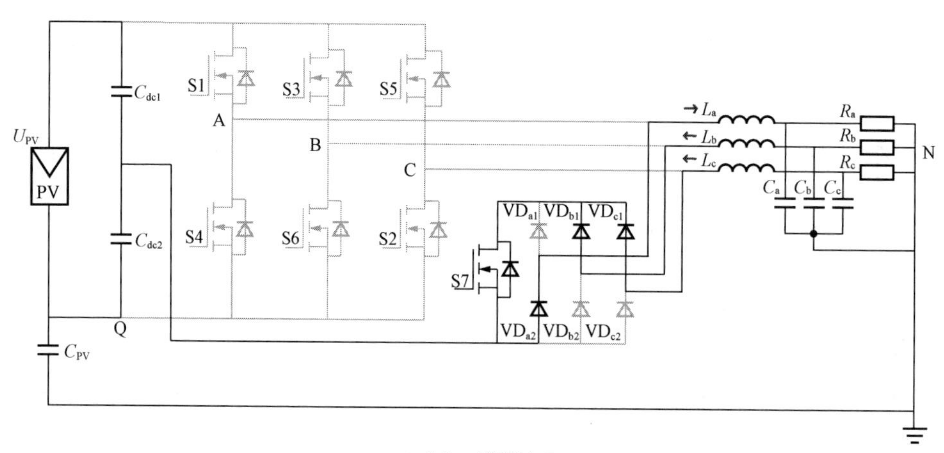

(g) 工作模态 7

图 2-94 三相 ZVR 逆变器拓扑工作模态（三）

工作模态 1：如图 2-94（a）所示，开关管 S1、S6 和 S2 导通，续流开关管 S7 关断。电流从直流输入正端流出，依次流经 S1—L_a—R_a—中性点 N—R_b、R_c—L_b、L_c—S2、S6，最后流回到直流输入的负端，此时共模电压 u_{cm} 为 $U_{PV}/3$。

工作模态 2：如图 2-94（b）所示，开关管 S1、S3 和 S2 导通，续流开关管 S7 关断。电流从直流输入正端流出，依次经过 S1、S3—L_a、L_b—R_a、R_b—中性点 N—R_c—L_c—S2，最后流回到直流输入的负端，此时共模电压 u_{cm} 为 $2U_{PV}/3$。

工作模态 3：如图 2-94（c）所示，开关管 S4、S3 和 S2 导通，续流开关管 S7 关断。电流从直流输入正端流出，依次经过 S3—L_b—R_b—中性点 N—R_a、R_c—L_a、L_c—S4、S2，最后流回到直流输入的负端，此时共模电压 u_{cm} 为 $U_{PV}/3$。

工作模态 4：如图 2-94（d）所示，开关管 S4、S3 和 S5 导通，续流开关管 S7 关断。电流从直流输入正端流出，依次经过 S3、S5—L_b、L_c—R_b、R_c—中性点 N—R_a—L_a—S4，最后流回到直流输入的负端，此时共模电压 u_{cm} 为 $2U_{PV}/3$。

工作模态 5：如图 2-94（e）所示，开关管 S4、S6 和 S5 导通，续流开关管 S7 关断。电流从直流输入正端流出，依次经过 S5—L_c—R_c—中性点 N—R_a、R_b—L_a、L_b—S4、S6，最后流回到直流输入的负端，此时共模电压 u_{cm} 为 $U_{PV}/3$。

工作模态 6：如图 2-94（f）所示，开关管 S1、S6 和 S5 导通，续流开关管 S7 关断。电流从直流输入正端流出，依次经过 S1、S5—L_a、L_c—R_a、R_c—中性点 N—R_b—L_b—S6，最后流回到直流输入的负端，此时共模电压 u_{cm} 为 $2U_{PV}/3$。

工作模态 7：如图 2-94（g）所示，为逆变器续流模态，此时续流开关管 S7 导通，桥臂开关管 S1～S6 均处于关断状态。逆变器从非续流模态进入续流模态，以模态 1（M_1）进入模态 7（M_7）为例，其他情况类似。由于电感电流续流，电流依次经过 L_a—R_a—中性点 N—R_b、R_c—L_b、L_c—VD_{b1}、VD_{c1}—S7—VD_{a2}，最后流回到直流输入的负端，此时共模电压 u_{cm} 为 $U_{PV}/2$。

通过以上分析可知，三相 ZVR 逆变器在交流侧增加了续流通路，使得在续流状态下逆变器直流侧与交流侧解耦，从而切断共模回路。从上述工作模态分析可以看出，三相 ZVR 逆变器在整个逆变器周期内共模电压幅值在 $U_{PV}/3$、$U_{PV}/2$ 和 $2U_{PV}/3$ 三个值之间变化，共模电压有效值降低，从而减小了漏电流。然而，该拓扑使用开关管器件数量较多，增加了开关损耗，同时共模电压在续流阶段存在波动，抑制漏电流效果不佳。

（3）钳位型三相逆变电路

针对上述逆变器在漏电流抑制方面的缺陷，为了保证逆变器在续流工作模态下的共模电压能够精准钳位至预定值，需要在续流通路的基础上进一步增加钳位支路。下面介绍两种典型的三相钳位型逆变器拓扑。第一种是在三相 H8 逆变器基础上提出的一种钳位型三相 H10 逆变器，如图 2-95（a）所示，新型拓扑在三相 H8 逆变器基础上增加了一个钳位电路，钳位电路由三个容值相等的分压电容和两个钳位开关管共同构成；第二种是在三相 Heric 逆变器基础上提出的一种钳位型三相 Heric 逆变器，如图 2-95（b）所示。新型拓扑在三相 Heric 逆变器基础上增加了一个钳位电路，钳位电路由三个容值相等的分压电容和两个钳位开关管共同构成。上述两种逆变器中的钳位电路均可使逆变器的共模电压按控制需求被钳位至 $U_{PV}/3$ 或者 $2U_{PV}/3$，钳位电压的增加可以降低共模电压幅值并提高共模电压频率，从而显著改善系统的共模特性，有效地减小系统漏电流。通过这两种拓扑的优化设计，逆变器在抑制漏电流性能方面得到明显改善。

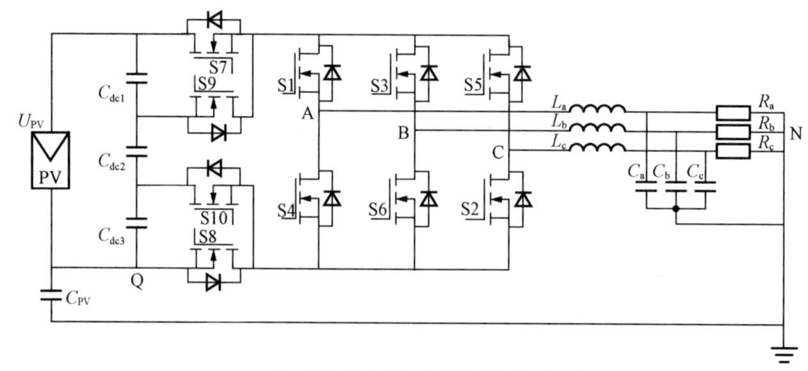

(a) 钳位型三相 H10 逆变器拓扑结构图

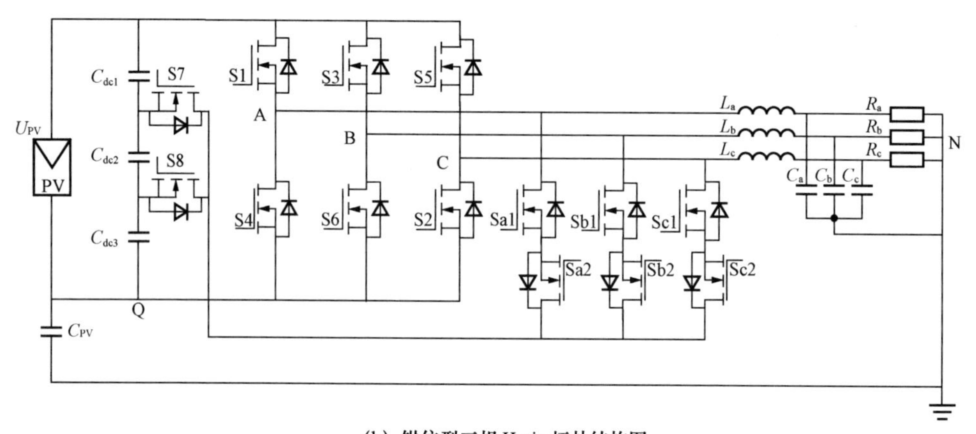

(b) 钳位型三相 Heric 拓扑结构图

图 2-95 钳位型三相非隔离型逆变器拓扑图

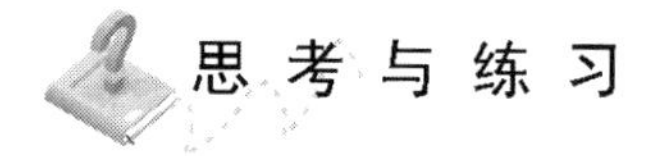

思考与练习

2-1 半导体与金属和绝缘体的主要区别是什么？

2-2 简要说明半导体的能级和能带的意义，室温下，硅的禁带宽度是多少？

2-3 什么是 N 型半导体、P 型半导体？

2-4 PN 结是如何形成的？PN 结的基本特性是什么？

2-5 简要说明硅光伏电池的结构和原理，硅光伏电池片（单体）的基本特性有哪些？为什么它不能直接作为电源使用？

2-6 硅光伏电池材料具有哪些优异性能？硅光伏电池材料分为哪几类？

2-7 什么叫作多晶硅和单晶硅？多晶硅与单晶硅的差异主要表现在哪些方面？

2-8 硅提纯的方法有哪几种？国内外现有的多晶硅厂商绝大部分采用什么方法生产太阳能级多晶硅？

2-9 什么叫作非晶硅？为什么说非晶硅是很有发展前景的光伏电池材料？

2-10 生产单晶硅光伏电池主要采用什么方法？简述硅光伏电池片的生产工艺流程。

2-11 光伏电池板的串联、并联和串并联的目的是什么？

2-12 什么叫热斑效应？分析光伏电池组件和方阵中旁路二极管和防反充二极管的作用。

2-13 光伏电池的特性参数主要有哪些？测试这些特性参数的标准条件是什么？

2-14 某一面积为 $100cm^2$ 的光伏电池片，在标准测试条件下，测得其最大功率为 1.5W，求该电池片的转换效率。

2-15 要生产一块 75W 的光伏电池板为 12V 蓄电池充电（光伏电池板峰值电压需 17～18V），现有单片最大功率点电压 0.49V、最大功率点电流 8.56A、156mm×156mm 单晶硅电池片，确定组件的电池片数量及其板型和组件尺寸。

2-16 某地建设一座移动通信基站的太阳能光伏发电系统，该系统采用直流负载，负载工作电压为 48V，每天用电量为 150A · h，该地区光照辐射最低是在 1 月份，其倾斜面峰值日照时数是 3.5h，选定 125W 的光伏电池板，其主要参数为：峰值功率 125W，峰值工作电压 34.2V，峰值工作电流 3.65A，计算光伏电池板使用数量及设计光伏电池方阵的组合。（设光伏电池组件损耗系数为 0.9，蓄电池的充电效率为 0.9）。

2-17 广州某气象监测站监测设备，工作电压为 24V，功率为 55W，每天工作 18h，当地最大连续阴雨天数为 15 天，两段最大连续阴雨天之间的最短间隔天数为 32 天。选用深循环放电型蓄电池，并选用峰值输出功率为 50W 的光伏电池板，其峰值电压 17.3V，峰值电流 2.89A，计算蓄电池组容量及光伏电池方阵功率。

2-18 与电池 PN 结形成紧密欧姆接触的导电材料是什么？什么是上电极和下电极？

2-19 在晴朗的夏天，光伏电池方阵的方位为什么要稍微向西偏？

2-20 光伏电池方阵平面与水平面的夹角叫什么角？在选择铺设方阵的地方时，为什么应尽量避开阴影？如果实在无法避开，应采取什么方式来解决，可使阴影对发电量的影响降到最低程度？

第 3 章 风力发电与运行控制技术

风力发电是风能利用的主要形式，也是目前再生新能源利用中技术最成熟、最具规模化开发条件和商业化发展前景的发电方式之一。综合考虑资源、技术、经济和环保等因素，大规模发展风力发电是解决我国能源和电力短缺问题的一种战略选择，也是缓解日益严峻的环境保护压力的有效措施。

3.1 风 的 特 性

风是地球上的一种自然现象，是太阳能的一种转换形式，它由太阳辐射热、地球自转和公转及地表差异等原因引起，大气是这种能源转换的媒介。

地球在绕太阳运转的过程中，由于日地距离和方位不同，导致地球上各纬度所接收的太阳辐射强度也不同。具体来说，地球南北极接收的太阳辐射少，所以温度低，气压高；而赤道接收的太阳辐射多，所以温度高，气压低。太阳辐射将地表的空气加热，空气受热膨胀后变轻上升，同时，冷空气横向切入，地球各表面受热不同，使大气产生温差并形成气压梯度，从而引起大气的对流运动，而大气压差是风产生的根本原因。

3.1.1 风的表示法及其特性

风的产生是随时随地的，其方向、速度和大小不定。风能的特点是：能量巨大，但能量密度低，当流速同为 3m/s 时，风能的能量密度仅为水能的 1/1000；风能利用简单，无污染、可再生；风的稳定性、连续性和可靠性差；风的时空分布不均匀。

1．风的表示法

风向、风速和风力是描述风的三个基本参数。风向是风吹来的方向；风速表示风移动的速度，即单位时间内空气在水平方向上流动所经过的距离；风力表示风的大小，以风力强度等级来区别。风向、风速和风力这些参数都是随时随地变化的。地球公转、自转和地表地形差异等因素都将造成风向、风速和风力的改变。

1）风向表示法。风向一般用 16 个方位表示，也可以用角度表示。当用 16 个方位表示时，分别为北北东（NNE）、东北（NE）、东北东（ENE）、东（E）、东南东（ESE）、东南（ES）、南南东（SSE）、南（S）、南南西（SSW）、南西（SW）、西南西（WSW）、西（W）、西北西（WNW）、西北（NW）、北北西（NNW）和北（N）。风向方位图如图 3-1 所示，当用角度表示时，以正北为基准，顺时针方向旋转，东风为 90°，南风为 180°，西风为 270°，北风为 0°。

2）风速表示法。国际单位一般表示为 m/s 或 km/h。由于风时有时无，时大时小，每一瞬时的风速都不相同，因此风速一般指一段时间内的平均值，即平均风速。

3）风速与风级。风级是根据风对地面或海面的影响程度来确定的，按风力的强度等级来估计风力的大小。国际上采用的为蒲福风级，从静风到飓风有13个等级，分别为0～12级。

除了风级的估计方法，还可根据每级风相应的风速数据，判定风级或计算风速和风级之间的关系

$$\overline{v}_N = 0.1 + 0.824N^{1.505} \tag{3-1}$$

式中：$\overline{v}_N$为N级风的平均风速（m/s）；N为风的级数，如果已知风的级数N，则可以计算平均风速。

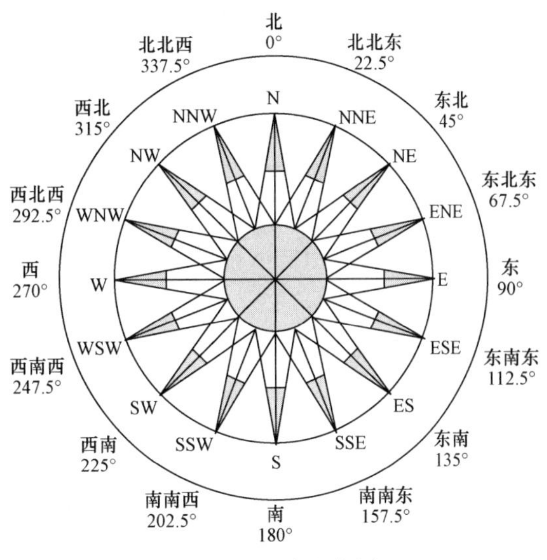

图3-1 风向方位图

2．风的特性

风的特性包括风的随机性、风随高度的变化而变化等。

1）风的随机性。风的产生是随机的，但可以根据风随时间的变化总结出一定的规律，风随时间变化包括每日的变化和季节的变化。同时，一天之中风的强弱在一定程度上是有周期性的。

2）风随高度变化而变化。从空气运动的角度看，通常将不同高度的大气层分为三个区域：离地下2m以内区域称为底层；2～100m的区域称为下部摩擦层，这两部分统称为地面境界层；100～1000m的区域称为上部摩擦层。以上三个区域总称为摩擦层，而摩擦层之上是自由空气。

风速随高度变化的经验公式很多，通常采用的是指数公式，其表达式为

$$\frac{v}{v_0} = \left(\frac{h}{h_0}\right)^k \tag{3-2}$$

式中：v为距地面高度为h处的风速（m/s）；v_0为距地面高度为h_0处的风速（m/s），一般取h_0为10m；k为修正指数，它取决于大气稳定度和地面粗糙度，其值为0.125～0.5。

不同地面情况的粗糙度见表3-1。

表3-1 不同地面情况的粗糙度

地面情况	粗糙度 α
光滑地面，硬地面，海洋	0.10
草地	0.14
城市平地，较高草地	0.16
高的农作物，树木少	0.20
树木多，建筑物极少	0.22～0.24
森林，村庄	0.28～0.30
城市有高层建筑	0.40

从表3-1中数据可以发现，粗糙地面比光滑地面的粗糙度α值大，这是因为粗糙地面在近地层更容易形成湍流，使得风速梯度较大。所以为了从自然界获取最大的风能，应尽量利用高空中的风能，一般比周围的障碍物高10m左右。

3．风能

风是空气的水平运动，空气运动产生的动能称为风能。

1）风能密度。空气在1s内以速度v流过单位面积产生的动能称为风能密度，风能密度

表达式为

$$E = 0.5\rho {v_w}^3 \tag{3-3}$$

式中：E 为风能密度（W/m^2）；ρ 为空气质量密度（kg/m^3）；v_w 为风速（m/s）。

由于风速时刻在变化，通常用某一段时间内的平均风能密度来说明该地的风能资源潜力。

2）风能。空气在 1s 内以速度 v 流过截面积为 S 的动能称为风能。风能表达式为

$$W = ES = 0.5\rho {v_w}^3 S \tag{3-4}$$

式中：W 为风能（W）；E 为风能密度（W/m^2）；S 为截面积（m^2）。

可见，风能大小与气流密度和通过的截面积成正比，同时与风速的三次方也成正比，因此风速对风能的影响很大。风能和其他的能源相比，既有优点也有缺点，优点在于蕴量巨大、可以再生、分布广泛且没有污染；缺点是密度低、稳定性差且地区差异大。

3.1.2 风能的利用

风能的利用方式主要是将大气运动时所具有的动能转化为其他形式的能量，一般利用风力推动风车的转动以形成动能。风能的应用领域广泛，包括风力发电、风帆助航、风水提水和风力制热采暖等。

在风能的各种应用中，风力发电是风能利用的重要形式。风力发电的技术状况及实际运行情况表明，它是一种安全可靠的发电方式。随着风力发电机组的生产和控制技术日渐成熟，产品商品化的进程不断加快，风力发电的成本明显降低，已经具备了和其他发电方式相竞争的能力。和其他发电方式相比，风力发电优势如下：不消耗资源、不污染环境；建设周期一般很短，安装一台即可投产一台，装机规模灵活，可根据资金状况来确定装机量；运行简单，可完全做到无人值守；实际占地面积少，机组与监控、变电等建筑仅占风力发电场约 1%的土地，其余场地仍可供农业、牧业和渔业使用；对土地要求低，在山丘、海边和河堤等地形条件下均可建设。此外，在发电方式上还有多样化的特点，既可联网运行，也可和柴油发电机等组合成互补系统独立运行，解决边远无电地区的用电问题。

3.2 风力发电系统的组成结构

3.2.1 风力发电系统的组成

风力发电系统主要由风力机、齿轮箱、发电机、电力电子变流器等设备及其控制系统组成，典型的风力发电系统组成如图 3-2 所示。风力发电涉及两个能量转换过程，即风力机将风能转换为机械能和发电机将机械能转换为电能。风力机是将风能转换为机械能的主要装置，其主要部件是受风力作用而旋转的风轮，风轮由叶片（也称桨叶）、轮毂及风轮轴组成，是吸收风能的主要单元。当风以一定速度吹向风力机时，风轮的叶片受到力的作用而低速转

动，再通过传动系统传递给增速齿轮箱进行增速，随后将动力传递给发电机。发电机匀速运转，将机械能转换为电能后经由电力电子变流器、变压器馈入电网。

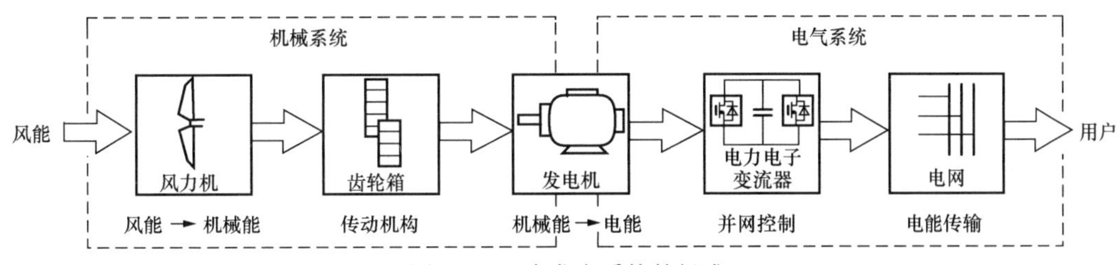

图 3-2　风力发电系统的组成

3.2.2　风力发电机组的结构

风力发电所需要的装置称为风力发电机组。风力发电机组的分类有很多种，根据风轮轴的安装形式，可分为垂直轴风力发电机组和水平轴风力发电机组两种，如图 3-3 所示。风力发电机组中，水平轴风力发电机组是目前技术最成熟、产量最大的形式；而垂直轴风力发电机组则由于其效率低、需起动设备等技术原因应用较少。下面介绍水平轴风力发电机组的结构。

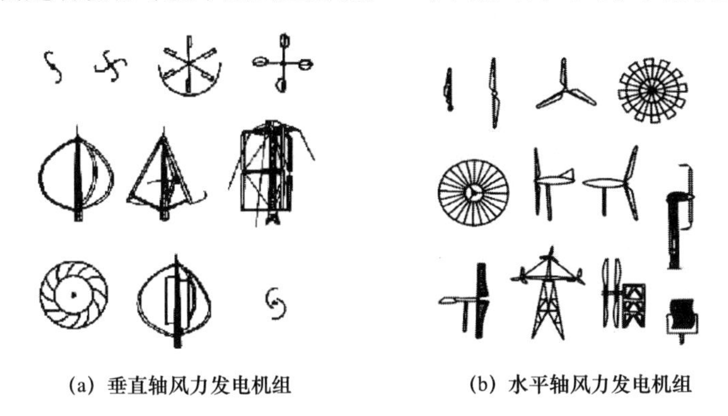

(a) 垂直轴风力发电机组　　(b) 水平轴风力发电机组

图 3-3　垂直轴和水平轴风力发电机组

水平轴风力发电机组结构主要由叶片、轮毂、风轮轴、齿轮箱、发电机、控制器、刹车装置、冷却系统、风速仪、风向标和偏航系统等组成，如图 3-4 所示。

1. 叶片

叶片捕获风能并将风力传送到发电机转子轴心。叶片的翼型设计和结构形式直接影响风力发电机组的性能和功率。叶片材料的强度和刚度是决定风力发电机组性能优劣的关键因素。在大中型风机叶片的生产中，玻璃钢复合材料和碳纤维复合材料得到了广泛应用。叶片外形如图 3-5 所示。风力发电机常用的是 2 枚或 3 枚叶片。

2. 轮毂

风力机叶片都要装在轮毂上。轮毂是风轮的枢纽，也是叶片根部与主轴的连接件。所有从叶片传来的力都通过轮毂传递到传动系统，再传到风力机驱动的对象。同时，轮毂也是控制叶片桨距并使叶片做俯仰转动的主要部件，在设计时应保证足够的强度。轮毂的外形如图 3-6 所示。

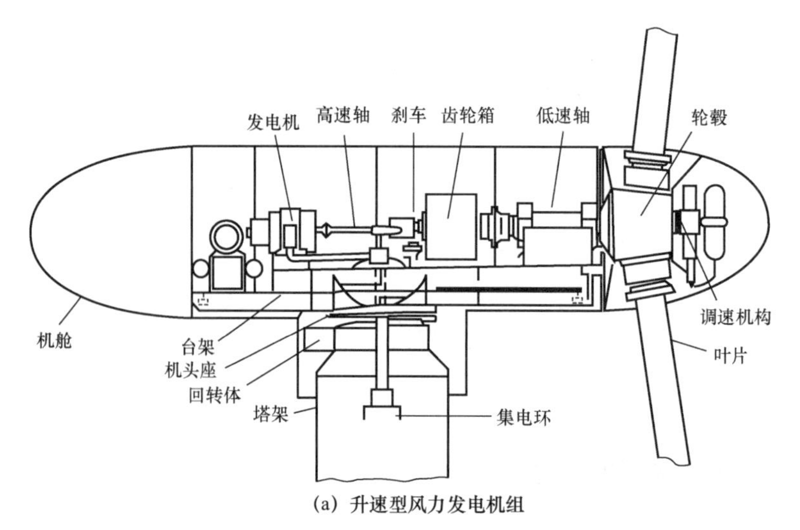

(a) 升速型风力发电机组

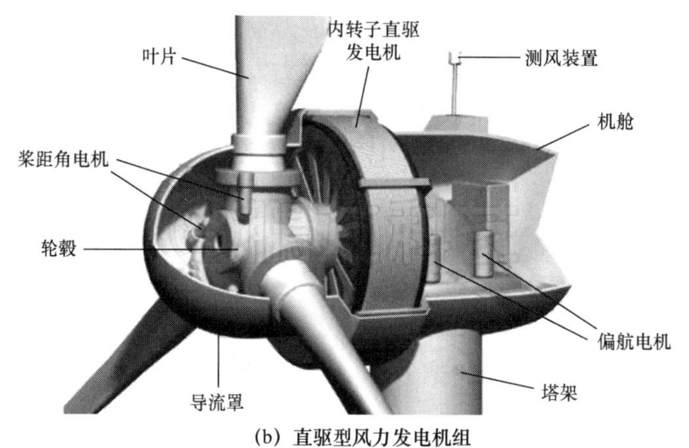

(b) 直驱型风力发电机组

图 3-4　典型的水平轴风力发电机组结构示意图

图 3-5　叶片外形图

图 3-6　轮毂外形图

3．机舱

机舱主要放置风力发电机组的关键设备，包括齿轮箱、发电机等。低速转动的风轮通过齿轮箱增速后，将动力传递给发电机。而发电机是将叶轮转动的机械能转换为电能的部件。

风力发电机塔架上端的部件（如风轮、传动装置、偏航装置、调速装置、发电机等）组成了机头，机头与塔架之间的连接部件是机头座与回转体。机头座用来支撑塔架上方的所有装置及附属部件，其牢固性直接关系到风机的安全性与使用寿命。回转体是塔架与机头座的连接部件，通常由固定套、回转圈以及它们之间的轴承组成。固定套锁定在塔架上部，回转圈通过轴承和偏航装置与机头座相连，在风向变化时，机头能水平回转，使风轮迎风工作。

4．偏航装置

自然界的风向和风速经常变化，为了使风力机能有效捕捉风能，应设置偏航装置来跟踪风向的变化。偏航装置通过电动机驱动机舱转动，使转子对准风向，确保风轮保持迎风状态。

偏航系统是一个随动系统，主要由偏航电动机、偏航轴承和制动机构等组成。风力发电机组的偏航系统主要完成两个功能：①使风轮跟踪风向的变化，有利于捕获风能；②当机舱内的电缆发生缠绕时，偏航系统可自动解缆。

5．塔架

塔架用于支撑风轮，使风轮在地面上较高的风速中运行。塔架要承受风力机的重力和风力（塔架受的阻力）。大型风力机的塔架基本上是锥形圆柱钢塔架。操作人员可以通过风力机塔架进入机舱。

3.2.3 风力发电机组的类型

经过多年发展，风力发电机组已形成多种形式，其分类方式也较多，可以按风轮桨叶、风轮转速、传动系统、发电机以及并网方式进行分类。

1．按风轮桨叶分类

1）失速型。高风速时，因桨叶形状或叶尖处的扰流器动作，使风力机的输出转矩和功率受到限制。

2）变桨型。高风速时，通过变桨系统调整桨距角，使风力机的输出转矩和功率受到限制。

2．按风轮转速分类

1）定速型。风轮保持在一定转速运行，风能转换率较低，与恒速发电机对应。

2）变速型。风轮可在一定范围内变速运行，变速型风轮又可分为：①双速型，可在两个设定转速下运行，改善风能转换率，与双速发电机对应；②连续变速型，在一定转速范围内连续可调，可捕获最大风能功率，与变速发电机对应。

3．按传动系统分类

1）齿轮箱升速型。如图 3-4（a）所示，传动系统由轮毂、风轮轴、低速轴、齿轮箱、高速轴和发电机组成，齿轮箱用来连接低速风力机和高速发电机，可减小发电机的体积质量，降低电气系统成本。

2）直驱型。低速风力机和低速发电机直接用轮毂连接，省去了齿轮箱等传动装置，如图 3-4（b）所示。

4．按发电机分类

1）异步发电机。分类有：①笼形单速异步发电机；②笼形双速变极异步发电机；③绕

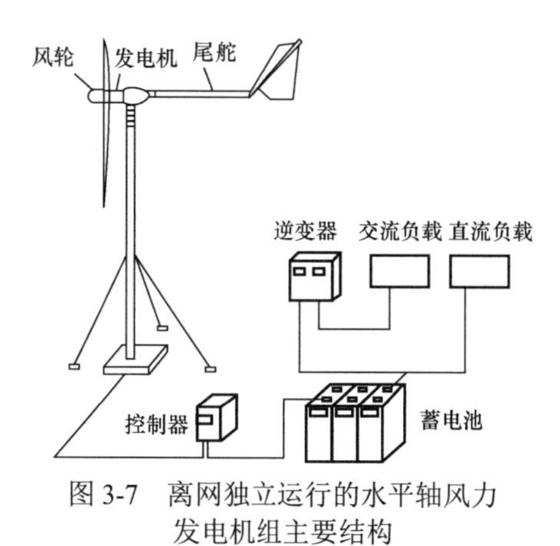

图 3-7　离网独立运行的水平轴风力发电机组主要结构

线式双馈异步发电机。

2）同步发电机。分类有：①电励磁同步发电机；②永磁同步发电机。

5. 按并网方式分类

1）并网型。并网型风力发电机生产的电能直接并入电网。

2）离网型。离网型风力发电机一般需配蓄电池等储能环节，可带交、直流负载。离网独立运行的水平轴风力发电机组由风轮（包括尾舵）、发电机、支架、电缆、充电控制器、逆变器和蓄电池组等组成，其主要结构如图 3-7 所示。

3.3　风力机的气动特性与模型

3.3.1　风速模型

风场的实际风速是随时间不断变化的，因此风速一般用瞬时风速和平均风速来描述。瞬时风速是指某一时刻的风速值，平均风速是指在给定时间段内所有瞬时风速的平均值。图 3-8 是某风场平均风速的概率分布图，这种分布称为瑞利（Raleigh）分布。

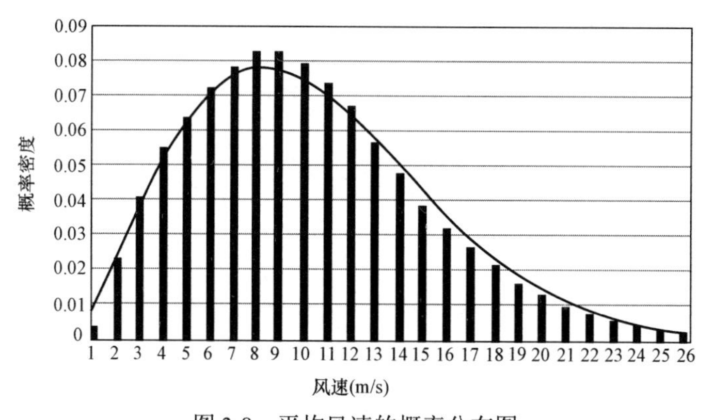

图 3-8　平均风速的概率分布图

为了能够精确地描述风速的随机性和间歇性特点，通常使用四种成分的风速来模拟自然风的变化情况，分别为基本风 v_{wa}、阵风 v_{wg}、渐变风 v_{wr} 和随机噪声风 v_{wn}。

1）基本风。基本风在风力发电机组正常运行期间始终存在，它决定了风力发电机组额定功率的大小，反映了风电场受到的平均风速的变化情况。基本风风速分量能够根据威布尔（Weibull）分布参数近似求解，计算式为

$$v_{wa} = A \cdot \Gamma\left(1+\frac{1}{K}\right) \tag{3-5}$$

式中：v_{wa}为基本风风速（m/s）；A 和 K 为威布尔的尺度参数和形状参数；$\Gamma(1+\frac{1}{K})$ 为伽马函数。

2）阵风。阵风风速分量可以反映风速突然变化的特性。

$$v_{wg}=\begin{cases}0,t\leqslant T_{1G}\\ v_{cos},T_{1G}\leqslant t<T_{1G}+T_G\\ 0,t\geqslant T_{1G}+T_G\end{cases} \tag{3-6}$$

$$v_{cos}=(v_{wg\max}/2)\{1-\cos 2\pi[(t/T_G)-(T_{1G}/T_G)]\}$$

式中：v_{wg} 为阵风风速（m/s）；T_G 为周期（s）；T_{1G} 为启动时间（s）；v_{wgmax} 为阵风风速最大值（m/s）。

3）渐变风。渐变风风速分量可以反映风速的渐变特性。

$$v_{wr}=\begin{cases}0,t\leqslant T_{1R}\\ v_{ramp},T_{1R}\leqslant t<T_{2R}\\ v_{wr\max},T_{2R}\leqslant t<T_{2R}+T_R\\ 0,t\geqslant T_{2R}+T_R\end{cases} \tag{3-7}$$

$$v_{ramp}=v_{wr\max}[1-(t/T_{2R})/(T_{1R}-T_{2R})]$$

式中：v_{wr}为渐变风风速（m/s）；T_R为保持时间（s）；T_{1R}为起始时间（s）；T_{2R}为终止时间（s）；v_{wrmax}为渐变风风速最大值（m/s）。

4）随机噪声风。随机噪声风风速分量反映的是风速变化的随机特性。

$$v_{wn}=2\sum_{i=1}^{N}\sqrt{S_V(\omega_i)\Delta\omega}\cos(\omega_i+\phi_i) \tag{3-8}$$

其中

$$S_V(\omega_i)=\frac{2K_N F^2|\omega_i|}{\pi^2[1+(F\omega_i/\mu\pi)^2]^{4/3}}$$

式中：v_{wn} 为随机噪声风风速（m/s）；ω_i 为频率段 i 的频率，$\omega_i=\left(i-\frac{1}{2}\right)\cdot\Delta\omega$；$\phi_i$ 为 0～2π均匀分布的随机变量；N 为频谱取样点数；K_N 为地表粗糙系数（一般取为0.004）；F 为扰动范围（m^2）；μ 为对高度的平均风速（m/s）。

综上所述，自然风的风速 v_w 可以表示为

$$v_w=v_{wa}+v_{wg}+v_{wr}+v_{wn} \tag{3-9}$$

3.3.2 风力机的动力学特性分析

1．风力机的气动原理

风轮的作用是将风能转换为机械能。流经风轮后的风速不可能为零，因为表面只有风的一部分能量可以被风轮吸收，并转化为桨叶转动的机械能。那么，风轮究竟能够吸收多少风能呢？风力机的气动理论（即贝兹理论）分析了风能的转换问题。

贝兹理论是由德国的物理学家贝兹（Betz）于 1919 年创立的。他假定风轮是理想的，即没有轮毂且具有无限多的叶片，气流通过风轮时没有阻力，并假定经过整个风轮扫掠面的气流是均匀的，且通过风轮前后的速度方向均为轴向。

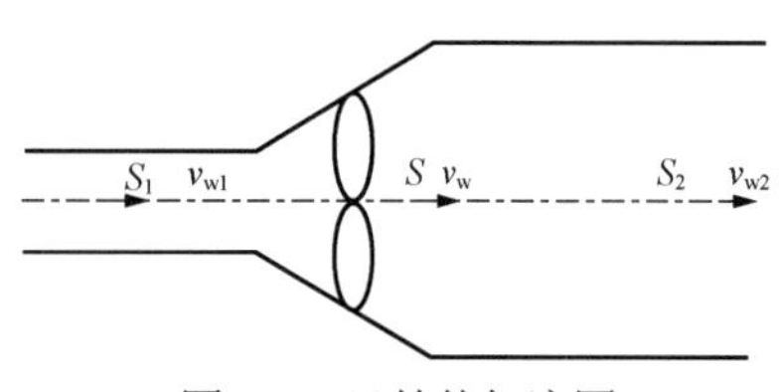

图 3-9　风轮的气流图

理想风轮在流动的大气中的情况如图 3-9 所示。图中，v_{w1}为风轮远处的上游风速；v_w为通过风轮时的实际风速；v_{w2}为风轮远处的下游风速；S_1为风轮上游气流的截面积；S为气流通过风轮时的截面积；S_2为风轮下游气流的截面积。因为风轮的机械能量仅由空气的动能降低所致，所以v_{w2}必然低于v_{w1}。假定空气是不可压缩的，由流体连续性条件可得

$$S_1 v_{w1} = S v_w = S_2 v_{w2} \tag{3-10}$$

由流体力学可知，上游气流的动能为

$$E = \frac{1}{2} m v_{w1}^2 \tag{3-11}$$

式中：m为气体的质量；v_{w1}为气体的速度，即风轮远处的上游风速。

设单位时间内流过截面积S的气体体积为V，则

$$V = S v_{w1} \tag{3-12}$$

该体积V的空气质量m为

$$m = \rho V = \rho S v_{w1} \tag{3-13}$$

这时，气流所具有的动能为

$$E = \frac{1}{2} \rho S v_{w1}^3 \tag{3-14}$$

式中：ρ为空气密度（kg/m^3）；v_{w1}为风速（m/s）；E为风具有的动能，也称风能（W）。

从风能公式可以看出，风能的大小与气流密度和通过的面积成正比，同时与风速的三次方成正比。其中，空气密度和风速随地理位置、海拔和地形等因素的变化而变化。

根据流体的动量方程，风作用在风轮上的力F等于单位时间内通过风轮旋转面的气流动量的变化，计算式为

$$F = m(v_{w1} - v_{w2}) = \rho S v_w (v_{w1} - v_{w2}) \tag{3-15}$$

风轮上的力F以速度v_w做功，可用风作用在风轮上的力与风轮截面处的风速的乘积来表示风轮在单位时间内所接受的动能，即风轮的吸收功率P为

$$P = F v_w = \rho S v_w^2 (v_{w1} - v_{w2}) \tag{3-16}$$

根据牛顿第二定律，单位时间内叶片吸收的动能等于从上游到下游动能的变化ΔE，计算式为

$$\Delta E = \frac{1}{2} \rho S v_w (v_{w1}^2 - v_{w2}^2) \tag{3-17}$$

令单位时间内风轮叶片吸收的动能相等，即式（3-16）与式（3-17）相等，求得

$$v_w = \frac{v_{w1} + v_{w2}}{2} \tag{3-18}$$

作用在风轮上的力F和提供的功率P可写为

$$F=\rho Sv_{\mathrm{w}}(v_{\mathrm{w1}}-v_{\mathrm{w2}})=\frac{1}{2}\rho S(v_{\mathrm{w1}}^2-v_{\mathrm{w2}}^2) \tag{3-19}$$

$$P=\rho Sv_{\mathrm{w}}^2(v_{\mathrm{w1}}-v_{\mathrm{w2}})=\frac{1}{4}\rho S(v_{\mathrm{w1}}^2-v_{\mathrm{w2}}^2)(v_{\mathrm{w1}}+v_{\mathrm{w2}}) \tag{3-20}$$

对于给定的上游气流速度v_{w1}，可写出以v_{w2}为函数的功率变化关系，并对式（3-20）微分得

$$\frac{\mathrm{d}P}{\mathrm{d}v_{\mathrm{w2}}}=\frac{1}{4}\rho S(v_{\mathrm{w1}}^2-2v_{\mathrm{w1}}v_{\mathrm{w2}}-3v_{\mathrm{w2}}^2) \tag{3-21}$$

求功率最大值，令$\frac{\mathrm{d}P}{\mathrm{d}v_{\mathrm{w2}}}=0$，有两个解：①$v_{\mathrm{w2}}=-v_{\mathrm{w1}}$，没有物理意义；②$v_{\mathrm{w2}}=\frac{v_{\mathrm{w1}}}{3}$，对应于功率最大值。

将$v_{\mathrm{w2}}=\frac{v_{\mathrm{w1}}}{3}$代入式（3-20），得到功率最大值为

$$P_{\max}=\frac{8}{27}\rho Sv_{\mathrm{w1}}^3 \tag{3-22}$$

将$P_{\max}$除以气流通过扫掠截面积S时风所具有的动能E，可得到风力机的理论最大效率（或称理论风能利用系数）为

$$\eta_{\max}=\frac{P_{\max}}{E}=\frac{P_{\max}}{\frac{1}{2}\rho Sv_{\mathrm{w1}}^3}=\frac{\frac{8}{27}\rho Sv_{\mathrm{w1}}^3}{\frac{1}{2}\rho Sv_{\mathrm{w1}}^3}=\frac{16}{27}\approx 0.593 \tag{3-23}$$

式（3-23）即为著名的贝兹理论极限值。它表明了风力机从自然风中获取的动能是有限的，理论风能利用系数最大值为原有能量的0.593倍，其功率损失部分可以解释为是由于旋转动能留在尾流中而未能被风力机有效转换所致。能量的转换效率随所采用的风力机和发电机的类型而异。因此，风力机的实际风能利用系数$C_{\mathrm{p}}<0.593$。

2．叶片受力分析

风力机之所以能将风能转化为机械能，是因为风力机具有特殊的翼型。风力机叶片的翼型及静止时叶片受力如图3-10所示。

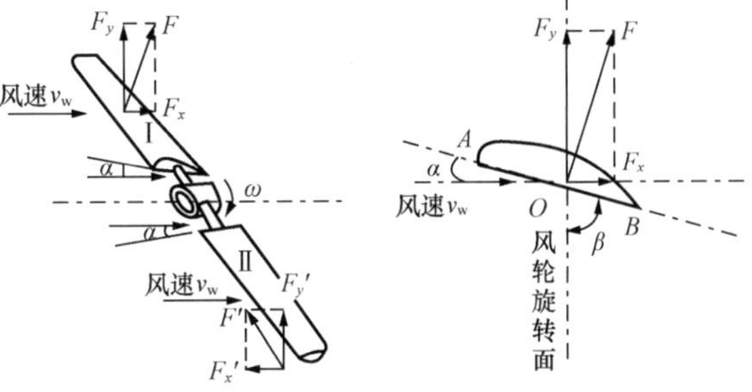

图3-10　风轮静止时叶片受力图

风力机的风轮由轮毂及均匀分布在轮毂上的若干桨叶所组成。在安装这些桨叶时，必须使每支桨叶的翼片按同一旋转方向排列，并且桨叶围绕自身轴心线转过一个给定的角度，这个角度称为安装角（也称桨距角）。图3-10中，翼型尖尾点B称为后缘，圆头上的点A称为前缘，连接前后缘的直线AB称为翼弦。α为翼弦与风速方向之间的夹角，称为迎角（或攻角）；而翼弦与风轮旋转面之间的夹角β称为安装角（或桨距角）。设风轮的中心轴位置与风向一致，当气流以风速v_{w}流经风轮时，在桨叶Ⅰ上将产

生气动力 F 和 F'。将 F 分解成沿气流方向的阻力 F_x 和垂直气流方向的升力 F_y，阻力 F_x 形成对风轮的正面压力，而升力 F_y 则对风轮中心轴产生转动力矩，从而使风轮转动起来。

风轮转动时叶片受力如图 3-11 所示。若风轮旋转角速度为 ω，则叶片上距转轴中心 r 处的一小段叶片元的气流速度 v_r 是气流垂直于风轮旋转面的风速 v_w 与气流相对该叶片元的旋转线速度 ω_r 的矢量和。气流以速度 v_r 吹向叶片元，产生气动力 F，F 可以分解为与 v_r 方向一致的阻力 F_x 和垂直于 v_r 方向的升力 F_y。F 也可以分解为对风轮正面的压力 F_{x1} 和在风轮旋转面内使桨叶旋转的力 F_{y1}。

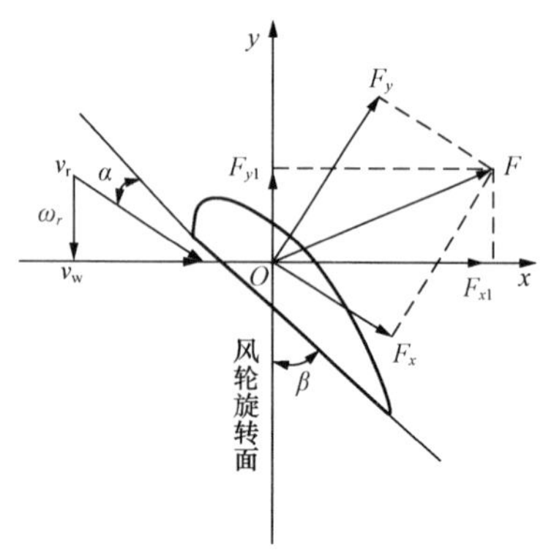

图 3-11　风轮转动时叶片受力图

由于风轮旋转时叶片位于不同半径处的线速度是不同的，因而相对于叶片各处的气流速度 v_w 在大小和方向上也是不同的。如果叶片各处的桨距角 β 都一样，则叶片各处的实际迎角 α 将不同。这样除了迎角接近最佳值的一小段叶片升力较大外，其他部分由于迎角偏离最佳值，使其所得到的升力变得不理想。所以这样的叶片不具备良好的气动特性。为了在整个叶片长度上均能获得有利的迎角数值，必须使叶片每一个截面的安装角随着半径的增大而逐渐减小。在此情况下，才有可能使气流在整个叶片长度上均以最有利的迎角吹向每一叶片元，从而具有比较好的气动性能，而且各处受力比较均匀，有助于增加叶片的强度。这种具有变化安装角的叶片称为螺旋桨型叶片。

3．风力机的特性系数

在讨论风力机的能量转换与控制时，风力机的特性系数具有特别重要的意义。

1）叶尖速比 λ。叶尖速比 λ 表示风轮在不同风速中的状态，可以用叶片的叶尖圆周速度与风速之比来衡量，即

$$\lambda = \omega_M \frac{R}{v_w} = \frac{2\pi n_M R}{60 v_w} \tag{3-24}$$

式中：ω_M 为叶片的角速度（rad/s）；R 为风轮叶片半径（m）；n_M 为叶片转速（r/min）。

2）风能利用系数 C_p。风能利用系数 C_p 表示风力机从自然风的风能中吸取能量的大小程度，计算式为

$$C_p = \frac{P}{\frac{1}{2}\rho S v_w^3} \tag{3-25}$$

式中：P 为风轮的吸收功率（W）；ρ 为空气密度（kg/m³）；S 为风力机的扫风面积（m²）；v_w 为风速（m/s）。

风能利用系数 C_p 是个重要的参数，它反映了风力机将风能转化为机械能的能力，即在单位时间内，风轮吸收的风能与通过风轮旋转面的全部风能之比。在一定风速下，C_p 值越高，表示风轮将风能转化为机械能的效率也越高。但风能不可能完全被风轮所吸收，所以风力机的效率总是小于 1。现代三桨叶风力机在轮毂处实测的最优 C_p 值为 0.52～0.55，而最终的 C_p 值还要考虑机械能转化为电能时的损耗。目前，风力发电机组将风电功率转化为电气功率的

最优 C_p 值为 0.46～0.48。

当风力机的桨叶已经确定时，风轮吸收风能的大小，即风能利用系数 C_p 仅与风力机的叶尖速比 λ 和桨距角 β 有关。$C_p(\lambda,\beta)$ 曲线如图 3-12 所示。

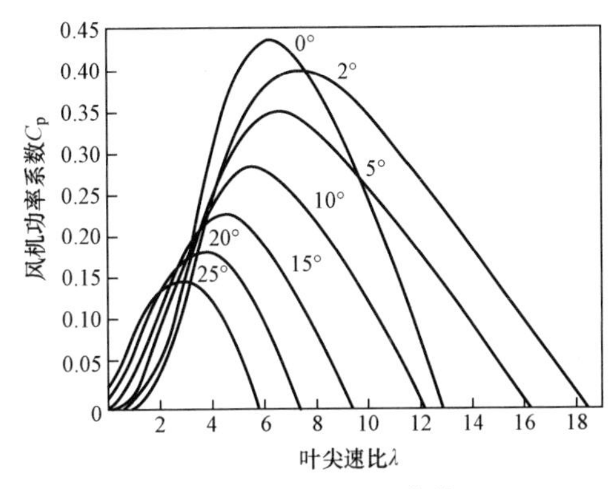

图 3-12 $C_p(\lambda,\beta)$ 曲线

$C_p(\lambda,\beta)$ 曲线展示了在保持桨距角 β 不变的情况下风力机性能随叶尖速比 λ 的变化。对于不同的桨距角 β，只要找到对应的叶尖速比 λ，就可实现风能的最大利用。图 3-12 中，$\beta=0^\circ$ 和叶尖速比 λ 大于且接近于 6 时，叶片获得最大风能。由于风速经常变化，为实现风能的最大捕获，风力机应变速运行，以维持叶尖速比 λ 不变。

3.3.3 风力机模型

风力机主要由叶片、轮毂、变速齿轮箱及联轴器等传动装置组成。叶片从风能中获取功率，并将捕获的风功率转换为机械转矩作用于轮毂上，然后通过变速齿轮将转矩由风轮低速轴传递给发电机高速轴，从而带动发电机转子高速运转。

1．风力机功率与转矩模型

风力机的机械输出功率 P_M 可以表示为

$$P_M=\frac{1}{2}\rho S v_w^3 C_p(\lambda,\beta)=\frac{1}{2}\rho\pi R^2 v_w^3 C_p(\lambda,\beta) \tag{3-26}$$

风力机的机械转矩 T_M 可以表示为

$$T_M=\frac{P_M}{\omega_M}=\frac{1}{2}\rho\pi R^3\frac{v_w^2}{\lambda}C_p(\lambda,\beta) \tag{3-27}$$

式中：ρ 为空气密度；R 为叶片半径；v_w 为风速；C_p 为风能利用系数；$\lambda=\omega_M R/v_w$ 为叶尖速比；ω_M 为风轮叶片的角速度。

在实际工程中，风能利用系数 C_p 可由叶尖速比 λ 与桨距角 β 的拟合关系求得。常用的有：

$C_p(\lambda,\beta)=0.22\left(\dfrac{116}{\lambda_i}-0.4\beta-5\right)e^{\frac{-12.5}{\lambda_i}}$，其中，系数 $\lambda_i=\dfrac{1}{\dfrac{1}{\lambda+0.08\beta}-\dfrac{0.035}{\beta^3+1}}$。根据贝兹理论，当叶尖速比 λ>3 时，叶片翼型优化，涡流损失较少，C_p 达到最大值 0.593。

2．轴系模型

风力发电机组中的机械传动装置（即轴系）是一个重要部件，其主要功能是将风力机在风力作用下所产生的动力传递给发电机，并使其达到相应的转速。由于风速通常很低，远达不到发电机发电所需的转速要求，因此必须通过齿轮箱的增速作用来实现。

对于风力发电系统的电气控制部分，系统动态性能是需要重要关注的指标，因此风力发电机组的轴系通常采用动态模型来描述。根据不同的等效方案和建模方法，可将风力发电机组的轴系分为集中质量块模型、双质量块模型和三质量块模型。

（1）集中质量块模型

当重点分析风力发电系统电气部分的动态模型时，可以对风力机传动机构动态过程进行一定的简化处理。由于风力机具有较大的转动惯量，风能从叶片通过轮毂到达发电机处做功时会产生一定的时间滞后，此时可以用一阶惯性环节来模拟这一过程。传动机构的集中质量块数学模型为

$$2(H_{\mathrm{M}}+H_{\mathrm{G}})\frac{\mathrm{d}\omega_{\mathrm{M}}}{\mathrm{d}t}=T_{\mathrm{M}}-T_{\mathrm{E}} \tag{3-28}$$

该模型的状态变量是风轮叶片的角速度 ω_{M}；输入量是风轮的机械转矩 T_{M} 和发电机的电磁转矩 T_{E}。

（2）双质量块模型

风力发电机组轴系的双质量块模型包括低速轴、齿轮箱和高速轴。在这一模型中，风轮惯量与整个发电机转子的惯量通过轴系相连。风力发电机组低速轴刚性较差，而高速轴刚性较好。在轴系模型分析过程中，将桨叶与低速轴作为一个质量块，并认为桨叶是完全刚性体，同时将低速轴作为柔性轴处理，考虑其刚性系数为 K_{S}；而将齿轮箱与高速轴作为完全刚性轴处理。风力发电机组的轴系模型如图 3-13 所示。连接风力发电机组各部分的轴系，在风轮侧承受机械转矩 T_{M}，在发电机侧承受由发电机电磁场产生的电磁转矩 T_{E}，因此，轴系将产生扭矩角 θ_{S}。当电磁转矩 T_{E} 变化时，扭矩角 θ_{S} 也随之发生变化，轴系产生扭曲或松弛的这种动态变化可以导致发电机转速的波动。特别是对于采用感应发电机的定速风力发电机组而言，当其与电网连接时，由于机械参数（如发电机转子转速）和电气参数（如发电机输出功率）之间存在强耦合关系，风力发电机组与电网之间的机电相互作用表现为电网功率和电流的波动。

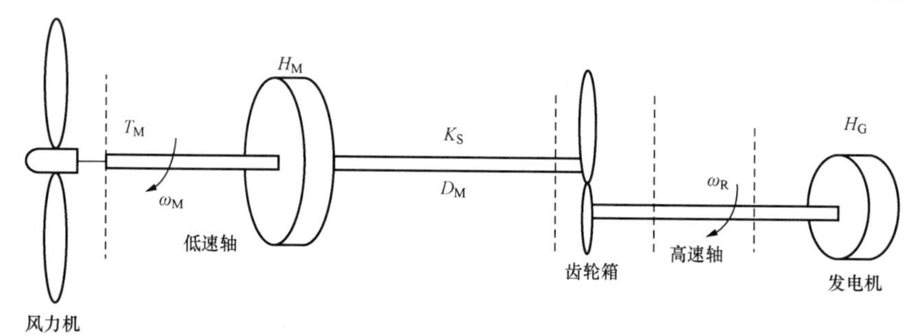

图 3-13 风力发电机组轴系模型

以标幺值系统描述轴系的双质量块模型为

$$\begin{cases}2H_{\mathrm{M}}\dfrac{\mathrm{d}\omega_{\mathrm{M}}}{\mathrm{d}t}=T_{\mathrm{M}}-K_{\mathrm{S}}\theta_{\mathrm{S}}-D_{\mathrm{M}}\omega_{\mathrm{M}}\\2H_{\mathrm{G}}\dfrac{\mathrm{d}\omega_{\mathrm{R}}}{\mathrm{d}t}=K_{\mathrm{S}}\theta_{\mathrm{S}}-D_{\mathrm{G}}\omega_{\mathrm{R}}-T_{\mathrm{E}}\\\dfrac{\mathrm{d}\theta_{\mathrm{S}}}{\mathrm{d}t}=\dfrac{2\pi f_{\mathrm{N}}}{p}(\omega_{\mathrm{M}}-\omega_{\mathrm{R}})\end{cases} \tag{3-29}$$

式中：D_M 和 D_G 分别是风轮和发电机转子的阻尼系数；H_M 和 H_G 分别是风轮和发电机转子的惯性时间常数；f_N 是电网额定频率；p 是发电机的极对数；扭矩角 θ_S 是双质量块之间的相对角位移。

该模型的状态变量包括风轮叶片的角速度 ω_M、发电机转子的角速度 ω_R 和轴的扭矩角 θ_S；输入量包括风轮的机械转矩 T_M 和发电机的电磁转矩 T_E。此外，该模型中除了 K_S(p.u./rad)、θ_S(°) 和 f_N(Hz) 外，其他值均采用标幺值。

3.4　风力发电机工作原理与模型

在风力发电技术发展的过程中，出现了多种多样的机型。风电场采用的风力发电机主要有三种机型，即笼形异步发电机（Squirrel Cage Induction Generator, SCIG）、双馈异步发电机（Doubly Fed Induction Generator, DFIG）和永磁同步发电机（Permanent Magnet Synchronous Generator, PMSG）。

3.4.1　笼形异步发电机

笼形异步发电机因其机械简单、效率高和维护低的特点，目前仍然是使用最广泛的风力发电机。

1．笼形异步发电机的结构

笼形异步发电机的结构如图 3-14 所示。笼形异步发电机由定子铁心和定子绕组、转子铁心和转子绕组、机座及端盖等组成。其定子为三相绕组，可采用星形或三角形连接。而转子采用笼形结构，转子铁心由硅钢片叠成，呈圆筒形，槽中嵌入铝或铜导条，在铁心两端用铝或铜端环将导条短接。另外，转子不需要外加励磁，也没有集电环和电刷，因而其结构简单、坚固且基本上不需要维护。

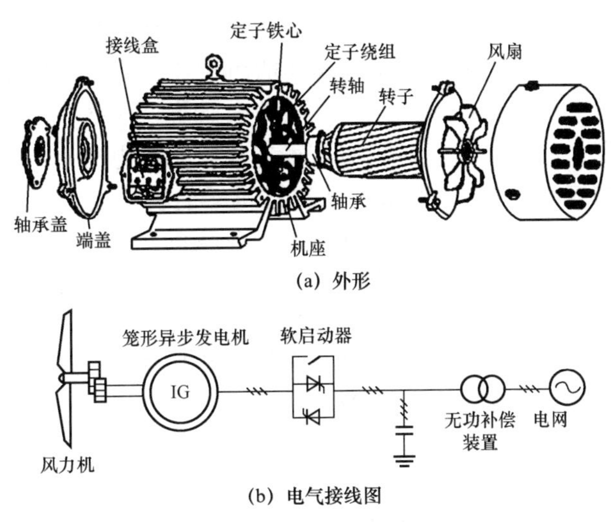

图 3-14　笼形异步发电机结构

该风力发电系统由风力机、齿轮箱、笼形异步发电机、软启动器、无功补偿装置和并网变压器等构成。因风力机的转速较低，在风力机和笼形异步发电机之间，需通过增速齿轮箱传动来提高转速，以达到适合笼形异步发电机运转的转速。笼形异步发电机的转子轴系通过齿轮箱与风力机连接，而定子回路与电网连接，并配备了风力发电机组并网所需要的软启动器和无功补偿装置。笼形异步发电机按某一特定风速下获得最大效率的原则设计。为了增加发电量，有的笼形异步发电机被设计成双速的，它们有两个绕组：一个用于低速（典型为 8 极）；另一个用于中高速（典型为 4～6 极）。当电网频率为 50Hz 时，以极对数为 2 的异步风力发电机为例，其风力机转速的取值范围是 6～25r/min，而发电机的同步转速 n_1 由发电机极对数 p 和电网频率 f_1 共同确定，对于极对数为 2 的异步发电机，同步转速为 1500r/min。因此，需要一个高增速比的齿轮箱来连接低速运行的风力机和高速运行的发电机。一般与电网并联运行的异步发电机为 4 极或 6 极，其极对数 p 分别为 2、3，发电机转子的转速 n_R 必须高于 1500r/min 或 1000r/min，只有这样才能运行在发电状态，并向电网输送电能。

2．笼形异步发电机的工作原理

根据电机学理论，当异步发电机接入频率恒定的三相交流电网时，定子三相绕组中电流在气隙中形成定子旋转磁场。则定子旋转磁场的转速 n_1 取决于定子电流频率 f_1 和发电机的极对数 p，三者的关系为

$$n_1 = \frac{60 f_1}{p} \tag{3-30}$$

式中：n_1 为定子旋转磁场的转速，等于同步转速；f_1 为定子电流的频率，等于电网频率。

异步发电机中定子旋转磁场的同步转速 n_1 与转子转速 n_R 之差称为相对转速，即 $\Delta n = n_1 - n_R$，相对转速与同步转速的比值称为异步发电机的转差率，用 s 表示，即

$$s = \frac{n_1 - n_R}{n_1} \tag{3-31}$$

根据笼形异步发电机转子转速 n_R 的变化，电机可以运行在不同的状态。当转子转速 n_R 小于同步转速 n_1 时，即 $n_R < n_1$，转差率 $s > 0$，电机运行在电动状态，电机从电网吸收无功功率建立磁场，并将电网的电能转化为转动的机械能；当异步发电机的转子在风力机的驱动下，以高于同步转速 n_1 旋转时，转子转速 n_R 大于同步转速 n_1，即 $n_R > n_1$，转差率 $s < 0$，电机运行在发电状态，此时电机需从外部吸收无功电流建立磁场（如由无功补偿装置电容提供无功电流），将从风力机中获得的机械能转化为电能提供给电网。直接与 50Hz 频率电网相连的风力发电机，其同步转速是不变的。在机组正常运行时，一般转差率变化很小，绝对值在 2%～5%之间，因此转子转速的变化也很小。并网运行的较大容量笼形异步发电机的转子转速 n_R 一般在（1～1.05）n_1 之间波动，而风力机的转速几乎不变。以某一额定功率为 2MW、额定电压为 690V 和极对数为 2 的笼形异步风力发电机为例，连接到 50Hz 的电网正常运行时，额定转速为 1512r/min，相比于 1500r/min 的同步转速提高了 0.8%。

3．笼形异步发电机的稳态模型

由电机学知识可知，笼形异步发电机 T 形等效电路如图 3-15 所示。

图 3-15 中，只考虑一相的量，并且所有的量已折算到定子侧。R_S为定子电阻，$X_{\sigma S}$为定子漏电抗，R_M为励磁电阻，X_M为励磁电抗，R_R为转子电阻，$X_{\sigma R}$为转子漏电抗，$\dot{U}_S$为定子端电压，$\dot{I}_S$为定子电流，$\dot{I}_0$为空载电流，$\dot{I}_R$为转子电流折合到定子侧的电流，s为转差率，$\dot{E}_S$为定子电动势，$\dot{E}_R$为转子感应电动势折算到定子侧的值，下标 S 和 R 分别表示定子和转子。笼形异步发电机基本方程式为

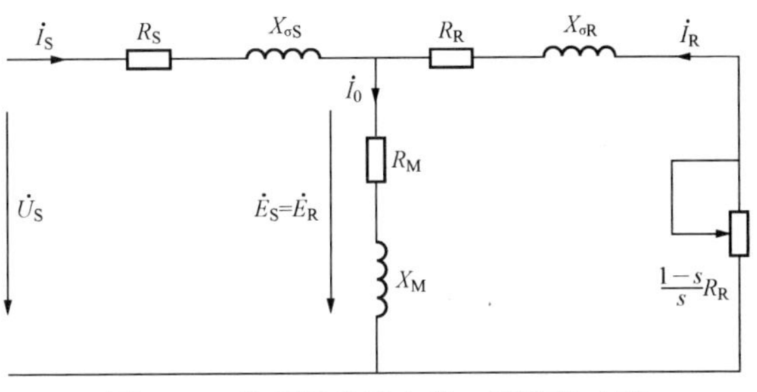

图 3-15　笼形异步发电机 T 形等效电路

$$\begin{cases}\dot{U}_S = -\dot{E}_S + \dot{I}_S(R_S + jX_{\sigma S}) \\ \dot{E}_S = \dot{I}_0(R_M + jX_M) \\ \dot{E}_S = \dot{E}_R \\ \dot{E}_R = \dot{I}_R\left(\dfrac{R_R}{s} + jX_{\sigma R}\right) \\ \dot{I}_S + \dot{I}_R = \dot{I}_0\end{cases} \tag{3-32}$$

从笼形异步发电机端子看去的等效电路阻抗Z_T为

$$Z_T = R_T + jX_T = (R_S + jX_{\sigma S}) + (R_M + jX_M) /\!/ \left(\frac{R_R}{s} + jX_{\sigma R}\right) \tag{3-33}$$

等效电路阻抗Z_T的电阻R_T和电抗X_T都是随转差率s变化的。稳态时，笼形异步发电机的复功率S_E表示为

$$S_E = P_E + jQ_E = |U_S|^2\left(\frac{R_T + jX_T}{R_T^2 + X_T^2}\right) \tag{3-34}$$

则笼形异步发电机的有功功率P_E和无功功率Q_E分别为

$$P_E = |U_S|^2\frac{R_T}{R_T^2 + X_T^2} \tag{3-35}$$

$$Q_E = |U_S|^2\frac{X_T}{R_T^2 + X_T^2} \tag{3-36}$$

它们与定子端电压幅值U_S和发电机转子转差率s有关。

3.4.2　双馈异步发电机

双馈异步发电机是典型的变速恒频风力发电机类型。其定子电压由电网提供，而转子电压由变频器提供。双馈异步发电机允许在大范围内变速运行，因此具有较高的风能转换率。

1．双馈异步发电机的结构

双馈异步发电机的结构如图 3-16 所示，采用绕线式异步发电机，其定子绕组直接接入电网，转子绕组通常采用 Y 形连接，三只集电环和电刷将转子绕组端接线引出接至背靠背双 PWM 变频器。变频器由转子侧逆变器、电网侧整流器和连接它们的直流（DC）环节组成。

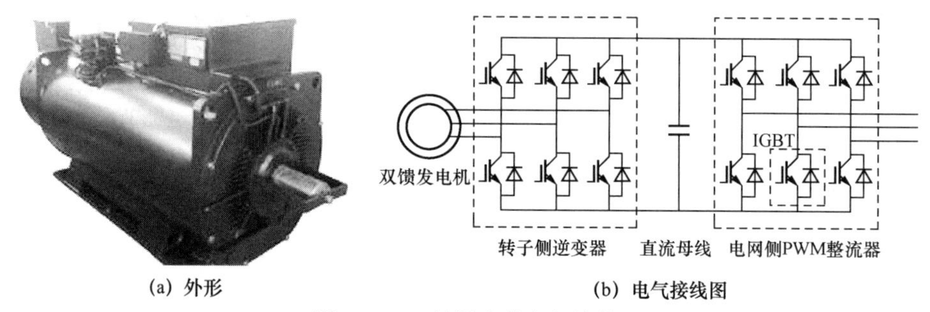

(a) 外形　　(b) 电气接线图

图 3-16　双馈异步发电机结构

发电机转子绕组接入受控的变频交流励磁电流，通过调节励磁电流的频率，可以使发电机在转子变速运行的情况下发出恒定频率的电，而改变励磁电流的幅值和相位又可以调节发电机输出的有功功率和无功功率。定子绕组端口并网后始终发出电功率，但转子绕组端口电功率的流向取决于转差率，转子既可以向电网输送功率，又可以从电网吸收功率。发电机向电网输送的功率由两部分组成：一部分是直接从定子绕组输出的功率；另一部分是通过变频器从转子绕组输出的功率，因此称为双馈异步发电机。

2．双馈异步发电机的工作原理

双馈异步发电机的工作原理如图 3-17 所示。图 3-17 中，定子绕组接入电网的三相对称交流电流，在气隙中形成定子旋转磁场。定子旋转磁场的转速 n_1 取决于定子电流频率 f_1 和发电机极对数 p，即 $n_1 = 60f_1 / p$，也称为同步转速。转子绕组接入变频器输出的频率、幅值和相位可调的三相交流电流，在气隙中形成转子旋转磁场。双馈异步发电机转子电流的频率为 f_2，转子的转速为 n_R，转子旋转磁场相对于转子的转速为 n_2。由电机学的知识可知，双馈异步发电机稳定运行时，定子、转子旋转磁场相对静止，即

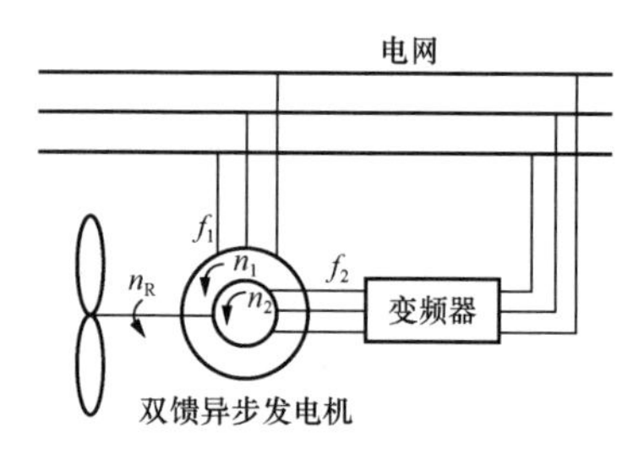

图 3-17　双馈异步发电机工作原理

$$n_1 = n_2 + n_R \tag{3-37}$$

由转差率 $s = \dfrac{n_1 - n_R}{n_1}$ 可知

$$n_R = (1-s)n_1 \tag{3-38}$$

代入式（3-37），可得转子旋转磁场相对于转子的转速 n_2 为

$$n_2 = n_1 - n_R = n_1 - (1-s)n_1 = n_1 s \tag{3-39}$$

因定子电流频率 $f_1 = \dfrac{n_1 p}{60}$，转子电流频率 $f_2 = \dfrac{n_2 p}{60}$，故有

$$f_2 = f_1 s \tag{3-40}$$

故转子电流频率 f_2 又称为转差频率。从式（3-40）可知，当发电机转子转速 n_{R} 变化时，可通过调节转子电流频率 f_2 使定子电流频率 f_1 保持恒定，这是变速恒频运行的原理。

双馈异步发电机根据转子转速 n_{R} 的变化，可以运行在三种状态：

1）超同步运行状态。此时 $n_{\mathrm{R}} > n_1$，$s < 0, f_2 < 0$，转子电流的相序与定子相反，转子向电网输出功率。

2）亚同步运行状态。此时 $n_{\mathrm{R}} < n_1$，$s > 0, f_2 > 0$，转子电流的相序与定子相同，电网向转子输入功率。

3）同步速运行状态。此时 $n_{\mathrm{R}} = n_1$，$s = 0, f_2 = 0$，转子进行直流励磁，与同步发电机相同。

3．双馈异步发电机的稳态模型

（1）等效电路和基本方程

双馈异步发电机的稳态等效电路如图 3-18 所示。在笼形异步发电机等效电路的转子回路中，加入等效电源 $\dfrac{\dot{U}_{\mathrm{R}}}{s}$ 后即为双馈异步发电机的等效电路。

图 3-18 中，R_{S}、R_{R} 分别是定子绕组和转子绕组的电阻；$X_{\sigma\mathrm{S}}$、$X_{\sigma\mathrm{R}}$ 分别是定子绕组和转子绕组的漏电抗；R_{M} 是励磁电阻；X_{M} 是励磁电抗；s 是转差率；$\dot{E}_{\mathrm{S}}$ 为定子电动势；$\dot{E}_{\mathrm{R}}$ 为转子感应电动势折算到定子侧的值。可得其数学模型为

$$
\begin{cases}
\dot{U}_{\mathrm{S}} = -\dot{U}_{\mathrm{S}} + \dot{I}_{\mathrm{S}}(R_{\mathrm{S}} + \mathrm{j}X_{\sigma\mathrm{S}}) \\
\dfrac{\dot{U}_{\mathrm{R}}}{s} = -\dot{E}_{\mathrm{R}} + \dot{I}_{\mathrm{R}}\left(\dfrac{R_{\mathrm{R}}}{s} + \mathrm{j}X_{\sigma\mathrm{R}}\right) \\
-\dot{E}_{\mathrm{S}} = -\dot{E}_{\mathrm{R}} = \dot{I}_{\mathrm{M}}(R_{\mathrm{M}} + \mathrm{j}X_{\mathrm{M}}) \\
\dot{I}_{\mathrm{M}} = \dot{I}_{\mathrm{S}} + \dot{I}_{\mathrm{R}}
\end{cases}
\tag{3-41}
$$

（2）双馈异步发电机运行时的功率关系

双馈异步发电机定子有功功率 P_{S} 为

$$
P_{\mathrm{S}} = \mathrm{Re}\left[\dot{U}_{\mathrm{S}}\dot{I}_{\mathrm{S}}^{*}\right] \tag{3-42}
$$

式中：$\dot{I}_{\mathrm{S}}^{*}$ 是 $\dot{I}_{\mathrm{S}}$ 的共轭复数。

从等效电路出发，研究转子侧功率平衡关系。按双馈异步发电机的分析方法，R_{R}/s 可分解为 $R_{\mathrm{R}} + \dfrac{(1-s)R_{\mathrm{R}}}{s}$，$\dfrac{\dot{U}_{\mathrm{R}}}{s}$ 可分解为 $\dot{U}_{\mathrm{R}} + \dfrac{1-s}{s}\dot{U}_{\mathrm{R}}$，双馈异步发电机等效电路的变换如图 3-19 所示。

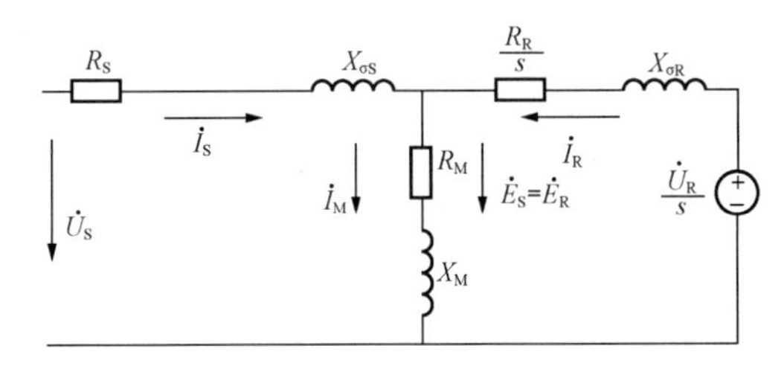

图 3-18　双馈异步发电机等效电路

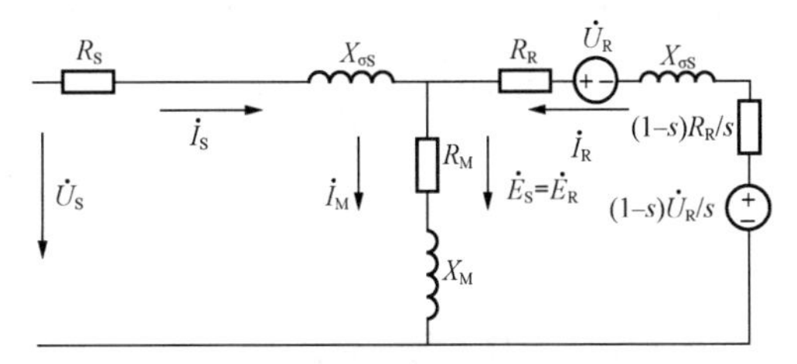

图 3-19　双馈异步发电机等效电路的变换

从转子传递到定子的电磁功率 P_{EM} 可表示为

$$P_{EM}=-R_R I_R^2-\frac{(1-s)}{s}R_R I_R^2+\mathrm{Re}\left[\dot{U}_R \dot{I}_R^*\right]+\mathrm{Re}\left[\frac{(1-s)}{s}\dot{U}_R \dot{I}_R^*\right] \tag{3-43}$$

式中：转子绕组铜损 $P_{CU2}=-R_R I_R^2$；变频器输入转子的电功率为 $\mathrm{Re}\left[\dot{U}_R \dot{I}_R^*\right]$；轴上机械功率为 $-\frac{(1-s)}{s}R_R I_R^2$，当 $0<s<1$ 时，此项为负，表示双馈异步发电机消耗电磁功率并转化为机械功率从轴上输出。当 $s<0$，此项为正，表示轴上的机械功率转化为电磁功率；$\mathrm{Re}\left[\frac{(1-s)}{s}\dot{U}_R \dot{I}_R^*\right]$ 也与轴上的机械功率有关，此项为正，表示双馈异步发电机将轴上的机械功率转化为电磁功率，此项为负则相反。因此 $-\frac{(1-s)}{s}R_R I_R^2$ 与 $\mathrm{Re}\left[\frac{(1-s)}{s}\dot{U}_R \dot{I}_R^*\right]$ 之和对应轴上的总的机械功率，此项为正，表示轴的机械功率转化为电磁功率；此项为负，表示电磁功率转化为轴的机械功率。由此可见，与传统的异步发电机不同，传统的异步发电机仅由 $-\frac{(1-s)}{s}R_R I_R^2$ 正负决定其运行在电动状态还是发电状态，而双馈异步发电机可以通过控制 $\mathrm{Re}\left[\frac{(1-s)}{s}\dot{U}_R \dot{I}_R^*\right]$，使 s 为任何值时都可以运行于电动或发电状态。

转子输入的电磁功率为 sP_{EM}，也称为转差功率。双馈异步发电机不同运行状态下的能流关系如图 3-20 所示。

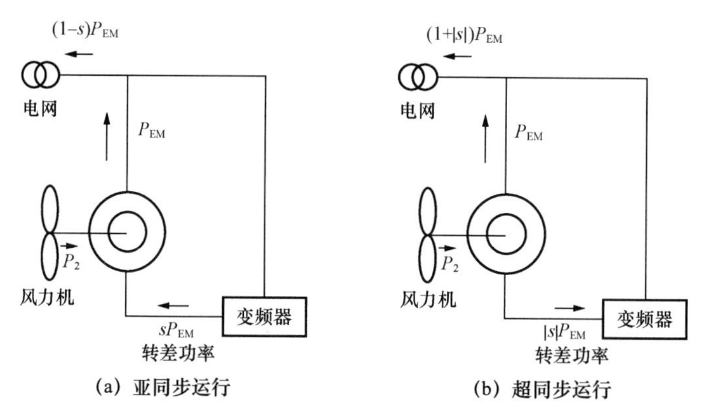

图 3-20　双馈异步发电机不同运行状态下的能流关系

1）亚同步运行状态时，$s>0$，$sP_{EM}>0$，变频器向转子绕组输入功率；双馈异步发电机轴上输入的机械功率 $P_2>0$，机械功率由风力机输入发电机；电磁功率由定子回馈给电网，由定子输出的电能只有 $(1-s)P_{EM}$。

2）超同步运行状态时，$s<0$，$sP_{EM}<0$，$P_2>0$，转子和定子都从风力机吸收能量。定、转子同时发电，转子发出的电能经变频器馈入电网，总输出的电能为 $(1+|s|)P_{EM}$。

3.4.3　永磁同步发电机

永磁同步发电机由于其结构简单、无电刷和集电环、消除了转子损耗及运行可靠的特点，特别是具有其他发电机无法比拟的高效率这一优势，因此得到了人们越来越多的关注，并广泛应用于要求快速转矩响应和高性能的场合。

1．永磁同步发电机的结构

永磁同步发电机的定子由定子铁心和三相定子绕组组成，在定子铁心槽内安放有三相定子绕组。转子采用永磁材料进行励磁。当风轮带动发电机转子旋转时，旋转的磁场切割定子绕组，并在定子绕组中产生感应电动势，由此产生交流电输出。定子绕组中交流电流建立的旋转磁场转速与转子的转速同步。永磁同步发电机的结构如图3-21所示。

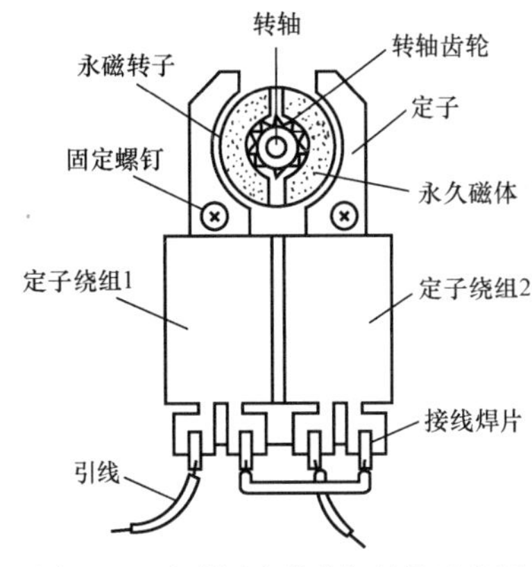

图3-21　永磁同步发电机结构示意图

由于永磁同步发电机的转子上没有励磁绕组，因此避免了铜损耗，使发电机的效率更高；同时，转子上没有集电环，使发电机运行更为可靠。永磁材料一般有铁氧体和钕铁硼两类，其中采用钕铁硼制造的发电机因体积较小、质量较轻的特点而得到广泛使用。

2．永磁同步发电机的工作原理

永磁同步发电机在风力机的拖动下，转子以转速 n_R 旋转，旋转的转子磁场切割定子上的三相对称绕组，并在定子绕组中产生频率为 f_1 的三相对称感应电动势和电流，从而将机械能转化为电能。由定子绕组中的三相对称电流产生的定子旋转磁场的转速 n_1 与转子转速 n_R 相同，即与转子磁场保持相对静止。因此，永磁同步发电机的转速 n_1、频率 f_1 和极对数 p 之间存在着固定关系，即

$$f_1 = \frac{pn_R}{60} = \frac{pn_1}{60} \tag{3-44}$$

当永磁同步发电机的转速一定时，发电机的频率稳定，电能质量高。永磁同步发电机在运行时，可通过调节励磁电流来调整功率因数，既能输出有功功率，也能提供无功功率，甚至能使功率因数达到1，因此被电力系统广泛采纳。但在风力发电中，由于风速的不确定性，使得发电机获得不断变化的机械能，给风力机带来了冲击和高负载的风险，对风力机及整个系统都不利。为了确保发电机发出的电流频率与电网频率始终相同，发电机的转速必须恒定，这就要求风力机有精确的调速结构，以保证风速变化时维持发电机的转速不变，即等于同步转速。

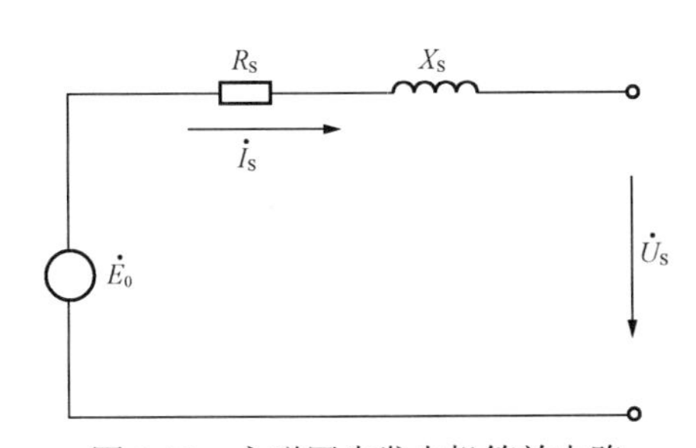

图3-22　永磁同步发电机等效电路

3．永磁同步发电机的稳态模型

永磁同步发电机的等效电路如图3-22所示。

永磁同步发电机的基本方程式为

$$\dot{U}_S = \dot{E}_0 - \dot{I}_0(R_S + jX_S) \tag{3-45}$$

式中：$\dot{U}_S$ 为发电机定子端电压；$\dot{E}_0$ 为发电机内的电动势；R_S、X_S 分别为定子绕组的电阻和电抗。

3.4.4　其他种类风力发电机

1．硅整流自励式交流同步发电机

硅整流自励式交流同步发电机的定子由定子铁心和三相定子绕组组成，定子绕组为星形

联结，放在定子铁心的内圆槽内；转子由转子铁心、转子绕组、集电环和转子轴等组成，转子铁心有凸极式和爪极式两种，转子上的励磁绕组通过集电环和电刷与整流器的直流输出端相连，以获得直流励磁电流。其电路原理如图 3-23 所示。

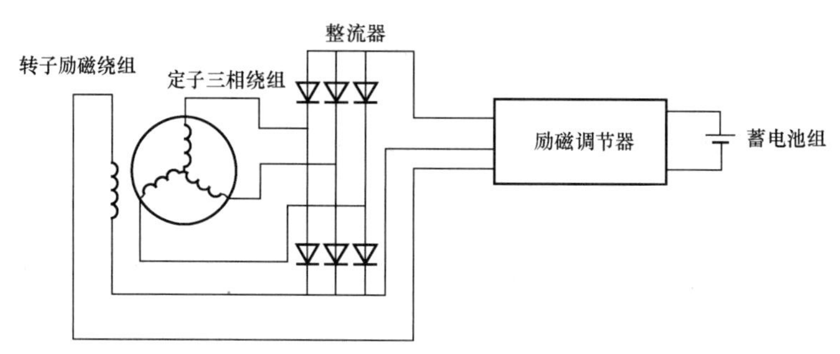

图 3-23　硅整流自励式交流同步发电机电路原理

2．电容自励式异步发电机

电容自励式异步发电机是在发电机定子绕组的输出端接上电容，以产生超前于电压的容性电流，从而使异步发电机建立电压。其电路原理如图 3-24 所示。

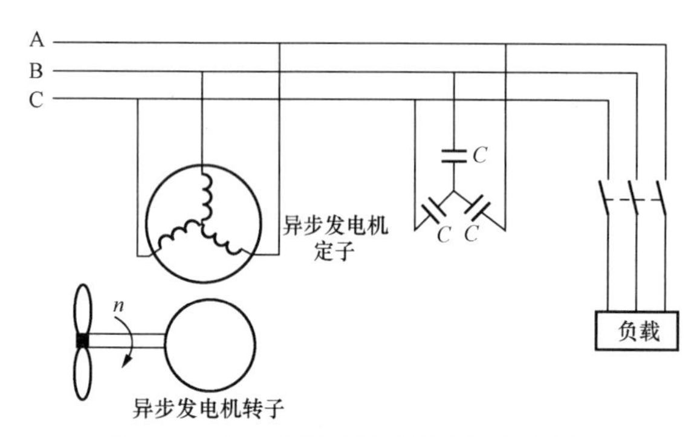

图 3-24　电容自励式异步发电机电路原理

自励式异步发电机建立电压的条件有两个：①发电机必须有剩磁，若无剩磁，可用蓄电池对其充磁；②发电机的输出端并联足够的电容。

3．开关磁阻发电机

开关磁阻发电机又称为双凸极式发电机，其特点如下：定、转子的凸极均由普通硅钢片叠压而成；定子极数一般比转子极数多；转子上无绕组，而定子凸极上安放有彼此独立的集中绕组；径向独立的两个绕组串联起来构成一相。与三相发电机不同，各相绕组的物理空间上彼此是独立的，其结构如图 3-25（a）所示。图 3-25（a）中，S1、S2 为功率变换器中的电力电子开关，用于控制各相电路的导通与关断；VD1、VD2 为续流二极管。

当开关磁阻发电机作为风力发电机时，其系统一般由风力机、开关磁阻发电机、功率变换器、控制器、蓄电池、逆变器、负载以及辅助电源等组成，其系统结构如图 3-25（b）所示。对于开关磁阻发电机来说，机械能转换为电能的过程是通过控制器使相电流与转子位置精确同步来实现的。另外，通过功率变换器使相绕组中获得励磁电流。在发电模式下，这些励磁电流通常在定、转子磁极重合的附近加入，以得到与转速方向相反的电磁转矩，从而实现机械能向电能的转换。当可控开关器件关断时，相绕组中的能量通过续流二极管流回电源，且该返回的能量比励磁期间相绕组吸收的能量大得多。

开关磁阻发电机因其结构简单、控制灵活、效率高且转矩大的特点，在风力发电系统中可广泛用于直接驱动和变速运行的场景，有一定的研发价值。

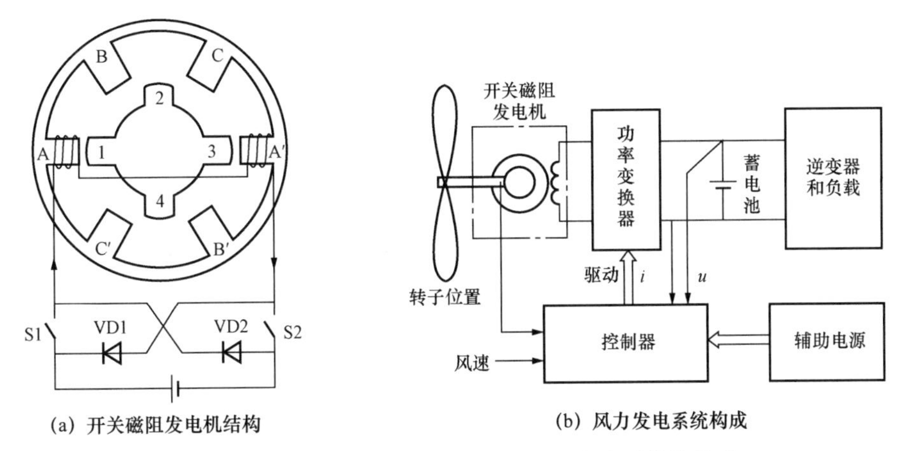

(a) 开关磁阻发电机结构　　(b) 风力发电系统构成

图 3-25　开关磁阻发电机结构及其风力发电系统的构成

3.5 风力机的控制技术

风力机和发电机是风力发电机组的两个关键部分，由于有限的机械强度和电气性能，使其转速和功率受到限制，因此风力发电机组的功率和转速控制是其关键技术。当风速超过额定范围（一般为 12～16m/s）时，必须降低风能所捕获的能量，使功率的输出保持在额定值附近，即保持功率输出恒定，同时减小叶片承受的负荷和整个风力机受到的冲击，保证风力机不受到损伤。

风力机的功率调节利用的是气动功率调节技术。其调节方式有定桨距失速调节、变桨距调节和主动失速调节三种。这里主要介绍前两种调节方式。气动功率调节原理如图 3-26 所示。

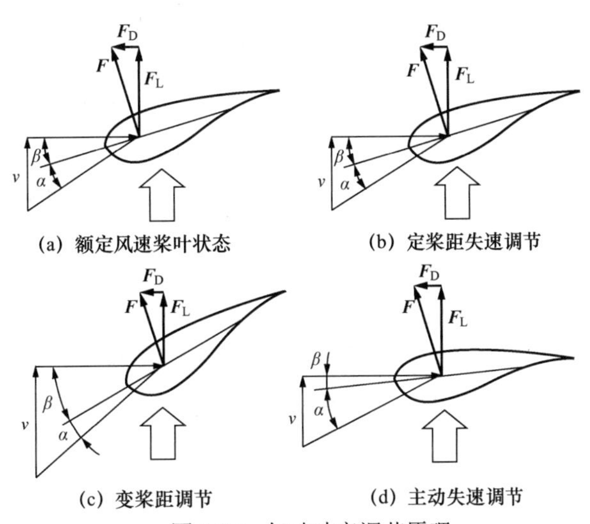

(a) 额定风速桨叶状态　　(b) 定桨距失速调节

(c) 变桨距调节　　(d) 主动失速调节

图 3-26　气动功率调节原理

v—轴向风速；β—桨距角；α—迎角；F—作用力；F_D—阻力；F_L—升力

3.5.1 风力机的定桨距调节与控制

定桨距是指桨叶与轮毂进行刚性连接，定桨距失速调节一般用于恒速控制。定桨距风力发电机组的主要结构特点是：桨叶与轮毂的连接是固定的，即当风速变化时，桨叶的迎风角度不能随之变化，风力机的功率调节完全依靠叶片的气动特性。

定桨距失速调节简称定桨距调节，这种调节方式的基本原理是利用桨叶翼型本身的失速特性，在桨距角 β 固定不变的情况下，当风速高于额定风速时，气流的迎角 α 增大，分离区形成大的涡流，导致流动失去翼型效应。与未分离时相比，上下翼面压力差减小，致使阻力增加，而升力减小，形成失速条件，使其效率降低，从而达到限制功率的目的。这种调节方式的优点是结构简单、性能可靠。

为了解决低风速或低负载时的效率问题，定桨距风力发电机组普遍采用设计有两个不同功率、不同极对数的双速异步发电机。大功率高转速的发电机工作于高风速区，小功率低转速的发电机工作于低风速区，由此来调整叶片尖速比 λ，并追求最佳风能利用系数 C_P。当风速超过额定风速时，通过叶片的失速或偏航控制降低 C_p，从而维持功率恒定。实际上，定桨距风力发电机组输出功率还受到空气密度、叶片安装角度和高风速的较大影响，因此难以实现功率恒定，通常会有一定程度的下降。

3.5.2 风力机的变桨距调节与控制

变桨距风力机的整个叶片可以绕其中心轴旋转，使叶片的迎角在 0°～90°的范围内变化。变桨距调节是指通过变桨距机构调整风轮叶片桨距角的大小，使桨距角随风速的变化而变化。这种调节方式一般用于变速运行的风力发电机，主要目的是改善机组的启动性能和功率特性。根据作用可将其控制过程分为三个阶段：启动时的转速控制、额定转速以下（欠功率状态）的桨距角控制和额定转速以上（额定功率状态）的恒功率控制。

1．桨距调节的控制过程

1）启动时的转速控制。变桨距风轮的桨叶在静止时，桨距角 β 为 90°，此时气流对桨叶不产生转矩，实际上整个桨叶是一块阻尼板。当风速达到启动风速时，桨叶开始向 0°方向转动，直到气流对桨叶产生一定的迎角，使风力机获得最大的启动转矩，从而实现发电机的启动，因此不需要其他的辅助启动设备。在发电机并入电网之前，变桨距系统桨距角的给定值由发电机的转速信号控制。转速调节器按一定的速度上升斜率给出速度参考值，变桨距系统根据给定的速度参考值与反馈信号比较来调整桨距角 β，实现速度闭环控制。当转速反馈值超过给定值（同步转速）时，桨距角 β 向迎风面积减小的方向转动，β 增大，迎角 α 减小；反之，则向迎风面积增大的方向转动，β 减小，迎角 α 增大。为减小并网时的冲击，保证平稳并网，可以在一定时间内将发电机的转速维持在同步转速附近，并寻找最佳时间并网。

当变桨距风力发电机组需要脱离电网时，变桨距系统可以先转动叶片使其功率减小，在发电机与电网断开前，功率已经减小到零。因此，当变桨距风力发电机组与电网脱开时，发电机上不会受到转矩的作用，避免了定桨距风力发电机组上在每次脱网时所要经历的突甩负载的过程。

2）额定转速以下（欠功率状态）的桨距角控制。发电机并网后，当风速低于额定风速时，发电机运行于额定功率以下的低功率状态，称为欠功率状态。早期的变桨距风力发电机组在此状态不进行桨距角控制，控制器将叶片桨距角置于 0°附近并保持不变，这与定桨距风力发电机组相似。此时，变桨距风力发电机的功率根据叶片的气动性能随风速的变化而变化。为了改善低风速时的桨叶性能，近几年来，在并网运行的异步发电机上，利用新技术，根据风速的大小调整发电机的转差率，使其尽量运行在最佳叶尖速比上，以优化功率输出。

3）额定转速以上（额定功率状态）的恒功率控制。当风速过高时，通过调整桨距角，改变气流对叶片的迎角，使桨距角β向迎风面积减小的方向转动，β增大，迎角α减小，从而改变变桨距风力发电机组从空气中获得的空气动力转矩，使功率输出保持在额定值附近，此时风力机在额定点的附近具有较高的风能利用系数。图 3-27 为变桨距和定桨距风力发电机组在不同风速下的输出功率曲线。由图 3-27 可见，在额定风速以下时，两者的输出功率曲线相似；但在额定风速以上时，变桨距风力发电机组的输出功率维持恒定，而定桨距风力发电机组由于风力机的失速作用，其输出功率随风速的增大而减小。

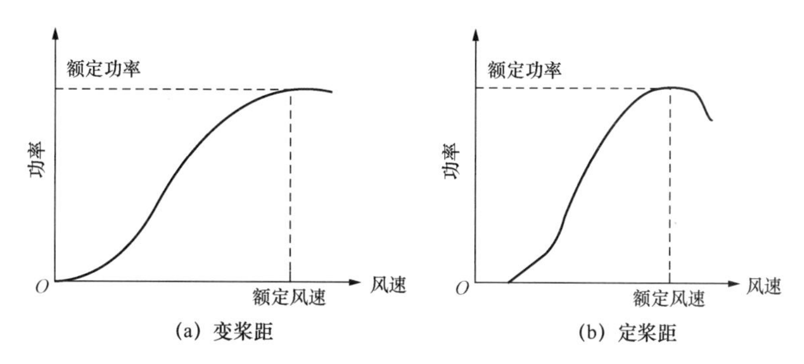

图 3-27　变桨距和定桨距风力发电机组在不同风速下的输出功率曲线图

传统的变桨距风力发电机组的控制系统框图如图 3-28 所示。在启动时，系统实现转速控制，由速度控制器起作用。启动结束后，当风速未达到额定风速时，转速环处于开环状态，系统不进行控制；当风速达到或超过额定风速时，系统切换到功率控制，功率控制器根据给定的功率信号与反馈的功率信号比较后进行功率控制，以维持额定功率不变。

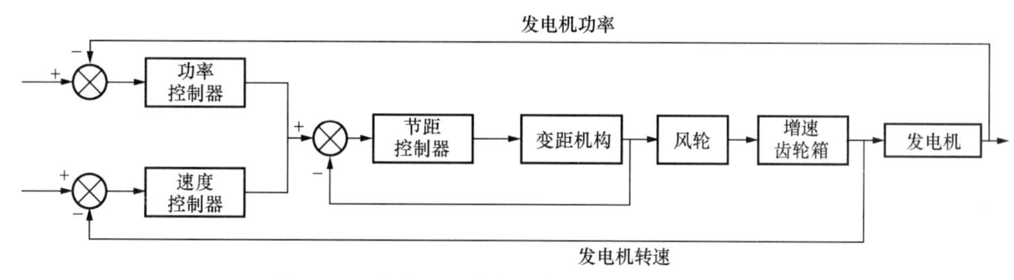

图 3-28　变桨距风力发电机组的控制系统框图

2．桨距角控制模型

桨距角控制是指大型风力发电机组安装在轮毂上的叶片通过控制技术和动力改变桨距角的大小，从而改变叶片气动特性，实现风力发电机组功率输出的有效控制。桨距角控制目的主要有两个：

1）优化风力发电机组功率输出的控制。当风速低于额定风速时，桨距角控制系统一般不动作，始终保持桨距角在获取最大风能的角度。

2）限制高风速时风力机的机械功率。当风速高于额定风速时，为防止输入机械功率过高而毁坏风力发电机组，同时维持风力发电机组额定功率输出，必须调节风力机桨距角，以降低输入的机械功率。

一般地，风力发电机组的桨距角控制分为两种：

1）变桨距控制。风力机的机械功率随着桨距角 β 的增加而降低，这种控制方案主要应用于变速风力发电机组中，也有少部分固定转速风力发电机组采用这种桨距角控制方式。

2）主动失速控制。风力机的机械功率随着桨距角 β 的减小而降低，这种控制方案主要在固定转速风力发电机组中比较常见。

桨距角的控制模型包括初始化过程和动态过程。在初始化过程中，寻找桨距角 β 的初始值和基准值 β_{REF}。在微风和中等风速下，桨距角的初始值等于其最优值 β_{OPT}。在一般情况下，当风速低于额定风速时，$\beta_{OPT}=0°$；当风速超过额定风速时，初始桨距角和在额定运行点的基准值 β_{REF} 可以通过叶片元素动量（Blade Element Momentum，BEM）法获得。这种情况下，BEM 法要进行修正，在强风时调整桨距角 β，以使风力发电机组保持在额定机械功率。

图 3-29 为桨距角控制模型。将控制量有功功率 P 与其基准值 P_{REF} 进行比较，并将其误差信号 P_{ERR} 送入比例差分（PD）控制器，然后传到比例积分（PI）控制器生成桨距角基准值 β_{REF}。

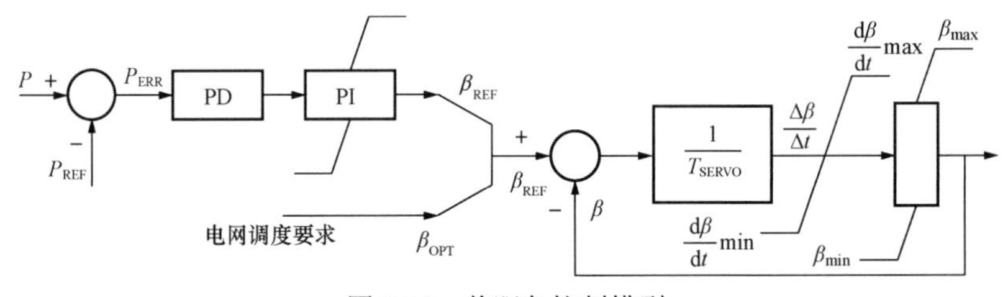

图 3-29 桨距角控制模型

对于变速风力发电机组，有 $\beta_{OPT} \leqslant \beta_{REF} \leqslant \beta_{max}=90°$；对于主动失速的固定转速风力发电机组，有 $\beta_{min} \leqslant \beta_{REF} \leqslant \beta_{OPT}$。一般情况下，在变速风力发电机组桨距角控制系统中，$\beta_{max}=\beta_{OPT}\approx 0°$，控制范围在 0°～30°之间；在主动失速桨距角控制系统中，$\beta_{max}=\beta_{OPT}\approx 0°$，控制范围在−10°～0°之间。如果电网调度需要调整风电场出力，可以通过桨距角控制系统实现，正常运行时的桨距角控制功能被禁止，设置 $\beta_{REF}=\beta_{ORDER}$，使风力发电机组按照调度要求进行功率输出。

风力发电机组正常运行情况下，桨距角控制系统可以不考虑风速控制环节和输出环节，以一阶微分方程表示风力发电机组桨距角控制，即

$$\frac{d\beta}{dt}=\frac{1}{T_{SERVO}}(\beta_0-\beta) \tag{3-46}$$

式中：β_0 为桨距角初始值；T_{SERVO} 为桨距角控制系统的惯性参数。

3.5.3　变速风力发电机组最大功率追踪及转速控制

由风力发电机组的空气动力学模型可知，对于给定的桨距角 β，不同的叶尖速比 λ 所对应的 C_p 的值相差较大，有且仅有一个固定的 λ_{OPT}（最优叶尖速比）能使 C_p 达到最大值 $C_{p,max}$。再由 $\lambda = R\omega_R / v$ 可得，在风速不断变化的情况下，要保持 $\lambda = \lambda_{OPT}$，必须使 ω_R 随着风速按照一定比例 $K_{OPT} = \lambda_{OPT} / R$ 变化。只有在这种运行条件下，才能保证风力机捕获的风能最大，效率最高。变速风力发电机组在风速低于额定风速时，通过变速运行以获得最大的风能；在风速超出额定风速后，依靠风力机桨距角控制系统将捕获的最大风能限制在额定功率。其在额定风速以下的变速运行依靠最大功率追踪（Maximum Power Tracking, MPT）模块及转速控制器来实现，其结构图如图 3-30 所示。

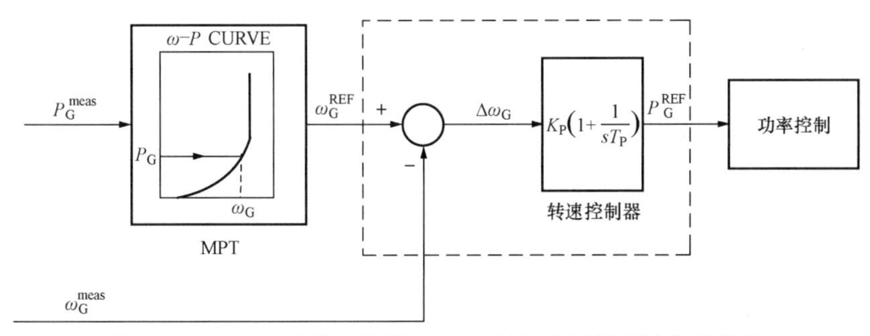

图 3-30　变速风力发电机组 MPT 及转速控制模型结构示意图

图 3-30 中，由于风速在风力机叶片整个扫风面积的范围内不是一个固定值，用测风仪实际测到的风速无法真实反映出风力机叶片上感受到的风速，控制系统采用曲线拟合的方法将风力发电机组最优功率曲线拟合为以发电机转速 ω_G 为自变量、功率 P_G 为因变量的多项表达式，发电机转速 ω_G 与功率 P_G 为一一对应关系。由风力发电机组发出的实际有功功率反推得到对应的最优转速，与发电机转速的实测值输入转速控制器，得出实际转速与最优转速的误差值，经 PI 控制器后得出最优功率的参考值，然后输入到变速风力发电机组的功率控制系统中。当风力发电机组的发电机转速与其发出的有功功率对应的最优转速相等时，转速控制器输入信号为 0，即控制器不起作用。当转速不一致时，转速控制器将进行连续控制，直至风力发电机组输出功率达到最优输出功率。因此，变速风力发电机组通过变速运行来获得最大的风能，这一过程是依靠最大功率追踪模块、转速控制器以及变速风力发电机组功率控制共同实现的。

3.6　独立运行式风力发电系统的控制

风能是一种不稳定的能源，如果没有储能装置或者其他发电装置互补运行，风力发电装置本身难以提供稳定的电能输出。为了解决风力发电稳定供电的问题，目前国内外普遍采用的做法是：大型风力发电机（1000kW 以上）并网运行；中型风力发电机（10～1000kW）既可以并网运行，也可以与柴油发电机或其他发电装置并联互补运行；小型风力发电机（10kW以下）主要采用直流发电系统分配并配合蓄电池储能装置独立运行。

独立运行式风力发电系统一般是发电功率为 1～10kW 的发电系统，适用于远离电网、有一定用电量的场所，如家庭农场、公路养路站、铁路养路站、小型微波放射站、移动通信发射站、光纤通信信号放大站和输油管线保护站等。典型的独立运行式风力发电系统框图如图 3-31 所示，主要组成包括风力机、发电机、蓄电池、逆变器及控制系统。

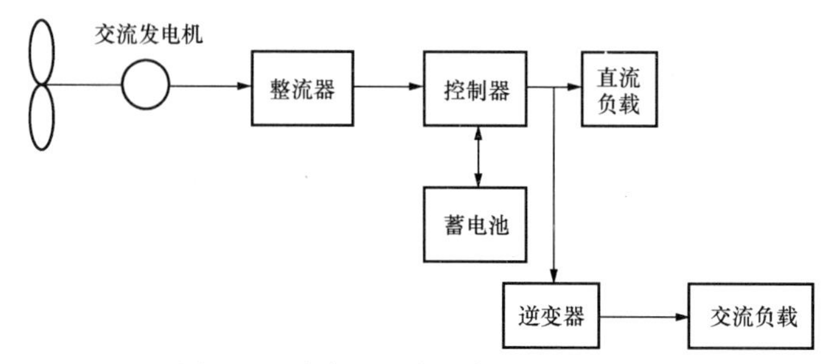

图 3-31　独立运行式风力发电系统框图

风轮将风能转化为机械能，随后风轮带动发电机再将机械能转化为电能。由于风速的多变性，风力发电机的电压及频率会随之发生变化，不易于直接被负载利用，因此独立运行式风力发电系统一般通过采用“AC/DC/AC”的方式供电。此外，由于无风季节的存在，还配备了蓄电池进行储能。先用整流器将发电机的交流电变成直流电向蓄电池充电并供给直流负载，再用逆变器将直流电变换成电压和频率都很稳定的交流电输出供给交流负载。

前面已经介绍过风力机的控制和发电机的模型，下面主要对电力变换单元控制、控制器、最大功率控制和负载跟踪控制进行介绍。

3.6.1　电力变换单元的控制

由于风能的随机性，发电机输出电能的频率和电压都是不稳定的，且蓄电池只能存储直流电能，无法为交流负载直接供电。因此，为了给负载提供稳定、高质量的电能并满足交流负载用电，需要在发电机和负载之间加入电力变换单元，该装置由整流器、DC/DC 变换器和逆变器组成。

1）整流器。独立运行式风力发电系统中，由风轮驱动的发电机需要配以整流器，才能对蓄电池进行充电。根据风力发电系统的容量不同，整流器分为可控与不可控两种。可控整流器主要应用于大功率系统中，能够克服电感过大导致的体积大、损耗大等缺点；不可控整流器主要应用于小功率系统中。

目前，在我国独立运行式风力发电系统中，桥式不可控整流器被广泛应用，它由二极管组成，具有功耗低、电路简单等特点。三相整流器的主要功能除了将输入的三相交流电能整流为可对蓄电池充电的直流电能之外，还能在外界风速过小或者基本无风时，确保风力发电机的输出功率也较小。由于三相整流桥的二极管导通方向只能是由风力发电机的输出端到蓄电池，因此有效防止了蓄电池对风力发电机的反向供电。

2）DC/DC 变换器。DC/DC 变换器将直流电源能量传送到负载并加以控制，得到另一个直流输出电压或电流。通过控制开关的导通或关断时间，可以调节从电源端到负载端传送的能量。DC/DC 变换器输入阻抗的大小可以通过调整开关电源的占空比来改变。此外，通过控制风力发电机的输出电流，改变其负载特性，即对风力发电机的转矩-转速特性进行调节，从而控制风力机的转速并改变叶尖速比，这样就控制了风能转换效率和风力发电机的输出功率。

3）逆变器。逆变器的主要功能是将蓄电池存储的和整流桥输出的直流电能转换为负载所需的交流电能。目前，独立运行式风力发电系统的逆变器多数为电压型单相桥式逆变器。这类逆变器要求具有较高的效率，特别是轻载时要求效率更高，这是因为系统经常运行在轻载状态。另外，由于蓄电池电压随充放电状态改变而产生较大波动，因此逆变器需要具备在较宽的直流电压变化范围内稳定工作的能力，并要保证输出电压的稳定性。

3.6.2　控制器

控制器在独立运行式风力发电系统中是一个非常重要的部件，它不仅控制和协调整个系统的正常运行，还实时检测系统各参数以防止异常情况的出现，一旦检测到异常，它能够自动保护并报警。这些保护包括蓄电池组过电压、欠电压保护和发电机的超速、过电流保护。

由于风速和用户负载是不断变化的，控制器用于调节发电机输出与负载用电量，以与蓄电池能储存的能量总和匹配，使得风力机能及时捕获到随机波动的风能；一个好的控制器对蓄电池的使用寿命具有至关重要的影响，它能够调节风力发电机输出的不稳定功率（尤其是输出电压的大范围波动），从而实现对蓄电池的合理充电。

3.6.3　最大功率控制

当风力发电机捕获的风能不能满足负载用电和蓄电池充电需求时，需要风力机按照最佳叶尖速比运行，以跟踪并输出最大功率。

现有的最大功率控制策略主要有两种：

1）采用风速信号的控制方法。测量风速信号，并将其与风力机的转速信号进行比较，构成闭环系统以控制风力发电机的电功率输出，使风力机的转速与风速成正比关系。当转速与风速的关系偏离设定的比例时，系统将产生误差信号，并得到误差量。随后，经过 PI 调节器调整发电机的可控参数，并调节其输出电流的大小，最终实现发电机输出功率的调节，直到满足设定的比例关系为止，从而实现在最佳叶尖速比下运行。

2）采用功率信号的控制方法。在最佳叶尖速比运行条件下，风力机的机械功率与转速的三次方成正比。如果将风力机的机械功率信号与转速信号的三次方进行比较，并利用比较所得的误差信号来调节发电机的输出，即可使风力机按最大功率运行。由于要取得风力机的机械信号相对复杂，需专门装设转矩测量装置以实现控制，这增加了风力发电机组的复杂性和制造成本。

3.6.4　负载跟踪控制

独立运行式风力发电系统与并网运行系统的最大区别在于负载是不断变化的，捕获的风能应与负载用电量相匹配。当捕获的风能大于负载功率和蓄电池的充入功率时，风力机将处于过功率状态，需要综合考虑负载功率和蓄电池充电情况，通过增加发电机的输出电流，即增大阻转矩，使风轮转速下降，进而减小风能利用系数 C_p 值，同时使风力机在较低的效率下运行，以减小风轮吸收的风能，使风能与负载功率和蓄电池充入功率平衡。

负载跟踪与蓄电池充电集成控制框图如图 3-32 所示。电流环的给定包括负载电流和充电电流两部分。前者用于实现负载的跟踪控制，即根据负载电流来调节变换器的输出电流；后者用于蓄电池的充电控制。将充电电流与负载电流之和作为给定输入并与 DC/DC 变换器输出电流进行比较，将其误差大小作为控制器输入，经过 PI 调节后产生 PWM 控制信号，以此调节 DC/DC 变换器的占空比。这样变换器的输出电流始终满足蓄电池和负载的需要，使得发电机的输出功率与负载功率和蓄电池充入功率相匹配。

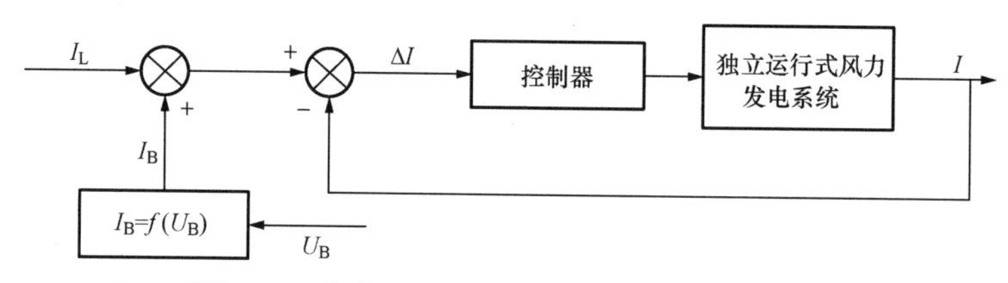

图 3-32　负载跟踪与蓄电池充电集成控制框图

3.7　风力发电机组的并网控制

风力发电机在并网运行中主要解决并网控制和功率调节的问题。风力发电系统所采用的发电机类型不同，并网运行方式和控制策略也不同。

风力发电机组并网系统总体框图如图 3-33 所示。图 3-33 中，P_M、P_{SH} 和 P_E 分别为机械功率、发电机转子功率及发电机输出电磁功率；Q_E 为风力发电机组输出的无功功率；I_G 为定子电流；U_S 为机端电压；f 为系统频率；ω_G、ω_M 分别为发电机转子转速和风力机转速；β 为桨距角。

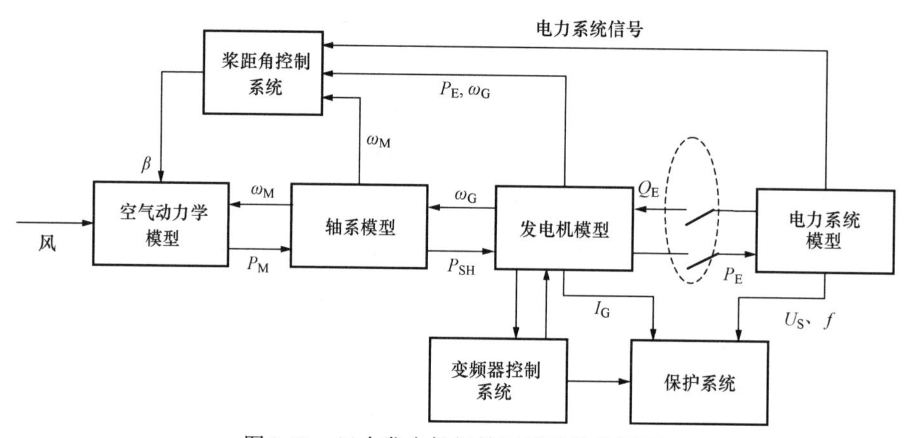

图 3-33　风力发电机组并网系统总体框图

目前，国内风电场采用的风力发电机类型主要有三种，分别是恒速恒频笼形异步风力发电机、变速恒频双馈异步风力发电机和直驱式永磁同步风力发电机。下面将介绍这三种风力发电机组的并网运行与控制策略。

3.7.1 笼形异步风力发电机组并网运行与控制

1．笼形异步风力发电机组的并网技术

笼形异步风力发电系统如图3-34所示，自然风吹动风力机，经增速齿轮箱升速后驱动笼形异步发电机将风能转化为电能。国内外普遍采用的是水平轴、上风向和定桨距（或变桨距）风力机，其有效风速范围为3～30m/s，额定风速一般设为8～15m/s，额定转速为20～30r/min。

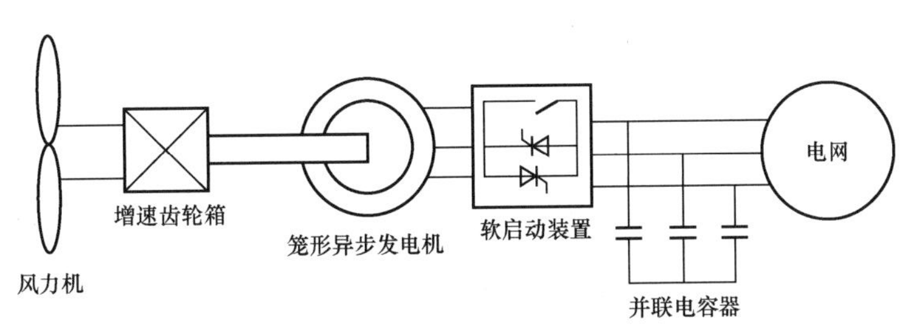

图3-34　笼形异步风力发电系统

图3-34中，并联电容器（即功率因数校正电容器）为笼形异步发电机提供励磁和无功功率补偿，其中电容器提供的无功功率约为发电机容量的30%。软启动装置由晶闸管构成，并网时通过晶闸管导通角的控制，限制并网时的冲击电流。其并网过程如下：当风力机将发电机带到同步转速附近时，首先确认发电机的相序和电网的相序相同，然后闭合发电机输出端的断路器，使发电机经一组双向晶闸管与电网相连。在微机的控制下，双向晶闸管的触发延迟角从180°逐渐减小到0°，而其导通角则由0°逐渐增大到180°，通过电流反馈实现对双向晶闸管导通角的闭环控制，确保并网时的冲击电流被限制在允许的范围内，从而使异步发电机通过晶闸管平稳地并入电网。

并网的瞬态过程结束后，当发电机的转速与同步转速相同时，控制器发出信号，并利用一组断路器将双向晶闸管短接，此时笼形异步风力发电机的输出电流将不经过双向晶闸管，而是通过已闭合的断路器流入电网。但在发电机并入电网后，应立即在发电机端并入功率因数补偿装置，将发电机的功率因数提高到0.95以上。

晶闸管软并网是目前一种先进的并网技术，它在应用时，对晶闸管器件和相应的触发电路提出了严格的要求，包括：器件本身具有一致性和稳定性；触发电路必须工作可靠，门极触发电压和触发电流需保持一致；开通后晶闸管压降应相同，只有这样才能保证每相晶闸管按控制要求逐渐开通，从而使发电机的三相电流保持平衡。

笼形异步发电机并网方式包括直接并网和降压并网。

1）直接并网。笼形异步发电机直接并网的条件有两个：①发电机的相序与电网的相序相同；②发电机的转速尽可能接近同步转速。第一条必须严格遵守，否则并网后，发电机将处于电磁制动状态，因此在接线时应调整好相序；第二条要求虽然不是很严格，但并网时发电机的转速与同步转速之间的误差越小，并网时产生的冲击电流就越小，衰减的时间也越短。由于并网前发电机本身无电压，而并网过程中会产生5～6倍额定电流的冲击电流，引起电网电压下降。因此这种并网方式只能用于100kW以下机组且电网容量较大的场合。

2）降压并网。降压并网是在笼形异步发电机与电网之间串联电阻、电抗器，或者接入自耦变压器，以降低并网时产生的冲击电流和减少电网电压下降的幅度。当发电机稳定运行时，将接入的电阻等元件迅速从线路中切除，以免消耗功率。这种并网方式的经济性较差，适用于100kW以上且容量较大的机组。

2．并网运行时的功率调节

（1）有功功率输出

笼形异步发电机并网运行时，其向电网输送的电流大小及功率因数取决于转差率s及发电机的参数。转差率s与发电机的负载大小有关，发电机的参数是给定的数值，因此这些量都不能加以控制和调节。并网后发电机运行在其功率－转速曲线的稳定区，如图3-35所示。

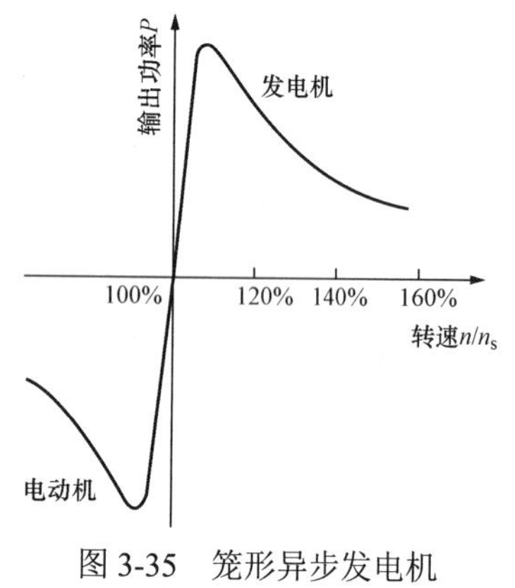

图3-35 笼形异步发电机功率－转速曲线

当风力机传给发电机的机械功率及机械转矩随风速增加而增大时，发电机的输出功率及转矩也相应增大，但当发电机的输出功率超过其最大转矩所对应的功率时，其转矩反而减小，从而导致转速迅速升高，这种情况在电网上可能引起飞车现象，这是十分危险的。为此必须配备合理可靠的失速桨叶或限速机构，保证风速超过额定风速或阵风时，风力机输入的机械功率被限制在一个安全值范围内，从而保证发电机输出的电功率不超过其最大转矩所对应的功率值。

需要指出的是，笼形异步发电机的最大转矩与电网电压的二次方成正比，电网电压下降会导致发电机的最大转矩呈二次方关系减小，因此，若电网电压严重下降，也会引起转子飞车现象；相反，若电网电压上升过高，会导致发电机励磁电流增加，功率因数降低，并有可能造成发电机过载运行。因此，对于小容量电网，一方面应该配备可靠的过电压和欠电压保护装置；另一方面要求选用过载能力强的发电机（最大转矩为额定转矩的1.8倍以上）。

笼形异步发电机通常和恒速风力机相配合，该发电系统的功率调节方式有：

1）采用传统被动失速调节，但它会减小风能利用率，因为风速增至额定风速以上时，功率因数会显著减小。

2）采用主动失速调节，如利用负桨距角来限制输出功率且风速在额定风速以上时，保持输出平稳的额定功率，与被动失速调节相比，其风能利用率可提高20%。

3）采用变极式发电机，其带有两套具有不同极对数的定子绕组，使风力机可以在两种恒速下工作，以增加风能产出，并降低噪声。

4）采用电气上转子阻抗可调的发电机。通过调节转子阻抗扩大发电机转子速度变化范围，从而减小机械功率损耗。

（2）无功功率补偿

笼形异步发电机在向电网输出有功功率的同时，还必须从电网中吸收滞后的无功功率（感性无功功率），以建立磁场和满足漏磁的需求。一般大中型异步发电机励磁电流为额定电流的20%～25%，因而励磁所需的无功功率可达到发电机容量的20%～25%，再加上漏磁所需的无功功率，总共可达到发电机容量的25%～30%。如此大的无功电流吸收将加重电网无功功率的负担，使电网的功率因数下降，同时引起电网电压下降和线路损耗增加，进而影响电网的稳定性。因此，并网运行的笼形异步发电机必须进行无功功率的补偿，以提高功率因数及设备利用率，并改善电网电能的质量和输电效率。

配置笼形异步发电机的风力发电机组，通常采用功率因数校正电容器（PFC）进行适当的无功补偿。PFC可以根据风力机出力、电网电压水平等进行优化分组投切。若在风电场配置动态无功补偿设备（如SVC、SMES等），则对改善风电场的电压水平和电力系统的电压稳定性非常有效。

3.7.2　双馈异步风力发电机组的并网运行与控制

1．双馈异步风力发电机组的并网技术

双馈异步风力发电系统如图3-36所示，该系统包括风力机、齿轮箱、双馈异步发电机（DFIG）和背靠背双PWM变频器等部分。双馈异步发电机的定子绕组直接接入工频电网，发电机发出的电力主要通过定子绕组直接输入电网。转子采用三相对称绕组，经背靠背双PWM变频器与电网相连，既可以给发电机提供交流励磁，也可以向电网输出部分功率。根据风速和发电机转速的变化，系统通过变频器调整转子电流的频率，实现定子电动势的恒频控制，即变速恒频控制。

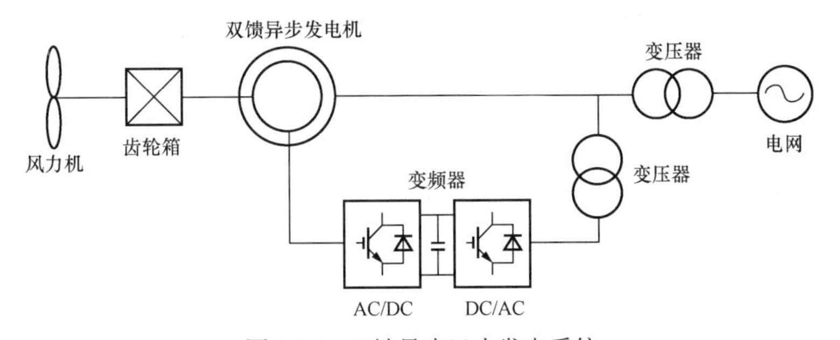

图3-36　双馈异步风力发电系统

双馈异步风力发电系统并网运行的特点是：①风力机启动后，当带动发电机至接近同步转速时，通过转子回路中的变频器控制转子电流，实现电压的匹配、同步和相位控制，以便迅速并入电网，并网时几乎无电流冲击；②双馈异步发电机的转速可随风速及负载的变化及时作出相应的调整，使风力机以最佳叶尖速比运行，从而输出最大的电能；③双馈异步发电机励磁有三个可调量，即励磁电流的频率、幅值和相位。通过调节励磁电流的频率，保证发电机在变速运行时发出恒定频率的电力；而改变励磁电流的幅值和相位，可达到调节发电机输出有功功率和无功功率的目的。当转子电流的相位改变时，由转子电流产生的转子磁场在发电机气隙的位置产生一个位移，从而改变了双馈异步发电机定子电动势与电网电压相量的相对位置，即改变了发电机的功率角，因此，调节励磁电流不仅可以调节无功功率，也可以调节有功功率。

目前，双馈异步风力发电机组主要采用基于定子矢量控制的并网技术，包括空载并网、独立负荷并网以及孤岛并网等。本书主要介绍前两种。

1）空载并网。空载并网是指在并网前，双馈异步发电机处于空载状态，即定子电流为零。此时，提取电网电压信息（如幅值、频率、相位），并将这些信息作为依据提供给双馈异步发电机的控制系统。通过引入定子磁链定向技术，对发电机输出电压进行调节，使建立的双馈异步发电机定子空载电压和电网电压的频率、相位和幅值一致。当满足并网条件时，进行并网操作；并网成功后，控制策略从并网控制切换到发电控制。这种并网方式的特点是并网前发电机不带负荷，且不参与能量和转速的控制。为了防止并网前发电机因能量失衡而导致转速失控，应由原动机来控制发电机的转速，因此空载并网方式对原动机的调速能力要求较高。

2）独立负荷并网。独立负荷并网方式原理如图 3-37 所示。其基本思路为：在并网前，双馈异步发电机带负荷运行（如电阻性负荷），根据电网信息和定子电压、电流的变化，对双馈异步发电机和负荷的值进行控制。当满足并网条件时，进行并网操作。独立负荷并网方式的特点是并网前双馈异步发电机已经带有独立负荷，且定子有电流流过。因此，并网控制所需要的信息不仅来源于电网侧，还取决于发电机定子侧。发电机参与原动机的能量控制，一方面通过改变发电机负荷调节发电机的能量输出；另一方面，在负荷一定的情况下，通过改变发电机的转速来改变能量在其内部的分配关系。前一种实现了发电机能量的粗调，后一种实现了发电机能量的细调。采用独立负荷并网方式，发电机具有一定的能量调节作用，可与原动机配合实现转速的控制，降低了对原动机调速能力的要求，但这种方式控制复杂，需要进行电压补偿和检测更多的电气相量。

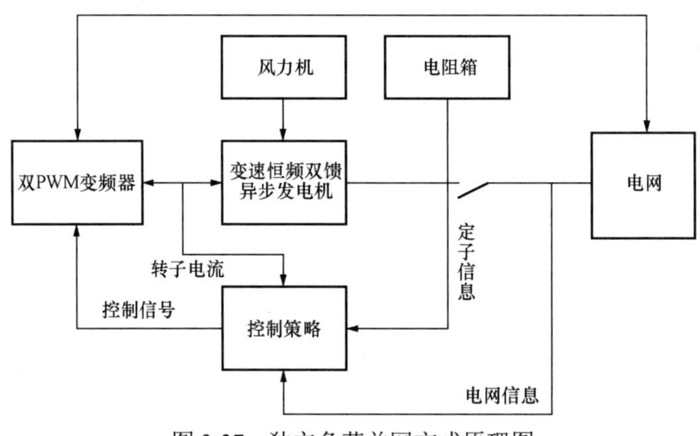

图 3-37 独立负荷并网方式原理图

2．双馈异步发电机的功率调节

双馈异步发电机的控制方式有两种：

1）转速控制方式。在发电机输出有功功率和无功功率可变的情况下，以发电机转速为控制对象，通过调节转子励磁电压的幅值和相位，使发电机转速等于给定值，该方式的主要目的是最大限度地利用风能。

2）功率控制方式。在发电机转速可变的情况下，以发电机输出的有功功率和无功功率为控制对象，通过调节转子励磁电压的幅值和相位，使发电机输出的有功功率和无功功率等于给定值，该方式的主要目的是改善电网功率因数和稳定电网电压。

3．双馈异步发电机的变速恒频控制策略

双馈异步发电机系统采用双 PWM 变频器，发电机根据风力机转速的变化调节转子励磁电流的频率，实现恒频输出；再通过矢量变换控制独立调节发电机的有功功率和无功功率，进而控制发电机组的转速，达到最佳风能的捕获效果。为实现转子中能量的双向流动，转子中的变频器采用背靠背方式的双 PWM 变频器，它是由两个 PWM 功率变换器背靠背组成。变频器中的两个 PWM 功率变换器经常变换运行状态，在不同的能量流动方向上分别实现整流和逆变的功能。与电网相连的功率变换器称为电网侧变换器，与转子绕组相连的功率变换器称为转子侧变换器。图 3-38 为双 PWM 变频器模型示意框图。

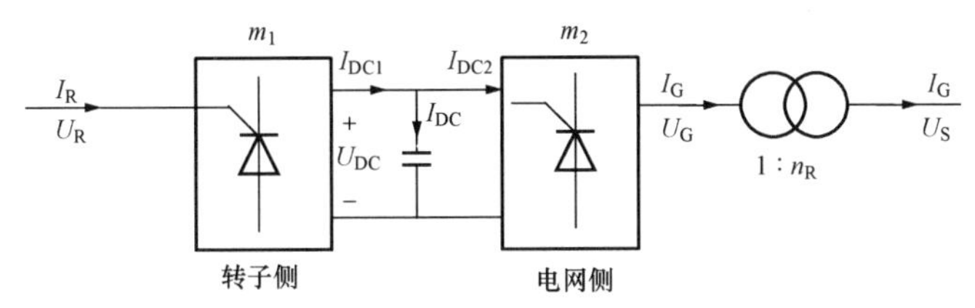

图 3-38　双 PWM 变频器模型示意框图

图 3-38 中，U_R、I_R 分别为转子侧电压和电流；m_1 和 m_2 为 PWM 调制系数；U_G、I_G 分别为电网侧电压和电流；U_S 为定子侧电压。

变频器用于实现风力发电机组的无功和有功解耦控制，采用对风力发电机组的最大功率追踪策略，它包含以下模块：最大功率捕获模块、功率测量模块、转速控制器、电流测量模块、功率控制模块和电流控制模块。电网侧变换器通过调整其调制系数 m_2 保持直流电压 U_{DC} 恒定，使风力发电机组转子与电网之间的功率因数为1.0，即机组仅通过定子与电网进行无功功率的交换。其中，$U_R = m_1 U_{DC}$，$U_G = m_2 U_{DC}$，$I_{DC1} = m_1 I_R$，$I_{DC2} = m_2 I_G$。转子侧变换器通过调整其调制系数 m_1 改变转子励磁电流，从而调节转速，使风力发电机组以最优转速运行。

控制过程不计变频器损耗，且不考虑开关动态投切过程，因为电力电子设备的操作速度较快，其动作频率远高于系统电气频率范围。转子侧变换器采用定子磁场定向的转子电流控制策略，以实现双馈异步发电机输出有功功率和无功功率的解耦控制。而电网侧变换器采用电网电压定向矢量的控制策略，用于实现电网与电网侧变换器之间功率交换的有功和无功的解耦控制。

1）转子侧变换器控制。双馈异步发电机转子侧变换器主要完成发电机输出有功功率和无功功率的控制，此控制功能通过控制转子电流 q 轴分量 i_{qR}（控制有功）和 d 轴分量 i_{dR}（控制无功），实现转子电压的调节。图 3-39 为转子侧变换器控制框图。图 3-39 中，P_{REF} 和 Q_{REF} 分别为定子有功功率和无功功率的给定值，给定值与来自发电机模型中经矢量变换得到的反馈值进行比较，经 PI 调节器调节后分别输出电流的给定值 i_{dR}，i_{qR}；电流给定值与电流的反馈值相比较后，经 PI 调节器输出 PWM 控制信号，再通过对转子的矢量控制，实现定子输出有功功率和无功功率的解耦控制。

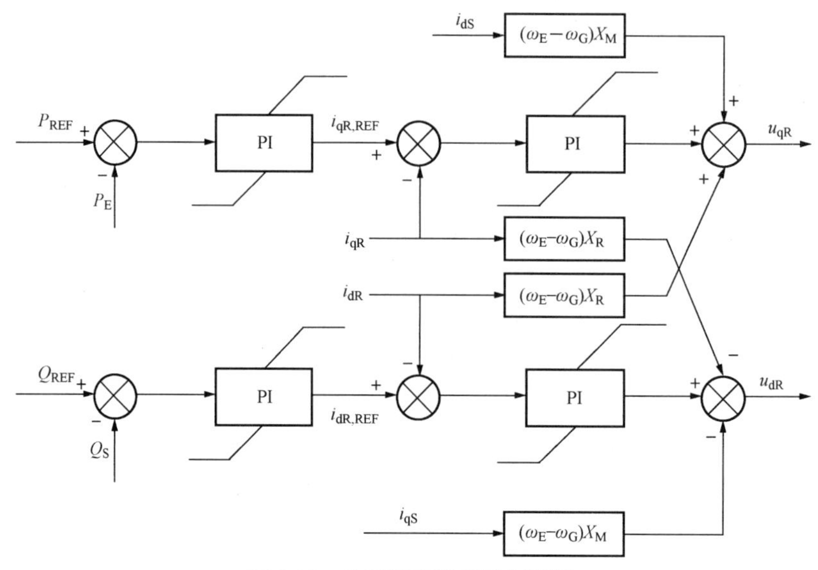

图 3-39　转子侧变换器控制框图

2）电网侧变换器控制。电网侧变换器控制框图如图 3-40 所示，主要维持变频器直流电压恒定，同时实现双馈异步风电机转子与电网的无功交换。

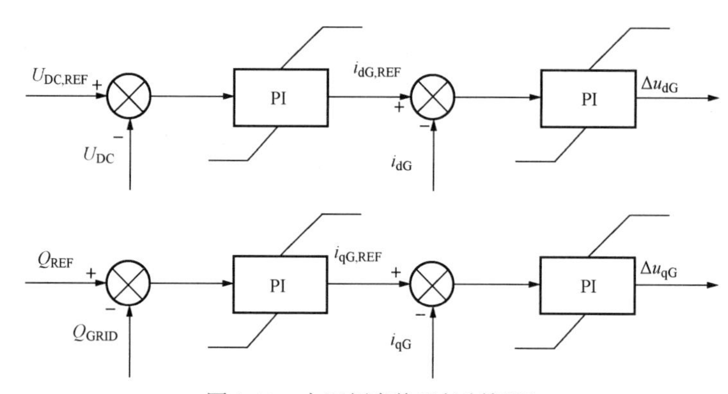

图 3-40　电网侧变换器控制框图

电网侧变换器采用电压定向的矢量控制方案，电网侧变换器电流的 d 轴分量 i_{dG} 控制直流电压，而其 q 轴分量 i_{qG} 控制无功功率交换。直流环节电压 U_{DC} 控制采用两个串联的 PI 控制器。根据直流环节电压偏差，通过改变 $i_{dG,REF}$ 来平衡直流环节电压，从而控制电网侧变频器与电网之间的有功交换。通过设置无功电流基准值 $i_{qG,REF}$ 来调整无功功率。无功电流基准值默认为零，这也是电网侧变频器与电网无功交换为零的原因。

4．双馈异步风力发电机组的控制系统

双馈异步风力发电机组通过控制系统可以实现以下功能：控制风力发电机与电网之间的无功交换；控制风力发电机发出的有功功率以实现最优运行或在风速高于额定风速时限制出力。这些功能的实现主要依赖于风力发电机组的转子变频器控制及风力机桨距角控制。双馈异步风力发电机组的控制方案如图 3-41 所示。

该控制系统由原动机、轴系及桨距角控制系统等部分组成；通过控制双馈异步发电机转子侧外加电压的幅值与相角，实现对风力发电机组发出的有功和无功功率的调节。此外，还可以根据不同的控制需求，在现有的控制系统模型中加入电压控制器或频率控制器。

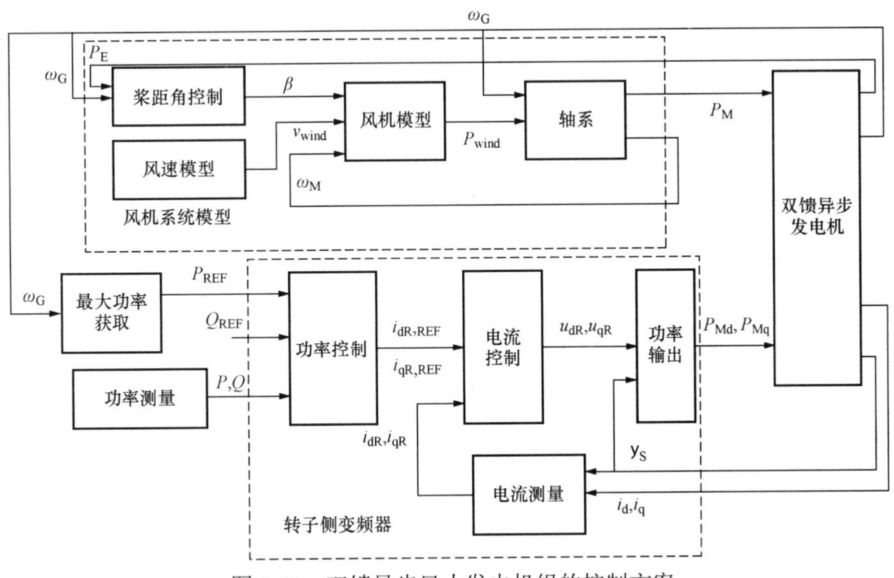

图 3-41 双馈异步风力发电机组的控制方案

3.7.3 永磁同步风力发电机组的并网运行与控制

1．永磁同步风力发电机的并网方式

永磁同步风力发电系统如图 3-42 所示，主要由风力机、永磁同步发电机、全功率变频器等部分组成。系统采用适用于并网的多极永磁同步发电机，风力机与发电机直接相连，不需要安装增速齿轮箱进行升速。

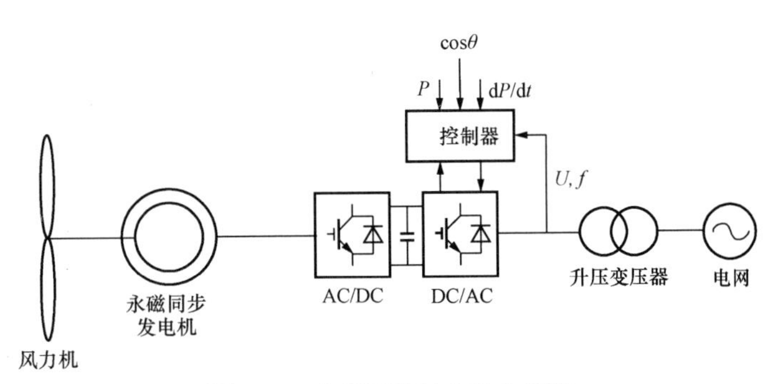

图 3-42 永磁同步风力发电系统

全功率变频器将发电机的定子绕组与电网相连，并将频率变化的电能转换为与电网频率相同的恒频电能。由于全功率变频器的解耦控制，使得永磁同步发电机可以在不同的频率下运行而不影响电网的频率。

在并网过程中，为确保发电机与电网电压、频率和相序完全一致，控制器会采集电网电压、频率和相序等参数，并与变频器输出电压等参数进行比较，当达到并网条件时，进行并网操作。这种并网方式瞬间不会产生冲击电流，不会引起电网电压的下降，也不会损坏发电机定子绕组及其他机械部件。

2．永磁同步风力发电机的功率调节

永磁同步发电机采用永磁体代替转子励磁绕组。对于直驱式永磁同步发电机，其输出经过变频器与电网相连，发电机侧变频器为整流器，电网侧变频器为电压源逆变器，两者之间通过直流环节连接。在控制功率因数时，将输入电网的有功电流和无功电流分量加到逆变器的控制电路中，电网侧变频器等效电路和相量图如图 3-43 所示。电压源逆变器被认为是一个理想电源，它能够产生基频电压，且瞬时的电压谐波可忽略不计。电网采用戴维南等效表示，X 表示公共连接点（PCC）的电网电抗，其中包含了滤波电抗。通常滤波电抗大于电网电抗，因此电网电抗可以忽略，同时电阻也可忽略。

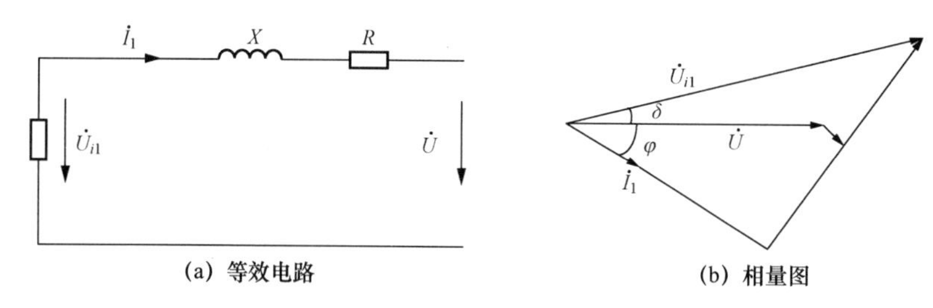

图 3-43 电网侧变频器等效电路和相量图

公共连接点的有功和无功功率分别为

$$P=\frac{3UU_{i1}}{X}\sin\delta \tag{3-47}$$

$$Q=\frac{3U}{X}(U_{i1}\cos\delta-U) \tag{3-48}$$

由此，可以得到如下结论：

1）控制功角 δ 和电压幅值 U_{i1}，即可控制逆变器注入或吸收的有功功率和无功功率。

2）为了注入有功功率到电网中，逆变器电压必须超前电网电压一个角度 δ。

3）为了注入无功功率到电网中，逆变器电压幅值 U_{i1} 必须大于电网电压幅值 U。

永磁同步风力发电机组的无功功率控制包括恒电压控制和恒功率因数控制两种方式。

1）恒电压控制。在这种运行方式下，永磁同步发电机可以吸收或发出无功功率，以维持机端电压恒定。在风力发电机组无功功率的调节范围内，风力发电机组可被视为 PV 节点。其无功功率调节范围主要受功率变频器最大电流的限制。

2）恒功率因数控制。因为发电机由永磁体励磁并提供了恒定的励磁，且在发电机和整流器之间没有无功功率交换，所以要通过控制电网侧逆变器的电流在 d、q 轴的分量来控制逆变器与电网之间交换的有功功率 P_{G} 和无功功率 Q_{G}，从而满足功率因数调节的要求。一般是利用发电机的最大无功功率跟踪特性确定有功功率跟踪特性，并以此设定有功功率的参考值，保证风力发电机组在最优功率点运行。当采用恒功率因数控制时，若功率因数设定为 $\cos\varphi$，则有 $Q_{\mathrm{G}}=P_{\mathrm{G}}\tan\varphi$。在这种控制方式下，风力发电机组可被视为 PQ 节点。

3．机械系统的控制

永磁同步风力发电机组的机械系统控制模型包括轴系模型、空气动力学模型和桨距角控制系统模型等。其中，空气动力学模型和桨距角控制系统模型与双馈异步风力发电机组的模型相似，轴系的结构根据直驱式同步发电机的不同而有所变化。直驱式永磁同步风力发电机组一般极对数较大，运行过程中风力机的轴系会出现扭转现象，所以在建立机械系统控制模型时，需要计及轴的扭矩角 θ_S。虽然风力发电机组机械部分没有齿轮箱结构，但是机械系统中的轴系模型仍然采用双质量块模型进行设计。

4．变频器系统

永磁同步风力发电机组采用的变频器系统如图 3-44 所示。变频器系统包括发电机侧变频器、电网侧变频器和连接两侧变频器的直流电容。变频器由 IGBT 开关控制。

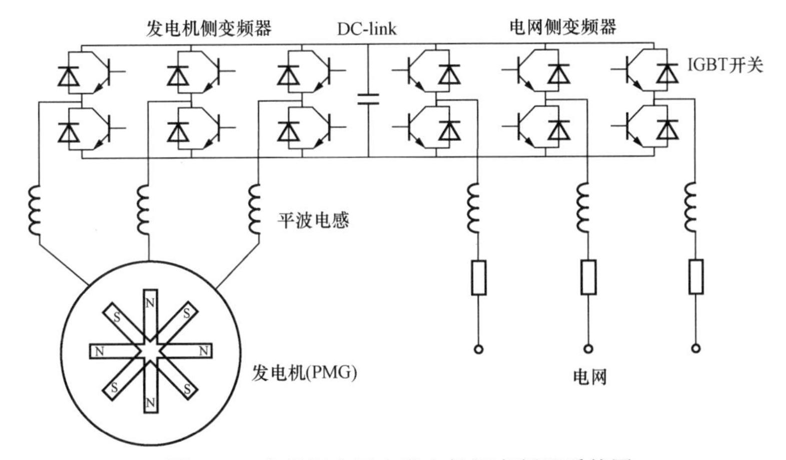

图 3-44　永磁同步风力发电机组变频器系统图

采用 IGBT 作为开关设备的电力电子装置来控制全功率变频器，发电机侧变频器运行电压为U_G，频率为f，也可以看作是一个电压源逆变器（Voltage Source Converter, VSC）。选择适当的永磁同步发电机和变频器参数，可以不用辅助设备，而仅靠永磁体进行励磁。正常运行时，发电机与发电机侧变频器不存在无功功率的交换，发电机侧变频器仅吸收有功功率并将其输送到电网侧变频器。与双馈异步风力发电机组类似，电网侧变频器可以控制电网与系统的无功功率交换，使其接近于 0，即功率因数为 1.0。如果忽略变频器两侧电感的影响，全功率变频器等效电路如图 3-45 所示。

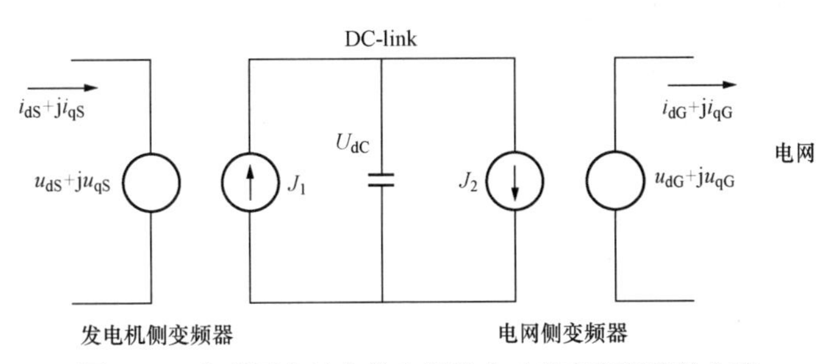

图 3-45　永磁同步风力发电机组全功率变频器等效电路

发电机侧变频器控制主要以有功功率和无功功率为输入信号，控制发电机输出的有功功率和无功功率；而电网侧变频器控制主要以直流电压和电网侧交流电压为输入信号，控制变频器的直流电压和变频器与电网之间的无功功率交换。由图 3-45 可以得到发电机侧变频器注入电流 J_1 和电网侧变频器注入电流 J_2，计算式为

$$J_1 - J_2 = C\frac{\mathrm{d}U_{\mathrm{DC}}}{\mathrm{d}t} \tag{3-49}$$

式中：C 为直流电容器电容。

忽略发电机侧与电网侧变频器损耗功率，则 J_1 和 J_2 可表示为

$$J_1 = \frac{u_{\mathrm{dS}}i_{\mathrm{dS}} + u_{\mathrm{qS}}i_{\mathrm{qS}}}{U_{\mathrm{DC}}} \tag{3-50}$$

$$J_2 = \frac{u_{\mathrm{dG}}i_{\mathrm{dG}} + u_{\mathrm{qG}}i_{\mathrm{qG}}}{U_{\mathrm{DC}}} \tag{3-51}$$

将式（3-50）和式（3-51）代入到式（3-49）中，可以得到

$$CU_{\mathrm{DC}}\frac{\mathrm{d}U_{\mathrm{DC}}}{\mathrm{d}t} = (u_{\mathrm{dS}}i_{\mathrm{dS}} + u_{\mathrm{qS}}i_{\mathrm{qS}}) - (u_{\mathrm{dG}}i_{\mathrm{dG}} + u_{\mathrm{qG}}i_{\mathrm{qG}}) \tag{3-52}$$

电网侧变频器输出功率，即风力发电机组输入电网的功率为

$$\begin{cases} P_{\mathrm{G}} = u_{\mathrm{dG}}i_{\mathrm{dG}} + u_{\mathrm{qG}}i_{\mathrm{qG}} = P_{\mathrm{E}} \\ Q_{\mathrm{G}} = u_{\mathrm{qG}}i_{\mathrm{qG}} - u_{\mathrm{dG}}i_{\mathrm{qG}} = 0 \end{cases} \tag{3-53}$$

如果忽略变频器损耗，永磁同步发电机定子侧输出的功率就相当于全功率变频器输入到电网的功率。

发电机侧变频器控制系统采用定子电压定向的矢量控制策略，而电网侧变频器采用基于自身电压定向的矢量控制策略，用于实现电网与电网侧变频器之间有功功率和无功功率的解耦控制。

如果风电场所接入的电网强度较弱，即使在正常运行情况下，风力发电机组端电压也可能会发生波动。此时，电网侧变频器可以附加无功控制装置，以在一定范围内控制无功功率。

全功率变频器由 IGBT 开关控制，而 IGBT 对过电流和过电压非常敏感。为了保护 IGBT 不受损坏，在非正常运行情况下，变频器将被闭锁。实时监测变频器直流电压、发电机电流和相关的控制参数，一旦某一个参数超过保护设定值，就闭锁变频器。变频器从运行到闭锁时间很短，一般只需几毫秒。

5．永磁同步风力发电机组的控制

永磁同步风力发电机组的控制方案如图 3-46 所示，包含发电机、轴系、风机系统模型，变频器及其控制系统模型等。永磁同步风力发电机组的控制策略主要分为两个阶段：在切入风速和额定风速之间，风力发电机运行在最大风能捕获模式，叶片桨距角保持为较小的值，调节风轮转速，使在风速变化的情况下保持最佳叶尖速比，这时可以从风中获得最大的功率，即实现最大功率追踪控制；高风速（指风速大于额定风速）时，通过调节叶片桨距角，限制风力机的气动效率，降低功率系数，减小风能的捕获量，同时保持风力机转速不变以控制直流电压恒定，从而保持给电网输出额定功率，减轻过大风速变化对风力发电机组和电网的不利影响。

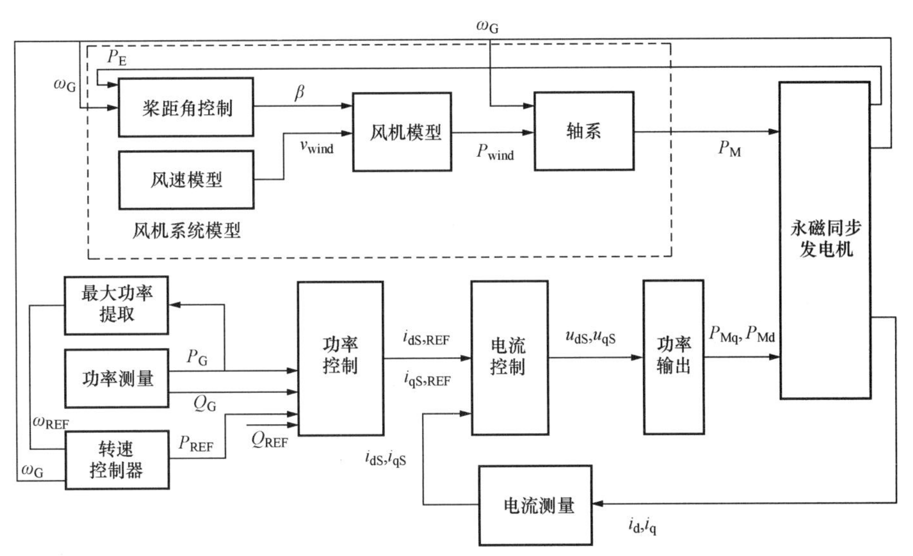

图3-46　永磁同步风力发电机组的控制方案

3.7.4　风力发电机组的并网安全运行与防护措施

风力发电机组的并网控制系统是风力发电机组的核心部件，也是风力发电机组安全运行的根本保证。因此，为了提高风力发电机组的运行安全性，必须认真考虑控制系统的安全性和可靠性问题。

1. 雷电安全保护

多数风力发电机组安装在山谷的风口处、山顶上、空旷的草地及海边的海岛等地方，这些地方易受雷击的影响。特别是安装在多雷雨区的风力发电机组受雷击的可能性更大，因为其控制系统大多由计算机和电子器件构成，极易因雷电感应而产生过电压，从而导致损坏，所以要考虑防雷问题。一般使用避雷器或防雷组件来吸收雷电波。

当雷电击中电网中的设备时，大电流将经接地点流入电网，使接地点电位大大提高。若控制设备的接地点靠近雷击大电流的入地点，则该点的电位将随之升高，并会在回路中产成共模干扰，从而引起过电压现象，严重时会造成相关设备的绝缘层被击穿。

根据国外风电场的统计数据，风电场因雷击而受损的主要风力发电机组部件是控制系统和通信系统。在雷击事故中，涉及风力发电机组控制系统损坏的占40%～50%，涉及风力机叶片损坏的占15%～20%，而涉及发电机损坏的占5%。

我国一些风电场的统计数据显示，雷击损坏的主要部件也是控制系统和通信系统。这说明采用电缆传输的4～20mA电流环通信方式和RS485串行通信方式，由于通信线长、分布广、部件多，这些系统易受雷击，而控制部件是弱电器件，耐过电压能力低，因此易造成部件损坏。

防雷是一个系统工程，不能仅从控制角度来考虑，而是需要从风电场整体设计上考虑，采取多层运行安全防护措施。

2．运行安全保护

1）大风安全保护。一般风速达到25m/s即为停机风速，机组必须按照安全程序停机，停机后，风力发电机组一般采取偏航90°背风。

2）参数越限保护。根据情况设定各种采集、监控量的上、下限值，当数据达到限定值时，控制系统根据设定好的程序进行自动处理。

3）过电压和过电流保护。指装置元件遭到瞬间高压冲击和过电流时所进行的保护。通常采用隔离、限压、高压瞬态吸收元件及过电流保护器等手段实现。

4）振动保护。机组应设有三级振动频率保护，即振动球开关、振动频率上限1和振动频率上限2。当振动开关动作时，控制系统将分级进行处理。

5）开机和关机保护。设正常时机组按顺序开机，确保机组安全。在小风、大风、故障时，控制机组按顺序停机。

3．电网失电保护

风力发电机组离开电网的支持是无法工作的，一旦有突发故障造成停电，控制器的计算机因失电会立即终止运行，并失去对风力机的控制。控制叶尖气动制动和机械制动的电磁阀会立即打开，液压系统会失去压力，而制动系统动作，并执行紧急停机命令。紧急停机意味着在极短的时间内，风力机的制动系统将其叶轮转数由运行时的额定转速变为零。大型的机组在极短时间内完成制动过程，并对机组的制动系统、齿轮箱、主轴、叶片以及塔架产生强烈的冲击。紧急停机的设置是为了在出现紧急情况时保护风力发电机组的安全。然而，电网故障无须紧急停机，因为紧急停机将会对风力机的寿命造成一定影响，突然停机往往出现在天气恶劣或风力较强时。另外，如果风力机主控制计算机突然失电，就无法及时将风力机停机前的各项状态参数存储下来，也不利于对风力机发生的故障迅速作出判断和处理。

针对上述情况，可以在风力机控制系统电源中加设在线或UPS作为后备电源，当电网突然停电时，UPS自动投入，为风电场控制系统提供电力，使其按正常程序完成停机过程。

4．紧急停机安全链保护

系统的安全链是独立于计算机系统的硬件保护措施，即使控制系统出现异常，也不会影响安全链的正常工作。安全链是将可能对风力发电机造成致命伤害的超常故障串联成一个回路，一旦安全链动作，将立即引起紧急停机，导致执行机构失电，机组瞬间脱网，控制系统在3s左右将平稳停止机组运行，从而最大限度地保证机组的安全。发生叶轮过速、机组部件损坏、机组振动、扭缆、电源失电和紧急停机按钮动作等故障时将触发安全链。

5．微机控制器抗干扰保护

风电场控制系统的主要干扰源有：工业干扰源，如高压交流电场、静电场、电弧、晶闸管等；自然界干扰源，如雷电冲击、各种静电放电、磁暴等；高频干扰源，如微波通信、无线电信号、雷达等。这些干扰通过直接辐射或由某些电气回路传导的方式进入到控制系统，干扰控制系统工作的稳定性。从干扰的种类来看，可分为交变脉冲干扰和单脉冲两种，它们均以电或磁的形式干扰控制系统。

6．接地保护

接地保护是电气系统中非常重要的环节。良好的接地能够确保控制系统免受不必要的伤害。为了达到安全控制的目的，在整个控制系统中，通常采用以下几种接地方式：工作接地、保护接地、防雷接地、防静电接地和屏蔽接地。接地的主要作用是：保证电气设备安全运行；防止设备绝缘破坏导致带电而危及人身安全；能使保护装置迅速切断故障回路，防止故障扩大。

7．低电压穿越能力

随着并网风力发电机组容量的快速增长，我们必须考虑电网故障时风力发电机组的运行特性对电网稳定性的影响。为此，各国根据电网实际运行情况制定了风力发电并网导则，对接入电网的风电场提出了严格的技术要求。这些技术要求一般包括无功电压控制、有功频率控制以及低电压穿越（Low Voltage Ride Through, LVRT）能力等，其中风力发电机组的 LVRT 能力是风力发电实现大规模并网运行必不可少的条件，也是在外部电网故障下风力发电机组具有不间断运行能力的保证。

不同类型的风力发电机组可以采用不同的技术措施来实现其 LVRT 功能。对于采用普通异步发电机的固定转速风力发电机组，可以通过无功功率补偿实现风力发电机组的 LVRT 功能，以满足风力发电机组并网标准对其 LVRT 能力的要求；还可以通过改变转子回路的励磁方式来实现。在外部系统故障引起风力发电机组端电压跌落时，双馈异步风力发电机组可以利用转子撬棒投入与切除策略，并控制动作时间，从而实现 LVRT 功能，确保风电场继续运行，因此能满足风电并网标准对于风力发电机组 LVRT 能力的要求。

3.8　风力发电并网系统分析

3.8.1　概述

电力系统潮流计算的基本任务是求解电力系统在三相平衡稳态条件下各个节点的电压和相角，以及连接各节点的所有设备的有功功率、无功功率和损耗。潮流计算输入数据是网络拓扑和线路、电缆、变压器参数（R、X、G、B 和变压器电压比等），负荷功率和发电机输出功率；计算输出数据是系统的静态特性，即系统各节点的电压幅值和相角，设备中流过的有功和无功功率（或电流）以及系统中各种损耗。

风力发电并网的电力系统潮流计算，需要对风力发电机组进行合适的等效。在潮流计算中，将系统母线分为 PQ、PV 节点和 $V\theta$ 节点三大类。由 n 台风力发电机构成的风电场在潮流计算中可以采用：①详细表示每一台风力发电机；②等效为一台风力发电机；③模拟为几台等效风力发电机，但每台都为单机模型。由于风力发电系统的特殊性，在进行潮流计算时必须考虑风力发电机组的特点。本节将分别介绍含有笼形异步发电机、双馈异步发电机和直驱式永磁同步发电机的电力系统潮流计算过程。

3.8.2　大型风电场建模

一般情况下，大型风电场可以用下面任意一种模型表示。

1）详细模型。包括风电场中的所有风力发电机组，以及连接风力发电机组和风电场内部电网的所有机端变压器。例如，如果一个风电场包含 80 台风力发电机组，那么一个风电场模型将包含 80 个风力发电机组模型。

2）综合模型。将整个风电场用一个单机等效模型来表示；或者采用少量和相应容量的多机等效模型。这种等效方法可以在某些特定条件下使用。

大型风电场模型的详细程度取决于所研究的问题。在研究各风力发电机组之间是否存在相互作用的影响，以及与风电场内部电网有关的功率损耗、风电场内部故障及保护等问题时，必须采用详细模型。

在研究短期电压稳定性时，焦点是大型风电场对电网短路故障的整体响应。在这种情况下，可以采用大型风电场的综合模型。采用综合模型的优点在于能降低模型的复杂度，减少计算时间。

综合模型给出的是大型风电场的整体响应，而不区分风电场内部各台风力发电机组的运行状态。因此，采用综合模型可能使计算结果不精确，因为它只对应于各台风力发电机组的平均运行点，忽略了大型风电场内各台风力发电机组的不同运行状态。

大型风电场中的风力发电机组通常具有相同的发电机参数，以及相同的风轮、轴系等机械参数。风力发电机组可用一对下标（i，j）进行标记，第一个下标i表示风电场中的组别，其值为 1～N；第二个下标j表示给定组内的风力发电机组序号，其值为 1～M。例如，$i=[1,N]=[1,8]$，$j=[1,M]=[1,10]$，表示此风电场有 8 组风力发电机组，每组有 10 台风力发电机。

综合模型的视在功率$S_{\Sigma\Sigma}$等于所有风力发电机组容量$S_{i,j}$之和，即

$$S_{\Sigma\Sigma}=\sum_{i=1}^{N}\sum_{j=1}^{M}S_{i,j} \tag{3-54}$$

3.8.3 含有笼形异步发电机的电力系统潮流计算

笼形异步发电机没有励磁装置，需要靠电网提供的无功功率来建立磁场，因此没有电压调节能力，不能像同步发电机一样被视为电压幅值恒定的PV节点；笼形感应发电机在输出有功功率的同时，还需要从系统吸收一定的无功功率，其无功功率大小与转差率s和节点电压U的大小有密切的关系，因此也不能简单地被视为PQ节点。当在潮流分析中考虑含有笼形异步发电机时，通常采用PQ和RX节点模型。本文只介绍PQ节点模型。

在研究风力发电机组稳态特性时，将它视为PQ节点，即根据给定的风速和功率因数计算出风力发电机组的有功功率和无功功率。为了简化工程计算，笼形异步发电机忽略了定子绕组和铁心的功率损耗，可以将励磁支路移至电路的首端，得到简化的Γ形等效电路，如图 3-47 所示。在图 3-47 所示的正方向下，注入电网功率P_E就是电磁功率P_M。

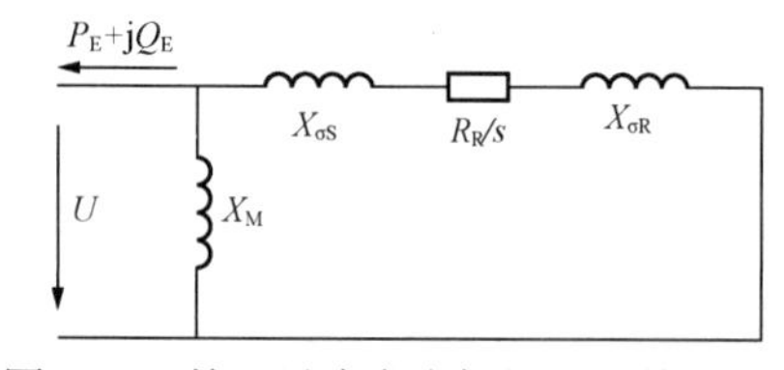

图 3-47 笼形异步发电机的Γ形等效电路

由电路关系得到

$$P_E=\frac{U^2R_R/s}{(R_R/s)^2+X_{\sigma K}^2} \tag{3-55}$$

其中$X_{\sigma K}=X_{\sigma S}+X_{\sigma R}$，经计算得到发电机转差率$s$为

$$s=\frac{U^2R_R-\sqrt{U^4R_R^2-4P_E^2X_{\sigma K}^2R_R^2}}{2P_EX_{\sigma K}^2} \tag{3-56}$$

从等效电路中可以看出，笼形异步发电机的功率因数角与转差率 s 的关系为

$$\varphi=\tan^{-1}\left(\frac{R_R^2+X_{\sigma K}(X_{\sigma K}+X_M)s^2}{R_RX_Ms}\right) \tag{3-57}$$

笼形异步发电机吸收的无功功率与有功功率之间的关系为

$$Q_E=\frac{R_R^2+X_{\sigma K}(X_{\sigma K}+X_M)s^2}{R_RX_Ms}P_E \tag{3-58}$$

可见，当笼形异步发电机输出的有功功率 P_E 一定时，其吸收的无功功率 Q_E 与节点电压 U 、转差率 s 的大小有密切的关系。

在含有笼形异步风力发电机组的潮流计算中，考虑笼形异步发电机的稳态数学模型，采用迭代求解的方法进行计算，计算流程为：

1）给定由笼形异步发电机组成的风电场输出的有功功率 P_E ，设定风电场节点的电压初值为 U 。

2）根据式（3-56），由 P_E 和 U 计算风力发电机组的转差率 s 。

3）利用式（3-58），由 P_E 和 s 计算风力发电机组吸收的无功功率 Q_E 。

4）将风电场节点视为 PQ 节点，求解整个系统的潮流，从而得到风电场节点电压的更新值 U' 。

5）如果 $U'\neq U$ ，则 $U=0.5(U+U')$，返回步骤 2）继续执行步骤 2）～步骤 4)，直到两次所得电压之差在规定误差范围之内，即 $|U'-U|<\varepsilon$，$\varepsilon=1\times10^{-5}$ 。

这种模型由于考虑了有功功率和风电场的节点电压对无功功率的影响，因此具有很好的准确性。

3.8.4　含有双馈异步发电机的电力系统潮流计算

1．双馈异步发电机稳态等效电路和功率计算

潮流计算时，双馈异步发电机稳态等效电路如图 3-18 所示，根据双馈异步发电机的原理，其输出的有功功率 P_E 由两部分组成：一部分是定子绕组输出的有功功率 P_S；另一部分是转子绕组发出或吸收的有功功率 P_R 。

当转速高于同步转速时，转子绕组发出的有功功率 $P_R>0$ 。

当转速低于同步转速时，$s>0$，转子绕组吸收有功功率，此时 $P_R<0$，忽略定子电阻 R_S，转子绕组输出的有功功率 P_R 可以表示为

$$P_R=\frac{R_R(X_{\sigma S}+X_{\sigma R})^2(P_S^2+Q_S^2)}{X_M^2U_S^2}+\frac{2R_R(X_{\sigma S}+X_{\sigma R})}{X_M^2}Q_S-sP_S+\frac{R_RU_S^2}{X_M^2} \tag{3-59}$$

式中：$U_S=|\dot{U}_S|$，则输出的有功功率 P_E 为

$$P_E=P_S+P_R=\frac{R_R(X_{\sigma S}+X_{\sigma R})^2(P_S^2+Q_S^2)}{X_M^2U_S^2}+\frac{2R_R(X_{\sigma S}+X_{\sigma R})}{X_M^2}Q_S+(1-s)P_S+\frac{R_RU_S^2}{X_M^2} \tag{3-60}$$

其中，转差率 s 可以通过双馈异步发电机的转子转速控制规律求取。

2．双馈异步发电机的转子转速控制规律

双馈异步发电机的转子转速控制规律是指发电机的转速与风力机的机械功率 P_M 的对应关系，通常采用的转子转速控制规律曲线如图 3-48 所示。

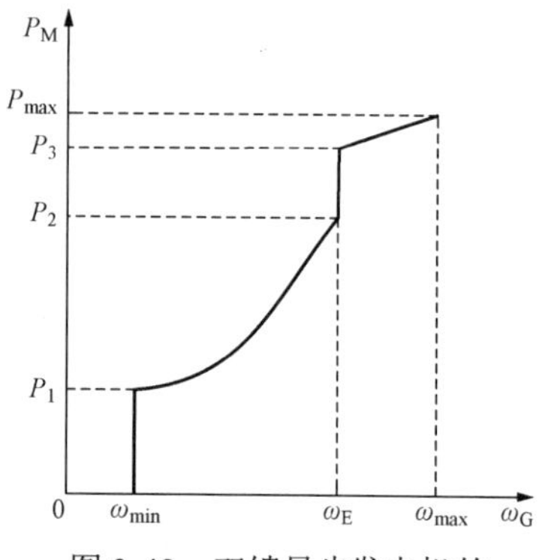

图 3-48　双馈异步发电机的转子转速控制规律

图 3-48 中，P_{max} 为变速恒频异步发电机的最大有功功率；ω_{min} 为风力机的转速下限；ω_{max} 为风力机的转速上限；ω_E 为发电机同步转速对应的风力机转速；P_1、P_2、P_3 由风力发电机组参数确定。当有功功率小于 P_1 时，风力机转速保持在最低转速 ω_{min}；当有功功率在 P_1 和 P_2 之间时，风力机转速与有功功率之间是近似三次方关系；当有功功率在 P_2 和 P_3 之间时，发电机运行于同步转速；当有功功率超过 P_3 时，风力发电机组运行于恒定转矩状态，这时转矩最大，转速与有功功率之间是线性关系。由图 3-48 确定风力机转速后，即可计算出转差率 s。

双馈异步发电机通常有两种运行方式，即恒功率因数运行和恒电压运行方式。下面对这两种运行方式下的潮流计算分别进行分析。

（1）恒功率因数运行

当双馈异步发电机采用恒功率因数运行方式时，定子侧的功率因数恒定，设功率因数为 $\cos\varphi$，则 $Q_S = P_S\tan\varphi$。又由于变频器传递的有功功率较小，变频器吸收或者发出的无功功率也很小，因此可近似认为风力发电机组的无功功率等于定子绕组的无功功率，即

$$Q_E = Q_S = P_S\tan\varphi \tag{3-61}$$

当转速低于同步转速时，可得

$$\begin{aligned}P_E &= P_S + P_R\\ &= \frac{R_R(X_{\sigma S}+X_{\sigma R})^2P_S^2}{X_M^2U_S^2}(1+\tan^2\varphi)+\left[1+\frac{2R_R(X_{\sigma S}+X_{\sigma R})\tan\varphi}{X_M^2}-s\right]P_S+\frac{R_RU_S^2}{X_M^2}\end{aligned} \tag{3-62}$$

$$Q_E = \frac{-bU_S^2+U_S\sqrt{cU_S^2+4aP_E}}{2a}\tan\varphi \tag{3-63}$$

其中

$$a = \frac{R_R(X_{\sigma S}+X_{\sigma R})^2}{X_M^2}(1+\tan^2\varphi)$$

$$b = 1+\frac{2R_R(X_{\sigma S}+X_{\sigma R})\tan\varphi}{X_M}-s$$

$$c = (1-s)^2+\frac{4R_R(X_{\sigma S}+X_{\sigma R})\tan\varphi}{X_M^2}(1-s)-\frac{4R_R^2(X_{\sigma S}+X_{\sigma R})^2}{X_M^4}$$

可以看出，当双馈异步发电机的有功功率、功率因数以及转差率确定时，无功功率仅是机端电压的函数。一般地，给定风速和功率因数，即可确定发电机的有功功率，转差率则可通过转子转速控制规律求取。

设一个风电场装设有 n 台双馈异步发电机，忽略风电场内部线路损耗和变压器损耗，假定所有发电机具有相同的机端电压 U_S，且该电压等于待求的风电场母线电压 U_F，则该风电场具有相同的有功功率和无功功率表达式，即

$$\begin{cases} P_{\mathrm{F}} = \sum_{i=1}^{n} P_{\mathrm{E}i}(v_i) \\ Q_{\mathrm{F}} = \sum_{i=1}^{n} Q_{\mathrm{E}i}(P_{\mathrm{E}i}, U_{\mathrm{F}}) \end{cases} \tag{3-64}$$

式中：P_{F}、Q_{F} 分别为风电场总的有功功率和无功功率；$P_{\mathrm{E}i}$、$Q_{\mathrm{E}i}$ 分别为第 i 台双馈异步发电机注入电网的有功功率和无功功率；v_i 为第 i 台风力机处的风速。

在恒功率因数运行方式下，含双馈异步风力发电机组的电力系统潮流计算步骤如下：

1）给定风速 v 和节点电压初值 U_{F}。

2）由风速功率曲线确定每台风力发电机组的有功功率 $P_{\mathrm{E}i}$,由转子转速控制规律获取每台风力发电机组的转差率 s_i。

3）由给定的功率因数和 $P_{\mathrm{E}i}$ 计算每台风力发电机组的无功功率 $Q_{\mathrm{E}i}$。

4）计算风电场总的有功功率 P_{F} 和无功功率 Q_{F}。

5）以风电场为 PQ（其值分别为 P_{F} 和 Q_{F}）节点，根据节点电压的幅值和相角初值，计算潮流修正方程式的常数项和雅可比矩阵元素。

6）求解潮流修正方程式，得到电压幅值与相角的修正量，并以此修正节点电压。

7）检验潮流是否满足收敛条件，若满足，则计算结束；否则，用修正后的节点电压作为初值返回步骤 3)，进行下一次迭代。

（2）恒电压运行

在恒电压运行方式下，双馈异步发电机能够吸收或者发出无功功率，以维持机端电压的恒定。在风力发电机组无功功率调节范围内，风电场母线可以视为 PV 节点。对于双馈异步发电机，其无功功率调节范围受定子绕组和转子绕组热极限电流的限制，更主要还是受变频器最大电流的限制。双馈异步发电机的无功功率 Q_{E} 可以近似为定子绕组的无功功率 Q_{S}。采用恒电压运行方式，其潮流计算的具体步骤如下：

1）设定风电场的运行电压 U_{S}，给定风电场风速 v。

2）根据风速功率曲线求出注入系统的有功功率 $P_{\mathrm{E}i}$，由式（3-64）求出 P_{F}。

3）将风电场节点作为 PV 节点，有功功率为 P_{F}，电压设为给定值 $U_{\mathrm{F}} = U_{\mathrm{S}}$，通过潮流计算得到风电场节点的注入无功功率 Q_{F}。

4）根据风力发电机组的转子转速控制规律，求解转差率 s。

5）计算 P_{S}、Q_{S}，将 $U_{\mathrm{F}} = U_{\mathrm{S}}$ 代入式（3-65）和式（3-66），求出变频器的最大电流限值及无功功率的上下限值分别为

$$P_{\mathrm{S}}^2 + \left(Q_{\mathrm{S}} + \frac{U_{\mathrm{S}}^2}{X_{\mathrm{S}} + X_{\mathrm{R}}}\right)^2 \leqslant \frac{U_{\mathrm{S}}^2 X_{\mathrm{M}}^2}{(X_{\mathrm{S}} + X_{\mathrm{R}})^2} I_{\max}^2 \tag{3-65}$$

$$\begin{cases} Q_{\mathrm{S}\max} = -\dfrac{U_{\mathrm{S}}^2}{X_{\mathrm{S}} + X_{\mathrm{R}}} + \sqrt{\dfrac{U_{\mathrm{S}}^2 X_{\mathrm{M}}^2}{(X_{\mathrm{S}} + X_{\mathrm{R}})^2} I_{\max}^2 - P_{\mathrm{S}}^2} \\ Q_{\mathrm{S}\min} = -\dfrac{U_{\mathrm{S}}^2}{X_{\mathrm{S}} + X_{\mathrm{R}}} - \sqrt{\dfrac{U_{\mathrm{S}}^2 X_{\mathrm{M}}^2}{(X_{\mathrm{S}} + X_{\mathrm{R}})^2} I_{\max}^2 - P_{\mathrm{S}}^2} \end{cases} \tag{3-66}$$

式中：I_{max} 为变频器的最大电流限值。

6）检验 Q_S 是否越限，如果越限，则应修改节点类型。如果越上限，无功功率 Q_S 就设为上限值；如果越下限，就设为下限值。相应的风电场节点转化为 PQ 节点，跳转至步骤 8）。

7）如果没有无功越限，则求解潮流修正方程中的不平衡量以及雅可比矩阵的元素。

8）采用牛顿－拉夫逊方法求解潮流修正方程，修改各节点的电压和相角。

9）查验潮流是否收敛，若收敛，则计算结束；否则用新的电压值作为初值，返回步骤 2）。

3.8.5 含有永磁同步发电机的电力系统潮流计算

永磁同步风力发电机输出频率和电压变化的电能，经过全功率变频器作用后，转换为频率和电压恒定的三相交流电。由直驱式永磁同步发电机的风功率特性可知，对于某一特定的风速，总有一恒定的输出有功功率与之对应。因此，对于含永磁同步风力发电机组的电力系统而言，可在潮流计算中将某一风速下的有功功率和电压作为定值来处理，即永磁同步发电机采用恒电压方式运行，而风电场节点可作为 PV 节点来处理。此时，可先设定风力发电机组节点的无功功率初值 Q_E；然后根据风速功率曲线，由风速得到风力发电机组输出的有功功率 P_E；最后将风电场节点视为 PV 节点，利用常规潮流计算的方法求解整个系统的潮流。

潮流计算具体步骤如下：

1）给定风速、风电场节点电压及其相角以及无功功率的初值。

2）由风速功率曲线确定每台风力发电机组的有功功率 P_{Ei}。

3）计算风电场总的有功和无功功率。

4）由节点电压幅值和相角求修正方程式的常数项和雅可比矩阵元素。

5）求解修正方程，得到电压相角和无功功率的修正量，并以此修正节点的电压相角及无功功率。

6）检验潮流是否收敛，若收敛，则执行步骤 7)；否则，返回步骤 4)，进行下一次迭代。

7）给定下一个风速值，若下一风速达到额定风速，则计算结束；否则，代入下一风速值，给定风电场节点电压相角和无功功率初值同步骤 1)，返回步骤 2)，并进行计算。

当直驱永磁同步发电机采用恒功率因数方式运行时，风电场节点可作为 PQ 节点来处理。可先设定风力发电机组节点电压初值 U；然后根据风速功率曲线，由风速得到风力发电机组输出的有功功率 P_E，则 $Q_E = P_E \tan\varphi$；最后将风电场节点视为 PQ 节点，利用常规潮流计算方法求解整个系统的潮流。

3.8.6 含有风力发电机组的系统电压稳定性分析

电力系统稳定性一般是指功角稳定、电压稳定和频率稳定。在研究电网的这些稳定时，需要考虑产生不稳定的机理、扰动大小、过程、时间跨度以及计算和预测稳定性的合适方法等因素。电力系统的稳定性是指在系统受到扰动时（无论是大扰动还是小扰动），所有的互联发电机保持同步运行的能力。功角稳定性是指电力系统中互联的同步发电机维持同步的能力，在交流输电系统中，所有连接在系统中的发电机都必须保持同步运行。电压稳定性是指在电力系统遭受到扰动后，维持系统中各节点电压稳定的能力。电压不稳定时，表现为某些母线电压不断下降或上升，此时会出现部分区域失去负荷或传输线跳开。电力系统正常运行时，电源和负荷的有功功率是平衡的，频率处于正常值，如我国电网频率为 50 Hz。发电输出功率和用户负荷变化都会引起频率的偏移。因此，需要根据频率偏差随时进行调整。

风力发电机组接入系统主要引起的是电压稳定性问题。本节主要介绍风力发电并网引起的电压稳定性问题。

静态电压稳定性分析通常采用 $P-V$ 曲线分析法，该方法是通过建立节点电压和一个区域负荷或传输界面潮流之间的关系曲线，从而指示区域负荷水平或传输界面功率水平导致整个系统临近电压崩溃的程度。其中，P 是一个区域的总负荷或传输界面传送的功率；V 是风电场并网点电压或其他节点的电压。$P-V$ 曲线对风电场接入电网的静态电压稳定性的分析，实际上是研究风速变化导致的风电场输出功率变化对电网电压的影响，用风力发电的注入功率引起电压稳定性的变化及运行点到电网崩溃点的距离，反映风力发电所接入电网的电压稳定裕度。$P-V$ 曲线的优点是为风力发电系统提供风电场输出功率临近电压崩溃的指示，而其缺点在于曲线的拐点是发散的。它的特点是研究区域内所有节点将在同一功率水平下达到电压崩溃点，而这一特点与特定节点的选择无关。

风电场接入电网的静态电压稳定性分析，也可以采用 $V-Q$ 曲线分析法，即在规定的节点上配置可变的无功电源，通过控制节点电压在一定范围内，获得节点电压和无功功率注入的 $V-Q$ 曲线。对于较大容量的系统，$V-Q$ 曲线可以通过一系列潮流计算得到。$V-Q$ 曲线的优点是可以了解从运行点到临近点的无功功率裕度，但其指示的是局部的补偿要求。如图 3-49 示，给出了某电网并入不同容量和不同类型风电场时的 $P-V$ 和 $V-Q$ 曲线。

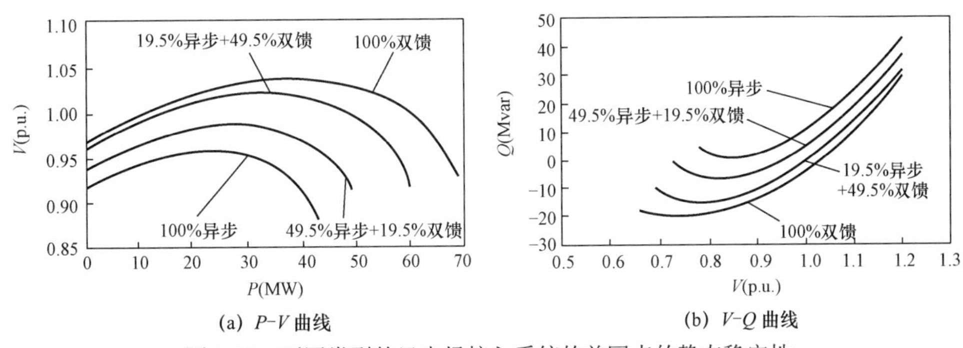

图 3-49　不同类型的风电场接入系统的并网点的静态稳定性

由图 3-49 可知，双馈异步风力发电机组采用了恒功率因数运行方案。在风力发电机组输出功率变化的过程中，风力发电机组与系统的无功交换始终保持在 0MV·A。因此，随着风电场中双馈异步风力发电机组容量的增加，风力发电能够改善电网电压水平的范围逐步增大，静态电压稳定极限点的容量也逐步增大。

暂态电压稳定性是指电力系统在受到大扰动冲击后各负荷节点的电压稳定性。引起电压不稳定的根本原因是电力系统没有能力维持无功功率的动态平衡，系统中无功功率不足会导致电压失稳。从时域仿真的角度考虑，暂态电压失稳事故分为两类：一类为耦合型电压失稳事故，这种类型的暂态电压失稳事故在第一、二摆就失去稳定，发生不可逆转的暂态电压跌落，且大多数与暂态功角失稳耦合在一起；另一类为单纯型快速电压崩溃事故。

3.9 风力发电系统算例仿真

3.9.1 定速风力发电机组建模仿真

根据 MATLAB 的 power_windfarm（IG）模块，本节建立了定速风力发电机组并网发电系统的仿真模型，如图 3-50 所示。6 台单机容量为 1.5MW 的定速风力发电机组经过升压，通过长度为 25km、电抗 x=0.41Ω/km 的架空输电线路与外部系统相连。

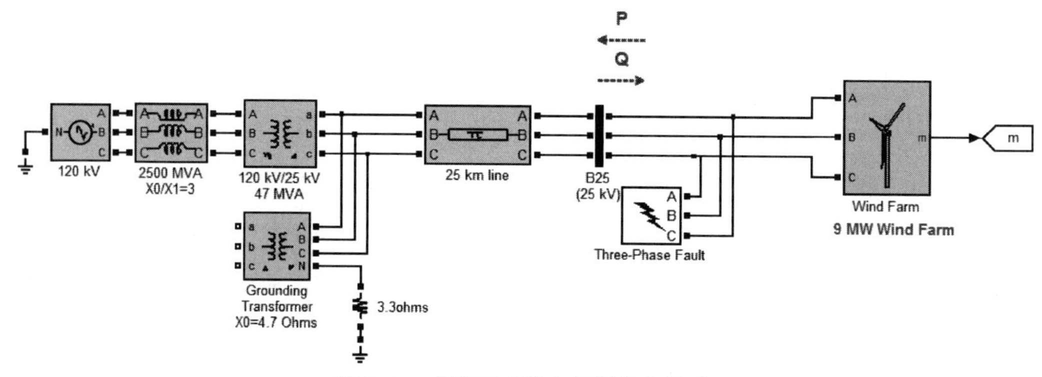

图 3-50 定速风力发电机组仿真模型

1．风速波动时定速风力发电机组输出特性仿真

通过模型窗口菜单中的 Simulatian→Configuration Parameters 命令打开设置仿真参数的对话框，选择 Ode23tb（Stiff/TR-BDF2）算法，仿真起始时间设置为 0s，终止时间设为 30s。

运行仿真可得风速波动下定速风力发电机组的机端电压、转子转速、有功功率以及无功功率的变化曲线，如图 3-51 所示。

由图 3-51 可以看出，定速风力发电机组的机端电压、转子转速、输出有功功率和无功功率都随其输入风速的变化而变化。由于定速风力发电机组采用笼形异步发电机，因此其在输出有功功率的同时，需要从电网中吸收无功功率。

2．电网故障时定速风力发电机组输出特性仿真

利用模型中的三相故障设置模块，电网在 0.5s 时发生三相短路故障，到 0.6s 时故障消失，仿真起始时间为 0s，终止时间设为 2s。运行仿真可得风力发电机组的输出特性变化曲线，如图 3-52 所示。由图 3-52 可以看出，电网故障时，定速风力发电机组的笼形异步发电机要从电网吸收大量的无功功率以维持机端电压。

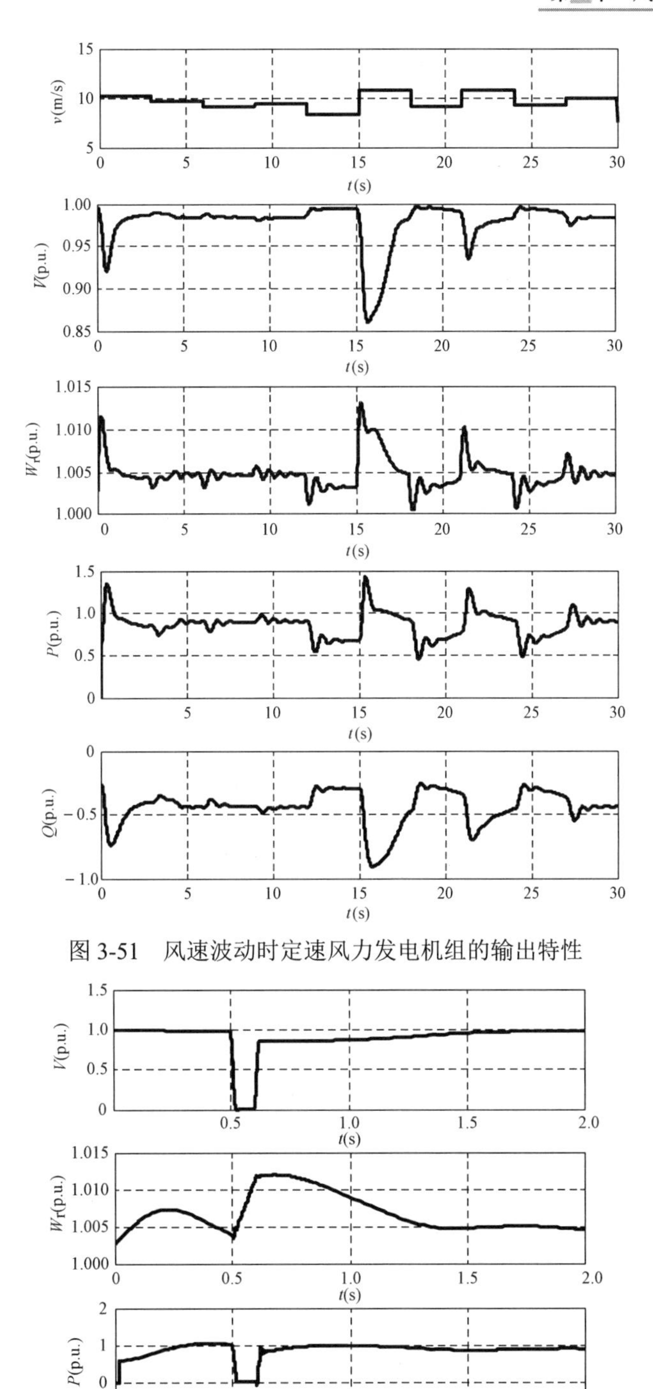

图 3-51　风速波动时定速风力发电机组的输出特性

图 3-52　电网故障时定速风力发电机组的输出特性

3.9.2 双馈异步风力发电机组建模仿真

根据 MATLAB 的 power_wind_difg 模块，本节建立了双馈异步风力发电机组并网发电系统的仿真模型，如图 3-53 所示。6 台单机容量为 1.5MW 的双馈异步风力发电机组经过升压，通过长度为 25km、电抗 x=0.41Ω/km 的架空输电线路与外部系统相连。

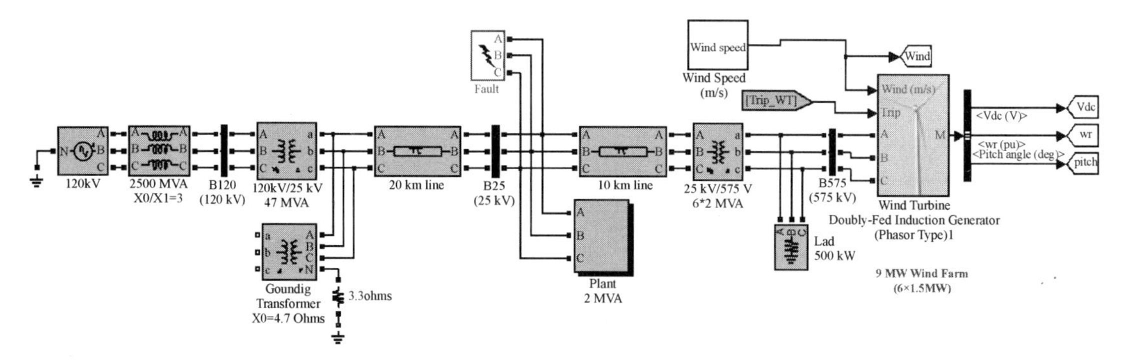

图 3-53 双馈异步风力发电系统仿真模型

1．风速波动时变速风力发电机组输出特性仿真

通过模型窗口菜单中的 Simulatian→Configuration Parameters 命令打开设置仿真参数的对话框，选择 Ode23tb（Stiff/TR-BDF2）算法，仿真起始时间设置为 0s，终止时间设为 30s。

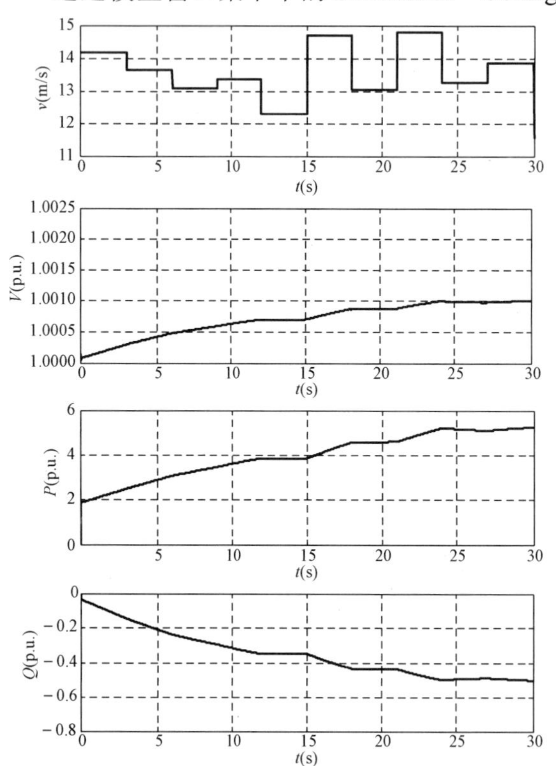

图 3-54 风速波动时电压控制模式下双馈异步风力发电机组输出特性变化曲线

选择电压控制模式，运行仿真可得风速波动下风力发电机组输出特性变化曲线，如图 3-54 所示。由图 3-54 可知，双馈异步风力发电机组采用电压控制方式时，风力发电机组的机端电压不随其输入风速的变化而变化，为了保持电压恒定，风力发电机组从电网中吸收的无功功率随风速的变化而变化。

选择无功功率控制模式，运行仿真可得风速波动下风力发电机组输出特性变化曲线，如图 3-55 所示。由图 3-55 可知，双馈异步风力发电机组采用无功功率控制方式时，风力发电机组从电网中吸收的无功功率基本保持不变。

2．电网故障时双馈异步风力发电机组输出特性仿真

利用模型中的三相故障模块，设置电网

在0.5s时发生三相短路故障，到0.6s时故障消除，仿真起始时间设置为0s，终止时间设置为2s。选择电压控制模式，运行仿真可得在电网故障时风力发电机组输出特性变化曲线，如图3-56所示。

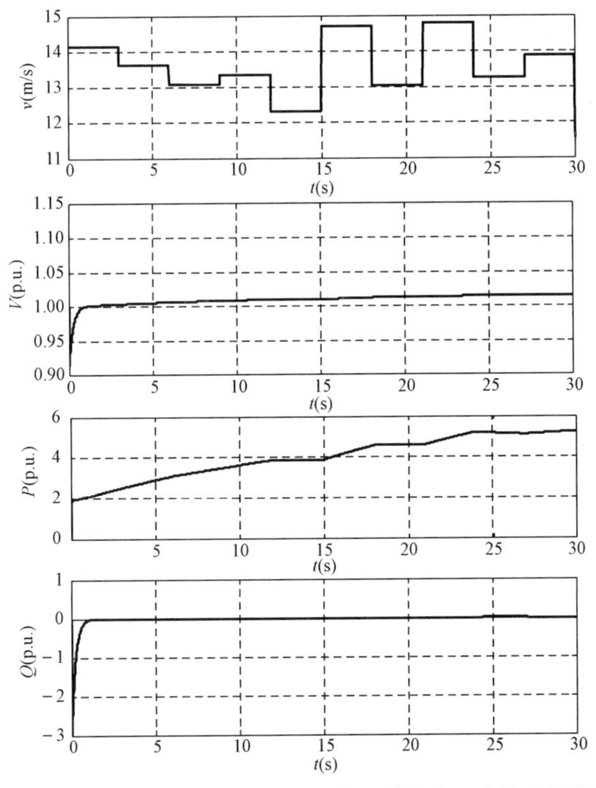

图3-55 风速波动时无功功率控制模式下的双馈异步风力发电机组输出特性

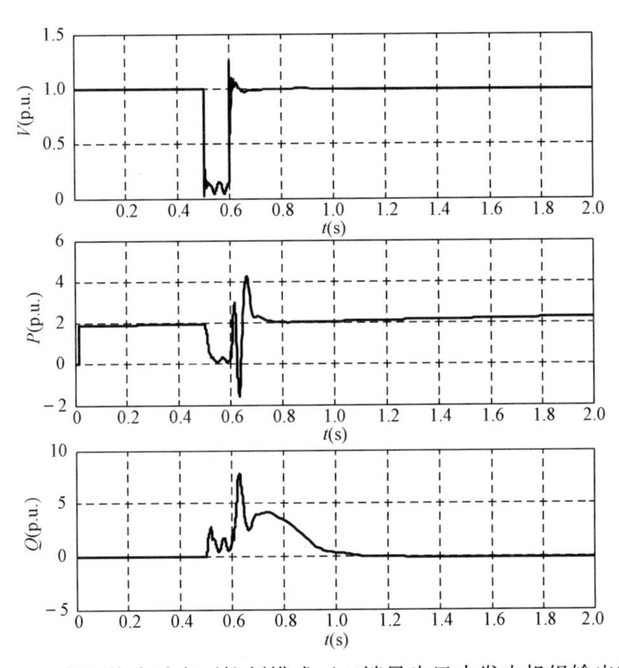

图3-56 电网故障时电压控制模式下双馈异步风力发电机组输出特性

由图 3-56 可知，电网发生故障时，风力发电机组的机端电压降低，向电网提供无功功率，故障清除后，风力发电机组需要从电网中吸收无功功率，使风力发电机组的机端电压恢复到给定值。

选择无功功率控制模式，运行仿真可得电网故障时风力发电机组输出特性变化曲线，如图 3-57 所示。

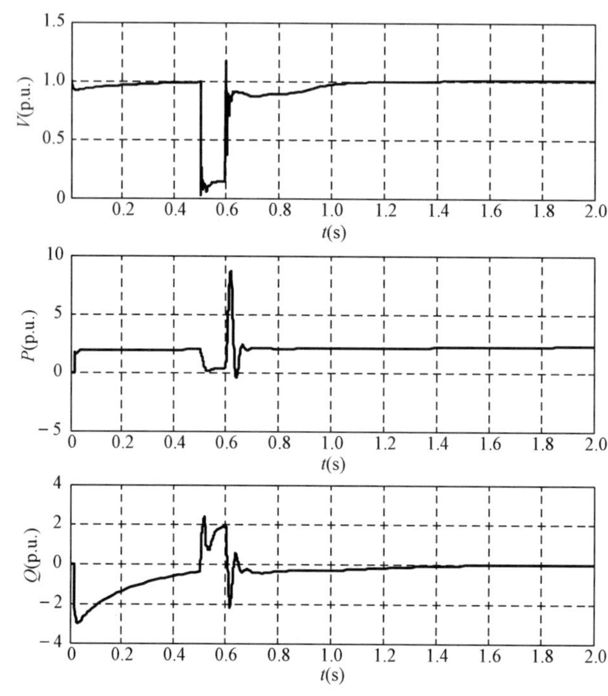

图 3-57 电网故障时无功功率控制模式下双馈异步风力发电机组输出特性

由图 3-57 可知，电网发生故障时，风力发电机组的机端电压降低，向电网提供无功功率，故障清除后，风力发电机组通过控制减小风力发电机组与电网之间的无功功率交换，但是风力发电机组的机端电压恢复较慢。

思考与练习

3-1 风是如何形成的？它如何表示？具有哪些特性？风能如何计算？

3-2 风能利用系数 C_p 的含义是什么？它对风力机的风能输出有什么影响？

3-3 风力发电机组分类及其基本工作原理是什么？

3-4 为什么改变外加励磁电压就可以控制双馈异步风力发电机的有功功率和无功功率的输出？

3-5 双馈异步风力发电机转速变化能实现变速恒频控制的原因是什么？

3-6 笼形风力发电机、双馈异步风力发电机和永磁风力发电机的并网方式是什么？

3-7 独立运行的风力发电控制系统所需部件及其作用是什么？

3-8　风力机功率调节的方式有哪些？其中桨距角控制实现过程是什么？

3-9　转子侧变频器为什么能够实现有功功率和无功功率的解耦控制？电网侧变频器实现无功功率交换的原因是什么？

3-10　在不同风速下，双馈异步发电机组、永磁同步发电机组和笼形异步发电机组实现并网的过程是什么？

第 4 章　生物质能发电与控制技术

4.1　概　　述

在全球能源升级转型的道路上，以生物质能为代表的清洁能源受到广泛关注。我国作为农业大国，生物质能资源储量丰富。在“双碳”目标的发展下，推广生物质能的利用对我国能源转型及促进资源循环利用有着重要意义。

4.1.1　生物质和生物质能

生物质是通过太阳的光合作用而形成的各种有机体的总称，包括所有动植物和微生物。生物质能（Biomass Energy）是太阳能以化学能形式储存于生物质中的能量，即以生物质作为载体的能量。它直接或间接地来源于绿色植物的光合作用，可转化为常规的固态、液态和气态燃料。生物质能取之不尽、用之不竭，是一种可再生能源，同时也是唯一一种可再生的碳源。

生物质的种类和蕴藏量极其丰富，据估计，地球上蕴藏的生物质总量达 18000 亿 t，而植物每年经光合作用合成的生物质总量为 1440 亿～1800 亿 t（干重），其中，海洋年生产 500 亿 t 生物质。生物质能源的年产量远超过全世界的总能源需求量，大约相当于现在世界能源消费总和的 10 倍。

世界上生物质资源不仅数量庞大，而且种类繁多，形式多样。它包括所有的陆生和水生植物、人类和动物的排泄物以及工业有机废物等。依据来源不同，可将生物质分为林业资源、农业资源、生活污水和工业有机废水、城市固体废物及畜禽粪便五大类。

生物质能以实物形式存在，具有可存储、可运输、资源分布广、环境影响小及可以永续利用的特点，因此受到很多国家的青睐。世界上利用生物质能发电起源于 20 世纪 70 年代，当时，世界性的石油危机爆发后，丹麦开始积极开发清洁的可再生能源，大力推行秸秆等生物质发电。迄今为止，丹麦已经创建了一百多家生物质发电厂，成为世界各国发展生物质发电的标杆。生物质发电在欧美发达国家已是成熟产业，以生物质为燃料的热电联产已成为某些国家重要的发电和供热方式。

4.1.2　生物质能转化利用技术

生物质能的利用方式与常规石化燃料相似，因此常规能源的利用技术无须做大的变动，就可以应用于生物质能。但是生物质的种类各异，分别具有不同的特点和属性，其利用技术远比石化燃料复杂与多样，除了常规能源的利用技术以外，还有其独特的利用技术。

生物质能的转化利用途径主要包括物理转化、热化学转化、化学转化和生化转化等，可以转化为多种形式的二次能源。目前生物质能的主要转化利用途径如图 4-1 所示。

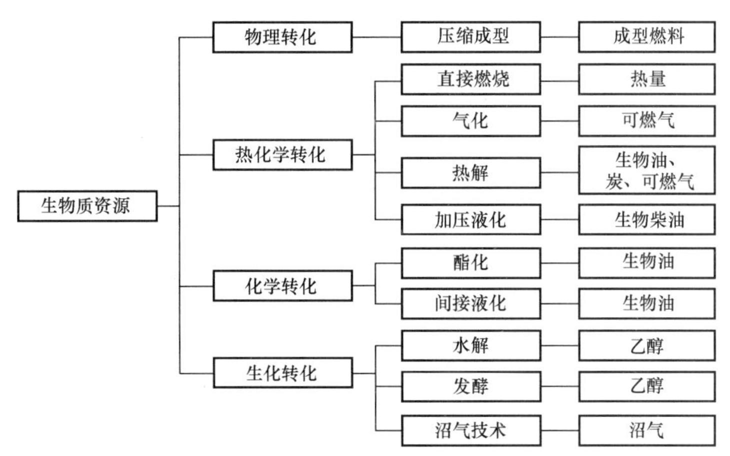

图 4-1　生物质能的主要转化利用途径

1．物理转化

生物质的物理转化是指生物质的压缩成型，这是生物质能利用的一个重要方面。生物质成型是指将各类生物质粉碎至一定的平均颗粒，不添加黏结剂，在一定压力作用下（加热或不加热），使原来松散、细碎、无定型的生物质原料压缩成密度较大的棒状、粒状、块状等各种成型燃料。生物质的物理转化解决了生物质形状各异、能量密度小、采集和储存使用不方便等问题，加工后的生物质成型燃料粒度均匀，密度和强度增加，运输和储存方便。虽然其热值并没有明显增加，但其燃烧特性却大为改善，可替代薪柴和煤作为生活及生产用能源，尤其是成型燃料经炭化变为机制木炭后，更具有良好的商品价值和市场。

2．热化学转化

生物质的热化学转化包括直接燃烧、气化、热解和加压液化技术，除了能够直接提供热能外，还能通过连续的工艺和工厂化的生产方式，将低品位的生物质转化为高品质的具有易储存、易运输、能量密度高等特点的固态、液态及气态燃料，最终生成热能、电能等能源产品。

生物质的直接燃烧是最普通的生物质能转化技术，它是指燃料中的可燃成分和氧化剂（一般为空气中的氧气）进行化合反应的过程，在反应过程中会放出大量的热量，并使燃烧产物的温度升高。直接燃烧的主要目的就是获取热量。

生物质的气化是以氧气、水蒸气或氢气作为气化剂，在高温条件下，通过热化学反应将生物质的可燃部分转化为可燃气。气化过程使原先的固态生物质转化为更便于使用的气态燃料，这种燃料可用来供热、加热水蒸气或者直接供给燃气轮机以产生电能，相比固态生物质的直接燃烧，其能量转换效率有较大提高。因此，气化技术是目前生物质利用技术研究的重要方向之一。

生物质的热解是指在完全没有氧或缺氧的条件下，生物质经过热降解，最终生成生物油、木炭和可燃气的过程。这三种产物的比例取决于热裂解工艺和反应条件。一般来说，低温慢速热解时，产物以木炭为主；高温闪速热解时，产物以可燃气体为主；中温快速热解时，产物以生物油为主。近年来，国际上开发的快速热解制取生物油技术可获得原生物质 80%～85% 的能量，生物油产率可达 70%以上。

生物质的加压液化是在较高压力下的热化学转化过程，其温度一般低于快速热解，与热解相比，加压液化可以生产出物理稳定性和化学稳定性都较好的产品。而生物质的间接液化是将生物质气化后得到的合成气（$CO+H_2$），经催化合成转化为液体燃料（如甲醇或二甲醚）。生产合成气的原料包括煤炭、石油、天然气、泥炭、木材、农作物秸秆及城市固体废物等。生物质间接液化主要有两个技术路线：一个是合成气经过甲醇再转化为汽油的莫拜尔（Mobil）工艺；另一个是合成气的费托（Fischer-Tropsch）合成工艺。

3．化学转化

生物质的酯化是将植物油与甲醇或乙醇等短链醇在催化剂存在下或者在无催化剂的超临界甲醇状态下进行酯化反应，生成生物柴油，并获得副产品甘油。生物柴油可单独使用以替代柴油，又可以按一定比例（2%～30%）和柴油混合使用。除了为柴油机车提供替代燃料外，生物柴油还可以为海洋运输业、采矿业、发电厂等行业提供燃料。

4．生化转化

生物质的生化转化是利用微生物或酶的作用，对生物质能进行生物转化，生产出如乙醇、氢、甲烷等液体或气体燃料，这一过程通常分为水解、发酵生产乙醇和沼气技术。主要针对农业生产和加工过程中产生的生物质，如农作物秸秆、畜禽粪便、生活污水、工业有机废水和其他农业废弃物等。

4.1.3 我国的生物质资源

我国生物质资源数量巨大，可作为能源的生物质资源主要来自农作物秸秆、林业废弃物及薪炭林、畜禽粪便、生活垃圾、工业有机废弃物、城市固体废弃物和能源作物。我国作为一个农业大国，农作物秸秆占生物质资源的比重很大。根据我国农产品产量测算，每年的秸秆资源总量约为 6.8 亿 t，可获得量约为 5 亿 t。值得一提的是，我国秸秆资源的最大特点是既分散又集中，特别是在一些粮食产区，秸秆资源尤为丰富。黑龙江和黄淮海地区的河北、山东、河南，东南地区的江苏、安徽，西南地区的四川、云南、广西，以及广东等省区，其秸秆资源量几乎占全国总量的一半。考虑到还田、饲料和工业原料等其他用途的消耗量，当前可用作能源用途的秸秆资源量估计约为 2.9 亿 t，折合为 1.4 亿 t 标准煤。

占据我国生物质资源第二位的是各种森林废弃物及薪炭林。根据国家森林资源调查显示，我国共有森林面积 1.95 亿公顷，森林覆盖率达到 20.36%，每年可用作能源使用的森林废弃物及薪炭林资源总量为 1.61 亿 t，折合 9200 万 t 标准煤。此外，我国还拥有荒山荒地 5400 多万公顷，边际性土地近 1 亿公顷，这表明我国发展能源作物潜力巨大。目前，我国可转换为能源用途的作物和植物品种有 200 多种，其中适宜开发用于生产燃料乙醇的农作物主要有甘蔗、甜高粱、木薯、甘薯等，用于生产生物柴油的农作物主要有油菜等。另外，我国畜禽养殖业每年产生约 30 亿 t 粪便。据统计，我国适宜发展沼气的农户分别为 1.30 亿户和 1.39 亿户，其沼气产量分别可达到 502 亿 m^3和 539 亿 m^3，相当于分别替代了 7880 万 t 和 8460 万 t 标准煤的能源。

我国城市生活垃圾产生量随人口和城市化进程而快速增加，全国城市垃圾生成量超过 2.6

亿 t。然而，垃圾无害化处理的比例仍然很小，一些地区无害化处理量仅占垃圾生成量的 54%。城市生活垃圾中含有大量有机物，可以作为一种能源资源，我国城市生活垃圾的热值为 900～1500kJ/kg。若全国每年总的垃圾生成量按 15 亿 t 计，则垃圾资源量可折合 2357 万 t 标准煤。

我国生物质资源主要集中在农村，开发利用农村丰富的生物质资源，可以缓解农村及边远地区的用能问题，显著改进农村的用能方式，改善农村生活条件，提高农民收入，增加农民就业机会，开辟农业经济和县域经济新的领域。

我国生物质能源产业虽然刚刚起步，但发展势头很好。根据我国生物质资源的特点和技术潜在优势，可以将燃料乙醇、生物柴油、生物塑料以及沼气发电和固化成型燃烧作为主产品。如果能利用全国每年 50%的作物秸秆、40%的畜禽粪便和 30%的林业废弃物，开发 5%的边际性土地种植能源植物，建设约 1000 个生物质转化工厂，那么这些生物质资源的生产能力可相当于 5000 万 t 石油。每增加 1000 万公顷能源植物的种植与加工，就相当于增加 4500 万 t 石油的年生产能力。

发展生物质发电技术，是构筑稳定、经济、清洁和安全的能源供应体系，突破经济社会发展资源环境制约的重要途径。我国生物质能资源非常丰富，全国生物质能的理论资源总量接近 15 亿 t 标准煤。如果生物质能的开发利用量达到 5 亿 t 标准煤，就相当于增加了 15%以上的能源供应。并且生物质能含硫量极低，仅为 3%，不到煤炭含硫量的 1/4。发展生物质发电，实施煤炭替代，可显著减少 CO_2 和 SO_2 的排放，并产生巨大的环境效益。

2022 年以来，国家出台了一系列政策支持生物质能行业的发展。在行业政策方面，国家提出要加快农村生物质能的利用，助力乡村振兴；对生物质发电项目给予鼓励，拓展生物质能发电项目收入渠道，促进生物质能多元化利用，因地制宜地发展生物质能清洁供暖，在发展规划中提出了未来五年的发展方向及目标。在财政支持方面，财政部对内蒙古、广西、四川、新疆等地区发放了 2890 万元补贴；2022 年 6 月，财政部国家税务总局对沼气综合开发利用、生活垃圾分类和无害化处理享受企业所得税实行“三免三减半”优惠政策。

4.2 生物质燃烧发电与控制技术

生物质燃烧作为能源转化的形式具有相当悠久的历史，人类对能源的最初利用就是从木材燃烧开始的。燃烧就是燃料中的可燃成分与氧发生激烈的氧化反应，在反应过程中释放出大量热量，导致燃烧产物的温度升高。从技术层面看，由燃料获取热能是可以被利用的；从经济层面看，这也是合理的。生物质固体燃料种类丰富，包括农作物秸秆、稻壳、锯末、果壳、果核、木屑、薪材和木炭等。

生物质燃烧的过程可以分为四个阶段：预热和干燥阶段、挥发分析出及木炭形成阶段、挥发分燃烧阶段和固定碳燃烧阶段。生物质燃料与化石燃料相比存在明显的差异，由于生物质组成成分中含碳量少，含氢、氧量多，含硫量低，因此，生物质在燃烧过程中表现出不同于化石燃料的燃烧特性。主要表现为：生物质燃料热值转低，但易于燃烧和燃尽，燃烧时可相对减少供给的空气量；燃烧初期析出量较大，在空气和温度不足的情况下易产生镶黑边的火焰；灰烬中残留的碳量较少；不必设置气体脱硫装置，降低了成本并有利于环境保护。

4.2.1 生物质燃烧技术

生物质直接燃烧主要分为炉灶燃烧和锅炉燃烧。炉灶燃烧投资小、操作简便，但燃烧效率较低，造成生物质资源的浪费。当生物质燃烧系统的功率大于 100kW 时，一般采用现代化的锅炉燃烧技术，适合生物质大规模利用。生物质现代燃烧技术主要分为层燃、流化床和悬浮燃烧三种技术。

1．层燃技术

在层燃方式中，生物质被平铺在炉排上，形成一定厚度的燃料层，经历干燥、干馏、燃烧及还原过程。层燃过程分为灰渣层、氧化层、还原层、干馏层、干燥层和新燃料层等区域，如图 4-2 所示。

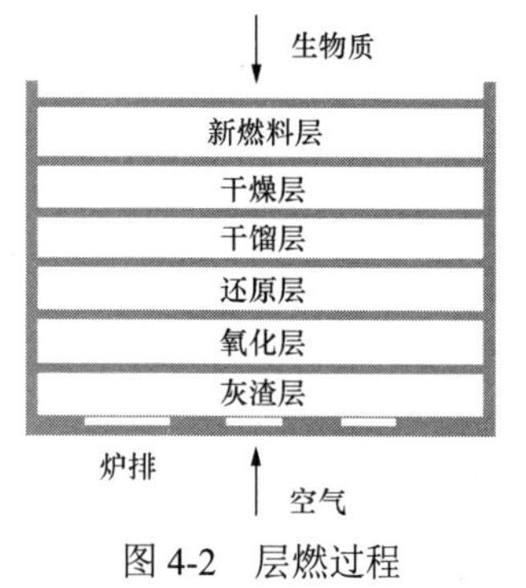

图 4-2 层燃过程

冷空气首先通过炉排和灰渣层进行预热，然后在氧化层与炽热的木炭相遇发生剧烈的氧化反应，大量消耗 O_2 并生成 CO_2 和 CO，在氧化层末端，气体的温度将达到最高；在还原层，气流中 CO_2 与碳发生还原反应，温度越高，反应速度越快；生物质投入炉中形成的新燃料层被加热干燥、干馏，将水蒸气、挥发分等带离燃料层进入炉膛空间，挥发分及 CO 着火燃烧，最终形成木炭。

层燃技术的种类较多，主要包括固定炉排、滚动炉排、振动炉排和往复推动炉排等。层燃方式的主要特点是生物质无须严格的预处理，滚动炉排和往复推动炉排的拨火作用强，比较适用于低热值、高灰分生物质的焚烧。炉排系统可以采用水冷的方式，以减轻结渣现象的出现，延长使用寿命。

2．流化床技术

流化床技术是基于气固流态化的一项技术，即当气流流过一个固体颗粒的床层时，若其流速达到使气流流阻压降等于固体颗粒层的重力，则固体床料会被流态化。流化床技术适应范围广，能够使用一般燃烧方式无法燃烧的劣质燃料（如石煤等）和含水率较高的生物质及混合燃料等。此外，流化床燃烧技术还可以降低尾气中氮与硫的氧化物等有害气体含量，能够保护环境，是一种清洁燃烧技术。

流化床的下部装有布风板，空气从风室通过布风板向上进入流化床。当气流速度发生变化时，流化床上的固体燃料层将先后出现固定床、流化床和气流输送三种不同的状态。当气流速度较低时，燃料颗粒的重力大于气流的向上浮力，燃料颗粒处于静止状态，称为固定床。当气流速度逐渐增加到某一临界值时，颗粒出现松动，颗粒间空隙增大，床层体积随之膨胀。如果再进一步提高气流速度，燃料颗粒由气流托起并上下翻腾，呈现不规则运动，此时燃料层表现出流体特性，称为流化床。随着气流速度的继续提高，颗粒的运动愈加剧烈，床层的膨胀也随之增大。当气流速度进一步增加且超过携带速度时，燃料颗粒将被气流携带离开燃烧室，此时燃料颗粒的流化状态遭到破坏，称为气流输送。对于流化床燃烧技术，需要将气流速度控制在使床层保持流态化的状态。根据流化风速的不同，流化床可以分为鼓泡流化床和循环流化床。

为了保证流化床内的稳定燃烧，常在其中加入大量的惰性床料来储存热量，这些惰性床料占总床料的90%～98%，主要有石英砂、石灰石和高铝矾土等。炽热的床料具有很大的热容量，当仅占床料5%左右的新燃料进入流化床后，燃料颗粒与气流强烈混合，不仅使燃料颗粒迅速升温并着火燃烧，而且可以在较低的过量空气系数下保证燃料充分燃烧。流化床的床温一般控制在800～900℃，属于低温燃烧范围，可显著减少NO的排放，同时也可以防止因炉温过高导致的料层结渣，避免破坏正常流化。

循环流化床主要优点之一是燃料适应性广，几乎可以燃用所有的固体燃料，且燃烧效率更高，能达到95%～99%。这一优点对于充分利用劣质燃料、开发和节约能源具有重要的意义。

3．悬浮燃烧技术

悬浮燃烧的过程是首先将燃料磨成细粉，然后用空气流经燃烧器将燃料喷入炉膛，并在炉膛内进行燃烧。其特点是将燃料投入连续、缓慢转动的筒体内焚烧直到燃尽，故能够实现燃料与空气的良好接触和均匀充分的燃烧。西方国家多将该类焚烧炉用于处理有毒、有害的工业垃圾。悬浮燃烧时，虽然气流与燃料颗粒间的相对速度最小，但由于燃烧反应面积的大幅增加，使得反应速度极快，燃烧强度和燃烧效率也都很高。

4.2.2 生物质燃烧热发电技术

生物质发电技术主要是利用农业、林业、工业和城市废弃物作为原料，采取直接燃烧或气化的方式进行发电。生物质燃烧发电主要有生物质直接燃烧发电、生物质与煤混合燃烧发电和城市废弃物焚烧发电。这些发电方式都与传统的燃烧煤加热水蒸气推动汽轮机的原理相似，因此技术可移植性强。

1．生物质直接燃烧发电

利用生物质原料生产热能的传统办法是直接燃烧。生物质直接燃烧发电技术类似于传统的燃煤技术，现在已经基本达到成熟阶段。在发达国家，生物质直接燃烧发电方式目前占可再生能源（不含水电）发电量的70%左右。丹麦的BME公司率先研究开发了秸秆燃烧发电技术，其秸秆焚烧炉采用水冷式振动炉排，迄今在这一领域仍保持着世界最高水平。除了丹麦，瑞典、芬兰、西班牙、德国和意大利等多个欧洲国家都建成了多家秸秆发电厂。目前，在我国江苏、山东、河北等地也建有多个生物质秸秆发电厂。

生物质直接燃烧发电的原理是：生物质燃料与过量空气在锅炉中燃烧，产生的热烟气和锅炉的热交换部件进行换热，产生的高温高压蒸汽在蒸汽轮机中膨胀做功，带动发电机发电。从原理上讲，生物质直接燃烧发电和燃煤锅炉火力发电并没有太大区别。锅炉燃用生物质发电与煤发电相比，在生产规模上受到一定限制。目前，纯生物质燃烧发电技术主要用于小型生物质发电厂，由于燃料的来源、运输和储存等问题，单台机组的发电容量一般不超过35MW，6MW/25MW生物质直接燃烧发电的相关技术指标见表4-1。

表4-1　6MW/25MW生物质直接燃烧发电技术指标

指标	6MW	25MW
蒸汽参数（MPa/℃）	3.43/435	8.83/535
长期运行负荷（%）	95	95

续表

指标	6MW	25MW
年运行时间（h/a）	7500	7500
锅炉燃烧效率（%）	22.9	28.5
系统发电效率（%）	19.5	25.6
厂自用电率（%）	10	10
燃料用量（干）[kg/(kW•h)]	1.48	1.04

由表 4-1 可知，对于直接燃烧的生物质发电，容量越大，效率越高。但随之而来的是原料需要大规模集中，这会增加运营成本。

生物质直接燃烧发电系统主要由上料系统、生物质锅炉、汽轮发电机组、烟气除尘系统及其辅助设备组成，如图 4-3 所示。

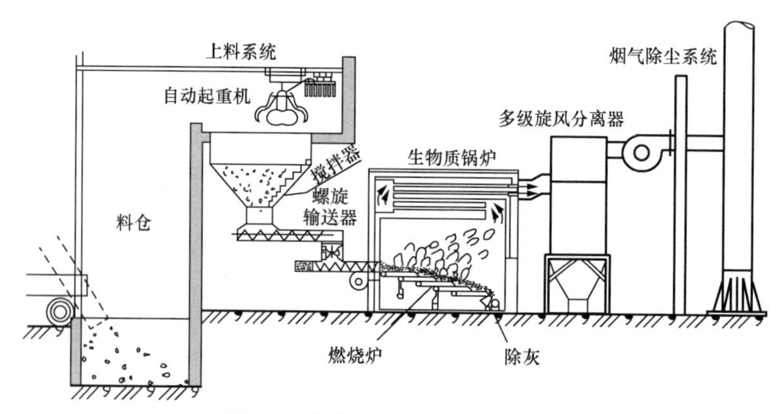

图 4-3　生物质直接燃烧发电系统

生物质直接燃烧发电系统的上料系统是指燃料从进入电厂卸料至进入炉前料仓为止的整个系统，它是生物质直接燃烧电厂区别于常规燃煤电厂的重要部分。根据燃料的不同，需要设置不同形式的上料系统，主要包括秸秆上料系统和本质燃料上料系统两种。

生物质锅炉是生物质直接燃烧发电厂的关键设备，其功能上类似于常规燃煤电厂锅炉，但是其结构和材质上要适合农林生物质燃料的特点，应具有抗腐蚀等功能。汽轮发电机组则与常规燃煤电厂所采用的机组相同。烟气除尘装置用于去除并回收燃烧烟气中的飞灰，它是生物质直接燃烧发电厂重要的环境保护装置。由于生物质直接燃烧发电厂的燃料与常规燃煤电厂的不同，草木灰与常规电厂的粉煤灰的性质也不同，因此通常采用布袋除尘方式。

2．生物质与煤混合燃烧发电

生物质能源利用的低效率、高成本及高风险，使其在能源市场的竞争中处于不利地位。而生物质与煤的混合燃烧技术充分利用了现有技术和设备，在现阶段是一种低成本、低风险的可再生能源利用方式，并可实现燃料燃烧特性的互补，使得混合燃料容易着火燃烧。混合燃烧常见的掺烧比例在 1%～200%之间。这一技术在北欧和北美地区使用相当普遍，可替代常规能源，减少 CO_2、NO_x 和 SO_2 的排放，同时建立生物质燃料市场，推动当地经济的发展，并提供大量的就业机会。

混合燃烧存在以下缺点：生物质含水量高，产生的烟气体积大，影响现有锅炉热交换系统的正常运行；生物质燃料的不稳定性使锅炉的稳定燃烧复杂化；生物质灰的熔点低，容易产生结渣问题；生物质如秸秆、稻草等含有氯化物，当热交换器表面温度超过400℃时，会产生高温腐蚀现象；生物质燃烧生成的碱，会使燃煤电厂中的脱硝催化剂失活。

生物质与煤混合燃烧技术大体上可以分为生物质与煤直接混合燃烧和生物质与煤间接混合燃烧两类。直接混合燃烧是指经前期处理的生物质直接输送至燃煤锅炉中使用。根据混合燃烧给料方式的不同，直接混合燃烧可以分为三种形式：煤与生物质使用同一加料设备及燃烧器；煤与生物质使用不同的加料设备及相同的燃烧器；煤与生物质使用不同的预处理装置及不同的燃烧器。间接混合燃烧是指生物质在气化炉中气化之后，将产生的生物质燃气输送至锅炉燃烧。这相当于用气化器替代粉碎设备，即将气化作为生物质燃料的一种前期处理方式。

在传统火电厂中进行混合燃烧，遵循生物质发电的工艺路线，既不需要气体净化和冷却设备，也不需要投资额外的小型生物质发电系统，即可从大型传统火电厂中直接获利。生物质混合燃烧发电方式的比较见表4-2。

表4-2　　生物质混合燃烧发电方式的比较

发电方式	直接混合燃烧	间接混合燃烧
技术特点	生物质与煤直接混合后在锅炉中燃烧	生物质气化后与煤在锅炉中一起燃烧
主要优点	技术简单、使用方便；不改造设备情况下投资最省	通用性好，对原燃煤系统影响很小；经济效益明显
主要缺点	生物质处理要求较严、对原系统有些影响	增加气化设备，管理较复杂，有一定金属腐蚀问题
应用条件	木材类原料、特种锅炉	要求处理大量生物质的发电系统

3．城市废弃物焚烧发电与控制

城市废弃物焚烧发电是利用焚烧炉对城市废弃物中可燃物质进行焚烧处理，通过高温焚烧后消除城市废弃物中大量的有害物质，达到无害化、减量化的目的，同时利用回收到的热能进行供热和供电，实现资源化利用。城市废弃物的处理方法与其成分密切相关，而城市废弃物的成分则与燃料结构、消费水平、收集方式、地域和季节等多种因素有关。随着我国城市建设的发展和社会进步，城市废弃物的构成已发生了质的变化，有机物含量开始高于无机物含量。废弃物组成正由多灰、多水、低热值向较少灰、较高热值的方向发展，这为我国城市废弃物的焚烧处理奠定了基础。

城市废弃物焚烧发电的典型工艺流程如图4-4所示。焚烧发电对城市废弃物的发热值有一定的要求，当垃圾中的低位热值为3344kJ/kg时，焚烧需要掺煤或投油助燃；当垃圾中的低位热值大于5000kJ/kg时，燃烧效果较好。城市废弃物低位热值一般在3344～8360kJ/kg的范围内。焚烧炉根据其燃烧方式可分为炉排炉、转炉和流化床三种类型，国内外应用较多的是炉排炉和转炉。

垃圾焚烧发电是实现“资源化，无害化，减量化”的最好措施之一，国外已普遍采用这种垃圾处理方式。我国在东南沿海和经济实力较强的城市，已先后建立了几座垃圾焚烧发电厂。随着城市燃气率的提高，特别是“西气东输”工程的建设，垃圾热值的增加，垃圾焚烧发电技术在我国具有广阔的应用前景。

垃圾焚烧发电的控制包括电厂的自动控制和发电后的电能变换控制。根据垃圾焚烧电厂控制系统的规模以及要达到的控制水平，目前技术水平先进的垃圾焚烧发电厂（站）普遍采用基于以太网、具有远程通信和监控能力的现场总线构筑分布式控制系统，底层采用分布式控制系统（DCS）、可编程序控制器（PLC）、多种化学成分检测传感器（气体、液体、固体）及电力电子变换器（变频器）、并网配电箱，同时对垃圾焚烧炉的燃烧进行有效的控制，对尾气进行检测、处理和控制，对锅炉烟气进行在线监控，以及对发电机组的发电状态、电能变换与无扰并网等进行实时控制。

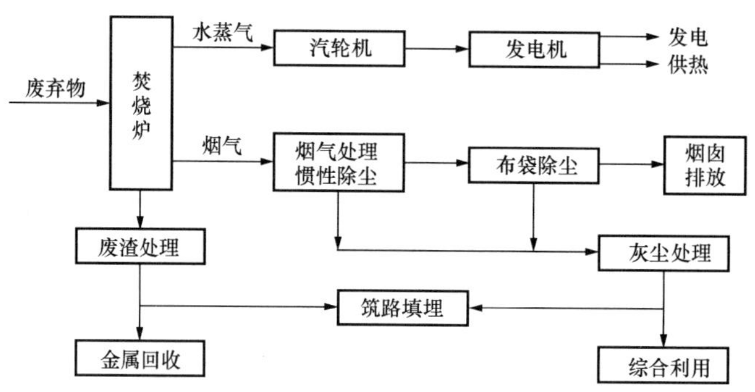

图 4-4　城市废弃物焚烧发电的典型工艺流程

图 4-5 是垃圾焚烧发电控制的系统框图。在控制系统中，总协调控制器需要对垃圾焚烧全过程进行控制，包括确定控制方式，并将逆变控制指令下达给逆变控制器，将燃烧状态和要求传达给燃烧控制器，以起到整体的协调作用。逆变控制器采集公共电网的电压和相位等信号，并控制三相 SPWM 逆变器，实现同步并网。它将发电机所发出的交流电能变换成与电网同频率、同相位的交流电后，再通过逆变匹配变压器输送到公共供电网络。而燃烧控制器则采集焚烧炉温度 T_1、锅炉温度 T_2 与压力 p、蒸汽轮机的转速 n_2 及温度 T_3 等工作状态，并控制焚烧炉排的进给速度 n_1，以保持焚烧系统的稳定。

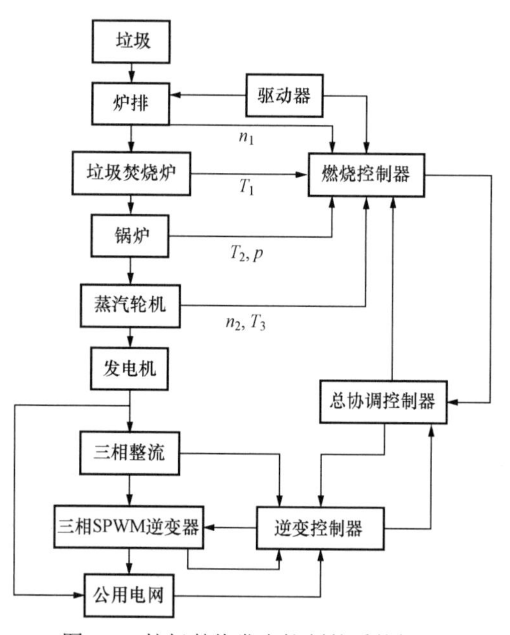

图 4-5　垃圾焚烧发电控制的系统框图

蒸汽轮机带动发电机就可以产生电能，并且在适当条件下可以直接并入公共电网。但这种直接并网方式要求发电机输出的电压、频率、相位及三相平衡度等参数必须与公共电网一致，这就要求焚烧系统必须具备良好的功率调节性能。若采用三相逆变器变换后再进行并网，并网的控制将全部由逆变器完成，且对发电机以及焚烧炉的要求降低很多，虽然这种方式提高了系统的造价，但降低了对垃圾焚烧的控制要求，因此这种方式适用于垃圾热值不稳定的场合。

4.3 生物质气化发电技术

4.3.1 生物质的气化技术

1．生物质气化的基本原理

生物质气化是以生物质为原料，以氧气（空气或者富氧、纯氧）、水蒸气或氢气等作为气化剂，在高温条件下通过热化学反应将生物质中可燃的部分转化为可燃气的过程。生物质气化时产生的气体主要有效成分为CO、H_2和CH_4等，称为生物质燃气。

生物质气化的过程随反应器类型、反应条件和原料性质的不同而变化，对于单个生物质颗粒而言，它主要经历如下反应过程：

1）干燥。生物质进入反应器后受热干燥，此过程一般发生在100～300℃的温度范围内。

2）热解。干燥后的生物质继续受热，当温度达到300℃以上时，开始发生裂解，大部分挥发分从固体中析出，主要产物包括木炭、焦油、水蒸气和挥发分气体（如CO_2、CO、H_2、CH_4、C_2H_4、C_2H_6等）。

3）焦油二次裂解。热解产生的焦油在超过600℃的高温下发生二次裂解，主要生成木炭和小分子气体（如CO、H_2、CH_4、C_2H_4、C_2H_6等）。

4）木炭、气态产物的氧化反应。在氧气充足的情况下，木炭会发生氧化反应，燃烧生成CO_2，同时释放出大量热量，以保证各区域的反应能正常进行，气态产物燃烧后会进一步降解。

5）木炭、气态产物的还原反应。在氧化反应耗尽供给的氧气后，CO_2及水蒸气会与木炭在反应器内继续发生还原反应，生成CO、H_2O、CH_4等可燃气体，这些可燃气体是生物质燃气的主要组成部分。还原反应发生在反应器的还原区，这些反应都需要在高温下进行并吸收热量，所需热量由氧化反应提供。

2．生物质气化的工艺

根据所处气体的环境，生物质气化可分为空气气化、富氧气化、水蒸气气化和热解气化。

1）空气气化。空气气化技术直接以空气为气化剂，气化效率较高，是目前应用最广且最简单、最经济的一种气化技术。由于大量氮气（占总体积的50%～55%）的存在，稀释了燃气中可燃气体的含量，导致燃气热值较低，通常为5～6MJ/m^3。

2）富氧气化。富氧气化以富氧气体为气化剂，在与空气气化相同的当量比下，反应温度提高，反应速率加快，可得到焦油含量低的中热值燃气。燃气热值一般在10～18MJ/m^3之间，与城市煤气相当。富氧气化需要增加制氧设备，使电耗和成本增加，但在一定场合下，生产的总成本降低，具有显著的效益。富氧气化适用于大型整体气化联合循环系统、城市固体废弃物气化发电等领域。

3）水蒸气气化。水蒸气气化是指在高湿环境下水蒸气同生物质发生反应，涉及水蒸气和碳的还原反应、CO与水蒸气的变换反应等甲烷化反应，以及生物质在气化炉内的热分解反应。燃气质量好，H_2含量高（30%～60%），热值在10～16MJ/m^3之间。由于系统需要水蒸气发生器和过热设备，且一般需要外供热源，因此系统独立性较差，技术也较复杂。

4）热解气化。热解气化不使用气化介质，又称干馏气化。产生固定碳、焦油和可燃气，热值在 10～13MJ/m^3 之间。

3．生物质气化反应设备

气化炉是气化反应的主要设备。根据气化炉运行方式的不同，可将气化炉分为固定床气化炉和流化床气化炉两种，而这两种气化炉又分别具有多种不同的形式。

（1）固定床气化炉

固定床气化炉中，生物质原料发生的气化反应是在相对静止的床层中进行，其结构紧凑，易于操作并具有较高的热效率。固定床气化炉具有一个容纳原料的炉膛和承托反应料层的炉栅。其中，应用较广泛的是下吸式气化炉和上吸式气化炉，工作原理分别如图 4-6 和图 4-7 所示。下吸式气化炉中，原料由上部加入，依靠重力下落，经过干燥区后水分蒸发，进入温度较高的热分解区生成炭、裂解气、焦油等，继续下落经过氧化还原区，将炭和焦油等转化为 CO、CO_2、CH_4 和 H_2 等气体。炉内运行温度在 400～1200℃之间，燃气从反应层下部吸出，灰渣从底部排出。下吸式气化炉工作稳定，气化产生的焦油在通过下部高温区时，一部分可被裂解为永久性小分子气体，不仅提高了气体热值，还降低了出炉燃气中的焦油含量。上吸式气化炉中，原料移动方向与气流方向相反，气化剂由炉体底部进气口进入炉内，产生的燃气自下而上流动，最终由燃气口排出。上吸式气化炉的氧化区在还原区的下面，位于四个反应区的最底部，其反应温度最高。还原区产生的生物质燃气向上经过热解区和干燥区，其携带的热量传递给原料，使原料干燥并发生热解，这一过程降低了燃气的温度，同时提高了气化炉的热效率。虽然热解区和干燥区的原料对燃气有一定的过滤作用，使出炉燃气灰分少，但存在燃气焦油含量高的缺点。

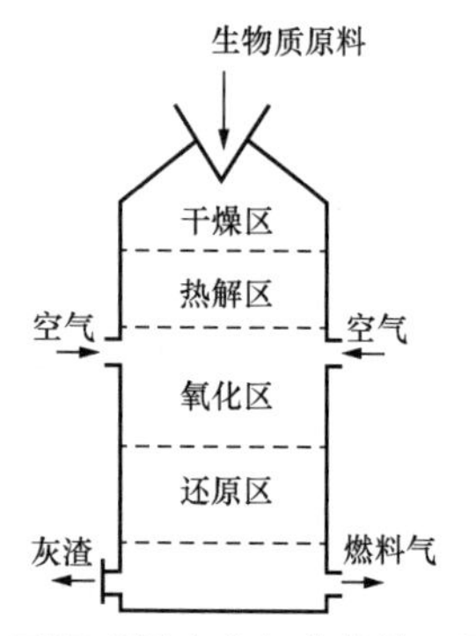

图 4-6　下吸式固定床气化炉的工作原理

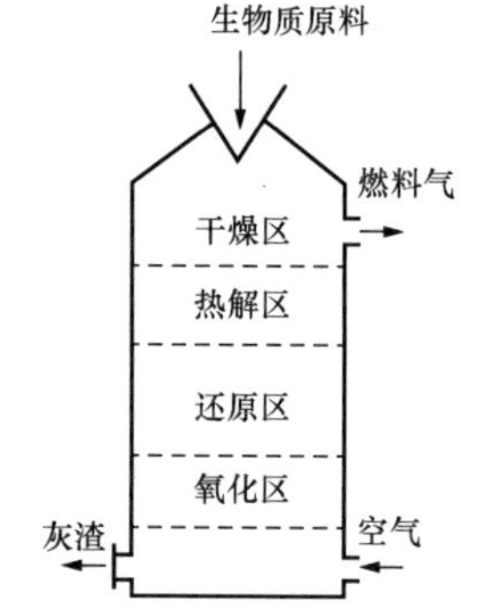

图 4-7　上吸式固定床气化炉的工作原理

（2）流化床气化炉

流化床气化炉在吹入的气化剂作用下，使得原料颗粒、惰性床料和气化剂充分接触，受热均匀，在炉内呈“沸腾”状态，气化反应速度快，产气率高。根据气化炉结构和气化过程，可将流化床分为鼓泡流化床、循环流化床和双循环流化床。

鼓泡流化床是最简单的流化床，其气化炉工作原理如图 4-8 所示。在鼓泡流化床气化炉中，气化剂从位于气化炉底部的气体分布板吹入，在流化床上同生物质原料进行气化反应，生成的燃料气直接由气化炉出口送入气体净化系统，气化炉的反应温度一般为 8000℃左右。鼓泡流化床气化炉的流化速度比较小，比较适合于颗粒较大的生物质原料，同时需要向反应床内加入热载体，即惰性床料（如石英砂）。总的来说，鼓泡流化床气化炉由于存在飞灰和夹带炭颗粒严重、运行费用较大等问题，不适合小型气化系统，只适合于大中型气化系统。

循环流化床气化炉的工作原理如图 4-9 所示。与鼓泡流化床气化炉的主要区别是，在气化炉的出口处设有旋风分离器或袋式分离器。循环流化床的流化速度较大，致使燃料气中含有大量的固体颗粒，燃料气经过旋风分离器或袋式分离器后，通过回料装置将这些固体颗粒返回到流化床中，再重新进行气化反应，这样极大地提高了碳的转化率。循环流化床气化炉的反应温度一般控制在 700～900℃之间。它适用于较小的生物质颗粒，在一般情况下，不需要加流化床热载体，所以运行简单，有良好的混合特性和较高的气固反应速率。循环流化床气化炉适合水分含量大、热值低且着火困难的生物质燃料。

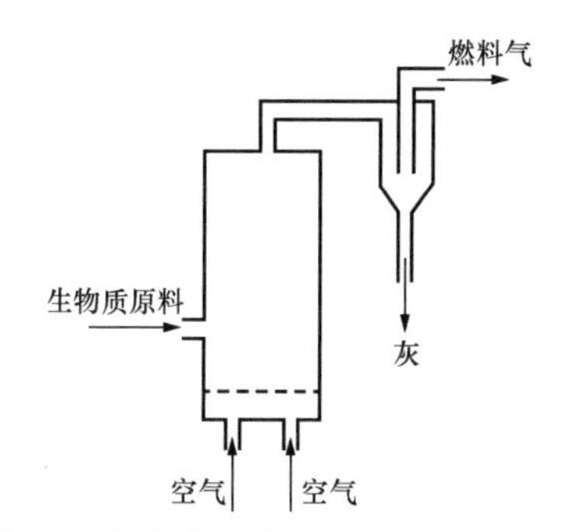

图 4-8 鼓泡流化床气化炉的工作原理

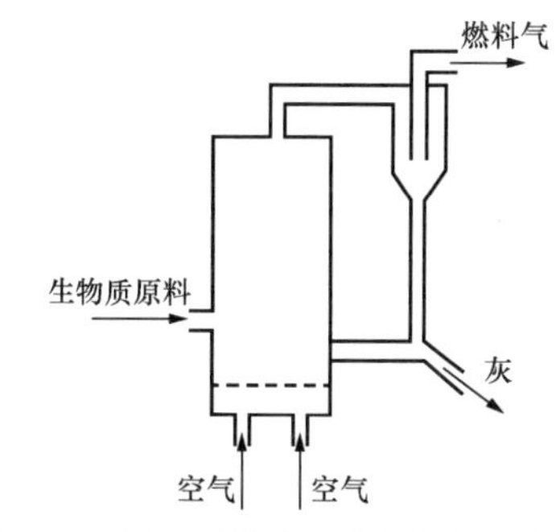

图 4-9 循环流化床气化炉的工作原理

（3）固定床气化炉与流化床气化炉适用范围

固定床气化炉的优点是：对原料的适应性强，原料不用预处理，且设备结构简单紧凑，反应区温度较高，有利于焦油的裂解，出炉灰分相对较少，净化过程可以采用简单的过滤方式。但其缺点是：固定床气化强度不高，难以实现工业化应用，且发电成本一般较高。因此，固定床气化炉比较适合于小型、间歇性运行的气化发电系统。流化床气化炉的优点是：运行稳定，气化温度更均匀，气化强度更高，且连续可调，便于放大，适用于生物质气化发电系统的工业应用。但其缺点是：原料一般需进行预处理，以满足流化床与加料的要求；流化床床层温度相对较低，焦油裂解受到抑制，产出气中焦油含量较高，用于发电时需要复杂的净化系统。

（4）生物质气体净化

在气化炉反应过程中，燃气中带有一部分杂质，包括灰分和焦油，这些杂质必须从中分离出来，避免堵塞输气管道和阀门，从而影响系统的正常运行。可燃气的除尘与生物质燃烧过程中的除尘技术相同，不同点是气化产物可燃气体在较高温度下进行净化，应考虑高温下除尘器材料的寿命问题。

4.3.2 生物质气化发电技术

生物质气化发电的基本原理是：将生物质原料在气化炉中进行气化，生成可燃气体并进行净化，再利用可燃气体推动燃气发电设备进行发电。这是一种最有效和最洁净的现代化生物质能发电方式。其设备紧凑，污染少，可以克服生物质燃料能量密度低和资源分散的缺点。目前，国际上有很多发达国家正在开展提高生物质发电效率方面的研究，如美国的巴特尔（Battelle）（63MW）项目、英国（8MW）和芬兰（6MW）的示范工程等。大规模生物质气化发电系统适合于生物质的大规模利用，其发电效率高，是今后生物质气化发电的主要发展方向。生物质气化发电一般的工艺流程如图 4-10 所示。

生物质气化发电技术按燃气发电方式可分为内燃机发电系统、燃气轮机发电系统及燃气-蒸汽联合循环发电系统。不同规模生物质气化发电技术的比较见表 4-3，可见不同规模和技术对发电效率有较大影响。由于固定床气化工艺的发电效率较低，一般在 11%～14%之间，且规模难以扩大，因此主要用于小规模生物质气化发电。中小规模气化发电一般采用简单的气化，即内燃机发电工艺，其规模一般小于 3MW，发电效率低于 20%。大规模生物质气化发电引入了先进的生物质燃气-蒸汽联合循环发电技术，增加了余热回收和发电系统，使得气化发电系统的总效率可达到 40%左右。典型的生物质燃气-蒸汽联合循环发电工艺流程如图 4-11 所示。

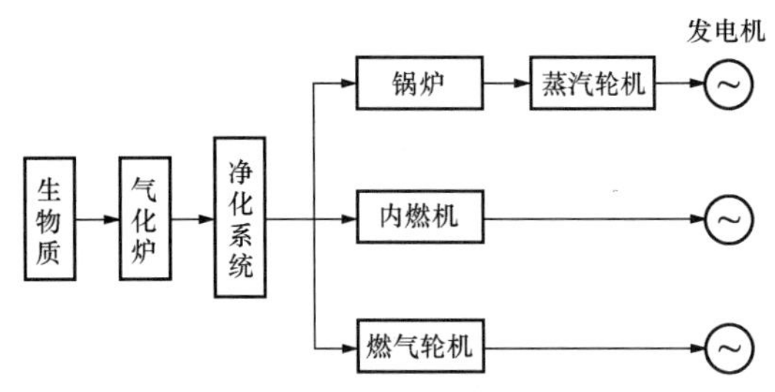

图 4-10　生物质气化发电的工艺流程

表 4-3　不同规模生物质气化发电技术的比较

性能参数	小规模	中等规模	大规模
装机容量（kW）	<200	500～3000	>5000
气化技术	固定床	循环流化床	循环流化床
发电技术	内燃机、微型燃气轮机	内燃机	整体燃气－蒸汽联合循环
系统发电效率（%）	11～14	15～20	35～45
主要用途	适用于生物质丰富的缺电地区	适用于山区、农场、林场的照明或工业用电	电厂、热电联产

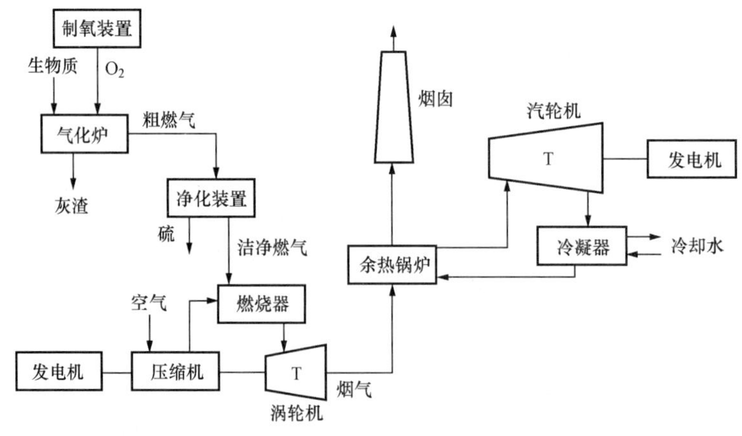

图 4-11　生物质燃气－蒸汽联合循环发电工艺流程

由于生物质燃气热值转低，锅炉出口气体温度较高（800℃以上），要使生物质燃气－蒸汽联合循环发电达到较高效率，需具备两个条件：①燃气进入燃气轮机之前不能降温；②燃气必须是高压的。这就要求系统必须采用生物质高压气化和燃气高温净化两种技术，才能使生物质燃气－蒸汽联合循环发电的总体效率较高（40%以上）。

4.4 生物质生物转化发电技术

4.4.1 沼气发电

沼气是一种在厌氧条件下由微生物分解有机物产生的可燃性气体，其主要成分是 CH_4、CO_2 和少量的 H_2S、NH_3、H_2、CO、N_2、O_2 等气体。其中甲烷占 50%～70%，CO_2 占 30%～40%，其他成分含量极少，约占总体积的 5%。通过厌氧发酵过程，将人畜禽粪便、秸秆、农业有机废弃物、农副产品加工的有机废水、工业废水、城市污水和垃圾、水生植物和藻类等有机物质转化为沼气，这是一种利用生物质制取清洁能源的有效途径，同时又能有效处理废料，有利于农业生态建设和环境保护。沼气除可以直接燃烧用于发电、炊事、供暖和照明等外，还可作为内燃机的燃料，以及用于生产甲醇、福尔马林、四氯化碳等化工原料。经沼气装置发酵后排出的料液和沉渣，含有较丰富的营养物质，可用作肥料和饲料。

1. 沼气发酵原理

发酵是复杂的生物化学变化，有许多微生物参与。沼气发酵过程可以分为下面三个阶段。

（1）液化阶段

用作沼气发酵原料的有机物种类繁多，如禽畜粪便、作物秸秆、食品加工废物和废水、酒精废料等，主要化学成分为多糖、蛋白质和脂类。其中，多糖类物质是发酵原料的主要成分，包括淀粉、纤维素、半纤维素、果胶质等。这些复杂的有机物大多数在水中不能溶解，必须首先被发酵性细菌所分泌的胞外酶水解为可溶性糖、肽、氨基酸和脂肪酸后，才能被微生物所吸收利用。发酵性细菌将上述可溶性物质吸收进入细胞，经过发酵作用后将它们转化为乙酸、丙酸、丁酸等脂肪酸和醇类，以及一定量的 H_2 和 CO_2。蛋白质类物质被发酵性细菌分解为氨基酸，这些氨基酸可被细菌合成细胞物质而加以利用，多余时也可以进一步被分解生成脂肪酸、NH_3 和 H_2S 等。蛋白质含量的多少，直接影响沼气中 NH_3 及 H_2S 的含量，而氨基酸分解时所生成的有机酸类，则可继续转化生成 CH_4、CO_2 和 H_2O。脂类物质在细菌脂肪酶的作用下，首先水解生成甘油和脂肪酸，甘油可进一步按糖代谢途径被分解，而脂肪酸则进一步被微生物分解为多个乙酸。

（2）产酸阶段

1）产氢产乙酸菌。发酵性细菌将复杂有机物分解发酵产生的有机酸和醇类，除甲酸、乙酸和甲醇外，均不能被产甲烷菌所利用，必须由产氢产乙酸菌将其分解转化为乙酸、H_2 和 CO_2。

2）耗氢产乙酸菌。耗氢产乙酸菌也称同型乙酸菌，这是一类既能自养生活也能异养生活的混合营养型细菌。它们既能利用 H_2 与 CO_2 生成乙酸，也能通过代谢产生乙酸。通过上述微生物的活动，各种复杂有机物可生成有机酸、H_2 与 CO_2 等。

（3）产甲烷阶段

在沼气发酵过程中，CH_4 的形成是由一群古细菌（产甲烷菌）所引起的。产甲烷菌包括食氢产甲烷菌和食乙酸产甲烷菌，它们是厌氧消化过程食物链中的最后一组成员，尽管它们具有各种各样的形态，但它们在食物链中的地位使它们具有共同的生理特性。在厌氧条件下，它们将前三群细菌代谢终产物，在没有外源受氢体的情况下，将乙酸、H_2 和 CO_2 转化为气体，产生 CH_4 和 CO_2，使有机物在厌氧条件下的分解作用得以顺利完成。

要正常地产生沼气，必须为微生物创造良好的生存和繁殖条件。沼气池必须符合多种条件。首先，沼气池要密闭。有机物质发酵成沼气，是多种厌氧菌活动的结果，因此要创造一个合适厌氧菌活动的缺氧环境，在建造沼气池时要注意隔绝空气，确保不透气、不渗水。其次，沼气池里要维持适宜的温度（20～40℃），因为通常在此温度下产气率最高。再次，沼气池要有充足的养分。微生物要生存、繁殖，必须从发酵物质中吸取养分。投入沼气池的原料比例大体上要按照碳氮比等于 20∶1～25∶1 来配置。在沼气池的发酵原料中，人畜粪便能提供氮元素，农作物的秸秆等纤维素能提供碳元素。然后，发酵原料要含有适量的水，一般要求沼气池的发酵原料中含水量约为 80%，过多或过少都对产气不利。最后，沼气池的 pH 值一般控制在 7～8.5 之间。

2．沼气工程工艺流程

一个完整的沼气发酵工程，无论其规模大小，都包括了如下的工艺流程：原料（废水）收集、预处理、消化器（沼气池）、出料后处理、沼气净化、储存和输配以及利用等。沼气发酵基本工艺流程如图 4-12 所示。

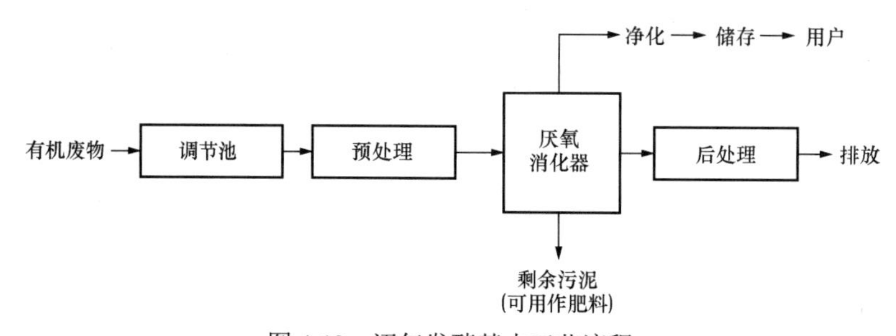

图 4-12　沼气发酵基本工艺流程

1）原料的收集。充足且稳定的原料供应是沼气发酵工程的基础。收集的原料一般要进入调节池储存，因为原料收集的时间往往比较集中，而消化器的进料需要在一天内均匀分配，所以调节池的大小一般要能储存 24h 的废水量。在温暖季节，调节池常兼有酸化作用，有助于改善原料性能和加速厌氧消化。

2）原料的预处理。原料中常混有各种杂质，如牛粪中的杂草、鸡粪中的鸡毛和沙石等。为了便于用泵输送及防止发酵过程中出现故障，或为了减少原料中悬浮固体含量，因而要对原料进行预处理，有的在进入消化器前还要进行升温或降温等。有条件时，还可采用固液分离机将固体残渣分离出来用作饲料，有较好的经济效益。

3）消化器。为了正常产生沼气，必须为微生物创造良好的条件，使它能生存、繁殖。消化器是各种有机质在微生物作用下，进行厌氧发酵制取沼气的密闭装置。它是沼气发酵的核心设备，又称沼气池。微生物的生长繁殖、有机物的分解转化及沼气的生产都是在消化器里进行的。因此，消化器的结构和运行是沼气工程设计的重点。根据消化器水力滞留期、固体滞留期和微生物滞留期的不同，可将消化器分为常规型、污泥滞留型和附着膜型三种类型。

4）出料后处理。出料后处理的方式多种多样，最简便且有效的方法是直接用作肥料施入土壤或鱼塘。但农业施肥具有季节性，不能保证连续的后处理。因此，可靠的方法是将出料进行沉淀，再将沉淀进行固液分离，这样获得的固体残渣可以用作肥料或配合适量化肥做成适用于农作物的复合肥料。清液部分可经曝气池、氧化塘等处理后排放，出水可用于灌溉或再回收利用为生产用水。

5）沼气的净化、储存和输配。沼气发酵时会有水分蒸发进入沼气，而水的冷凝会造成管路堵塞。另外，由于微生物对蛋白质的分解或硫酸盐的还原作用，也会有一定量的硫化氢（H_2S）气体生成并进入沼气中，H_2S 是一种腐蚀性很强的气体，会引起管道及仪表的快速腐蚀，且 H_2S 本身以及燃烧时生成的 SO_2 对人也有毒害作用。因此，大中型沼气工程，特别是用来进行集中供气的工程，必须设法脱除沼气中的 H_2O 和 H_2S。脱水通常采用脱水装置进行，而 H_2S 的脱除通常采用脱硫塔，塔内装有脱硫剂进行脱硫。

沼气的储存通常用浮罩式储气柜，以调节产气和用气的时间差别，储气柜的大小一般为日产沼气量的 1/3～1/2，以便稳定供气。沼气的输配是指将沼气输送分配至各用户，输送距离可达数千米。输送管道通常采用高压聚乙烯塑料管。用塑料管输气不仅避免了金属管的锈蚀，而且造价较低。气体输送所需的压力通常依靠沼气产生时所提供的压力即可满足，远距离输送可采用增压措施。

3．沼气燃烧发电技术

沼气燃烧发电技术是利用工业、农业或城镇生活中的大量有机废弃物，经厌氧发酵处理产生沼气，进而驱动沼气发电机组发电，并可充分将发电机组的余热用于沼气生产或回收。沼气发电热电联产项目的热效率因发电设备的不同而有较大的区别，如使用燃气内燃机时，其热效率为 70%～75%；而使用燃气轮机和余热锅炉时，在补燃的情况下，热效率可以达到 90%以上。图 4-13 给出了几种利用沼气燃烧发电的结构示意图。

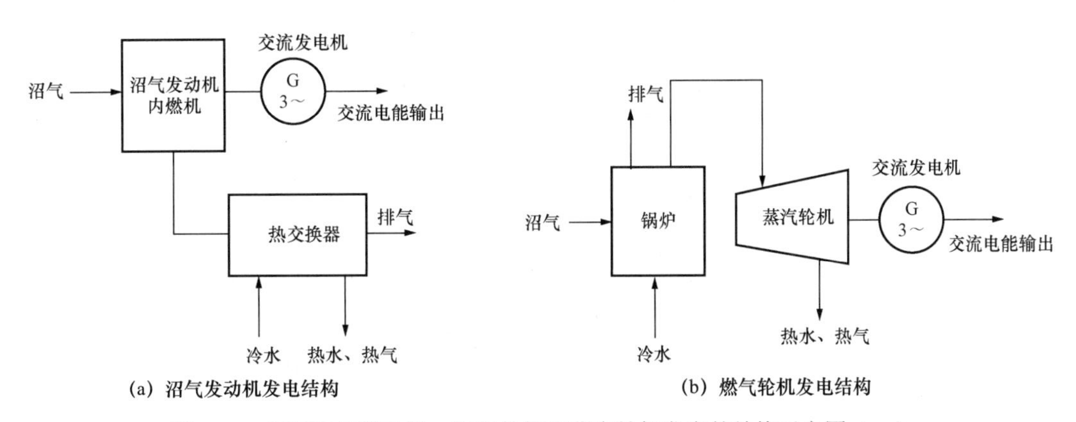

图 4-13　采用沼气发动机、燃气轮机和蒸汽轮机发电的结构示意图（一）

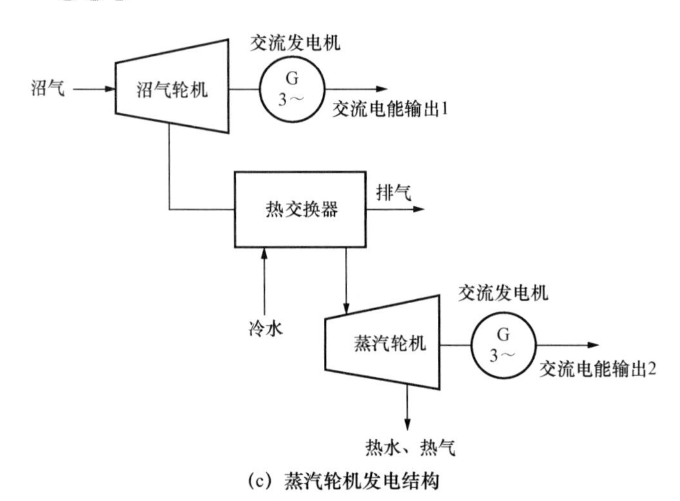

(c) 蒸汽轮机发电结构

图 4-13　采用沼气发动机、燃气轮机和蒸汽轮机发电的结构示意图（二）

沼气燃烧发电技术本身提供的是清洁能源，不仅解决了沼气工程中的环境问题还消耗了大量废弃物，保护了环境，减少了温室气体的排放，同时变废为宝，产生了大量的热能和电能，符合能源再循环利用的环保理念，并带来了巨大的经济效益。

我国广大农村生物质资源非常丰富，沼气燃烧发电是解决农村电气化的一个重要途径。但是，大中型沼气工程与沼气发电工程的一次性投资费用都相当大，沼气工程的投资费用约是沼气发电工程的 4 倍。只有在推广沼气工程应用的同时，不断进行研究以提高沼池产气率，并积极推广应用沼气发电工程，才能在社会效益尽量保持不变的前提下，使经济效益不断提高，进而提高整个工程的一次性投资回报率。

4．沼气燃料电池发电技术

沼气燃料电池系统一般由三个单元组成：燃料处理单元、发电单元和电流转换单元。燃料处理单元的主要部件是改质器，它以镍为催化剂，将 CH_4 转化为 H_2。发电单元的基本部件包括两个电极和电解质，H_2 和氧化剂（O_2）在两个电极上进行电化学反应，电解质则构成电池的内回路，其工作原理如图 4-14 所示。

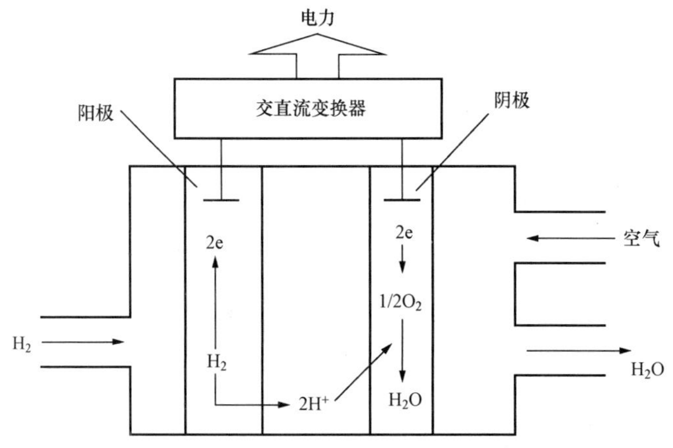

图 4-14　沼气燃料电池（磷酸型燃料电池）的工作原理简图

电子通过导线构成回路时，会形成直流电。燃料电池由数百对这样的发电单元组成。电流转换单元的主要任务是将直流电转换为交流电，以供交流负载使用，还可以实现并网供电。燃料电池产生的水蒸气和热量可供消化池加热或采暖使用。同时，排出废气的热量也可用于加热消化池。

沼气燃料电池发电系统的工作方式与内燃机相似，必须连续不断地向电池内部输入燃料气体与氧化剂，才能确保其连续稳定地输出电能。同时，还必须连续不断地排除相应的反应产物，如生成的水及热量等。沼气在进入燃料电池之前必须经过重整改质，转化成富氢气体，并去除对阳极氧化过程有毒的杂质。

一套完整的沼气燃料电池发电系统，除了具备沼气燃料电池组、沼气供气系统、沼气净化及提纯系统、DC/DC 变换器、DC/AC 逆变器以及热能管理与余热回收系统之外，最重要的是还需要有燃料电池控制器，这样才能对系统中的气、水、电、热等进行综合管理，形成能够自动运行的发电系统。沼气燃料电池的交流发电系统框图如图 4-15 所示。

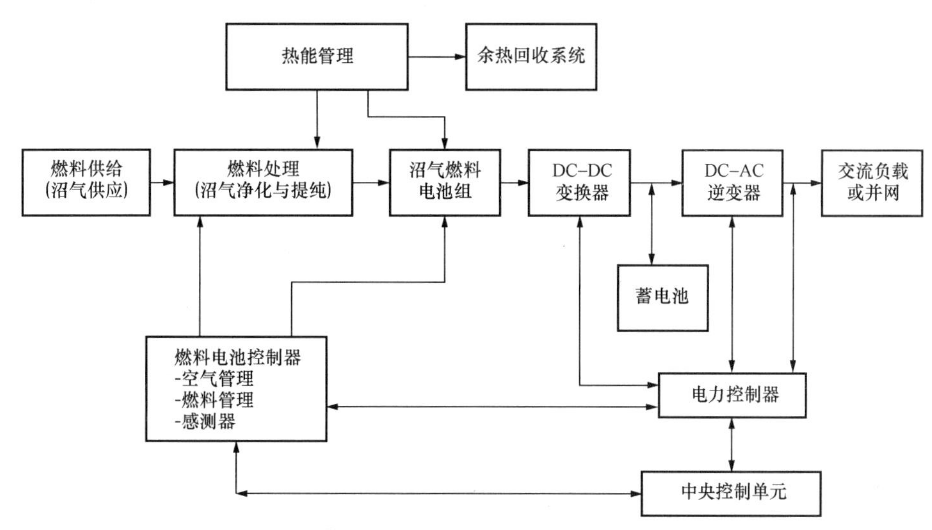

图 4-15　沼气燃料电池的交流发电系统框图

4.4.2　生物燃料电池

生物燃料电池（Biofuel Cell）是利用酶或者微生物组织作为催化剂，将燃料化学能转化为电能的一种装置。根据使用的催化剂种类，生物燃料电池可分为微生物燃料电池和酶燃料电池两种类型。

1．微生物燃料电池

典型的微生物燃料电池如图 4-16 所示，它由阳极室和阴极室组成，质子交换膜将两室分隔开。其基本工作原理为：

1）在微生物的作用下，燃料发生氧化反应，同时释放出电子。

2）介体捕获电子并将其运送至阳极。

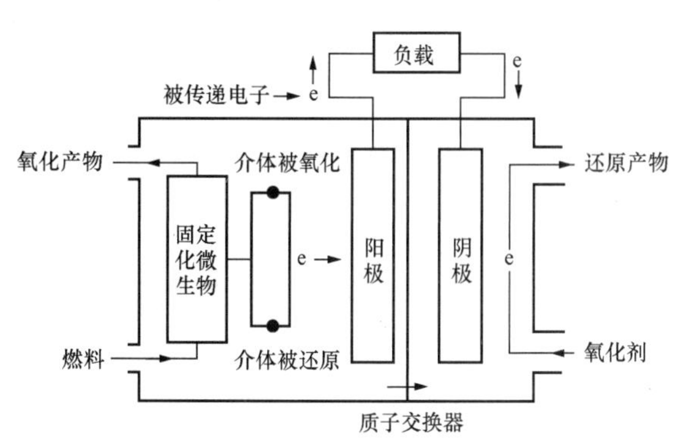

图 4-16　微生物燃料电池

3）电子经外电路抵达阴极，质子通过质子交换膜由阳极室进入阴极室。

4）氧气在阴极接收电子，发生还原反应。

2．酶燃料电池

典型的酶燃料电池如图 4-17 所示。葡萄糖在葡萄糖氧化酶和辅酶的作用下失去电子，并被氧化成葡萄糖酸，电子由介体运送至阳极，再经外电路到达阴极。双氧水得到电子，并在微过氧化酶的作用下被还原成水。

3．介体的作用

由于微生物细胞膜含有肽键或类聚糖等不导电物质，电子难以穿过，因此，在生物燃料电池的设计中，一个最大的技术瓶颈就是如何有效地将电子从底物运送至电池的阳极。介体的作用如图 4-18 所示。

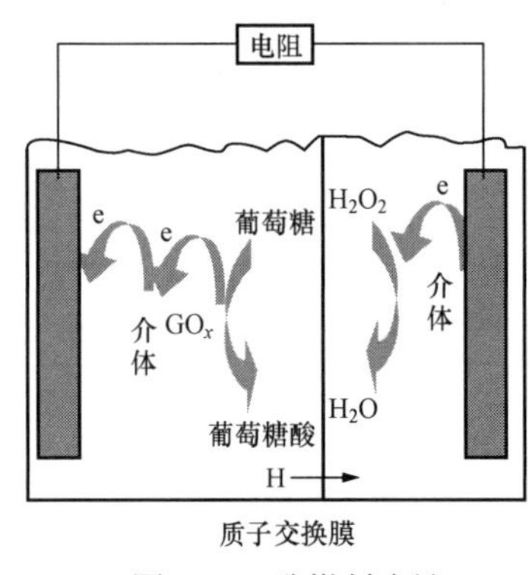

图 4-17　酶燃料电池

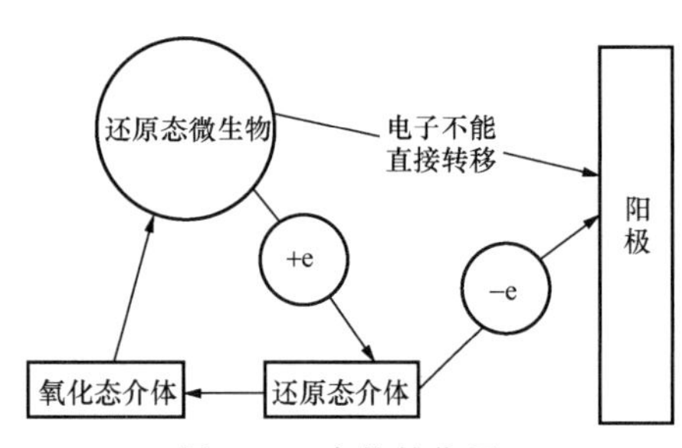

图 4-18　介体的作用

一些有机物和金属有机物可以用作生物燃料电池的介体，其中较为典型的有硫堇、ED-TA-Fe（Ⅲ）、亚甲基蓝和中性红等。介体大多有毒且易分解，这在很大程度上阻碍了生物燃料电池的商业化进程。近年来，人们陆续发现了几种特殊的细菌，这类细菌可以在无介体存在的情况下，将电子传递给阳极产生电流。这种无须介体参与的微生物燃料电池被称作直接微生物燃料电池。目前，直接微生物燃料电池需要将有机物作为电子供体的高活性微生物，发现和选择这种高活性微生物对发展直接微生物燃料电池起到关键作用。

4.5　生物质发电并网对电网的影响分析

4.5.1　生物质发电并网的要求

生物质能被认为是最有前景的可再生能源之一，而生物质发电已成为生物质能利用的重要途径。在我国某些地区，稻壳与秸秆资源丰富，利用这些资源进行生物质发电可以减少环境污染并促进当地经济发展。一些厂，比如大米加工厂，用产生的稻壳来发电，其发出的电量在满足自身需要的同时，多余的发电量可以上网，供给附近用户使用。而一些小容量的生物质发电厂在独立运行时，也面临着运行稳定性差、供电可靠性低的问题。与大电网并网运行后，由大电网进行调频调压，使有功功率和无功功率随时得到平衡。这有助于机组的稳定运行，提高了供电可靠性与电能质量，并可随时保证用户的正常用电，同时也降低了网损。

对于广泛使用的生物质直接燃烧发电，其并网需要发电机满足电力系统发电机并网的三个要求，即电压相等、频率相等和相序相同。只有满足这三个要求，发电机才能稳定安全地并网运行。目前，可以通过在发电厂装设自动准同期装置来实现。

4.5.2 生物质发电并网对电网的影响

当生物质发电机组与电网并网运行时，会对电网的运行产生一定的影响，具体影响如下：

1）电能质量问题。由于一些生物质发电是由用户自己来控制，因此它们会根据其自身的需要开机或停机，这可能会加大配电网的电压波动，影响其他用户的供电质量。发电机的启动还会改变线路的潮流分布，使原来单一的放射型配电网变为多个电源接入的复杂电网，从而加大了电力部门调压的难度。如果调节不及时或调节失误，会使电压超标。通常采用由电网调压且生物质发电机组励磁调节不动作来规避这一问题。另外，也可以让生物质发电机多发有功，少发无功，系统缺额的无功由其他无功补偿设备来补偿，这样就将其对电网电压的影响控制在一个很小的范围内。

2）继电保护问题。当生物质发电机组有功功率注入电网时，会减小继电器的保护区，从而影响继电保护装置的正常工作。由于配电网中大量的继电保护装置已经安装并整定完毕，当生物质发电机组与系统并网时，继电保护装置的参数整定与原来单一供电系统的情况不同。因为分布式电源目前大多为后启动设备，所以这就需要对配电网的继电保护装置进行改造。

3）短路电流问题。当配电系统发生故障时，生物质发电机组的输出电流在短路瞬间会注入配电网中，从而增加了配电网的短路电流，存在使配电网的短路电流增大而导致电网开关的短路电流超标的问题。

4）可靠性问题。目前存在的生物质发电机组在启动时常常要利用电网的电源。在机组启动后切换到自身电源给辅机供电，而有些机组则在运行时一直使用电网电源给辅机供电，以保证机组稳定运行。当大系统停电时，生物质发电机组有时无法启动，或供给辅机的电源失电，导致发电机组同时停运。因此，难以提高供电系统和生物质发电的可靠性。

近年来，随着我国经济的发展，某些电网输配电网络或多或少存在过载的情况，生物质电源接入到配电网中，可有效缓解此类问题。在合理地布置接入点、选择合适的电压调节方式下，生物质发电机组的接入可缓解电压的骤降，提高系统对电压的调节性能，从而保证用电质量。

4.5.3 生物质发电并网应注意的事项

在生物质发电机组并入电网前，应该考虑如下一些问题：

1）接入容量。合理确定接入电网的机组容量，可以确保生物质发电的可靠性和经济性。当接入机组容量较大时，机组本体的投资会增加，由于电网对大容量机组的运行有更高的要求，且其发电小时数也必然受到限制，因此机组利用效率会下降。另一方面，机组容量较大时，接入系统的投资也相应增加。由于需要接入更高的电压等级，送电线路更长且导线截面积更大，这些因素还可能引起短路电流容量超标的问题，从而导致接入系统的费用进一步升高。例如，在美国德州的小电源并网规定中，为了减小机组启停机时的冲击和保证其他用户的安全用电，机组的总容量被限制在不能超过最大负荷的 25%。

2）接入电压等级。接入系统的电压等级一般根据其实际送入系统的容量来确定，容量越大，要求接入的电压等级越高。大容量生物质发电机组一般与较高的电网电压等级相对应，如 35、110kV 甚至更高；而较小容量的生物质发电机组一般与当地配电网相联，如 35、10kV 和 380、220V。当容量越大的机组接入系统后，它对电力系统的影响也将越大。从就地平衡电力考虑，一般以地方负荷最小、生物质发电容量最大的运行工况进行校核。要求满足电网变电站母线上连接的负荷大于接入的生物质电源的发电容量，使功率不反向流过变压器。因此，确定待建生物质发电厂的容量时，还需要进一步了解当地变电站的实际负荷情况。对于发电容量相对较大的机组，其接入系统相对比较简单，基本与小型发电机组接入系统相似。但对于那些容量较小的生物质发电机组的联网，为保证电网对所有用户的安全可靠供电，接入系统的电压等级有如下要求：200kW 以下的机组一般要求接入 400V 电网；200～6000kW 的机组一般要求接入 10kV 电压等级电网。

3）接入方式。根据各个地区的实际情况，建立生物质发电厂后所发电能首先要满足自身需要，多余的电量再上网。根据发电机组和接入电压的要求，需要把从发电机输出的一部分电能供给自身企业使用，这一部分电能可以直接利用。而上网部分电能则需要通过升压变压器接入变电站低压侧 10kV 或 35kV 侧母线。

4）应用前景。在生物质能发电技术应用的初期，通过推动多元化的开发及试点工程，分析不同生物质发电技术在不同应用场景下的作用和优劣势，因地制宜地推动生物质发电技术不同场景下的规模化应用。与此同时，未来结合规模化应用生物能源与碳捕获和储存技术，生物质发电将可能创造负碳排放，从而可以为实现碳中和目标做出巨大贡献。

思考与练习

4-1 什么是生物质和生物质能？

4-2 根据生物质的来源，可以将生物质分为哪些类别？

4-3 生物质现代化燃烧技术有几种形式？不同的燃烧技术有什么区别？

4-4 什么是生物质气化技术？生物质气化的原理是什么？

4-5 生物质燃气有何特性？为什么生物质燃气需要净化？

4-6 什么是沼气？沼气的主要成分有哪些？

4-7 简述沼气发电的几种形式以及各自的特点。

第5章　其他形式新能源发电与应用

5.1 海洋能概述

地球表面积约为 $5.1\times10^8km^2$，其中海洋面积为 $3.61\times10^8km^2$，约占地球表面积的70%；以海平面计，海洋的平均深度为3800m，整个海水的容积达 $1.37\times10^9km^3$。一望无际的大海，不仅为人类提供航运、水源和丰富的矿藏，而且还蕴藏着巨大的能量，它将太阳能以及派生的风能以热能、机械能等形式储存在海水里，这些能量不像在陆地和空中那样容易散失。

海洋能（Ocean Energy）是指依附在海水中的可再生能源，它主要以潮汐、波浪、海流、温差、盐差等形式存在于海洋之中。潮汐能和海流能源自月球、太阳和其他星球的引力，而其他海洋能均源自太阳辐射。海水温差能是一种热能，低纬度的海面水温较高，与深层水形成温差，可产生热交换，其能量与温差的大小和热交换的水量成正比。潮汐能、海流能和波浪能都是机械能。潮汐能与潮差大小和潮量成正比，而波浪能与波高的二次方和波动水域面积成正比。在河口水域还存在海水盐差能（又称海水化学能）。入海径流的淡水与海洋盐水之间存在盐差，若两者之间隔以半透膜，淡水会向海水一侧渗透，从而产生渗透压力，其能量与压力差和渗透能量成正比。

海洋能具有如下特点：

1）在海洋总水体中的蕴藏量巨大，但单位体积、单位面积和单位长度所拥有的能量较小，导致利用效率不高，经济性较差。

2）海洋能具有可再生性。它来源于太阳辐射能与天体间的万有引力，只要太阳、月球等天体与地球共存，这种能源就会再生，取之不尽，用之不竭。

3）海洋能的能量多变，具有不稳定性。潮汐能与海流能虽然不稳定，但其变化有一定规律，人们可根据潮汐和海流的变化规律，编制出各地逐日逐时的潮汐与海流预报，潮汐电站与海流电站可根据预报表安排发电运行。波浪能是既不稳定又无变化规律可循的能源，而海水温差能、盐差能和海流能变化较为缓慢。

4）海洋能属于一种洁净能源，在被开发后，其本身对环境污染影响很小。

5.1.1 海洋能的分类

根据呈现的不同，海洋能一般分为潮汐能、波浪能、海流能、海水温差能和盐差能等类型。

1）潮汐能。潮汐能是因月球、太阳引力的变化引起潮汐现象，潮汐导致海水平面周期性的升降，因海水涨落及潮水流动所形成的水的势能即为潮汐能。其利用的原理与水力发电的原理类似，而且潮汐能与潮量和潮差成正比。

2）波浪能。波浪能是指海洋表面波浪所具有的动能和势能，它是在风的作用下产生的，并以势能和动能的形式，由短周期波储存的一种机械能。波浪能与波高的二次方、波浪的运动周期以及迎波面的宽度成正比。波浪能是海洋能源中能量最不稳定的一种能源。波浪发电是波浪能利用的主要方式。此外，波浪能还可以用于抽水、供热、海水淡化以及制氢等。

3）海流能。海流能是指海水流动的动能，它主要来源于海底水道和海峡中较为稳定的流动，以及由于潮汐导致的有规律的海水流动所产生的能量，是另一种以动能形态出现的海洋能。海流能的主要利用方式是发电，其原理和风力发电相似。全世界海流能的理论估算值约为 10^8kW 量级。我国沿海海流能的年平均功率理论值约为 1.4×10^7kW，属于世界上功率密度最大的地区之一。其中，辽宁、山东、浙江、福建和台湾沿海的海流能较为丰富，不少水道的能量密度达到 15～30kW/m^2，具有良好的开发价值。

4）海水温差能。海水温差能是指海洋表层海水和深层海水之间由于温差而产生的热能，是海洋能的一种重要形式。低纬度的海面水温较高，与深层冷水存在温差，蕴藏着丰富的热能资源，其能量与温差的大小和水量成正比。世界海洋的温差能达 5×10^7MW，而可能转换为电能的海水温差能仅为 2×10^6MW。我国南海地处热带、亚热带，可利用的海水温差能为 1.5×10^5MW。海水温差能利用的最大困难是温差太小，能量密度低，且建设费用高。

5）盐差能。盐差能是指海水和淡水之间或两种含盐浓度不同的海水之间的化学电位差能，是以化学能形态出现的海洋能，主要存在于河海交接处。世界海洋可利用盐差能约为 2.6×10^6MW，我国的盐差能蕴藏量约为 1.1×10^5MW。

5.1.2 我国海洋能资源及开发利用概况

我国从北向南分布着四个内海和近海，分别是渤海、黄海、东海和南海。渤海三面环陆，在辽宁、河北、山东和天津三省一市之间。辽东半岛南端老铁山与山东半岛北岸蓬莱像一双巨臂把渤海紧紧地抱在怀里，隔成如葫芦一般的形状。渤海通过渤海海峡与黄海相通，渤海海峡由南长山岛、砣矶岛、钦岛和隍城岛等 30 多个岛屿构成的 8 条宽窄不等的水道组成，扼守渤海的咽喉，是京津地区的海上门户。渤海的面积较小，约为 9 万 km^2，平均水深为 2.5m，总容量不超过 $1.73\times10^{12}m^3$。辽东半岛南端老铁山角与山东半岛北岸蓬莱角的连线是渤海与黄海的分界线。

黄海西临山东半岛和苏北平原，东边是朝鲜半岛，北端是辽东半岛。黄海面积约为 40 万 km^2，最深处在黄海东南部，约为 140m。东海北连黄海，东到琉球群岛，西接我国大陆，南临南海。东海南北长约为 1300km，东西宽约为 740km，海域面积为 70 多万 km^2，平均水深约为 350m，最大水深为 2719m。东海海域比较开阔，海岸线曲折，港湾众多，岛屿星罗棋布，我国一半以上的岛屿分布在这里。我国流入东海的河流多达 40 余条，其中长江、钱塘江、瓯江和闽江四大水系是注入东海的主要江河。因而，东海形成一支巨大的低盐水系，成为我国近海营养盐比较丰富的水域，其盐度在 3.4%以上。东海位于亚热带，年平均水温为 20～24℃，年温差为 7～9℃。与渤海和黄海相比，东海有较高的水温和较大的盐度，潮差为 6～8m。同时又因为东海属于亚热带和温带气候，有利于浮游生物的生长和繁殖，是各种鱼虾繁殖和栖息的良好场所，也是我国海洋生产力最高的海域，我国著名的舟山渔场就在这里。

从东海往上穿过狭长的台湾海峡，就进入了南海。南海是我国最深、最大的海，也是仅次于珊瑚海和阿拉伯海的世界第三大陆缘海。南海位于我国大陆的南方，北边是我国广东、广西、福建和台湾，东南边至菲律宾群岛，西南边至越南和马来半岛，最南边的曾母暗沙靠近加里曼丹岛。浩瀚的南海面积广阔，约有356万km^2，其中我国管辖海域约为200万km^2。南海也是邻接我国最深的海区，平均水深约为1212m，中部深海平原中最深处达5567m，超过了大陆上西藏高原的高度。南海四周大部分是半岛和岛屿，陆地面积与海洋面积相比显得很小。注入南海的河流主要分布于北部，包括珠江、红河、湄公河等。因为这些河流的含砂量很小，所以海阔水深的南海清澈度较高，总是呈现碧绿色或深蓝色。南海地处低纬度地域，是我国海区中气候最暖和的热带深海。

我国沿海岸可开发的潮汐能资源较丰富，有很多能量密度高、自然环境条件优越的坝址，可供近期开发利用。我国长达18000km的海岸线，蕴藏着至少有2×10^4MW的潮汐电力资源，潜在的年发电量达600亿kW·h以上。其中，仅长江口北支就能建设700MW的潮汐电站，年发电量为22.8亿kW·h，接近新安江和富春江水电站的发电总量；杭州湾的“钱塘潮”的潮差达9m，钱塘江口可建设5000MW的潮汐电站，年发电量多达160亿kW·h，约相当于10个新安江水电站的发电能力。

资料显示，到目前为止我国在沿海各地区陆续兴建了一批中小型潮汐发电站并投入运行发电。其中最大的潮汐电站是1980年5月建成的浙江省温岭市江厦潮汐电站，它也是世界已建成的较大双向潮汐电站之一。该电站总库容为$4.9\times10^6m^3$，发电有效库容为$2.7\times10^6m^3$。该电站装有6台500kW水轮发电机组，总装机容量为3000kW，拦潮坝全长670m。

除潮汐能外，我国的波浪能和海水温差能也较为丰富。统计显示，目前我国沿岸波浪能的蕴藏量约为1.5×10^5MW·h，可开发利用量为2.3×10^4～3.5×10^4MW。这些资源在沿岸的分布很不均匀，以台湾沿岸为最多，占全国总量的1/3；其次是浙江、广东、福建和山东沿岸，约占全国总量的55%；其他省市沿岸则很少。目前，一些发达国家已经开始建造小型的波浪发电站。我国也是世界上主要的波浪能研究开发国家之一，波浪发电技术的研究始于20世纪70年代，从20世纪80年代初开始，我们主要对固定式和漂浮式振荡水柱波能装置以及摆式波能装置等进行研究，且获得了较快的发展。目前，微型波浪发电技术已经成熟，小型岸式波浪发电技术也已进入世界先进行列。而海水温差能则是利用海面上的海水被太阳晒热后，在真空泵中减压，使海水变为蒸汽，然后推动蒸汽轮机发电。同时，蒸汽冷却后回收为淡水。

在我国海洋能的开发利用中，潮汐发电技术已基本成熟，波浪能开发中的浮式和岸式波力发电技术已形成一定的生产能力，并有产品出口。但从总体上说，我国海洋能产业仍处在初始发展阶段。为了加快我国海洋能开发利用技术的发展，必须在现有基础上，加强海洋能技术的科技攻关，同时要通过市场机制，大力促进海洋能技术的产业化。

5.2 海洋能发电技术

5.2.1 潮汐发电

潮汐是海洋的基本特征。和波浪在海面上的表现不同，潮汐现象主要体现在海岸边。到了一定的时间，潮水退去，沙滩慢慢露出了水面，又过了一段时间，潮水又奔腾而来。这样，海水日复一日，年复一年地上涨、下降，人们把白天海面的涨落现象称为“潮”，晚上海面的涨落称为“汐”，合起来就是“潮汐”。

潮汐是海水受太阳、月球和地球引力相互作用后所发生的周期性涨落现象。潮汐振动以潮波的形式从大洋外海向浅海和岸边传播，当潮波进入大陆架海岸边时，由于受到所处地球上位置、海底地形和海岸形态的影响，在各地会发生上升、收聚和共振等不同变化，从而形成了各地不同的潮汐现象。潮波周期和潮汐周期一致，主要为12.4h（半日潮）和24.8h（全日潮）。潮波是一种典型的长波，波长在大洋上可达100km以上。传至浅海后，波长大幅度减小。潮波高在大洋上很小，只有几厘米，但传至岸边后，在地形、海岸形态的影响下，潮波部会变大，可达几米，甚至十几米。潮波波峰到达某地时，表现为高潮位；潮波波谷到达时，表现为低潮位。潮汐涨落的过程曲线如图5-1所示，它表现为海面相对于某一基准面的垂直高度变化。从低潮到高潮，海面上涨的过程称为涨潮。海水起初涨得较慢，接着越涨越快，到低潮和高潮中间时刻涨得最快，随后涨速开始下降，直至发生高潮。这时，海面在短时间内处于不涨不落的平衡状态，称为平潮。将平潮的中间时刻定为高潮时。从高潮到低潮，海面的下落过程称为落潮。当海面下落到最低位置时，海面在短时间内处于不涨不落的平衡状态，称为停潮。将停潮的中间时刻定为低潮时。

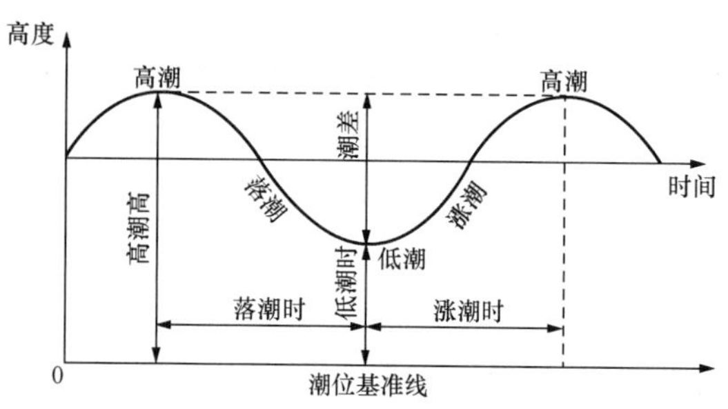

图5-1　潮汐涨落的过程曲线

在潮汐涨落的过程中，海面上涨到最高位置时的高度称为高潮高，下降到最低位置时的高度称为低潮高，相邻的高潮高与低潮高之差称为潮差日。高潮高或低潮高相对于平均潮高的高度称为潮幅$H/2$。

从低潮到高潮的潮位差称为涨潮潮差，从高潮到低潮的潮位差称为落潮潮差，两者的平均值即为潮汐循环的潮差。从低潮时到高潮时的时间间隔称为涨潮时，从高潮时到低潮时的时间间隔称为落潮时，两者之和为潮汐周期。

由于潮汐电站的建筑物及机组的运行会对潮汐过程产生反作用，从而影响潮波结构并产生一定变化，因此估算一个具体潮汐电站从自然潮汐过程中获得的能量是极其困难的。为了估算潮汐电站的发电量，除了需要了解潮汐电站的技术特性外，还必须预测潮汐过程可能发生的变化，这就需要进行大量的复杂模拟计算。但是，在初步设计阶段，可以在一些假定的条件下，利用一些简化近似公式来估算潮汐电站的功率。根据国际上常用的伯恩斯坦潮汐能估算公式，正规半日潮海域的潮汐能日平均理论功率P（kW）可以表示为

$$P = 225AH^2 \tag{5-1}$$

式中：A为海湾内储水面积；H为潮差。

因为P表示的是日平均功率，并不能直接用来确定潮汐电站的装机容量，但是可以用于确定潮汐电站的年发电量E（kW・h），即将式（5-1）乘以365d和24h可得

$$E = 24\times365\times225AH^2 = 1.97\times10^6AH^2 \tag{5-2}$$

大海的潮汐能极为丰富，涨潮和落潮的水位差越大，所具有的能量就越大。潮汐发电的原理与水力发电相似，它是利用潮水涨落产生的水位差所具有的势能来发电的。为了利用潮

汐进行发电，首先要将海水蓄存起来，这样便可以利用海水出现落差产生的能量来带动发电机发电。因此，潮汐发电站一般建立在潮差比较大的海湾或河口，在海湾或有潮汐的河口建一个拦水大坝，将海湾或河口与海洋隔开，构成水库，再在坝内或者坝房安装水轮发电机组，就可利用潮汐涨落时海水水位的升降，使海水通过水轮机推动发电机发电，如图 5-2 所示。当海水上涨时，闸门外的海面升高，打开闸门，海水向库内流动，水流带动水轮机并拖动发电机发电；当海水下降时，关闭先前的闸门，将另外的闸门打开，海水从库内向外流动，又能推动水轮机拖动发电机继续发电。

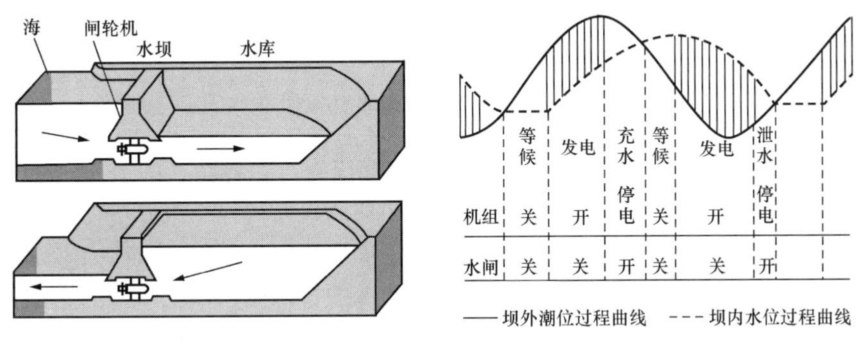

图 5-2　潮汐发电

1．潮汐电站分类

潮汐电站通常由七部分组成：潮汐水库，闸门和泄洪建筑，堤坝，输电、交通和控制设施，发电机组和厂房，以及航道和鱼道。按照运行方式及设备要求的不同，潮汐电站分为单库和双库两种。

1）单库单向型潮汐电站。如图 5-3 所示，单库单向型潮汐电站一般只有一个水库，水轮机采用单向式。这种电站只需建设一个水库，在水库大坝上分别建一个进水闸门和排水闸门，发电站的厂房建在排水闸处。涨潮时，打开进水闸门，关闭排水闸门，这样可以在涨潮时使水库蓄满海水。落潮时，打开排水闸门，关闭进水闸门，水库内外形成一定的水位差，水从排水闸门流出时，带动水轮机转动并拖动发电机发电。由于落潮时水库容量和水位差较大，因此通常选择在落潮时发电。在整个潮汐周期内，电站共有充水、等候、发电和再次等候四个工况。单库单向型潮汐电站只要求水轮机组满足单方向的水流发电，且只需安装常规贯流式水轮机即可，所以机组结构和水工建筑物简单，投资较少。由于只能在落潮时发电，而每天两次潮汐涨落时，一般仅有 10～20h 的发电时间，因此潮汐能未被充分利用。

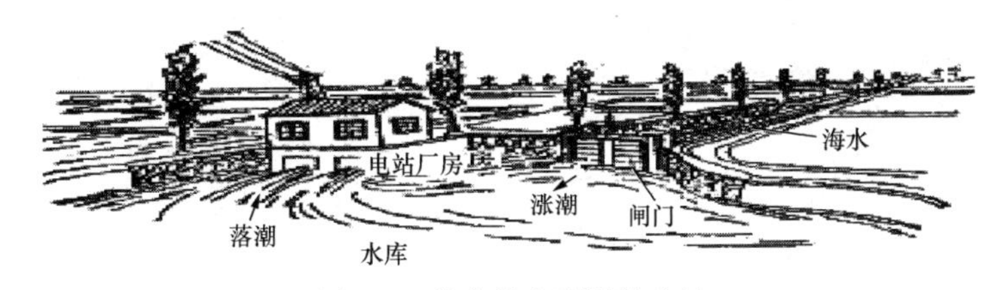

图 5-3　单库单向型潮汐电站

2）单库双向型潮汐电站。单库双向型潮汐电站采用一个单库和双向水轮机，涨潮和落潮时都可以发电。这种电站的特点是水轮机和发电机组的结构较复杂，能满足正向和反向运转的要求。单库双向型潮汐电站有等待、涨潮发电、充水、再次等待、落潮发电和泄水六个工况。在海—库水位接近相等的时间内，机组无法发电，一般每天能发电 16～20h。单库双向型潮汐电站如图 5-4 所示。

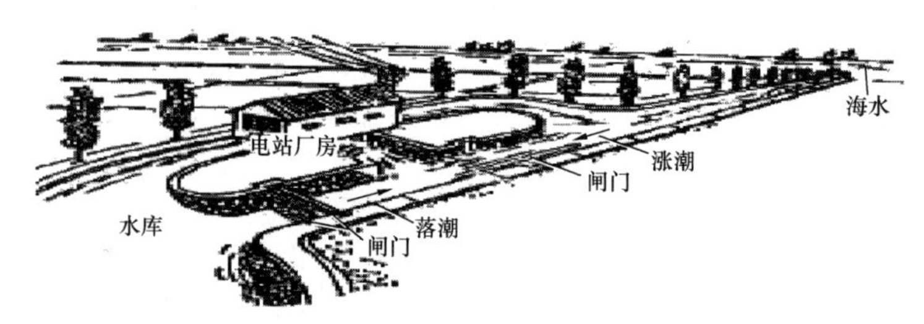

图 5-4 单库双向型潮汐电站

3）双库单向型潮汐电站。为了提高潮汐能的利用率，在有条件的地方可建立双库单向型潮汐电站，如图 5-5 所示。电站需要建立两个相邻的水库，一个水库仅在涨潮时进水，称为上水库或高位水库。另一个水库在退潮时放水，称为下水库或低位水库。电站建在两水库之间。涨潮时，打开上水库的进水闸门，关闭下水库的排水闸门，上水库的水位不断增加，超过下水库水位形成水位差，水从上水库通过电站流向下水库时，水流带动水轮机并拖动发电机发电。落潮时，打开下水库的排水闸门，下水库的水位不断降低，与上水库仍保持水位差。水轮发电机可全日发电，提高了潮汐能的利用率。但由于需建造两个水库，一次性投资较大。

2. 潮汐电站的水轮发电机组

水轮发电机组是潮汐电站的关键设备，它具有以下特点：应满足潮汐低水头、大流量的水力特性；机组一般在水下运行，因而对水轮发电机组的防腐、防污和密封要求高，同时对发电机的防潮、绝缘、通风、冷却和维护等要求也高；水轮发电机组随潮汐涨落发电，开、停机运行频繁，双向发电机组需要满足正、反向旋转，因而要选用适应频繁起动和停止的开关设备。潮汐电站的水轮发电机组主要有以下几种基本结构形式。

1）竖轴式机组。竖轴式机组将轴流式水轮机和发电机的轴竖向连接在一起，并垂直于水面，如图 5-6 所示。这种布置结构简单，运行可靠。由于竖轴式机组将水轮机置于较大的混凝土涡壳内，发电机置于厂房的上部，所需厂房面积较大，工程投资偏高，而且潮汐电站水头很低，因此竖轴水轮机只适用于小型潮汐电站机组。

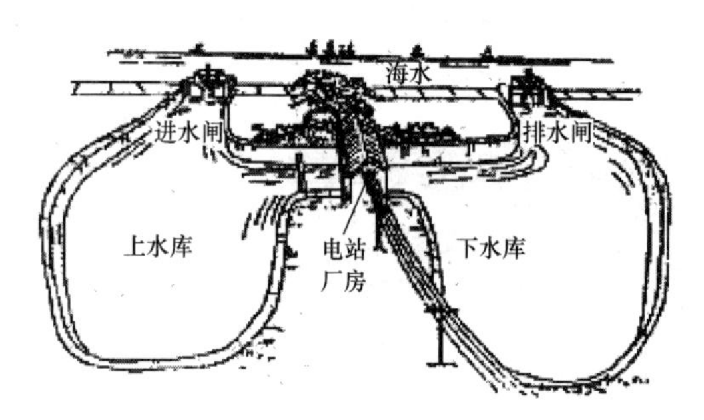

图 5-5 双库单向型潮汐电站

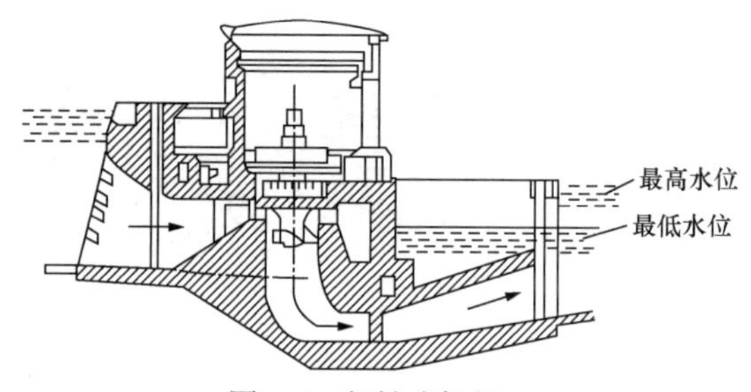

图 5-6 竖轴式机组

2）卧轴式机组。卧轴式机组将水轮发电机组的轴卧置，水轮机置于流道中，发电机置于陆地上，它们之间通过长轴传动或采用齿轮增速器使发电机增速，具有可以合理选择发电机转速、检修方便及效率较高等特点。由于这种形式的机组进水管较短，并且进水管和尾水管的弯度均大大减小，因此厂房的结构简单，水流能量损失也较少，其性能比竖轴式机组更优越。另外，需要很长的尾水管，所需厂房长度也较长。卧轴式机组如图 5-7 所示，适用于潮差 5m 以下的中小型潮汐电站机组。

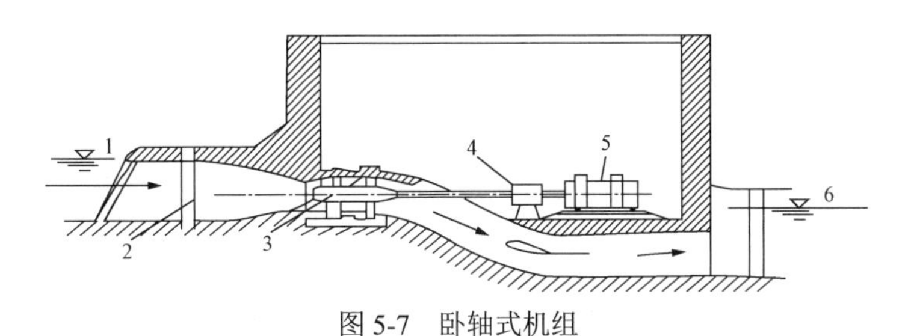

图 5-7 卧轴式机组

1—上游水位；2—闸门槽；3—水轮机；4—调速器；5—发电机；6—下游水位

3）灯泡贯流式机组。贯流式机组是为了提高机组的发电效率，缩小输水管的长度以及厂房面积，在卧轴式机组的基础上发展起来的一种新型机组。灯泡贯流式机组是贯流式机组的一种，它将水轮机、齿轮箱和发电机全部放在一个用混凝土做成的密封灯泡体内，只将水轮机的桨叶露在外面，整个灯泡体设置于发电机厂房的水流道内，如图 5-8 所示。与竖轴式机组相比，灯泡贯流式机组具有流道顺直、水头损失小、单位流量大、效率较高、体积较小及厂房空间较小等优点，适合用作低水头的大中型潮汐电站机组。目前世界上运行和在建的潮汐电站机组多采用灯泡贯流式机组。其缺点是安装操作不便、占用水道太多。

4）全贯流式机组。全贯流式机组将水轮机和发电机的转子装在水流通道中的一个密封体内，水轮机转子的外轮缘同时构成发电机转子的磁轭，而发电机定子同心布置在发电机转子外面，并固定在水流道的周壁基础上。因此，相较于灯泡贯流式机组，全贯流式机组在水流道中所占的体积更小，操作运行更方便。全贯流式机组如图 5-9 所示。它具有外形小、重量轻、发电机布置方便、机组紧凑及经济性较好等优点，且厂房的面积大为缩小，进水管道和尾水管道短而直，使水流能量损失小、发电效率高。全贯流式机组的发电机转子和定子之间为动密封结构，技术难度大，使得设备的加工难度也增加。

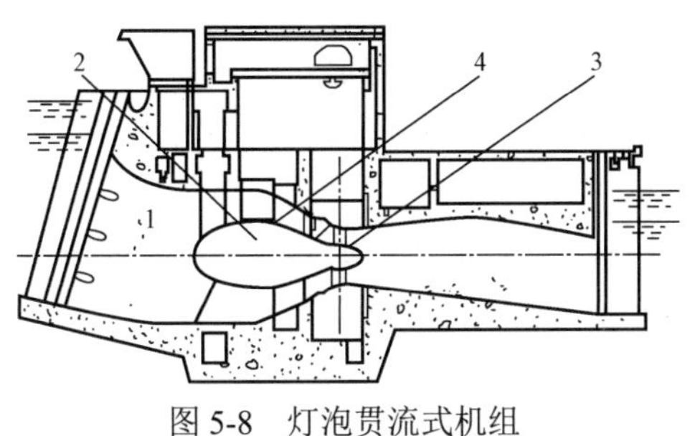

图 5-8 灯泡贯流式机组

1—流道；2—发电机；3—水轮机；4—灯泡体

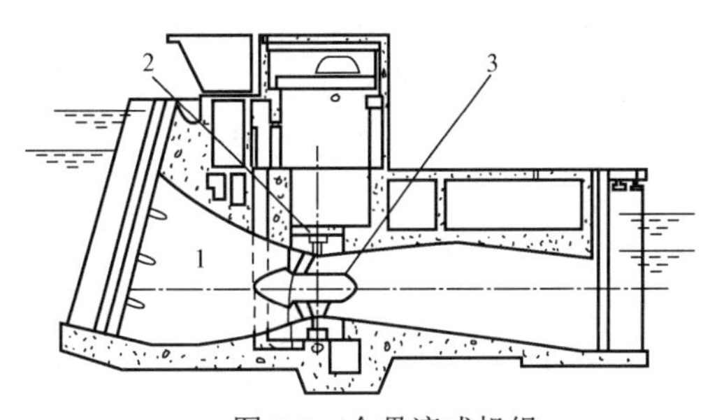

图 5-9 全贯流式机组

1—流道；2—发电机；3—水轮机

3．潮汐电站的站址选择

潮汐电站的站址选择应当综合考虑如下条件：

1）潮汐条件。潮汐条件是选择潮汐电站站址的最主要因素。潮汐电站可利用水头与发电水量主要取决于潮汐情况，同时也与库区地形和大坝的位置有关。潮汐能的强度与潮差密切相关，潮差是反映潮汐能量密度的指标，通常取其多年平均值作为电站站址比较时的衡量指标。

2）地貌条件。总体来说，应选择那些口门小而水库水域面积大，可以储备大量海水并便于修建土建工程的地域。这些地域有较大的海湾和适度的湾口，有良好的坝基和环境条件。当地较大的潮差与有利的地理环境相配合，往往构成优良的站址。由于潮汐电站所利用的水头较低，因而其单位电能的建设成本较一般水电站高，有开发价值的潮汐电站，除站址选在潮差较大的地区外，还需着重寻找有利的库区和坝址地形。从潮汐电站的位置看，主要有海湾、河口、湾中湾、泻湖和围塘等。其中，湾中湾最为理想，因为它不直接受外海风浪的影响，海区泥沙运动较弱，使电站淤积缓慢，厂房、堤坝和水闸等建筑也受到较好的保护。浙江江厦电站便是一个例证，库内水色较清，电站运行十余年来，没有明显的淤积现象。而泻湖泥沙淤积较为严重。

3）地质条件。基岩是电站厂房最理想的地基，因此，基岩港湾海岸是最适合建设潮汐电站的海岸类型。大坝通常都建在软黏土地基上，坝址尽可能选择软黏土层较薄而下面为不易压缩层或基岩的地段。一般采用浮运沉箱法进行施工，将厂房建在河（海）床上，并作为挡水结构的组成部分，这种方法具有较好的经济性。

4）综合利用条件。潮汐发电工程的综合利用，不仅会增加经济效益，而且还会大幅度降低工程单位投资。因此，潮汐电站应以水库、堤坝和岸滩为依托，提高除发电以外的综合效益，包括水产养殖、围垦海滩、改善交通及发展旅游等多方面。综合利用条件要好，距离负荷中心和电网尽量近，社会经济和生态条件较好；充分利用自身的水土资源优势，因地制宜地开展多种经营，这样才能具有生命力，并求得发展。在电站规划选址过程中，对不同坝址要将可能获得的综合利用效率和电站发电效益联系在一起加以综合比较。

5）工程、水文条件。进行站址评价时，还应该考虑到潮汐挡水建筑物的总长度、厂房的位置及长度、地震情况、航道和鱼道设施的要求等工程条件，以及潮汐水库纵向规模、沿挡水建筑物轴线的平均水深、挡水建筑物对风和波浪的方位、潮流和截流的流速等水文条件。此外，泥沙淤积问题是影响潮汐电站正常运行的一个重要因素。潮汐电站建成后可能会加剧泥沙淤积，导致电站不能充分发挥作用，但若潮汐电站选址适当，落潮平均流速大于涨潮平均流速，则有利于泥沙的冲刷，且建造潮汐电站后，可利用水闸控制进出水量，冲刷现有河道淤沙。因此，必须根据各地的水流、泥沙具体情况，利用潮汐能量和泥沙冲淤规律加以研究解决。

6）社会经济条件。除以上各项条件之外，潮汐电站站址选择还必须综合考虑腹地社会经济状况、电力供需条件以及负荷输送距离等因素。

世界上潮汐能发电的资源量在 10^6MW 以上且适于建设大型潮汐电站的地方都在研究、设计建设潮汐电站，其中包括美国的库克湾、加拿大的芬地湾、英国的赛文河口、阿根廷的圣约瑟湾、澳大利亚的达尔文范迪门湾、印度的坎贝河口、俄罗斯远东的鄂霍茨克海品仁湾和韩国的仁川湾等地。随着技术的进步，潮汐发电成本不断降低，预示着未来将会有大型现代潮汐电站建成并投入使用。

4．潮汐电站在我国及世界各地发展情况

我国现运行发电的主要潮汐电站简况见表 5-1。

表 5-1　　我国现运行发电的主要潮汐电站简况

站名	位置	型式	机组数量	装机容量（kW）		每年耗电量（万 kW•h）		建站时间（年）	投产时间（年）
				设计	实际	设计	实际		
江厦	浙江温岭	单库双向	6	500×6	500×1	1070	116	1972	1980
白沙口	山东乳山	单库单向	6	160×6	640	232	—	1970	1978
浏河	江苏太仓	双向双贯流式	2	75×2	150	25	6	1970	1978

20 世纪 50 年代，世界很多国家逐步开始重视潮汐发电技术的开发利用，法国的朗斯电站是最大的电站，装机容量为 240MW，是单库双向型潮汐电站，也是第一个商业化的电站。另外，还有加拿大的安娜波利斯电站，装机容量接近 20MW，为单库单向工作；苏联的基斯洛湾试验潮汐电站，装机容量为 400kW，单库双向工作；我国的江厦潮汐电站，装机容量为 3200kW，单库双向工作。世界现有投入运行的潮汐电站具体数据见表 5-2。

表 5-2　　世界现有投入运行的潮汐电站具体数据

地点	平均潮差（m）	库区面积（km^2）	装机容（MW）	发电量（GW•h/a）	投入运行时间（年）
朗斯（法国）	10.8	17	240.0	540	1966
安娜波利斯（加拿大）	6.4	6	17.8	30	1984
基斯洛湾（前苏联）	2.4	2	0.4	—	1968
江厦（我国）	5.08	1.6	3.2	7.2	1980

1）单库单向与单库双向的比较。在单向方式中，水头变化范围较小，平均工作水平较高，这在一定程度上使水轮机的数量减少，尺寸减小，从而减少潮汐发电的投资。单向工作水轮机的造价也比双向工作水轮机的造价稍低一些，但双向工作可以提高出力。选择单向还是双向工作方式，通常需要综合考虑潮差和海湾条件。所以，对于潮差小、海湾条件允许的电站，采用双向工作是比较有利的。

2）单库与多库方式的比较。多库方式可使电站连续发电，这是它最吸引人的地方，驱使人类不断研究和考虑这种方案，但它的缺点是潮汐能源利用率低。因此，总体潮汐发电多采用单库方案。

5.2.2　波浪发电

水在风和重力的作用下发生的起伏运动称为波浪。江河海都有波浪现象，因为海洋的水面最广阔，水量巨大，所以更容易产生波浪，且海洋中的波浪起伏最大。波浪能是由风把能量传递给海洋而产生的，是海洋能源的一种。它主要是由海面上风吹动以及大气压力变化而引起的海水有规则的周期性运动。根据波动理论，波浪能量与波高的二次方成正比。波浪功率不仅与波浪中的能量有关，还与波浪达到某一给定位置的速度有关。一个严格简单的正弦

波单位波峰宽度的波浪功率为

$$P_{w}=\rho g^{2}h^{2}T/(32\pi) \tag{5-3}$$

式中：ρ 为海水密度（kg/m^3）；g 为重力加速度，g=9.8m/s^2；h 为波高（m）；T 为波周期（s）。

习惯上，把海浪分为风浪、涌浪和近岸浪三种。风浪是在风的直接作用下生成的海水波动现象，其特点是风越大，浪越高，波浪的高度基本与风速成正比，且风浪瞬息万变，波面粗糙，周期较短。涌浪是在风停以后或风速风向突然变化时，在原来的海区内剩余的波浪，以及从海区传来的风浪。其特点是外形圆滑规则，排列整齐，周期比较长。风浪和涌浪传到海岸边的浅水地区变成近岸浪。当水深是波长的一半时，海浪发生触底，波谷展宽变平，波峰发生倒卷破碎。

为了表示海浪的大小，根据海浪特征和波高将海浪分成 10 级，见表 5-3。

表 5-3 海浪波级

波级	波高范围（m）	波浪名称	波级	波高范围（m）	波浪名称
0	0	无浪	5	$3.0 \leq h < 5.0$	大浪
1	$0.1 > h < 0.1$	微浪	6	$5.0 \leq h < 7.5$	巨浪
2	$0.1 \leq h < 0.5$	小浪	7	$7.5 \leq h < 11.5$	狂浪
3	$0.5 \leq h < 1.5$	轻浪	8	$11.5 \leq h < 18$	狂浪
4	$1.5 \leq h < 3.0$	中浪	9	$h \geq 18$	怒浪

1．波能转换的基本原理

波能转换一般可以分为两个阶段：通过波浪能采集系统捕获波能，将波能转换为机械能（有质量物体的动能），称为一次转换；将转化后的机械能转换为电能，称为二次转换。在两次转换之间，有些还有中间环节，其目的是传递能量，并用于提高一次转换所得能量载体的速度，如用收缩道对流体加速或者用齿轮对轴加速等。

波能的一次转换主要有以下几种方式。

（1）冲箱式

冲箱式波能吸收装置是指通过水面上可运动的浮子来吸收波能，如图 5-10（a）所示。例如，浮子在波上做垂直方向的升沉运动。为了提高波能吸能效果，浮子的形状设计极为关键。英国爱丁堡大学斯蒂芬·索尔特教授所设计的“点头鸭”用浮子绕轴心的纵摇运动代替升沉运动，其形状合理，吸波效率极高。另有一种筏式浮体，利用纵摇运动吸收波能，不会向后方兴波，吸波效率也很高。这两种方案曾长期受到人们的重视。但是，由于其结构复杂，有不少活动部件暴露在海水中，导致在经受风浪袭击等方面稳定性稍差，因此实际的应用较少。

（2）摇板式

如图 5-10（b）所示，在摇板式波浪电站中，吸能装置由水室与摆板组成，水室的作用是聚波形成立波，增加波能密度，摆板则是与波浪直接接触的部分，波浪通过摆板做功，转化为机械能。该方式可以增加波能吸收的水深，但是由于摆板的双向摆动，会降低其吸收效率，增加后壁可对此加以改善。此外，在工艺上摆轴宜置于水面以上，这在理论上会导致摆质点的线速度上小下大，与波质点线速度上大下小相矛盾，因此效率更差。

（3）空气式

空气式又称振荡水柱式，如图 5-10（c）所示，目前已建成的振荡水柱波能装置都利用空气作为转换的介质。其一级能量转换机构为气室，二级能量转换机构为空气涡轮机。气室的下部开口在水下与海水连通，上部与大气连通，在开口处形成喷嘴。在波浪力的作用下，气室下部的水柱在气室内做强迫振动，压缩气室的空气往复通过喷嘴，将波浪能转换成空气的压能和动能。空气涡轮机安装在喷嘴处，并将涡轮机转轴与发电机相连，可利用压缩气流驱动涡轮机旋转并带动发电机发电。空气式的优势主要在于：①它没有任何水下活动部件，结构安全，维护方便；②它将空气作为能量载体，传递方便，且可以简单地通过一个收缩段提高气流速度，从而很好地匹配二次转换。

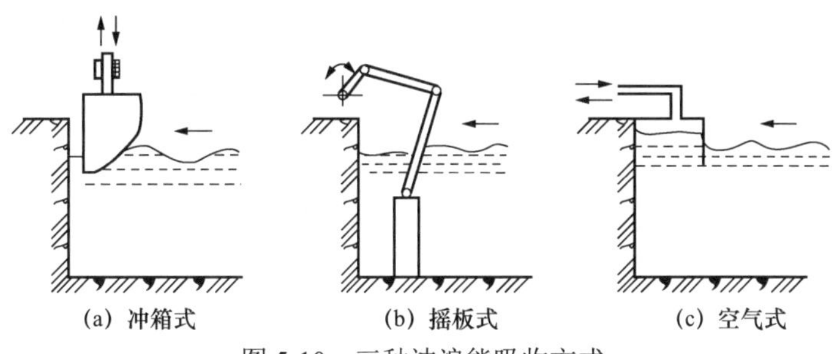

图 5-10 三种波浪能吸收方式

空气式波浪发电装置可分为漂浮式和固定式两大类。

1）漂浮式。一次转换装置由重物系泊漂浮于海上。由于漂浮式本身的运动特性，难免会向后方兴波而影响吸收效率，但是利用能做多自由度运动的浮体，可以在一定程度上提高吸波效率。漂浮式的主要优点是其建造方便，投放点灵活，且对潮位变化具有很强的适应性。由于波浪的表面性，吸收波能的装置要尽量接近水面，而漂浮式则能在任何潮位下满足这一要求。相比之下，空气固定式的吸波开口无法适应潮位的改变，不能始终处于理想的工作状态。漂浮式的主要缺点在于系泊与输电较为困难。

2）固定式（也称岸式）。一般建在岸边迎浪侧，在岸上施工较为方便，且并网输电也更为简单，但是岸式波浪电站通常选址在风浪较大的区域，这给电站施工带来不利影响，往往会使施工质量受到一定影响，电站建成后，由于波浪拍岸时会出现高度的非线性现象，其作用力很难估算。因此，如何抵御风浪破坏是其面临的主要困境。

（4）聚波储能式

与通过吸收波能进行能量转换不同，聚波储能波浪发电方式舍弃了波浪的动能，而是利用波浪在沿岸的爬升将波浪能转换成水的势能。它利用狭道集中波能，使波高增加至 3～8m 而溢出蓄水池，然后像潮汐发电那样，用蓄水池内的水推动水轮发电机，其二次转换实际上就是一般的水力发电，技术较为成熟。其不足之处是对于地形有一定的要求，聚波储能式如图 5-11 所示。

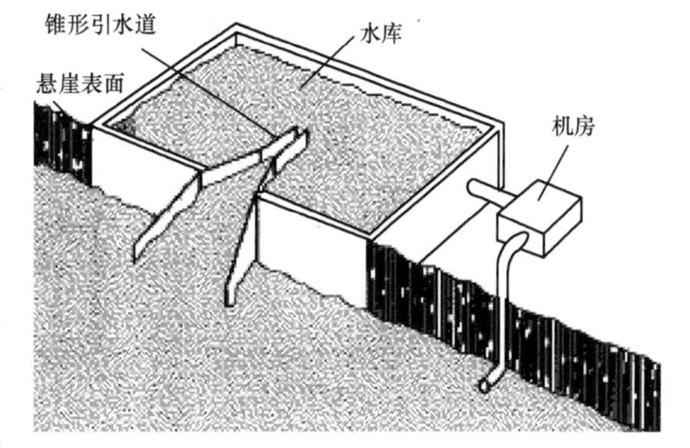

图 5-11 聚波储能式

（5）其他

随着人们对波浪能利用技术研究的深入，一些新型的波能转换装置也相继出现。世界上第一个商业海浪发电厂“海蛇”位于葡萄牙北部海岸，2008 年投入运转。“海蛇”设备由佩拉米斯波浪发电公司完成研制，由一串四个相连的管道组成，四部分之间通过铰链连接，三个能量模块对波浪能进行捕捉，如图 5-12 所示。能量模块中插有大型液压滑块，当长长的蛇体在波浪中扭曲翻转时，它们像活塞一样把滑块从模块中拖进拖出。滑块的巨大力量被加以利用，使得能量模块中的发电机发出电力并通过海底电缆送入电网中。

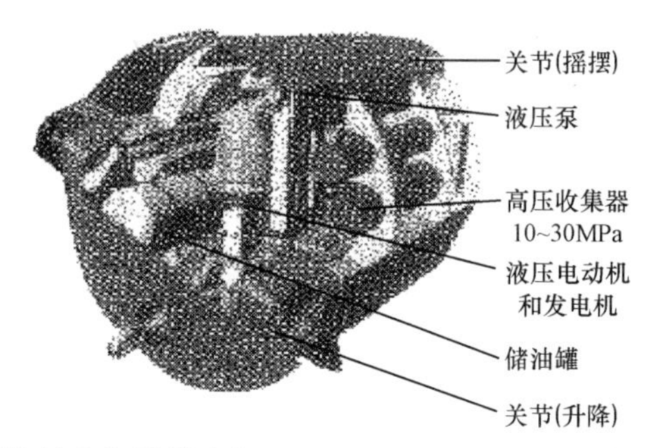

图 5-12 “海蛇”海浪发电机

另一种名为“巨蟒”的海浪发电机由英国切克梅特海洋能源公司设计，它是一种类似蟒蛇的大型发电设备，由橡胶而不是钢铁制成。“巨蟒”实际上是一根装满水的橡胶管，两头封闭。按照设计，此装置的一头停泊在即将来临的波浪中，当海浪在上方经过并对其产生挤压时，内部可产生压力波，压力波向前行进，到达尾端时可带动发电机发电。

近年来，随着发电机技术的发展，一种简单的利用波浪能的方式（即漂浮式）引起了人们的注意，这种方式利用漂浮物的移动带动直线发电机发电。据悉，英国三叉戟能源（Trident Energy）公司设计了一种水翼艇状的漂浮物，可在海浪通过时产生上升力以及推进力。三叉戟能源公司所设计的漂浮式波浪发电装置内部安装有一个直线永磁发电机。另外，还有一种位于水下的漂浮物，称为阿基米德浮筒装置。阿基米德浮筒整体要潜入水下数米，上部可像活塞一样相对于下部上下移动。当海浪经过时，浮筒上下推动直线发电机发电。

上述的多种方案都为波浪能利用提供了较好的方法，但也存在一些问题，主要问题是由于波浪能的不稳定性，导致波浪能驱动效率较低，输出功率较小。目前采用的通用三相交流发电机并不太适合波浪能利用装置，因此发电效率比较低。常用的波浪发电电气系统框图如图 5-13 所示。

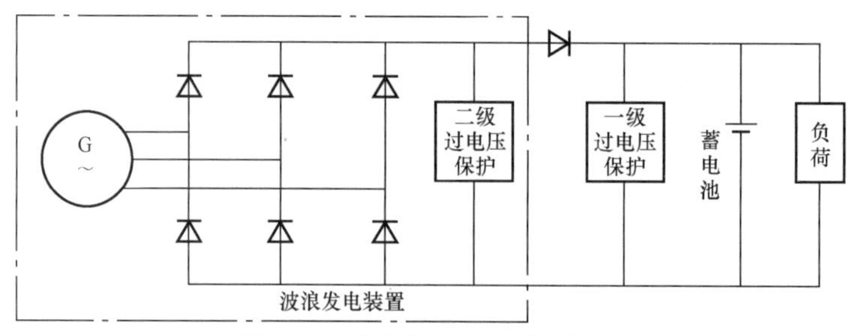

图 5-13 波浪发电电气系统框图

一般来讲，发电机的输出电压与转速成正比。当风浪很大时，波浪发电机的转速较高，因此输出电压也较高；相反，当风浪很小时，发电机的转速较低，输出电压也较低。由图5-13可知，只有当整流输出的直流电压高于蓄电池电压时，才能对蓄电池进行充电；而当输出的直流电压低于蓄电池电压时，则不能对蓄电池进行充电。因此，将波浪发电机输出电压低于蓄电池电压的状态称为波浪发电机的低输出状态。实际上，在低输入状态时，波浪发电装置仍在输出电能，只不过这部分电能未被利用。然而，随着现代电力电子技术的飞速发展，利用半导体开关电源技术，可以将低电压进行高效升压。通过采用升压电路，将波浪发电机在低输出状态下的低电压进行有效的升压，使其达到对蓄电池进行充电所需的电压，实现对蓄电池充电，大大提高能源利用率。但同时需要注意的是，半导体集成升压器件存在一定的损耗。其效率一般是80%～90%。为了尽量提高能源利用率，一般在波浪发电装置处于低输出状态时采用升压方法，而在波浪发电装置输出整流电压高于蓄电池电压时，即不经过升压直接给蓄电池充电，以此来避免升压时的损耗。提高波浪发电装置能源利用率的电路框图如图5-14所示。由图5-14可知，电压比较电路输入的两个比较量分别是波浪发电机输出整流电压 U_0 和蓄电池电压 U_B。当 $U_0>U_B$ 时，断开升压电路直接向蓄电池充电；当 $U_0<U_B$ 时，立即接通升压电路，发电机输出的低电压经过升压后向蓄电池充电。

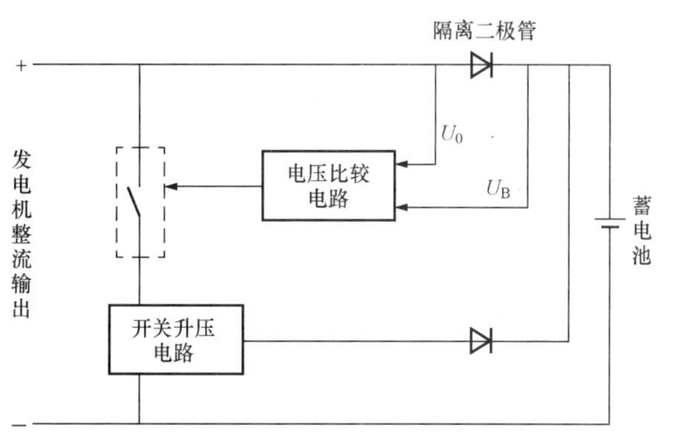

图5-14　提高波浪发电装置能源利用率的电路框图

2．波浪发电技术的发展应用情况

波浪发电研究始于20世纪70年代，以日本、美国、英国、挪威等国家为代表，他们研究了各式集波装置，并进行了不同规模的波浪发电，其中包括点头鸭式、波面筏式、环礁式、整流器式、海蚌式、软袋式、振荡水柱式和收缩水道式等。我国也是世界上主要的波浪能研究开发国家之一，波浪发电技术的研究同样始于20世纪70年代，从20世纪80年代初开始，我国主要对固定式和漂浮式振荡水柱波浪能装置以及摆式波浪能装置等进行研究，并获得了较快发展。但我国波浪能开发的规模远小于挪威和英国，且小型波浪发电距实用化还尚有一定的距离。

世界上对波浪能发电装置的研究开发虽然历史不短，且已研制了不少试验发电装置，有的容量还在逐渐增大，但是它离商业化及广泛应用还有相当长的距离，在波浪能利用的研究方面还存在许多问题有待解决。由于波浪能是一种密度低、不稳定、无污染、可再生、储量大、分布广和利用难的能源，且波浪能的利用地点局限在海岸附近，容易受到海洋灾害性气候的侵袭，因此波浪能开发成本高，投资回收期长，一个多世纪以来，束缚了波浪能的大规模商业化开发利用和发展。尽管如此，长期以来，世界各国还是投入了很大的精力，不懈地进行着探索和研究。近年来，世界各国都制定了开发海洋能源的规程，我国也制定了波浪发电以福建、广东、海南和山东沿岸为主的发展目标，并于2005年建设投运汕尾100kW的岸式波力发电站。因此，波浪发电的前景十分广阔。

5.2.3 海洋温差发电

海洋热能主要来自太阳能。太阳辐射到海面上的太阳能，一部分被海面反射回大气，一部分进入海水。进入海水的太阳辐射能，除很少部分再次返回大气外，其余部分都被海水吸收，转化为海水的热能。被海水吸收的太阳能，约有60%被1m厚的表层海水所吸收，因此海洋表层水温较高。大洋平均水温典型垂直分布（低纬）如图5-15所示。由图5-15可见，海洋水温在垂直方向上基本呈层化分布，随着海水深度增加，水温大体呈不均匀递减，且水平差异逐渐缩小，至深层水温分布趋于均匀。由于海水的热导率较低，而海水垂直方向的运动比水平方向的运动要弱很多，因此表层的热量很难传导到深层去。故在表层形成一个温度较高、垂直梯度很小且几近均匀的上均匀层。在上均匀层下方是温度垂直梯度较大的水层，在水深500～1000m之间，水温迅速递减，被称为主温跃层。在赤道附近的低纬度海域，以主温跃层为界，终年存在着表层和深层的温差，其中蕴藏着数量巨大的海洋热能。因此，海洋热能的利用主要集中在地球低纬度海域。

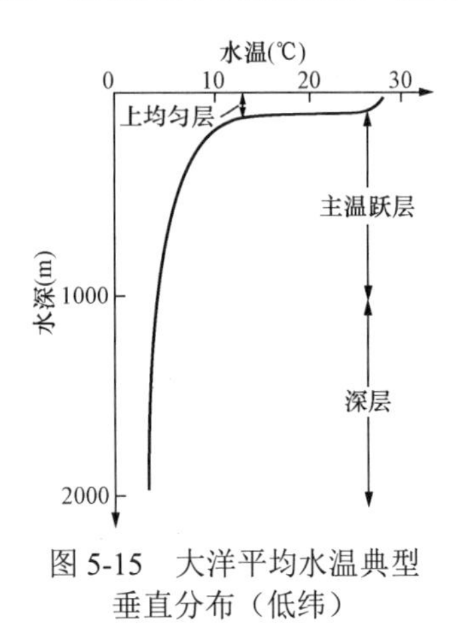

图5-15 大洋平均水温典型垂直分布（低纬）

1．海洋热能转换原理

海洋热能转换是将海洋热能转换为机械能，再将机械能转换为电能的过程。在第一步热能转换中，以海洋受太阳能加热的表层海水（25～28℃）作为高温热源，而以500～1000m深处的海水（4～7℃）作为低温热源，用热机构成一种热力循环。从高温热源到低温热源，可获得总温差为15～20℃的有效能量。根据所用工质及流程的不同，系统一般可分为开式循环系统、闭式循环系统和混合式循环系统。

1）开式循环系统。开式循环系统主要由真空泵、冷海水泵、温海水泵、冷凝器、闪蒸器、汽轮机和发电机等组成，如图5-16所示。当系统工作时，真空泵将系统内抽到一定真空，起动温海水泵将表层的温海水抽入闪蒸器。因为系统内保持有一定的真空度，所以温海水在闪蒸器内沸腾蒸发，变为蒸汽。蒸汽经管道由喷嘴喷出，推动汽轮机运转，从而带动发电机发电。从汽轮机排出的废汽进入冷凝器，被由冷海水泵从深层海水中抽送的冷海水所冷却，重新凝结为水，并排入海中。在该系统中，作为工质的海水由泵吸入蒸发器蒸发到最后排回大海，并未循环利用，故该工作系统称为开式循环系统。开式循环系统不仅能够发电，而且能得到大量淡水副产品，但由于以海水作为工作流体和介质，闪蒸器与冷凝器之间的压力非常小，因此必须充分降低管道等的压力损耗。为了获得预期的输出功率，必须使用极大的涡轮机，其尺寸可以参考风力涡轮机。

2）闭式循环系统。闭式循环系统如图5-17所示，该系统不以海水而是采用一些低沸点的物质（如丙烷、异丁烷、氟利昂、氨等）作为工作流体，在闭合回路中反复进行蒸发、膨胀和冷凝。因为系统使用低沸点工作流体，所以蒸汽的压力得到了提高。

系统工作时，温海水泵将表层温海水抽送至蒸发器，通过蒸发器内的盘管将热量传递给低沸点的工作流体，例如氨水。氨水从温海水中吸收足够的热量后开始沸腾并转化为氨气，氨气膨胀做功并推动汽轮机运转，从而带动发电机发电。汽轮机排出的氨气进入冷凝器，被冷海水泵抽送的深层冷海水冷却后重新变为液态氨，通过工质泵将冷凝器中的液态氨重新打入蒸发器，以供循环使用。

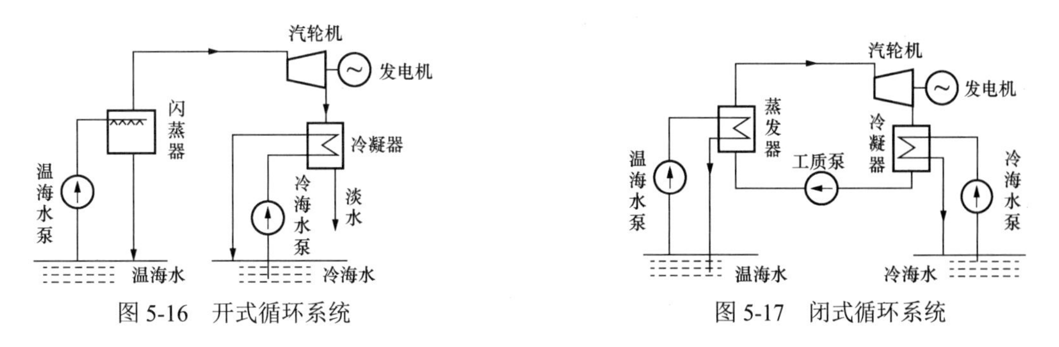

图5-16　开式循环系统

图5-17　闭式循环系统

3）混合式循环系统。混合式循环系统是在闭式循环的基础上结合开式循环改造而成的。该系统基本与闭式循环系统相同，用温海水闪蒸出来的低压蒸汽来加热低沸点工质，可以减少蒸发器的体积，节省材料，且便于维护。混合式循环系统如图5-18所示。图5-18（a）是温海水先闪蒸，闪蒸出来的蒸汽在蒸发器内加热工质的同时被冷凝成水。图5-18（b）是温海水先通过蒸发器加热工质，然后再在闪蒸器内闪蒸，闪蒸出来的蒸汽用从冷凝器出来的冷海水冷凝。

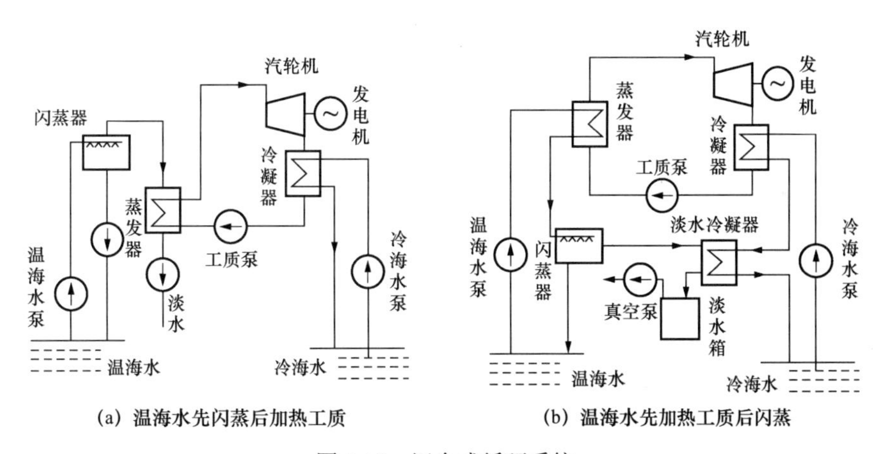

(a) 温海水先闪蒸后加热工质　(b) 温海水先加热工质后闪蒸

图5-18　混合式循环系统

2．海洋温差发电装置

从海洋温差发电装置的设置形式来看，大致分成陆上型和海上型两类。

陆上型是将发电机设置在海岸，而将取水泵延伸到500～1000m或更深的深海处。1981年，日本东京电力事业公司在太平洋赤道地区的瑙鲁共和国建起了世界上第一座功率为100kW的岸式海洋温差发电装置，该装置采用一条外径为0.75m、长为1250m的聚乙烯管深入580m的海底设置取水口。1990年，又在鹿儿岛建起了一座兆瓦级同类电站。日本这两座温差发电装置都是岸式电站，鹿儿岛取用370m深处的海水，温度为15℃，再利用柴油发电的余热将表面海水加温到40℃，使温差达到具有利用价值的25℃。

海上型可分成三类，即浮体式、着底式和海上移动式，其中浮体式包括表面浮体式、半潜式和潜水式。浮体式海洋温差发电装置如图 5-19 所示。1979 年，在美国夏威夷建成的“mini OTEC”海洋温差发电装置，安装在一艘 268t 的海军驳船上，利用一根直径为 0.6m、长为 670m 的聚乙烯冷水管垂直伸向海底吸取冷水，表面海水温度为 28℃，冷水温度为 7℃。该温差发电装置采用液氨为工质，以闭式循环方式完成了海洋温差发电，设计功率为 50kW，实际发电为 53.6kW，减去水泵等自耗电 35.1kW，实现净输出功率 18.5kW。所发出的电可用来供给岛上的车站、码头和部分企业照明。总的来说，各国对海洋温差能的利用都还处于探索阶段。

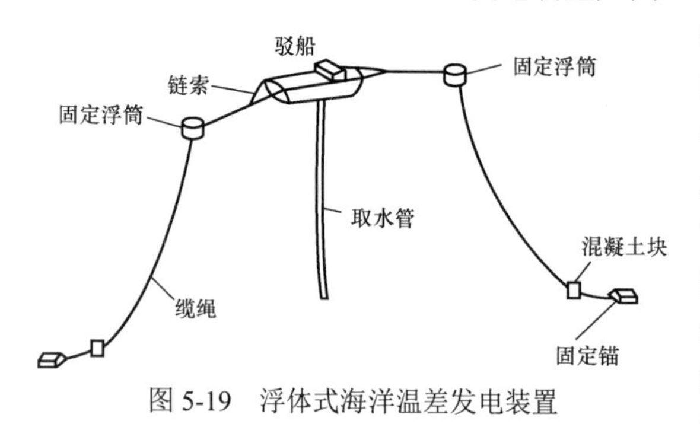

图 5-19　浮体式海洋温差发电装置

5.2.4　海流发电

海（潮）流主要是指海水大规模相对稳定的流动，以及由于潮汐导致的有规律的海水流动。海流的流向是固定的，因此被称为定海流，而海流的流速、流向则是有周期性变化的。海流的能量来源于太阳辐射。海洋和海洋上空的大气吸收太阳辐射，由于海水和空气受热不均而形成温度、密度梯度，从而产生海水和空气的流动，并形成大洋环流。在世界大洋中，最大的海流宽达有数百千米，长达上万千米，深达数百米，规模巨大。

海流能是指海水流动所储存的动能，其能量与流速的二次方和流量成正比，海流能功率 P 可以表示为

$$P=\frac{1}{2}\rho q v^{3} \tag{5-4}$$

式中：ρ 为海水密度（kg/m^3）；q 为海水流量（m^3/s）；v 为海水流速（m/s）。

海流发电是利用海流的冲击力使水轮机旋转，从而驱动发电机发电。海流发电系统由水轮机、传动装置和控制装置等组成，其中水轮机的设计是海流发电技术的关键，其性能优劣直接决定着发电系统效率的高低。与传统的建有水库的水轮机通过水压力差来推动叶片旋转不同，海流发电的水轮机直接将水流的动能转化为机械能，从而带动发电机发电。因此，海流发电的水轮机是一种无压降低水头的水轮机，发电机组的输出电能主要取决于海流的速度。一般来说，海流速度在 2m/s 的海区，其海流能具有实际开发的价值。

海流发电的原理和风力发电相似，几乎任何一个风力发电装置都可以改造成为海流能发电装置。由于海水的密度约为空气的 1000 倍，尽管海流速度要比风速低很多，但是产生相同功率的水轮机叶轮直径却是风力机风轮直径的 1/2，因此海流能发电机组台与台之间的间距可小于 50m，使安装紧凑，既可节省电缆又可节约安装费用。此外，海流能相比风电稳定性更好，而且机组可以事先准确地计算出出力，便于制定电网供电计划。但是，由于海流发电装置需要放置于水下，因此海流发电存在着一系列的关键技术问题，包括安装维护、电力输送、防腐、海洋环境中的载荷与安全性能等。

海流发电的水轮机可分为水平轴和垂直轴两类。水平轴水轮机的旋转轴与水流方向平

行，其获取功率与海流流向有关，因此一般需要加装偏航调节系统，根据水流方向控制水轮机旋转轴的方向。垂直轴水轮机的旋转轴与水流方向垂直，根据旋转轴与水平面所成夹角不同，又可以分为横轴和竖轴两种。横轴水轮机的旋转轴与水平面平行，叶片获得的能量大小与水流方向有关，因此也需要有偏航调节系统；竖轴水轮机的旋转轴与水平面垂直，叶片获得的能量大小不受水流方向的影响，因此不需要安装偏航调节系统，而且竖轴水轮机还便于和发电机连接，实现扭矩输出，因此竖轴水轮机比横轴水轮机应用更广泛。

如今，人们已经提出了多种海流能发电的设计方案，其中有采用水轮机进行能量转换的，也有采用其他结构形式进行能量转换的。下面进行简要介绍。

1）水下风车式。水下风车海流发电装置由于其结构、工作原理与现代风力机基本相似，机组通过水平轴水轮机的叶轮捕获海流能，当海水流经桨叶时，产生垂直于水流方向的升力，并使叶轮旋转，进而通过机械传动机构带动发电机发电。2004 年，英国 MCT 有限公司制造了第一台额定容量为 300kW 的并网型水下风车式海流发电机组，2005 年又开发了 1MW 机组。同年，美国 Verdant Power 公司于纽约东海岸建成 6 台 35kW 的机组，水下风车式海流发电将逐步成为大规模利用海流能的有效途径之一。

2）螺旋水轮机式。螺旋水轮机也称为戈洛夫（Gorlov）水轮机，是 20 世纪 90 年代中期由波士顿的东北大学研制的，专用于在低水头、高水流条件下的发电。它是由著名的垂直轴 Darrieus 风力机演变而来，采用了螺旋式叶片并由多个叶片缠绕成圆筒状。由于其特殊的叶片结构，该装置不需要额外的偏航调节系统，海水中任何方向的水流产生的阻力和升力都能为转动轴提供有效转矩，从而提高了海流能的获取效率，最高可以达到 35%。

3）贯流水轮机式。与传统水轮机组相比，海流发电水轮机的效率较低，为了提高效率，水轮机可以采用一种辅助结构的导流罩。导流罩不仅可以提高效率，还可以减少海草等海洋生物对发电设备的影响。与低水头水库贯流水轮机相类似，贯流水轮机式海流发电装置采用水平轴水轮机，导流罩使海流的进口流道呈喇叭形，对水流具有良好的增速作用，可以提高水轮机的效率。贯流水轮机式海流发电装置放置在海面之下，发电机是密封的，发出的电通过海底电缆输送到陆上的变电站。

4）花环式。有一种浮在海面上的海流发电站，看上去像花环，因此被称为花环式海流发电站。这种发电站由一串螺旋桨组成，其两端固定在浮筒上，浮筒里装有发电机。整个电站迎着海流的方向漂浮在海面上，就像献给客人的花环一样。这种发电站之所以用一串螺旋桨组成，主要是因为海流的速度小，单位体积内所具有的能量小。它的发电能力通常较小，一般只能为灯塔和灯船提供电力，最多也不过是为潜水艇上的蓄电池充电而已。

5）驳船式。驳船式海流发电站是由美国设计的，这种发电站实际上是一艘船，所以叫发电船更合适。船舷两侧装着巨大的水轮，在海流推动下不断转动，进而带动发电机发电。这种发电船的发电量约为 50MW，发出的电力通过海底电缆送到岸上。当有狂风巨浪袭击时，它可以驶到附近港口避风，以保证发电设备的安全。

6）降落伞式。20 世纪 70 年代末期，一种设计新颖的伞式海流发电站诞生了。这种电站也是建在船上。它是将 50 个降落伞串在一根 长 154m 的绳子上，用来集聚海流能量。绳子的两端相连，形成一环形，然后将这个环形绳子套在锚泊于海流中的船尾两个轮子上。置于海流中串联来的 50 个降落伞由强大的海流推动着。在环形绳子的一侧，海流就像大风那样将伞吹胀撑开，使其顺着海流方向运动。在环形绳子的另一侧，绳子牵引着伞顶向船运动，此时伞不张开。于是，拴着降落伞的绳子在海流的作用下周而复始地运动，带动船上的两个轮子旋转，连接着轮子的发电机也跟着转动的轮子发出电来，如图 5-20 所示。

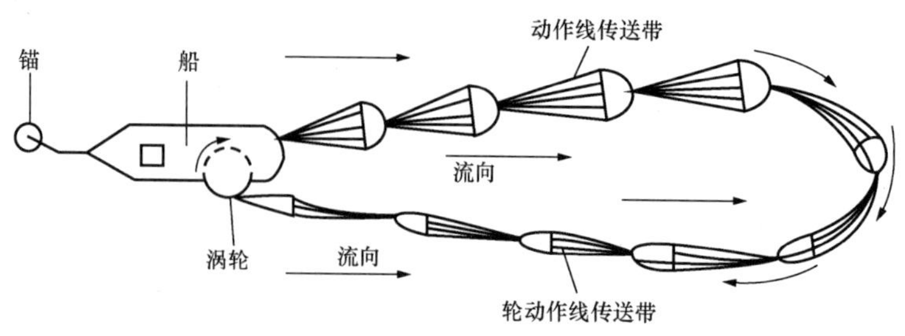

图 5-20　降落伞式海流发电装置

7）科里欧利斯式。美国 1973 年提出采用顺流悬在海水中的伞式巨型水轮机组科里欧利斯（Coriolis）发电装置，利用佛罗里达海流能的方案。科里欧利斯发电装置是拥有一套外径为 171m、长为 110m、重为 6×10^3t 的大型管道的大规模海流发电系统。该系统可在海流流速为 2～3m/s 的条件下输出 83MW 的功率。其原理是在一个大型轮缘罩中装有若干个发电装置，中心大型叶片的轮缘在海流能的作用下缓慢转动，轮缘通过摩擦力带动发电机驱动部分运动，经过增速传动装置后，驱动发电机旋转，从而将大型叶片的机械能转换为电能。

由于海流发电装置在海水下运行，在实际运行时会遇到很多风力发电不会遇到的问题。比如，海底运转的水轮机叶轮有可能对海洋生物造成伤害甚至致死，转速较快时还会产生严重的空蚀现象，影响水轮机叶片的使用寿命，因此需要对海流发电水轮机的转速进行限制，目前一般取为 10～30r/min。密封问题一直是水力机械方面的关键技术难点，另外，置于海水中的海流发电装置在防腐降噪、减少海洋的生态破坏和周围环境污染等方面还面临很多困难，需要进一步解决。

5.2.5　海洋盐差发电

在海洋咸水和江河淡水交汇处，蕴含着一种盐差能。盐差能是两种浓度不同的溶液间以物理化学形态储存的能量，这种能量有渗透压、稀释热、吸收热、浓淡电位差及机械化学能等多种表现形式。盐差能发电方式是将不同盐浓度的海水之间的化学电位差能转换成水的势能，再利用水轮机进行发电。其发电方式主要有渗透压式、蒸汽压式和机械化学式等，其中渗透压式方案最受重视。将一层半透膜放在海水和淡水之间，通过这个膜会产生一个压力梯度，迫使淡水通过半透膜向海水一侧渗透，从而使海水侧的水面升高，当海水和淡水水位差达到一定高度时，淡水停止向海水一侧渗透。此时，海水和淡水水位差所产生的压强差即为两种溶液浓度差所对应的渗透压。盐差能的大小取决于渗透压和向海水渗透的淡水的数量，即与入海的淡水量和当地海水盐度有关。

以世界大洋海水的平均盐度为 35‰，即平均每千克海水中约有 35g 盐，在水温为 20℃时，这种盐分浓度的渗透压为 2418×10^5Pa。因此，从理论上讲，在河海交界处，海水和河水之间相当于有约 240m 高的水头差。而在死海和红海的个别地点，在近海底的盐度高达 270‰，流入死海的约旦河口的渗透压为 500 个大气压，这个压强相当于约 5000m 高坝的水头。

海洋盐差发电方案可分为渗透压法、渗析电池法和蒸汽压法。

1．渗透压法

在河海交界处，只要采用半透膜将海水和淡水隔开，淡水就会通过半透膜向海水一侧渗透，并由此产生渗透压。目前使用的渗透压式盐差能转换方法主要有强力渗压系统、水压塔渗压系统和压力延滞渗压系统三种。渗透压式盐差能发电系统的关键技术是半透膜技术和膜与海水界面间的流体交换技术，技术难点在于如何制造有足够强度、性能优良且成本适宜的半透膜。

1）强力渗压系统。基于渗透原理的强力渗压系统如图 5-21 所示。该系统由前坝、后坝、水轮机、深水池和渗流器等部分组成，其中渗流器由半透膜构成。前后大坝建在水深为 228m 以上的海床上，河流的淡水从管道输送到发电机组并流入深水池。系统的工作流程如下：后坝和渗流器隔开了外海的海水和深水池的淡水，由于渗流器和海水、淡水之间存在渗透压，深水池中的淡水会通过渗流器不断向海水侧迁移。由于理论上海水相对于河水是无穷多的，深水池淡水向海水的渗透基本不会改变海平面的高度，而深水池中的淡水有限，这样深水池中水位将下降很多，最终可形成一个低于海平面约 200m 的水库。因此，深水池的水位与河水的水位在前坝形成一个较大的落差，这个水位落差可以使河水流经水轮机带动发电机发电，然后排入深水池，盐度差产生的渗透压可以保持深水池与海平面的高度差。

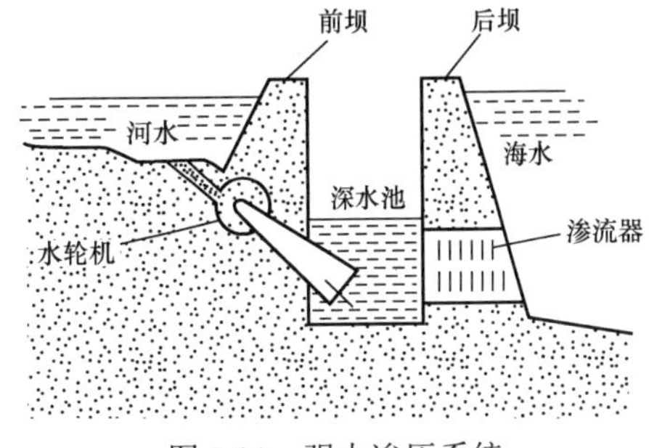

图 5-21　强力渗压系统

2）水压塔渗压系统。水压塔渗压系统如图 5-22 所示，主要由水压塔、水轮机、海水泵、半透膜和发电机等组成。水压塔的淡水一侧，其水位下部分由半透膜组成，当向水压塔内充入海水时，由于盐差产生渗透压，淡水在此作用下通过半透膜向水压塔内渗透，使得水压塔内的水位逐渐升高。当塔内水位上升到水压塔的最高端时，水从海水导出管喷射出来，冲击水轮机叶片使其旋转并带动发电机发电。为了防止产生和强力渗压系统类似的浓度极化现象，在发电过程中需要使水压塔内的海水保持稳定的盐浓度，因此采用海水泵不断向水压塔内注入海水。根据试验结果，扣除各种动力消耗后，该装置的总效率约为 20%。

3）压力延滞渗压系统。压力延滞渗压系统如图 5-23 所示。运行前，压力泵先将海水压入压力室，使压力室的海水压力不超过海水和淡水的渗透压差。运行时，在渗透压的作用下，淡水通过半透膜渗透到压力室同海水混合，混合淡水后的海水将具有更高的压力，由此驱动安装在压力室海水出口处的水轮机发电。

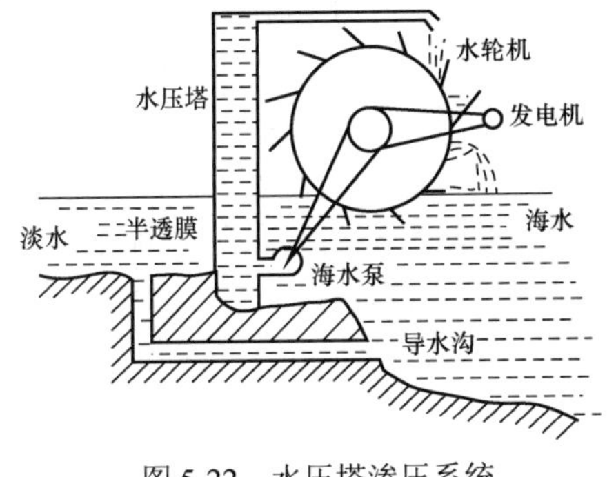

图 5-22　水压塔渗压系统

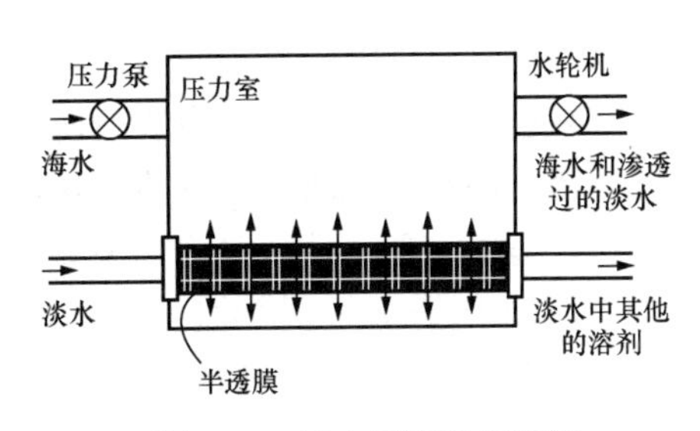

图 5-23　压力延滞渗压系统

2．渗析电池法

渗析电池法，也称浓差电池法。这种电池利用带电薄膜分隔的盐浓度不同的溶液间形成的电位差，直接将化学能转化为电能。当浓度为 0.085%的淡水和海水作为膜两侧的溶液时，可在界面产生约为 80mV 的电位差。如果将多个这类电池串联起来，可以形成较高的电压。这种电池采用了两种渗透膜，即阳离子渗透膜和阴离子渗透膜。阳离子渗透膜允许阳离子（主要是 Na^+离子）通过，而阴离子渗透膜则允许阴离子（主要是 Cl^-离子）通过。阳离子渗透膜和阴离子渗透膜交替放置，且中间的间隔交替充以淡水和盐水，这样就可以得到串联电池，如图 5-24 所示。该系统需要采用面积大且昂贵的渗透膜，因此发电成本很高。不过这种渗透膜的使用寿命很长，而且即使渗透膜破裂，也不会给整个电池带来严重影响。例如 1000 只串联电池组成的电池组电压为 80V，如果有一个渗透膜损坏，那么输出电压仅损失 0.1%。另外，这种电池在发电过程中，电极上会产生有用的副产品 Cl_2 和 H_2，从而带来额外的经济效益。

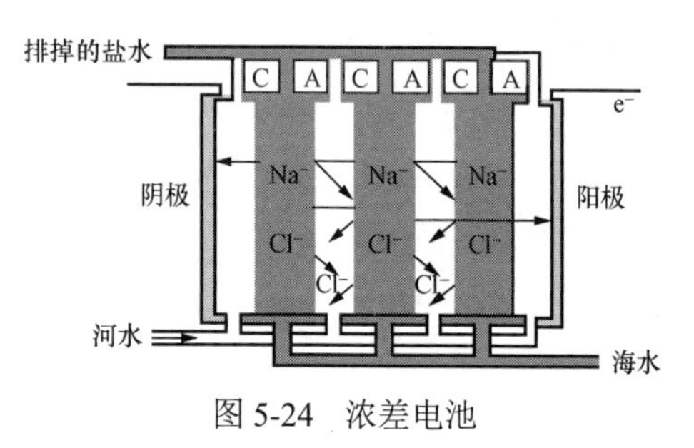

图 5-24　浓差电池

3．蒸汽压法

蒸汽压法是根据淡水和海水具有不同蒸汽压力的原理研究出来的。蒸汽压发电装置是一个桶状物，它由树脂玻璃、PVC 管、热交换器（薄铜片）和汽轮机组成，如图 5-25 所示。

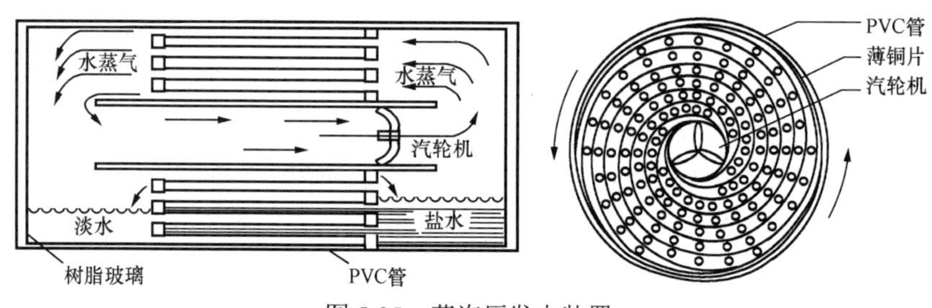

图 5-25　蒸汽压发电装置

由于在同样的温度下淡水比海水蒸发得快，因此淡水侧的气压要比海水侧的气压高得多。于是，在空室内，水蒸气会很快从淡水上方流向海水上方，装上汽轮机后，就可以利用盐差能产生的水蒸气气流使汽轮机转动。

由于水汽化时要吸收大量的热量，汽化过程导致的热量转移会使系统工作过程减慢并最终停止，采用旋转栖状物的目的就是使海水和淡水溶液分别提高热交换器表面的接触，以便海水向淡水传递水汽化所要吸收的潜热，这样蒸汽就会不断地从淡水侧向海水侧流动，以驱动汽轮机。有关试验表明，蒸汽压发电装置的热交换器表面积的功率密度可达 $10W/m^2$，是渗析电池法的 10 倍，而且蒸汽压法不需要使用半透膜，在成本方面占有一定优势，也不存在与半透膜有关的膜性能退化、水的预处理等问题。

5.3　地热发电与应用技术

5.3.1　地热资源及分类

地热能是来自地球深处的热能，它源于地球的熔融岩浆和放射性物质的衰变。地下水深处的循环和来自极深处的岩浆侵入到地壳后，将热量从地下深处带至近表层。在有些地方，热能随自然涌出的蒸汽和水到达地面。地热能不仅是无污染的清洁能源，而且如果热量提取速度不超过补充的速度，那么热能还是可再生的。

地球是一个平均直径为12742.2km的巨大实心椭圆球体，主要分为三层，如图5-26所示。地球最外面一层是地壳，平均厚度约为30km，主要成分是硅铝和硅镁盐；地壳下面是地幔，厚度约为2900km，主要由铁、镍和镁硅酸盐构成，大部分是熔融状态的岩浆，温度在1000℃以上；地幔以下是液态铁-镍物质构成的地核，其内还有一个呈固态的内核，地核的温度在2000～5000℃之间，外核深2900～5100km，内核深5100km以下至地心。

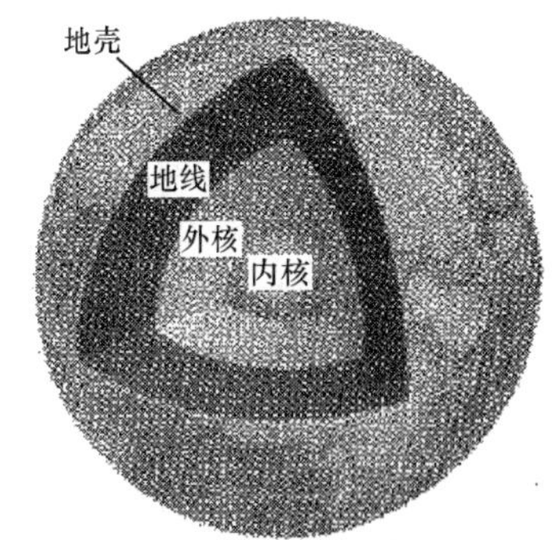

图5-26　地球的构造

地球物质中放射性元素衰变产生的热量是地热的主要来源，这些放射性元素包括铀238、铀235、钍232和钾40等。放射性物质的原子核无须外力的作用，就能自发地放出电子、氦核、光子等高速粒子并形成射线。在地球内部，这些粒子和射线的动能和辐射能在同地球物质的碰撞过程中便转变成了热能。地壳中的地热主要靠传导传输，但地壳岩石的平均热流密度低，一般无法直接开发利用，只有通过某种集热作用，才能加以利用。大盆地中深埋的含水层可大量集热，每当钻探到这种含水层时，就会流出大量的高温热水，这是天然集热的常见形式。岩浆侵入地壳浅处，是地壳内最强的热传导形式。侵入的岩浆体形成局部高强度热源，为开发地热能提供了有利条件。地壳表层的温度为0～50℃，地壳下层的温度为500～1000℃。

地热资源是指地壳表层以下5000m深度内，15℃以上岩石和热流体所含的总热量。全世界的地热资源总量达1.26×10^{27}J，相当于4.6×10^{16}t标准煤的热量，超过了当今世界技术和经济水平下可采煤储量含热量的70000倍。地球内部蕴藏的巨大热能，通过大地的热传导、火山喷发、地震、深层水循环和温泉等途径不断地向地表层散发，平均年流失热量达到1×10^{21}kJ。然而，由于目前经济上可行的钻探深度仅在3000m以内，再加上热储空间地质条件的限制，因而只有热能转移并在浅层局部地区富集时，才能形成可供开发利用的地热田。

按照地热资源的温度不同，通常将热储温度大于150℃的称为高温地热资源，大于90℃且小于150℃的称为中温地热资源，小于90℃的称为低温地热资源。中低温地热资源分布较为广泛，我国已发现的地热田大多属于这种类型。高温地热资源位于地质活动带内，常表现为地震、活火山、热泉、喷泉和喷气等现象。地热带的分布与地球大构造板块或地壳板块的边缘有关，主要位于新的活火山区或地壳已经变薄的地区。

地质学上常把地热资源分为蒸汽型、热水型、地压型、干热岩型和岩浆型五类，见表5-4。

表 5-4　　地热资源分类

热储类型	简介	蕴藏深度（km）	热储状态	开发技术状况
蒸汽型	是理想的地热资源，指以温度较高的饱和蒸汽或过热蒸汽形式存在的地下储热	3	200～240℃干蒸汽（含少量其他气体）	开发良好（分布区很少）
热水型	以热水形式存在的地热田	3	高温级大于 150℃，中温级为 90～150℃，低温级小于 90℃	开发中，量大面广，是当前重点研究对象
地压型	以高压高盐分热水的形式储存于地表以下	3～10	深层沉积地压水，溶解大量碳氢化合物，可同时得到压力能、热能和化学能，温度大于 150℃	初级热储实验
干热岩型	地层深处普遍存在的没有水或蒸汽的热岩石，其温度范围广	3～10	150～600℃干热岩体	应用研究阶段
岩浆型	蕴藏在地层更深处，处于动弹性状态或完全熔融状态的高温熔岩	10	600～1500℃熔岩	应用研究阶段

蒸汽型和热水型统称为水热型，是目前开发利用的主要地热资源。地压型和干热岩型两大类尚处于试验阶段，开发利用很少。地压型是目前尚未被人们充分认识的一种地热资源，它一般储存于地表以下 2～3km 的含油盆地深部，并被不透水的页岩所封闭，甚至可以形成长 1000km、宽几百千米的巨大的热水体。而且除热能外，地压水中还有甲烷等碳氢化合物的化学能及高压所具有的机械能。而干热岩型的储量十分丰富，目前大多数国家将这种资源作为地热开发的重点研究目标。

5.3.2　地热发电的方式

地热发电是利用地下热水和蒸汽为动力源的一种新型发电技术，其基本原理和火力发电类似，都是利用蒸汽的热能推动汽轮发电机组发电。地热发电是将地下的热能转变为机械能，然后再将机械能转变为电能的能量转变过程。与传统火力发电不同，地热发电不需要消耗燃料，没有庞大的锅炉设备，也没有灰渣和烟气对环境的污染，是比较清洁的能源。

针对可利用温度不同的地热资源，地热发电可分为地热蒸汽发电、地下热水发电、全流地热发电和干热岩发电四种方式。

1．地热蒸汽发电

地热蒸汽发电主要适用于高温蒸汽地热田，是将蒸汽田中的蒸汽直接引入汽轮发电机组发电，在引入发电机组前，需对蒸汽进行净化，去除其中的岩屑和水滴。这种发电方式虽然简单，但是高温蒸汽地热资源十分有限，且多存于较深的地层，开采难度较大，故发展受到限制。地热蒸汽发电主要有背压式汽轮机发电和凝汽式汽轮机发电两种。

1）背压式汽轮机发电。背压式汽轮机发电系统是最简单的地热蒸汽发电方式，如图 5-27 所示。其工作原理是将干蒸汽从蒸汽井中引出，经过净化后送入汽轮机做功，再由蒸汽推动汽轮发电机组发电。蒸汽做功后可直接排空，或者供热用户用于工农业生产。这种系统大多用于地热蒸汽中不凝结气体含量很高的场合，或者将排汽综合利用于工农业生产和生活用水。

2）凝汽式汽轮机发电。为了提高地热电站的机组输出功率和发电效率，凝汽式汽轮机发电系统将做功后的蒸汽排入混合式凝汽器，待冷却后再排出，如图 5-28 所示。在该系统中，蒸汽在汽轮机中能膨胀到很低的压力，所以能做出更多的功。为了保证冷凝器中具有很低的冷凝压力（接近真空状态），系统中设有抽气器来抽走由地热蒸汽带来的各种不凝结气体和外界漏入系统中的空气。

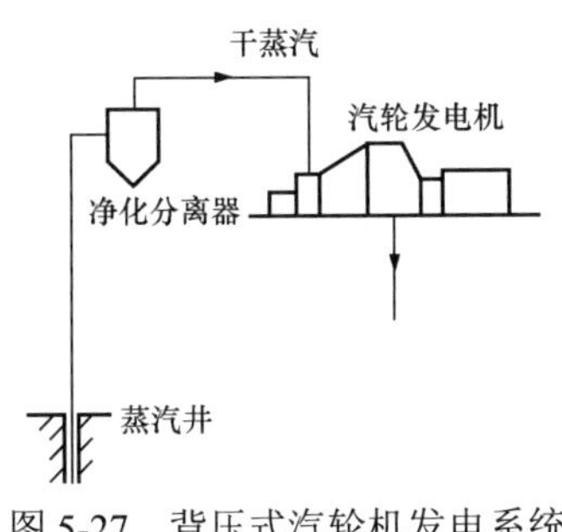

图5-27　背压式汽轮机发电系统

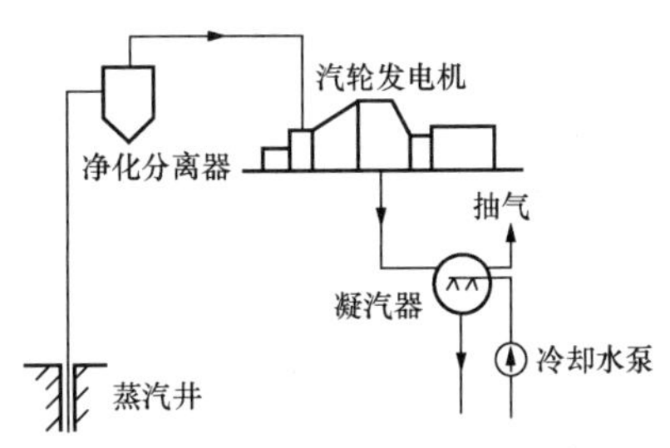

图5-28　凝汽式汽轮机发电系统

2．地下热水发电

地下热水发电是地热发电的主要方式，目前地下热水发电有两种方式：闪蒸地热发电和中间介质法地热发电。

（1）闪蒸地热发电

闪蒸地热发电是基于扩容降压的原理，从地热水中产生蒸汽进行发电。水的汽化温度与压力有关，在1个绝对大气压下，水的汽化温度是100℃；而在0.3个绝对大气压下，水的汽化温度是68.7℃。通过降低压力使热水沸腾变为蒸汽，推动汽轮发电机转动而发电。由于热水降压蒸发的速度很快，这是一种闪急蒸发的过程，同时，热水蒸发产生蒸汽时体积迅速扩大，因此这个容器被称为闪蒸器或扩容器。用这种方法产生的蒸汽发电系统，称为闪蒸地热发电系统或减压扩容法地热发电系统。它又可以分为单级闪蒸发电系统和两级闪蒸发电系统。

单级闪蒸发电系统结构简单，投资少，但热效率较低，厂用电率较高，适用于中温（90～160℃）的地热田发电。单级闪蒸发电系统如图5-29所示。

为了增加每吨地热水的发电量，可以采用两级闪蒸发电系统。即将闪蒸器中降压闪蒸后剩下的水不直接排空，而是引入第二级低压闪蒸分离器中。分离出的低压蒸汽被引入汽轮机的中部某一级进行膨胀做功。两级闪蒸发电系统热效率较高，一般可以使每吨地热水的发电量增加20%左右，但蒸汽量增加的同时，冷却水量也有较大的增长，这会抵消部分采用两级扩容后增加的发电量。两级闪蒸发电系统如图5-30所示。

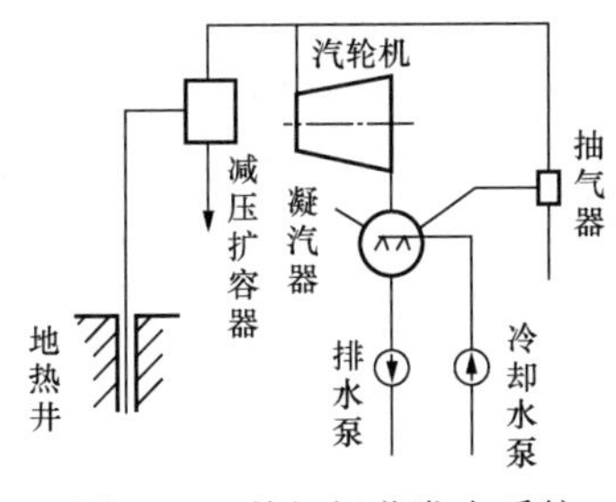

图5-29　单级闪蒸发电系统

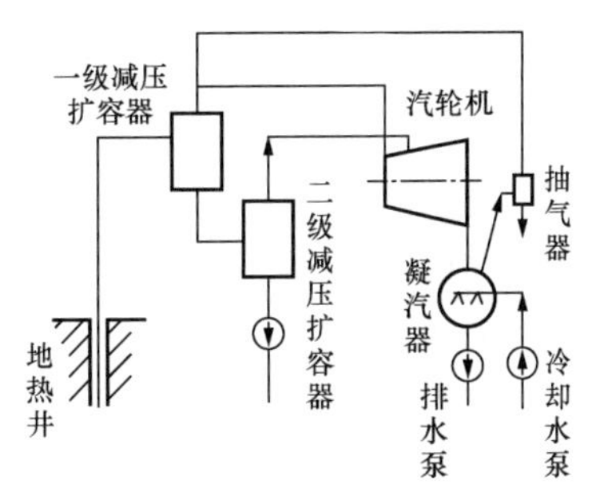

图5-30　两级闪蒸发电系统

采用闪蒸法的地热电站，在热水温度低于 100℃时，全热力系统处于负压状态。这种电站的缺点是设备尺寸大，容易腐蚀结垢，且热效率较低；由于系统直接以地下热水蒸气为工质，因此对于地下热水的温度、矿化度以及不凝气体含量等都有较高的要求。

（2）中间介质法地热发电

中间介质法采用双循环系统，即利用地下热水间接加热某些低沸点物质来推动汽轮机做功的发电方式。例如，在常压下水的沸点温度为 100℃，而有些物质（如氯乙烷和氟利昂）在常压下的沸点温度分别为 12.4℃、−29.8℃，这些物质被称为低沸点物质。根据这些物质在低温下沸腾的特性，可将它们作为中间介质进行地下热水发电。利用中间介质发电的方法，既可以用 100℃以上的地下热水（汽），也可以用 100℃以下的地下热水。对于温度较低的地下热水来说，采用降压扩容法效率较低，且在技术上存在一定困难，而利用中间介质法则较为合适。

中间介质法地热发电系统中采用两种流体：一种是采用地热流体作为热源，它在蒸汽发生器中被冷却后排入环境或打入地下；另一种是采用低沸点介质流体作为一种工质（如氟利昂、异丁烷、正丁烷、氯丁烷等），这种工质在蒸汽发生器内吸收了地热水放出的热量而汽化，产生的低沸点工质蒸汽被送入汽轮机发电机组发电。做完功后的蒸汽由汽轮机排出，并在冷凝器中冷凝成液体，然后经循环泵打回蒸汽发生器再循环工作。该方式分为单级中间介质法系统和双级（或多级）中间介质法系统。图 5-31 为单级中间介质法地热发电系统。

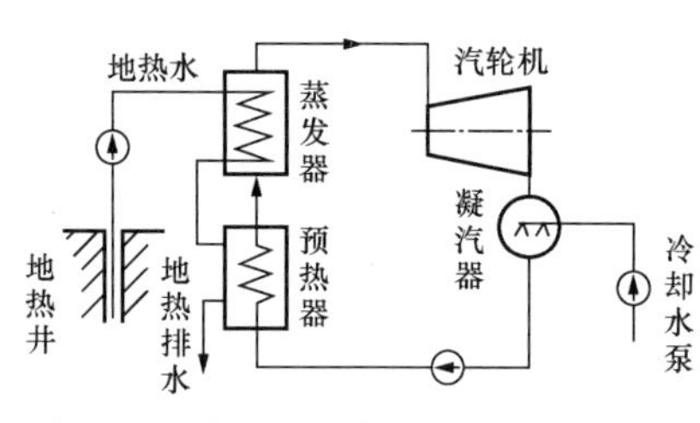

图 5-31　单级中间介质法地热发电系统

单级中间介质法地热发电系统的优点是，能够更充分地利用低温度地下热水的热量，降低发电的热水消耗率，设备紧凑，汽轮机尺寸小，易于适应化学成分比较复杂的地下热水。缺点是设备较复杂，大部分低沸点工质传热性比水差，采用此方式需有相当大的金属换热面积，增加了投资和运行的复杂性；而且有些低沸点工质还有易燃、易爆、有毒、不稳定、对金属有腐蚀等特性，安全性较差，如果发电系统的封闭稍有泄漏，那么工质逸出后容易引发事故。

单级中间介质法地热发电系统发电后的热排水温度仍然很高，可达 50～60℃，因此，可采用两级中间介质法地热发电方式以充分利用排水中的热量并再次用于发电。采用两级中间介质法时，各级蒸发器中的蒸发压力要综合考虑，选择最佳数值。如果选择合理，那么可使两级中间介质法比单级中间介质法的发电能力提高 20%左右。

3．全流地热发电

全流地热发电系统是将地热井口的全部流体，包括蒸汽、热水、不凝气体及化学物质等，不经处理直接送进全流动力机械中进行膨胀做功，然后排放或收集到凝汽器中，这样可以充分利用地热流体的全部能量。该系统由螺杆膨胀器、汽轮发电机组和冷凝器等部分组成。其单位净输出功率相比单级闪蒸发电系统和两级闪蒸法发电系统，分别提高了 60%和 30%左右。全流地热发电系统如图 5-32 所示。

4．干热岩发电

干热岩指地下不存在热水和蒸汽的热储岩体。干热岩地热资源专指埋藏较浅、温度较高且具有较大经济开发价值的热储岩体，它是比蒸汽热水和地压热资源更为巨大的资源。

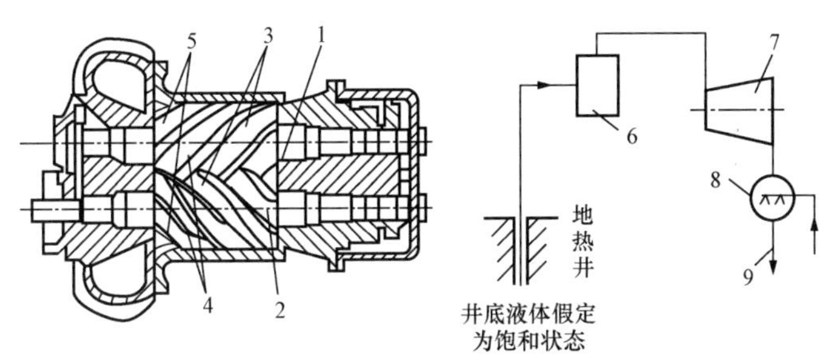

图 5-32　全流地热发电系统

1—高压气室；2～4—啮合螺旋转子；5—排出口；6—全流膨胀器；
7—汽轮发电机组；8—凝汽器；9—热水排放

从干热岩取热的原理是：首先钻一口回灌深井至地下 4～6km 深处的干热岩层，将水用压力泵通过注水井压入高温岩体中，此处岩石层的温度大约在 200℃，用水力破碎热岩石；然后另钻一口生产井，使之与破碎岩石形成的人工热储相交，这样从回灌井压入的水经地下人工热储吸取破碎热岩石中的热量，变成热水或过热水，再从生产井流出至地面。在地面，通过热交换器和汽轮发电机将热能转化成电能，而推动汽轮机工作的热水冷却后再通过注水井回灌到地下供循环使用。干热岩发电系统如图 5-33 所示。

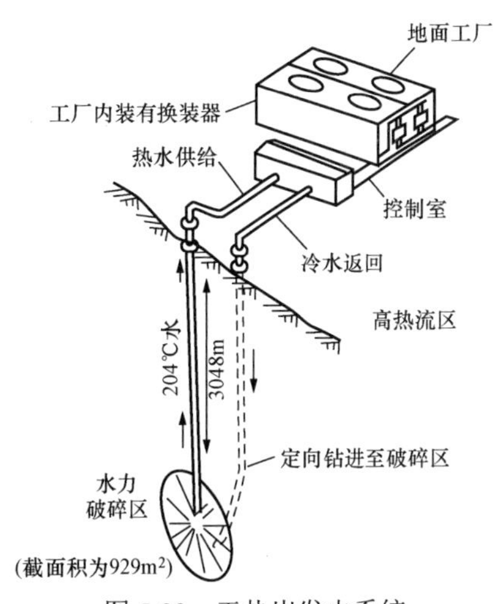

图 5-33　干热岩发电系统

在特定地区内，干热岩资源的开发很大程度上取决于在经济合理的深度内获取岩石高温的方法。寻找高品位的干热岩资源的难度和成本比开发水热资源和矿物燃料小，这是因为开发水热资源或石油、天然气时，勘探者必须弄清岩石的渗透率、孔隙率、裂隙和填充物。而勘探干热岩时，只要找到干热岩就可以钻进并完成任意数量的井。

干热岩发电在许多方面相较于天然蒸汽或热水发电具有优越性。首先，干热岩的热量储量比较大，可以较稳定地为发电系统提供热量，且使用寿命较长；其次，从地表注入地下的清洁水被干热岩加热后，热水的温度高；此外，由于热水在地下停留的时间短，来不及溶解岩石中大量的矿物质，因此热水所夹带的杂质较少。

思考与练习

5-1　什么是海洋能？开发海洋能具有什么重要意义？

5-2　海洋能可分为哪些种类？海洋能具有什么特点？

5-3　常见的波浪能发电装置有哪些类型？各自具有什么特点？

5-4　潮汐能发电站有哪些种类？它们有何运行特点？

5-5　简述海洋温差发电闭式循环系统的原理和优缺点。

5-6　什么是海洋流？海流能如何发电？

5-7　什么是盐差能？有哪些盐差发电的方案？
5-8　简述地热能的概念和来源。
5-9　地热资源是如何分类的？
5-10　简述我国地热资源分布情况。
5-11　简述地热发电的类型。
5-12　影响地热能利用的因素有哪些？

第 6 章　分布式发电与储能技术

6.1　分布式发电技术

分布式发电（Distributed Generation，DG）技术早期被运用在小型火力发电厂和小型水力发电厂中，一些大电力用户为保证安全生产和良好的工作条件都会预留备用电源，在主供电系统发生故障而造成供电不正常时，可以及时投入备用电源以保证对重要负荷的正常供电，这些都可视为分布式电源发展的早期阶段。国际大电网委员会（CIGRE）定义，分布式发电是非经规划的或中央调度型的电力生产方式，多与配电网相连接，发电规模在 50～100MW 范围内。

DG 具有规模较小且安装在负荷附近等特点，供电质量和可靠性均有较大的提升，同时在环境友好、节约资源等方面也有较为突出的表现。与传统集中电站相比，DG 主要具有以下优势：一般安装在用户附近，降低了输配电过程中的线路损耗，减缓了输配电设备在负荷不断增长的趋势下需要进行扩建的速度，从而进一步节约了在扩建工程上的投资；能为对供电可靠性要求较高的用户或者是偏远山区提供电能，从而极大地提高了系统供电的可靠性；同时 DG 的体积和容量小，安装比较灵活，投资较少，见效较快，从而降低了投资风险；采用可再生能源的 DG 环保性能良好，满足了可持续发展的要求。

DG 技术在不同研究领域有不同的分类方式。一般可以根据技术类型和所使用的原料进行分类。以 DG 并网技术的类型作为分类标准，分布式电源可以分为直接发出工频交流电与系统相连和通过逆变器与系统相连两大类；以 DG 所使用的原料作为分类标准，分布式电源可以分为以下两种：一种是基于可再生能源进行发电，如风力发电、太阳能发电、地热能发电和生物质能发电等；另一种是基于不可再生能源进行发电，如微型燃气轮机、天然气燃气轮机和燃料电池等。可再生能源在前五章已经有所介绍，此处不再赘述。

6.1.1　微型燃气轮机

微型燃气轮机是以天然气、甲烷、汽油和柴油等为燃料的超小型燃气轮机，其功率主要在 25～300kW 之间。由于其技术构造简单，安装准备时间短，因此是短期分布式发电供电规划的最佳选择类型。

1．基本原理和技术构造

微型燃气轮机将热能转化为机械能主要有单轴、双轴和兰金循环三种技术。其基本过程如图 6-1 所示。回热器属于辅助设备，通过预热废气和燃料提高热效率。由于带动发电机旋转的机轴旋转速度快且存在变化，因此，在产生高频变化交流时，需要先整流，再逆变成系统需要的额定频率交流。

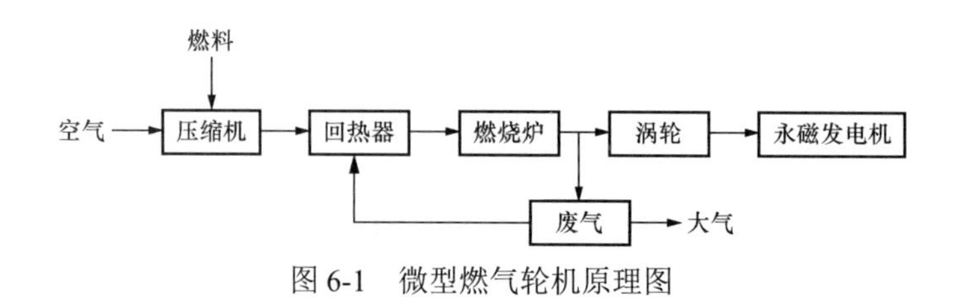

图 6-1　微型燃气轮机原理图

2．费用和性能

对于单位功率输出，微型燃气轮机安装费用较高，为了与大型机组竞争，可通过使用低成本材料和生产方法、减少组件数目来降低费用。微型燃气轮机具有污染小、结构简单、故障率低、可靠性高和投资风险小等优点，并且能在短时间内安装 1.7～40MW 以上的容量。但是，与其他发电技术相比，尽管回热等有效提高系统热转功效率的手段得到应用，微型燃气轮机发电效率也从 17%～20%上升到当前的 26%～30%，但是以微型燃气轮机作为动力的简单分布式供电系统的热转功效率却依然远小于大型集中供电电站和其他类型的分布式发电技术。

3．主要应用

由于发电效率低、容量范围小，微型燃气轮机主要作为居民家庭和商业小区的负荷冷热电联产装置使用，利用设备废弃的热能，提高其效率，可明显改善系统的热经济性，提高系统总利用效率，并降低环境污染；另外，因其安装便捷，投资周期短，对于负荷年度增长较小或阻塞地区，微型燃气轮机作为削峰机组使用时，往往比集中式发电投资更具优势；同时，天然气、柴油等燃料供应充足性也保证了微型燃气轮机的应用市场前景。

6.1.2　天然气燃气轮机

天然气燃气轮机是以天然气为燃料的大型燃气轮机，其稳定的天然气价格、构造简单、高效率和废热再利用的优点，使得大型燃气轮机在分布式发电市场仍占主导地位。其主要容量范围在 0.5～40MW 之间。

1．基本原理和技术构造

天然气燃气轮机运行过程是同时且连续的。它通过快速的气体燃烧，使气流穿过涡轮，带动发电机转动，而不是按顺序进行的循环过程。其主要组件包括压缩器、燃烧炉、涡轮和发电机。涡轮发出的机械能以 97%的转换效率带动发电机转子以恒定速度转动，因此它属于恒速交流发电机。25MW 以下的天然气燃气轮机为组合循环运行模式，25MW 以上的则为单循环运行模式。组合循环是将普通单循环运行模式下排出的废气热量和水在锅炉中加热产生蒸汽，再带动发电机旋转，从而大幅度提高了发电效率。其原理示意图如图 6-2 所示。

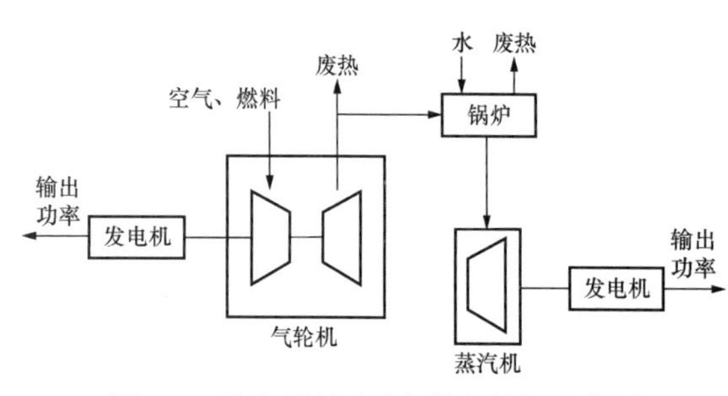

图 6-2　组合循环天然气燃气轮机示意图

2．费用和性能

天然气燃气轮机具有低单位功率安装费用、低环境污染、合理的废热再利用和高可靠性等优点，其中组合循环系统发电效率高达 50%～60%。此外，它还具备调峰性能好、占地面积少、耗水量少和建设周期短等优点，可在几个星期到几个月内即可安装建设 1.7～40MW 机组。

3．主要应用

目前，虽然柴油发电机因低费用而被大量用作紧急和备用功率源，但是天然气燃气轮机由于费用降低，效率、可靠性提高，在输出功率、效率和费用上已缩减了与柴油机的差距，同时在污染水平上也低于柴油机。此外，排污少的特点使其适用于人口密集的发达地区；耗水量少的特点使其适用于缺水地区；大功率的特点可以保证持续的基本负荷供电需求；合理的废热再利用的机制可将其用在热电联产装置中。

6.1.3　燃料电池

上述分布式发电均是通过燃烧将热能转化为电能，而燃料电池可直接将化学能转化为电能，不需要发热过程，因此其发电效率可达到 65%，是集中式发电的 2 倍。同时，它没有任何需要移动的部件，在正常运行条件下，它几乎不产生污染和噪声，可以安装在负荷附近，提供高效率和高可靠性的供电，其燃料效率甚至超过了天然气燃气轮机发电技术。燃料电池的燃料范围广泛，可以是氢气、碳氢化合物、天然气、甲醇，甚至汽油等。然而，除了这些优点外，其应用主要限制条件是安装费用十分昂贵，安装转换器还会增加转换设备费用，并且维修复杂。

1．基本原理和技术构造

燃料电池是一种电化学装置，其组成与一般电池相同。单体电池是由正负两个电极（负极是燃料电极，正极是氧化剂电极）以及电解质组成。一般电池的活性物质储存在电池内部，这限制了电池容量。燃料电池的正负极本身不包含活性物质，只是个催化转换元件。因此，燃料电池是名副其实的将化学能转化为电能的能量转换机器。电池工作时，燃料和氧化剂由外部供给，并进行反应。原则上只要反应物不断输入，反应产物不断排出，燃料电池就能连续发电。此外，依据电解质的不同，燃料电池分为碱性燃料电池（AFC）、磷酸型燃料电池（PAFC）、熔融碳酸盐燃料电池（MCFC）、固体氧化物燃料电池（SOFC）及质子交换膜燃料电池（PEMFC）等。

2．费用和性能

燃料电池的安装费用是其他化学燃料分布式发电技术的 2～10 倍，不同的燃料电池设计方法，存在设备运行复杂性和经济燃料选择的矛盾，因此，虽然燃料电池有很多优点，但因价格较高难以推广使用。在燃料电池价格能够降到一定程度的条件下，由于其很多性能优于其他化学燃料的分布式发电系统，燃料电池构成的发电系统将对电力工业具有极大的吸引力。燃料电池不受卡诺循环的限制，具有能量转换效率高、洁净、无污染、噪声低、积木性强和比功率高等特点，既可以集中供电，也适合分散供电。此外，其简单的废热处理特点使得建立热电联产系统变得方便，积木式结构的装置使燃料电池的容量范围广，从小到只为手机供电，大到和火力发电厂相比，供电非常灵活。加上电池本体的负荷响应性好，使燃料电池在电网调峰方面也优于其他发电方式。主要类型燃料电池的特性比较见表 6-1。

表 6-1　主要类型燃料电池的特性

类型	磷酸型燃料电池（PAFC）	熔融碳酸盐燃料电池（MCFC）	固体氧化物燃料电池（SOFC）	质子交换膜燃料电池（PEMFC）
燃料	煤气、天然气、甲醇等	煤气、天然气、甲醇等	煤气、天然气、甲醇等	纯 H_2、天然气
电解质	磷酸水溶液	$LiKaCO_3$ 溶盐	ZrO_2、Y_2O_3	Na 离子
工作温度（℃）	200	650	800～1000	100
发电效率（%）	≈40	≈42	≈45	30+

3．主要应用

随着燃料电池发电技术的不断完善，其造价将不断降低。燃料电池发电技术具有发电效率高、污染低、可靠性高、供电稳定、安装便捷和靠近负荷等诸多优点，受到居民用户的青睐。另外，其负荷响应性能好，可用作调峰机组，以灵活地适应季节性和地域性的电力需求变化；其废热利用简单、无输电输热损失，可使燃料电池直接进入企业、饭店、宾馆和家庭等地方，实现热电联产联用，综合能源效率有效提高。2016 年，江苏如皋被联合国开发计划署评为“氢经济示范城市”，城市的部分公用设施照明、医院电源用电采用燃料电池示范系统。

6.2 储能技术

将在未来能源结构中占据重要位置的可再生能源，如风能、太阳能、波浪能等，往往由于自然资源的特性，用于发电时其功率输出具有明显的间歇性和波动性，其变化甚至可能是随机的，容易对电网产生冲击，严重时会引发电网事故。为了充分利用可再生能源并保障其作为电源的供电可靠性，需要对这种难以准确预测的能量变化进行及时的控制和抑制。分布式发电系统中的储能装置就是用来解决这一问题的。

储能技术已被视为电网运行过程中“采－发－输－配－用－储”六大环节中的重要组成部分。系统中引入储能环节后，可以有效地实现需求侧管理，消除昼夜间峰谷差，平滑负荷，不仅可以更有效地利用电气设备，降低供电成本，还可以促进可再生能源的应用，同时也可作为提高系统运行稳定性、调整频率及补偿负荷波动的一种手段。储能技术的应用必将在传统的电力系统设计、规划、调度和控制等方面带来重大变革。

储能技术的研究和发展一直受到各国能源、交通、电力和电信等部门的重视。电能可以转换为化学能、势能、动能和电磁能等形态进行存储，目前常用的储能技术按照能量储存方式进行分类，见表 6-2。

表 6-2　储能技术按能量储存方式分类

能量储存方式	储能技术
机械储能	飞轮储能、抽水储能和压缩空气储能
电化学储能	铅酸、锂电、液流、钠硫、铅碳等蓄电池储能
电气储能	超级电容储能和超导储能

续表

介质形态	储能技术
燃料电池储能	制氢、储氢和发电
热储能	显热存储，如热泵储能、电锅炉储能 潜热存储（即相变储能），如冰蓄冷储能和熔融盐蓄热储能

储能技术按照储能的主要特性进行分类，见表6-3。

表6-3　储能技术按主要特性分类

主要特性	储能技术	优缺点
功率型	超级电容器储能、超导储能、飞轮储能	优点：功率密度高，响应速度快 缺点：能量密度较低，不适于大容量储能
能量型	铅酸电池、液流电池、锂离子电池	优点：能量密度高，能够适应于兆瓦级大容量储能 缺点：循环次数有限，不适于快速频繁充放电
功率能量兼备	抽水储能、压缩空气	优点：功率/能量密度高，响应快，适于百兆瓦以上储能 缺点：建造受地理条件限制

6.2.1　飞轮储能

飞轮储能是一种新型的机械储能技术，它是将电能、转动能、制动能，或者风能、太阳能等自然能转化成飞轮的旋转动能并加以储存。近年来，与飞轮储能技术密切相关的三项技术取得了重要突破。一是磁悬浮技术的研究进展很快，磁悬浮配合真空技术，可将轴系的摩擦损耗和风损降低到人们所期望的限度；二是高强度碳素纤维和玻璃纤维的出现，使飞轮边缘速度达到1000m/s以上，大大增加了单位质量的动能储存量；三是现代电力电子技术的发展，给飞轮电机与配电网系统之间的能量交换提供了灵活的桥梁。这三项技术的发展使飞轮储能技术取得了突破性的进展，并在许多领域中获得成功应用，其潜在价值和优越性也逐渐体现出来。

1．飞轮储能装置的构成和工作原理

飞轮储能装置的结构如图6-3所示，主要包括五个基本组成部分：①采用高强度玻璃纤维（或碳纤维）复合材料的飞轮本体；②悬浮飞轮的电磁轴承及机械保护轴承；③电动/发电互逆式电机；④电机控制与电力转换器；⑤高真空及安全保护罩。

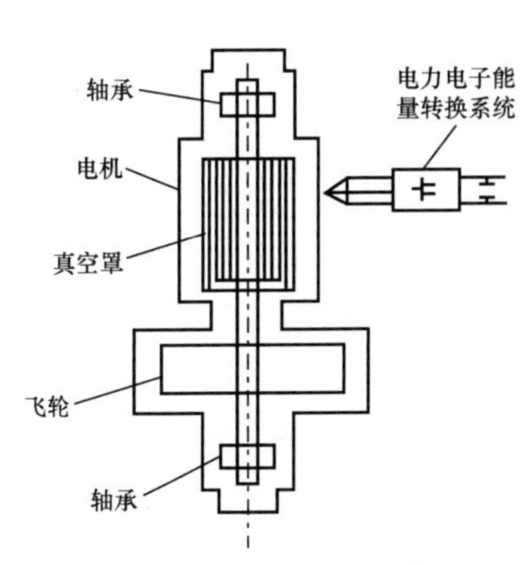

图6-3　飞轮储能装置结构图

现代飞轮储能系统一般都是由一个圆柱形旋转质量块和磁悬浮轴承支撑机构组成。采用磁悬浮轴承的目的是消除摩擦损耗，提高系统的寿命。为了保证足够高的储能效率，减少风阻损耗，飞轮储能系统应该运行于真空度较高的环境中。飞轮与电机同轴相连，通过电力电子能量转换系统进行飞轮转速的调节，实现储能装置与电网之间的能量交换。

飞轮储能系统是一种机电能量转换与储存的装置，其工作原理为：系统储能时，电机作为电动机运行，由工频电网提供的电能经功率电子变换器驱动电机加速，电机拖动飞轮加速储能，能量以动能形式储存在高速旋转的飞轮体中；当飞轮达到设定的最大转速以后，系统处于能量保持状态，直到接收到一个释放能量的控制信号，系统释放能量，高速旋转的飞轮利用其惯性作用拖动电机减速发电，经功率变换器输出适用于负荷要求的电能，从而完成动能到电能的转换。由此，整个飞轮储能系统实现了电能的输入、储存和输出控制。

2．飞轮电机的选择

飞轮储能系统常用的电机有感应电机、磁阻电机和永磁电机三种。磁阻电机的结构复杂，花费高，且功率因数低，而感应电机转换效率偏低，实现超高转速困难，且控制复杂，因此永磁电机是目前飞轮储能应用最多的电机类型。永磁电机按类型可分为两类：反电动势为正弦波的永磁同步电机（PMSM）和反电动势为方波的无刷直流电机（BLDCM）。国内外研究机构或单位一般采用无刷直流电机，主要是因为与正弦波电机相比，其出力大且驱动简单。

3．无刷直流电机基本结构及数学模型

无刷直流电机由电机本体、位置传感器和电子换向线路三部分组成，如图 6-4 所示。

无刷直流电机的反电动势为方波，因此在三相坐标系下分析比较方便，分析时作如下假设：①电机磁路不饱和；②不计涡流和磁滞损耗；③三相绕组完全对称。

无刷直流电机较多采用磁钢表面安装转子结构，由于永磁体的磁导率与空气相近，可以认为电机的等效气隙长度为常数，因此定子三相绕组的自感和三相绕组间的互感也被视为常数，且两者都与转子位置无关。

由此可得无刷直流电机的电路拓扑结构如图 6-5 所示。

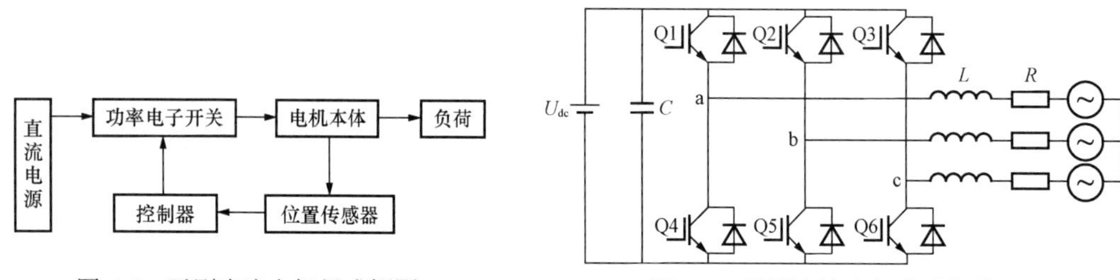

图 6-4　无刷直流电机组成框图

图 6-5　无刷直流电机电路拓扑

4．飞轮储能系统工作模式分析

飞轮储能系统工作过程可划分为充电模式、放电模式和保持模式三种工作模式。下面结合充放电主电路拓扑模型，对以上三种模式进行分析。

（1）充电工作模式

在充电工作模式下，飞轮储能系统消耗外部电能，通过电力变换实现电机驱动，带动飞轮加速旋转，这样电能转换为机械能存储在飞轮中。如图 6-6 所示，电路拓扑主要包括整流电路、PAM 电路、PWM 逆变电路和泵升电路四部分。

1）整流电路。主要将家用 220V 单相交流电通过整流二极管 VD11、VD12、VD13、VD14 进行全桥整流，并经滤波电容 C_1 滤除整流电压中的波纹，达到恒定直流电压约为 314V。

2）PAM 电路。考虑到飞轮转动惯量较大、启动过程的稳定性以及控制的精度，因此系统加进了脉冲幅度调制（PAM）电路。由功率开关管 Q8、续流二极管 VD8 和电感 L_1 构成，完成直流降压斩波变换，以配合三相桥逆变电路的脉冲宽度调制（PWM），从而完成电机升速和飞轮出能的过程。

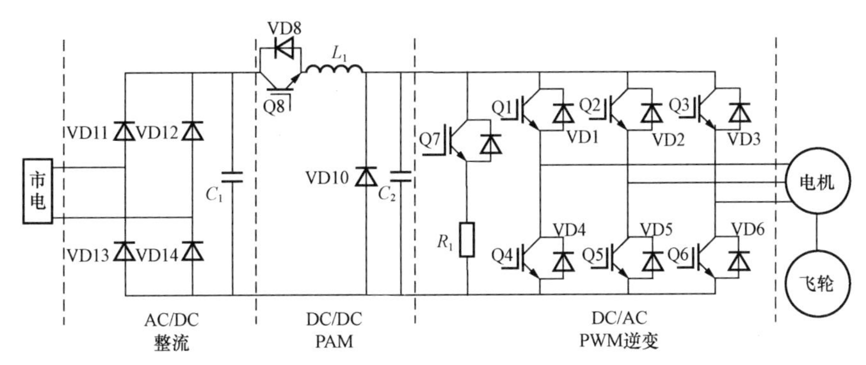

图 6-6　充电主电路拓扑

3）PWM 逆变电路。三相逆变桥由功率开关管 Q1～Q6 组成，控制电路产生 PWM_ON 调制信号来驱动功率开关管通断，达到控制电机运行的目的。由于电机是感性负载，电流不能突变，当功率开关管由导通变为截止时，由续流二极管 VD1～VD6 提供电流通道。

4）泵升电路。由功率开关管 Q7 和泄放电阻 R_1 组成，若母线电压值超过额定值，则功率开关管 Q7 将动作，并经泄放电阻消耗多余能量。

在该种工作模式下，无刷直流电机作为电动机运行，消耗输入功率，实现能量正向流动。驱动系统是一个电流和速度双闭环的系统，外环是转速环，内环是电流环。电机位置信号由安装在电机上的开关霍尔传感器产生，并送入控制器，一方面得到解码信号，另一方面经计算处理后得到反馈速度，与外部速度给定值作差，再经速度调节器得到电流给定值；电流环以两相电流 i_a、i_b 为反馈量，与电流给定值作差后经电流调节器处理，输出信号与载波信号比较后输出 PWM 信号。PWM 信号再与解码得到的信号进行逻辑运算，得到 6 路 PWM 控制信号，以实现高性能的电机控制，从而带动飞轮完成储能过程。

（2）放电工作模式

飞轮放电工作模式与充电模式正好相反，主要表现在两个方面：一是能量的流向与储能工作模式相反，由飞轮流向负载；二是电机的运行状态与储能工作模式相反，飞轮电机作为发电机运行，消耗机械功率，获得电能输出，完成机械能向电能的转化。

在放电工作模式下，无刷直流电机运行在发电机状态。由于动能不断减小，飞轮的转速会不断下降，母线端电压也不断下降，因此必须经电力变换实现输出稳定电压，并且变换成用户可直接使用的工频电。放电主电路拓扑简图如图 6-7 所示，主要由整流电路、Boost 升压电路和逆变及滤波电路三部分组成。

1）整流电路。由充电主电路中逆变部分的 6 个续流二极管 VD1～VD6 和电容 C_3 构成，将无刷直流发电机产生的三相梯形波交流电压，经三相不可控全波整流和滤波电容变成直流电。

2）Boost 升压电路。考虑到整流之后的电压是随着飞轮转速的下降而不断下降的，为得到恒定电压，需要 Boost 升压电路提升电压。Boost 升压电路由功率开关管 Q9、电感 L_2 和二极管 VD15 构成，是放电模式的关键所在。

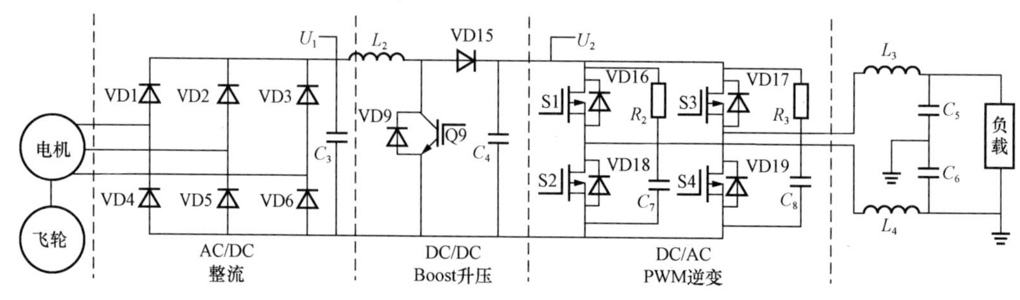

图 6-7　放电部分主电路拓扑

3）逆变及滤波电路。飞轮储能系统产生的能量最终要由用户使用，因此必须满足用户的基本要求，即交流工频 50Hz、220V 恒定，谐波要少，并可以与现有电网兼容。逆变及滤波电路由 MOSFET 管 S1～S4、电感 L_3、L_4 和电容 C_5、C_6 组成，由控制器产生 SPWM 信号对 S1～S4 开通关断进行调制，再经过 L_3、L_4、C_5、C_6 构成的 LC 低通滤波电路进行滤波，最终输出 50Hz、220V 的交流电。

在该模式下，无刷直流电机作为发电机运行，产生输出功率，实现能量反向流动。这个模式的关键就是将经过 Boost 升压电路的输出母线电压稳定在 310V。因此用反馈采样电压 U_2 与给定值作差，再经过电压调节器处理，输出与相应的三角载波进行比较，产生控制 Q9 开断的控制信号，以达到控制母线电压的目的。最后经过逆变及滤波电路输出工频 50Hz、220V 的交流电。

（3）保持工作模式

保持模式既没有能量的正向流动，也没有能量的反向流动，飞轮处于空闲运转状态，整个飞轮储能系统以最小的损耗运行，能量基本保持恒定。此外，也可以考虑在保持工作模式下采用低压模式，这样可以使飞轮长时间存储额定能量。在这种工作模式下，电网直接为负载提供能量。

5．飞轮储能的应用

随着飞轮储能技术的发展和性价比的提高，飞轮储能系统性能参数都达到了可以接受的水平，而且其应用领域也越来越广泛，目前有一些公司生产的飞轮已经投入使用，主要应用于以下行业。

1）电力系统中的应用。目前主要是用抽水储能进行调峰，而飞轮储能系统由于具有充放电快、占地面积小和不污染环境等特点，因此用它进行电力调峰也是一个研究热点。

2）汽车工业领域应用。汽车工业是飞轮储能系统最早应用的领域。早在 20 世纪 50 年代，瑞士一家公司就生产了第一辆仅由飞轮驱动的客车。随着飞轮电池技术的进步和发展，以及其控制技术的成熟，飞轮电池在纯电动车辆和混合电动车辆中都有很好的应用前景。在美国，得克萨斯州大学和得克萨斯能源储备局等机构联合组成得克萨斯电动汽车计划小组，已经研究出可以存储能量为 2kW·h、功率可达 100～150kW 的飞轮电池，主要用于电动汽车。

3）风力发电中的应用。飞轮储能技术在风电场应用中实现平抑波动、跟踪极化曲线、移峰填谷等作用。2021 年，国网辽宁电科院、辽宁大唐国际新能源有限公司共同打造的全球首个风电场站一次调频+惯量响应的飞轮储能应用项目顺利通过并网验收。

4）其他领域的应用。除了上述应用领域外，飞轮电池还可以作为医疗设备、军事设备、安全设备、通信设备、电信中基站、核聚变实验装置和计算机站等场所的不间断电源设备（UPS）。

6.2.2 超导磁储能

超导磁储能（Superconducting Magnetic Energy Storage，SMES）系统是超导应用研究的热点。超导磁储能利用超导磁体的低损耗和快速响应来储存能量，通过现代电力电子型变流器与电力系统接口，组成既能储存电能（整流方式）又能释放电能（逆变方式）的快速响应器件，从而达到大容量储存电能、改善供电质量、提高系统容量和稳定性等目的。

1．SMES系统工作原理与组成

SMES 系统预先在超导线圈内储存一定的能量（即最大储存电能的 25%～75%），再通过控制变流器的触发脉冲来实现 SMES 与系统的有功功率和无功功率交换，从而实现 SMES 的多种功能。按功能模块划分，一般 SMES 系统的基本结构如图 6-8 所示。它主要由超导线圈、失超保护、冷却系统、变流器和控制器等组成。

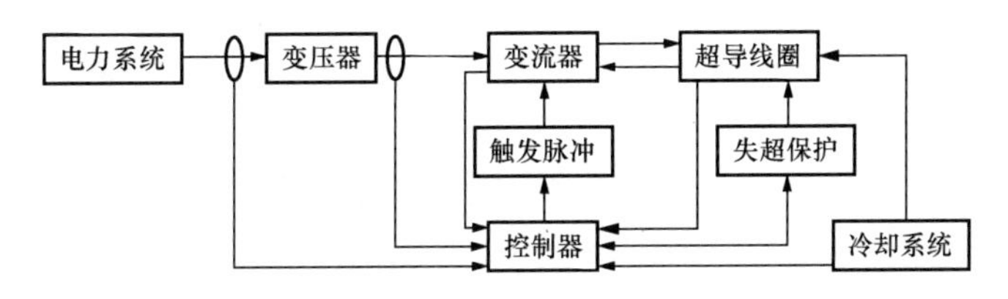

图 6-8 SMES 系统结构图

（1）超导线圈

超导线圈的形状通常是环形和螺管形。小型及数十兆瓦时的中型 SMES 系统适合采用漏磁场小的环形线圈。螺管形线圈漏磁场较大，但其结构简单，适用于大型 SMES 及需要现场绕制的超导线圈。

目前绕制超导磁体线圈的材料主要是 NbTi 和金属化合物 Nb_3Sn。NbTi 的机械加工性能好，而 Nb_3Sn 的临界电流、临界磁场和临界温度都优于 NbTi，只是机械加工较难。这两种导体均为低温超导线材，需在液氦（4K）温区工作。

虽然目前低温超导线材已基本达到了可以在小型 SMES 上使用的水平，但必须在液氦温区下才能维持超导状态，这使超导的经济优越性受到了限制。在高温超导线材方面，美国、日本等发达国家已制造出 50～1000m 的 Bi 系超导线材，并具有制造单位截面积载流量大于 $20kA/cm^2$、交流损耗小于 3W/（kA • m）且线长大于 1km 的 Bi 系超导线材的能力。现在，高温超导线材虽然已接近或达到可用于超导电力装置的水平，但与低温超导线材相比，仍有一段差距，尤其是在交流损耗上差距更大。为此，各国均在致力于开发交流高温超导线材，以期使高温超导线材达到实际应用水平。

（2）失超保护

对于超导磁体，失超时可能出现三种情况：①过热；②高压放电；③应力过载。后两种状况发生时，在一定范围内是可以自动修复的；而对于过热，其后果常常是致命性的（特别是对磁体而言）。因此，更多的磁体保护措施是针对过热设计的。防止过热的关键在于，在失超时将超导磁体中的电流转移至外部消化，以防止焦耳热释放在超导线上。根据不同的磁体结构，可采取分段电阻保护、并联电阻保护、谐振电路保护和变压器保护等方法。每种方法都有各自的优缺点。

实现超导线圈的失超保护，必须配备高速、准确的失超检测器，同时还应具备消除交直流变换器等器件上产生的电磁干扰的技术的能力。直流断路器的作用是，当失超保护动作时，将超导线圈和交直流变换器分开，再将线圈电流转移到保护电阻上，同时防止保护电阻产生的电压加到变换器上。由于通电电流很大，因此需考虑采用多触点形式，同时还必须确保在反向电流回路中叠加的高频电流能够形成零点。

此外，和通常的暂态超导磁体不同，保护电阻不能总是并联在 SMES 系统中。因此，必须开发能保证保护电阻高速、准确地投入使用的开关。为防止投入时的过电压，应当尽量减少保护电阻的电感。

（3）冷却系统

低温冷却装置由不锈钢制冷器、低温液体的分配系统及一对自动的氦液化器三部分组成。分配系统主要由制冷器顶部的电气连接、控制氦流的低温阀箱、制冷器之间及阀箱和液化器之间的低温管、真空装置、压力过高时的安全阀、备用氦罐和冷却箱（热交换器、焦耳—汤姆孙阀和涡轮膨胀器）组成。这种装置通常每年只能使用 6000h，必须提高到每年使用 8000h，以满足电力运行的技术要求。

超导线圈的冷却方式有两种：一种是将线圈浸泡在液氦之中的浸泡冷却方式；另一种是在导体内部强制通过超临界氦流的强制冷却方式。浸泡冷却方式下，超导稳定性好，但交流损耗大，且耐压水平低；强制冷却方式下，在机械强度、耐压和交流损耗等方面都具有优点，但需要解决提高超导热稳定性的问题。

（4）变流器

SMES 系统所用的 AC/DC 变流器应能独立控制 SMES 系统与电力系统之间的有功功率和无功功率交换，这就需要采用由电力电子器件组成的开关电路。从电路拓扑结构来看，常用的变流器有电压型变流器和电流型变流器两种。

电压型变流器电路的结构比电流型变流器复杂，线圈的充放电需考虑电压型 AC/DC 变流和从支撑电容到超导电感线圈的斩波两个部分的协同控制。从目前变流器的应用情况来看，电压型比电流型更为成熟，大容量的 SMES 系统大多采用电压型变流器与电网相连。多年来的研究表明，电流型 SMES 系统结构相对简单，其控制策略设计也易于实现。对于中小型 SMES 而言，这种结构更为合理。

由于基本的六脉冲电流型或电压型变流器会产生谐波（$6K\pm1$ 次，K 为整数），因此需要在 SMES 系统的交流侧进行滤波。目前，抑制谐波的主要方法有脉宽调制（PWM）技术和多重化技术。

（5）控制器

控制器的性能必须和电网的动态过程匹配，它一般由外环控制和内环控制两部分组成。外环控制器作为主控制器，用于提供内环控制所需要的有功功率和无功功率参考值，这些参考值是由 SMES 系统本身特性和系统要求决定的；内环控制器是根据外环控制器提供的参考值来产生变流器的触发信号。

2．超导磁储能装置控制模式

超导磁储能系统工作模式可以分成：充磁模式、维持模式、放磁模式和交换模式四种。图 6-9 给出了系统的模式转换图。

1）充磁模式。在超导磁储能系统启动时，必须先对超导线圈进行充磁。若超导线圈最大储能量为 E_{max}，定义系统的额定储能量为 $E_N=0.6E_{max}$，正常工作时系统的最小储能量为 $E_{min}=0.1E_{max}$。初始时，可将超导线圈的能量充到额定储能量，然后进入能量维持模式进行待命，这样系统可随时接收正负功率指令。在储能系统与电网进行功率交换时，一旦储能量低于最小储能量，系统将进入充磁模式。这时，系统控制变流器直流电压保持恒定，并按一定的速率对超导线圈进行充磁。若超导线圈能量充到额定储能量后，则再次进入维持模式进行待命。

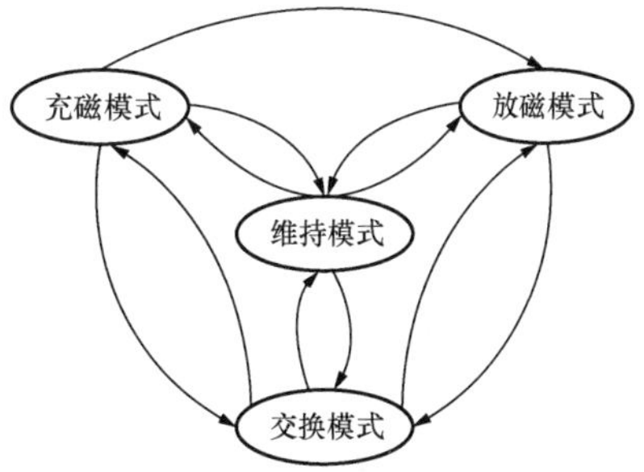

图 6-9　超导磁储能系统模式转换图

2）维持模式。在系统处于待命状态且不与电网发生功率交换时，由于储能系统的超导线圈电流引线等非超导部件的存在，储能设备会产生一些损耗，导致超导线圈电流以非常缓慢的速度减小。为了维持超导线圈的电流为恒定值，需要电网通过储能变流器（Power Conversion System，PCS）按涓流充电方式对超导线圈充磁。

3）放磁模式。放磁模式可以分成正常放磁和故障保护两种情况。正常放磁也有两种情况：一是当储能系统与电网进行功率交换时，若超导线圈的储能量超过其最大储能量 E_{max}，应对线圈电流进行限制，使系统进入放磁模式；二是当储能系统正常停机时，需要先将超导线圈电流释放到零，这时通过控制超导线圈上的电压，使得储能系统通过 PCS 将能量回馈到电网。当出现故障保护时，需要快速释放超导线圈中的能量，这时应将 PCS 与电网断开，放磁电阻上的固态开关开通，这样超导线圈电流就能快速衰减，使能量损耗在电阻上。

4）交换模式。储能系统与电网发生有功和无功交换，并通过控制 PCS 实现调节电网参数，改善电能质量和提高电网稳定性。这时应保证系统储能量处于超导线圈设定的储能量范围内（即 E_{min}～E_{max}）。若低于 E_{min}，则应转换到充磁模式；若高于 E_{max}，则应转换到放磁模式。

3．SMES系统的应用

SMES 系统是将能量以电磁能的形式储存在超导线圈中的一种快速、高效的储能装置。与其他储能装置相比，SMES 系统具有储能量大、转换效率高、响应迅速、对环境无污染、控制方便和使用灵活等优点，在电力系统中有着广泛的应用前景。

根据储能装置容量的不同，可分为大型和中小型 SMES 系统，它们在电网中扮演着不同的角色。

大型 SMES 系统主要适用于大功率远距离输变电系统。其主要功能有：①提高输电稳定性，可瞬时吸收过剩能量，避免系统解列，与现有大电网稳定装置（如电气制动等）相比，具有响应速度快、能回收过剩能量等优点；②进行电压/无功支持，使电压保持稳定，波动很小；③调节负荷，将负荷曲线调平。在改善电能质量时，超导磁储能系统储能容量不一定很大，但功率容量一般很大。大型 SMES 系统的功率容量一般在 100MV • A 以上。

小型 SMES 系统的容量一般为 0.5～10MV・A，其主要作用是改善电能质量和分布式发电系统的功率扰动平衡。小型 SMES 系统的主要功能有：①电压控制和功率因数调整；②闪变抑制；③电压跌落和瞬时断电保护；④支持可再生能源的发电系统。

目前，在实际电力系统中，也不乏储能装置应用的案例。

1988 年，一些小的分布式 SMES 系统（称为 D-SMES）在美国威斯康星州获得应用，该州电网配置了 6 台，容量是 3MW/3MJ，其主要作用是进行弱联络线的低频振荡控制。1999 年，德国 ACCEL 等企业联合研制了 2MJ/800kWSMES，解决 DEW 实验室敏感负荷的供电质量问题。

在我国，SMES 系统的研究是储能领域的一个热点。2003 年，清华大学已研制出一个 15kV・A/20kJ 的 SMES 系统，并已经通过动模试验。试验表明，该 SMES 系统能够有效地进行电力系统稳定控制，提高了电网的输送能力。

随着 SMES 技术的逐步成熟，其应用于电力系统的实际生产运行已具有可行性。如何更好地发挥储能系统在提高电力系统稳定性的作用，是当前储能领域研究的一个热点。

6.2.3 超级电容器储能

超级电容器也称为双电层电容器，它是近年来出现的一种新型的能源部件。之所以称为超级电容器，是因为与常规电容器相比，其容量可达到法拉级甚至数千法拉级。

超级电容器具有以下特点：①电容量很大，一般情况下超级电容器容量范围可达 1～5000F，有的甚至上万法拉。②和普通电容器相比，具有很高的能量密度，是普通电容的 10～100 倍，一般可达 20～70MJ/m^3；③漏电流极小，具有电压记忆功能，电压保持时间长；④充放电性能好，且无须限流和充放电控制回路，不受充电电流限制，可快速充电，通常只需几十秒；⑤储存和使用寿命长，维修费用很小；⑥使用温度范围广，可达−40～+85℃；而普通电池的使用温度范围仅为 0～+40℃；⑦比蓄电池安全，如果发生短路，超级电容器不会爆炸。

1．超级电容器储能系统结构

（1）超级电容器储能系统主电路

超级电容器储能系统正常工作时，通过 IGBT 逆变器将直流电压转换成与电网同频率的交流电压。当仅考虑基波频率时，可以将超级电容器储能系统等效为幅值和相位均可控制的交流同期电压源。其主电路主要包括三部分：整流单元、储能单元和逆变单元。整流单元采用三相全桥整流器，给超级电容器充电以及为逆变单元提供直流电能。逆变单元则采用 IGBT 组成的三相电压型逆变器，通过变压器与电网相连。

（2）储能系统工作原理

超级电容器储能系统的单相等效电路如图 6-10 所示。图中，$\dot{U}_S$ 和 $\dot{U}_I$ 分别表示电网电压和逆变器的输出电压；X 表示逆变器与电网之间的连接电抗。从图 6-10 中可以看出，连接电抗上的电压 $\dot{U}_L$ 为 $\dot{U}_S$ 和 $\dot{U}_I$ 的相量差。因此，改变逆变器的输出电压 $\dot{U}_I$ 的幅值以及其相对于 $\dot{U}_S$ 的相位，就可以改变连接电抗器上的电压和电流。

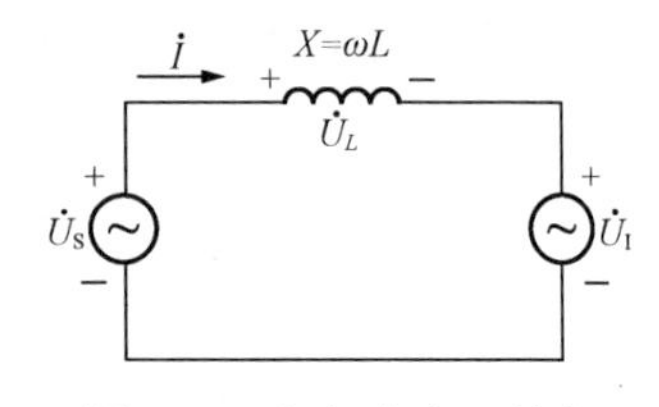

图 6-10 超级电容器储能系统的单相等效电路

电流 $\dot{I}$ 超前或滞后于 $\dot{U}_L$ 时各个电压电流之间的相量关系

如图以 6-11 所示。从图 6-11 中可以看出，$\dot{U}_\mathrm{I}$ 和 $\dot{U}_\mathrm{S}$ 同相，改变 $\dot{U}_\mathrm{I}$ 的幅值大小，可以控制逆变器从电网吸收的电流是超前还是滞后 90°，并且能够控制该电流的大小。

在上面的分析中，没有考虑系统中的损耗，如果将损耗等效为连接电抗器上的电阻，则工作相量图如图 6-12 所示。此时，由于损耗 R 的存在，$\dot{U}_\mathrm{I}$、$\dot{U}_\mathrm{L}$ 和 $\dot{U}_\mathrm{S}$ 三者之间有了夹角，从而导致逆变器与电网之间的无功功率传递。

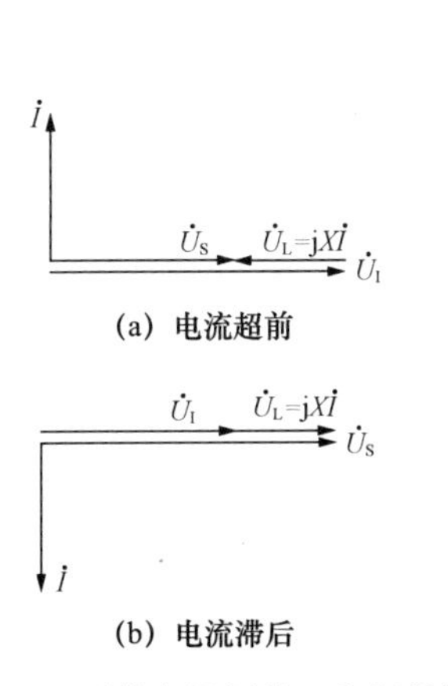

图 6-11　不考虑损耗的工作相量图

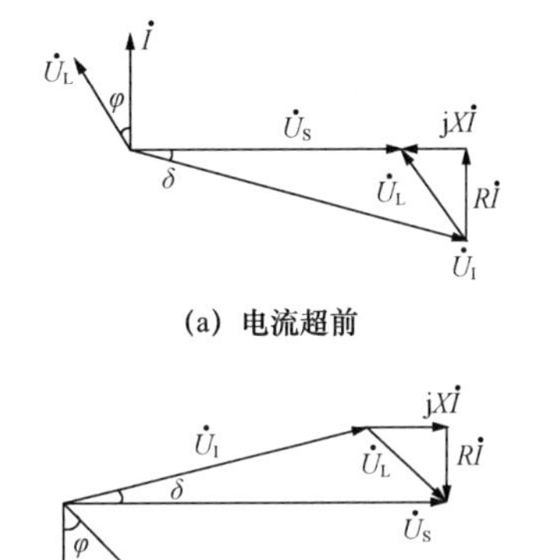

图 6-12　考虑损耗的工作相量图

2．超级电容器储能的应用

目前，超级电容器产品已经比较成熟，且应用范围广泛。一些正处在研究和试用阶段，而一些则已经实现商业化。总体来说，超级电容器的主要应用如下：

（1）小功耗电子设备的电源/备用电源

在各式各样的消费类电子产品以及一些功耗不大的电子设备中，超级电容器可以作为电源，来取代目前应用最多的蓄电池、锂电池等，比如，众多的电动玩具以及自动防故障的装置等。将超级电容器和电池混合使用，也非常适用于众多具有脉动性的设备和仪器，比如，生活中常用的手机、照相机的闪光灯、笔记本电脑和掌上电脑等

（2）电动汽车及混合动力汽车

目前，新能源概念的汽车动力源主要用的是电池，也有一些公司采用单一的超级电容器作为电动汽车的唯一动力源。而目前最被认可的是将超级电容器与可充电蓄电池或燃料电池等储能装置或发电设备混合使用来驱动汽车。由于超级电容器功率密度大，充放电速度快，能够在汽车启动、加速、爬坡等过程中提供所需的峰值功率，并且能够在刹车时将能量回馈储存在超级电容器中。因此，整个过程可以提高能量的利用效率，同时提高新型动力汽车的实用性和可行性。

（3）可再生能源发电系统/分布式电力系统

目前的风能和光伏发电系统中，其发电设备的输出功率不稳定。采用超级电容器装置进行储能，可以充分发挥其功率密度大、储能效率高、循环寿命长和无须维护等优点；同时也可以和其他储能装置进行混合储能，应用前景良好。超级电容器储能装置应用在光伏发电、风力发电和生物质材料发电等分布式发电系统中，可以改善其电压输出的特性，并作为发电

中断时的备用电源，可以提高供电的质量和稳定性。

（4）军事装备领域

目前，野战装备大多不使用公共电网供电，而是自己配置相应的发电设备和储能装置，并且要求储能装置轻便、可靠且隐蔽性强。因此，超级电容器凭借其良好储能特性，可以解决坦克、军用运输车和装甲车等车辆低温启动困难的问题；可以为雷达、通信及电子对抗系统等提供大功率脉冲；还可以为制造脉动功率工作的新概念武器提供新型的储能材料等。

（5）电网/配电网的电力调峰和电能质量改善

超级电容器是新型的电力储能装置，可以用于电网/配电网的电力调峰和电能质量改善。在负荷较小时，将电能储存在超级电容器中，并在用电高峰期释放出来，以减小电网的峰谷差，提高容量利用率。基于超级电容器储能的动态电压补偿（DVR）系统，也可用于改善电能质量，对电网/配电网进行无功补偿和谐波消除。超级电容器还可以成为重要负荷的UPS，以保证电源的不间断供电。

6.2.4 蓄电池储能

蓄电池储能系统（Battery Energy Storage System，BESS）由蓄电池、逆变器、控制装置和辅助设备（如安全和环境保护设备）等部分组成。根据所使用的化学物质，蓄电池可以分为铅酸电池、铅炭电池、锂离子电池和液流电池等

1．蓄电池储能的优劣

铅酸蓄电池性价比很高，被认为最适合应用于分布式发电系统。目前，采用蓄电池储能的分布式发电系统，多数仍采用传统的铅酸电池。然而，这类蓄电池存在着初次投资高、使用寿命短和对环境有污染等问题。

新型高能量二次电池——锂离子电池，具有工作电压高、体积小、储能密度高（储存电能为300～400kW·h/m^3）、无污染和循环寿命长（若每次放电不超过储能的80%，可反复充电3000次）的特点，其充放电转化率高达90%以上，比抽水蓄能电站的转化率高，也比氢燃料电池的发电率（80%）高。锂离子电池于1992年由日本索尼公司率先推出，并很快受到了人们的重视和欢迎。

2．蓄电池储能的发展前景

目前，蓄电池作为储能装置在分布式发电系统中应用广泛。虽然它存在循环次数有限、不适于快速频繁充放电的缺点，但是，就目前的技术经济发展状况而言，蓄电池仍会在一段时间内得到广泛应用。随着政策支持力度加大和商业运营模式的成熟，储能锂电池装机量将保持加速增长。结合全球储能电池市场增长情况，预计到2029年，我国储能电池出货量有望达到1551GWh，2024～2029年年均复合增长率在40%左右。

6.2.5 抽水储能

抽水储能电站是当前唯一能大规模解决电力系统峰谷难题的途径。它需要高低两个水库，并需安装能双向运转的电动水泵机组，即水轮发电机组。当电力系统处于谷值负荷时，

电机带动水泵将低水库的水通过管道抽到高水库以消耗电能；当峰值负荷来临时，高水库的水通过管道使水泵和电机逆向运转，变成水轮机和发电机发出电能供给用户，由此起到削峰填谷的作用。

1．抽水储能的优劣

该方案的优点是技术成熟可靠，容量很大，运行方式较为灵活，系统开启时间较短，负荷调整速度快，运行成本低。其缺点是建造受到地理条件的限制。初期投资较大，建设工期很长，建设工程量大，厂址一般远离负荷中心，存在输电损耗。在抽水和发电过程中都有相当数量的能量损失。

抽水储能是在电力系统中得到的最为广泛应用的一种储能技术，其主要应用领域包括能量管理、频率控制以及提供系统的备用容量。抽水蓄能电站相比锂离子电池有更好的投资效益比，因为锂离子电池的价格现在仍然比较贵。从蓄能的角度看，抽水蓄能电池在充放电过程中可能比锂离子蓄能电池多损失一些能量。锂离子电池的充放电效率可以做到90%或85%，而抽水蓄能可能是80%或75%。但是抽水蓄能电站不仅可以吸收光伏发电和风电发出的电力，而且可以通过多接收自然降水来增加发电能力。所以抽水储能的“蓄能”效益，实际上比锂离子电池还高。抽水蓄能电站和太阳能、风能相结合，专门保证高峰用电的供应，从电力的调配上看最为合理。因为水能发电的最大优势在于启动和关闭闸门都比较容易。截至 2023 年底，全球抽水蓄能装机容量达 1.79 亿 kW。但限制抽水蓄能电站更广泛应用的重要制约因素是地理位置受限程度大，建设工期长，工程投资较大。

2．抽水储能的研究现状

根据《2023 年度抽水蒸能产业发展报告》，2023 年新核准 49 座抽水蓄能电站，装机容量 6342 万 kW，截至年底全国核准在建 134 座，装机容量 1.79 亿 kW，核准项目平均单位千瓦静态投资 5857 元/kW，不同地区造价水平差异较大。截至 2023 年底，我国抽水蓄能累计已投运规模达到 5094 万 kW，约占全球抽水蓄能装机的 28.1%，在建规模跃升至亿千瓦级、已建、在建规模连续 8 年稳居世界第一。2023 年全国新增抽水蓄能装机容量 515 万 kW，截至年底投产总装机容量达 5094 万 kW，主要分布在华东，南方和华北区域，截至 2023 年底，我国已纳入规划的抽水蓄能站点资源总量约 8.23 亿 kW，包括已建、在建项目，还有重点实施项目和规划储备项目。抽水蓄能仍处于战略机遇期，相比传统调峰手段有优势，预计 2024 年装机规模将达到 5700 万 kW 左右。

6.2.6　压缩空气储能

与抽水蓄能相似，压缩空气蓄能发电（CAES）利用电力系统在晚间低谷负荷时的过剩发电能量，将空气压缩并存储在洞穴内，当电力的需求达到高峰（如白天）时，即可放出进行发电。这样可使充当基本负荷的发电机组（如燃煤火电机组）在低谷负荷时不必减低负荷运行，从而维持高效率。

1．压缩空气储能的原理

电网电能驱动电动机，与电动机相连接的空气压缩机工作产生高压气体，压缩空气产生的热能由冷却器吸收并存储，这样将电网电能转换为压缩气体势能存储在洞穴内，少量热能被冷却器吸收并存储。目前，存储在洞穴的压缩空气在发电中比较常用的方式是将压缩空气与天然气混合燃烧，燃烧方式与常规燃气机相同，该方法压缩空气损失能量较少，主要分为两个阶段。

（1）压缩空气能存储阶段

利用电网系统低负荷时多余电能来驱动压缩机产生高压气体，然后将其存储在储能装置内，对电能进行存储。

在该阶段中，为了使压缩空气过程中的温度降低，减少压缩功，采用了间冷循环系统，如图 6-13 所示。该系统将压缩空气存储分为低压压气和高压压气两个过程，在这两个连续的过程中增加了冷却器，将中间过程的气体进行降温，该气体释放的热能可以进行存储利用，经过中间冷却后，在进入高压压缩机时所消耗的能量会降低，整个系统的耗能也会减少，起到系统优化的作用。高压压缩机出来的高压气体会进行后续处理，即增加一个后冷却器，这样既可以利用气体产生的热能，又方便高压气体的存储。

采用分级压缩后，可以提高蓄能系统的性能，但是系统中的总体设备变得更为庞大和复杂。而且，增加的中间冷却器使用水作为冷却介质，虽然降低了空气的温度，但却增加了能源消耗。另外，压缩空气经过中间冷却器之后，会有一定的压力损失，因此只有每一阶段的空气压缩机压缩比的乘积大于总的压缩比，才能在压缩过程完成后，使空气的压力保持在所需要的压力值。所以，在实际应用中，中间冷循环措施不适合多次采用，通常只加一级中间冷却。

（2）压缩空气发电阶段

当电网负荷增大，需要补充电能时，将存储的高压气体释放出来发电，实现势能转换为电能。常规的压缩空气蓄能发电系统如图 6-14 所示，它是将释放出来的压缩空气与天然气混合燃烧，推动燃气轮机做功，从而输出电能。

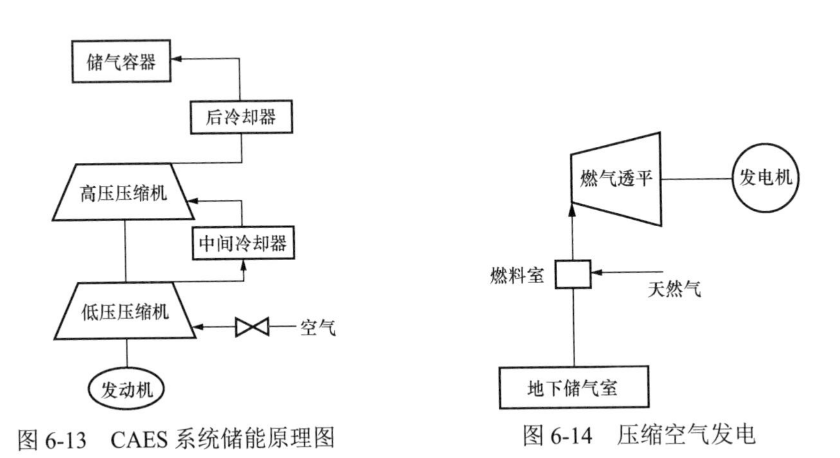

图 6-13　CAES 系统储能原理图　　图 6-14　压缩空气发电

在该阶段中，储气室出来的高压气体与燃料在燃烧室燃烧并释放热量，通过空气透平膨胀机做功带动发电机运转产生电能，透平出口的空气通过向大气环境放热来完成整个过程。

2．压缩空气储能发电系统应用

目前，压缩空气储能发电主要是将多余的电能储存起来，实现削峰填谷。例如，德国的压缩空气发电厂已有 40 多年历史，世界上第一座商业运行的压缩空气储能电站是 1978 年建成的德国亨多夫（Huntdorf）电站，其机组容量290MW，该电站冷态启动至满负荷仅需6min，排放量仅是同容量燃气轮机组的1/3。

压缩空气储能发电系统还适用于解决风力发电和太阳能发电的随机波动等问题，保证电能输出质量。随着风电装机容量的逐渐升高，压缩空气储能方式将成为风能大规模并网发电的新途径。

随着压缩空气储能技术的不断发展，应用领域不断扩展，特别是装置小型化，在日常生活中应用前景越来越广泛。

1）压缩空气储能装置可以作为楼宇应急电源。目前使用的传统应急电源通常是柴油发电机或者蓄电池（如楼宇消防报警设备），其中，柴油发电机容易老化受损，维护成本高，启动也需要响应一段时间；而蓄电池容量有限，只能短期维持。随着压缩空气储能技术的发展和压缩空气储能系统的小型化，使之成为应急电源的新选择，具有启动响应时间短、寿命长和方便维护的特点，系统自动控制调节蓄能器压缩空气的压力和气量，实现动态平衡。

2）随着技术的不断发展，单个压缩空气储能装置的容量得到进一步扩大，可将其作为分布式电源使用。随着家家户户使用电动车等电气化设备越来越多，用电的高峰和低谷的差距会越来越大，时长也会越来越长，可将其作为家庭长时储能的设备。

2022年5月26日，作为全球首座非补燃式盐穴压缩空气储能电站，我国压缩空气储能领域唯一国家试验示范项目——金坛盐穴压缩空气储能电站正式投产。

6.2.7 氢储能

1．氢储能的原理及发展现状与技术优势

（1）氢储能的原理

“制氢储能”是一种可大规模应用在电力系统中的储能技术，氢储能在可再生能源消纳、电网调峰等应用场景非常广阔。按照国际能源署的预测，10%的可再生能源必须通过长周期储能来解决。在2060年，中国需要1.5万kW·h亿千瓦时电由氢储存，预计未来燃煤发电会逐步变成燃氢发电。制氢技术的基本原理是将水电解得到H_2和O_2。以风电制氢储能技术为例，其核心思想是，当风电充足但无法上网、需要弃风时，利用风电将水电解制成H_2（和O_2），并将H_2储存起来；当需要电能时，将储存的H_2通过不同方式（如内燃机、燃料电池或其他方式）转换为电能输送上网，或者将H_2应用到其他工业、民用领域，以最大限度地利用风能资源。电解出的H_2有多种用途，如氢能可以作为能源互联网的枢纽，将可再生能源与电网、气网、热网、交通网连为一体，加速能源转型进程。氢气在化工和冶金领域有广泛应用，可以作为原料或还原剂，通过氢储能技术可以更好地管理和利用这些行业的能源需求。

（2）储能的发展现状

氢储能具有灵活可调、规模化、长周期等存储优势，近年来随着国家与地方加速出台系列政策，氢能在我国能源转型中的地位逐渐凸显。随着氢储能核心装备成本下降趋势明显，经济性稳步提升。未来随着氢储能技术的不断突破和应用的不断拓展，将在支撑新型电力系统安全运行等方面将发挥重要作用。

在技术装备方面，我国研发了工业用储氢材料、离子交换膜、电催化剂等一批关键材料，建造了 49t 燃料电池重卡、氢内燃机飞机、“三峡氢舟 1 号”氢动力船舶、大型电解水制氢电解槽等一批重大装备。

（3）技术优势

和其他储能技术相比，制氢储能具有很多优势。比如，与抽水蓄能相比，制氢储能不需要较丰富的水源，且地势可以较为平坦等；与蓄电池相比，制氢储能使用寿命长，且没有污染，能量密度高（粗略计算，高压储氢能量密度是铅酸电池的 4 倍，金属储氢能量密度是铅酸电池的 6 倍），不存在自放电问题等。与氧化还原电池（如全钒液流电池）相比，制氢储能没有离子交换膜污染和管道、泵等堵塞问题；与飞轮储能和超级电容器储能相比，制氢储能单位容量投资低，能量密度高等。

2．水电解制氢过程

水电解制氢是实现工业化廉价制氢的重要手段，可制得纯度为 99.9%的氢产品。每年我国在水电解制氢上的电能消耗达到 1.5×10^7kW·h 以上。水电解制氢的原理是，当电流从电极间通过时，在阴极上产生 H_2，在阳极上产生 O_2，而水被电解掉。水电解制氢设备的核心部分是电解槽，电极材料又是电解槽的关键所在。电极性能的好坏在很大程度上决定着水电解槽的电压高低及能耗大小，并直接影响成本。水电解制氢的效率一般在 85%左右，其工艺过程简单无污染，但耗电量大，因此其应用受到一定的限制。

6.3 分布式“源网荷储”组网技术

为进一步深化能源革命，构建清洁低碳、安全高效的能源体系，2021 年 3 月，国家发展改革委、国家能源局联合发布了《关于推进电力源网荷储一体化和多能互补发展的指导意见》。电力系统是一个需要维持瞬时平衡的系统，在传统电力系统中，主要通过发电机组的转动惯量、调频能力，根据负荷的变化进行发电量调节，以实现电力平衡，即为“源随荷动”。与传统电网相比，新型电力系统的电网发展将形成大电网主导、多种电网形态相融并存的格局。未来，以家庭、社区、园区等不同大小的区域将形成多层级微电网，解决规模化新能源与新型负荷大量接入和即插即用的问题。这将改变传统电力系统“发输变配用”的单向过程，形成“源网荷储”一体化的循环过程，提高新能源发电消纳占比。因此，为保证电力系统安全稳定高效运行，必须加速推进“源网荷储”一体化多能互补的发展，保障大规模新能源顺利消纳。正是在这样的背景下，“源网荷储”一体化应运而生。

6.3.1 “源网荷储”的基本内涵

“源网荷储”一方面通过电源、电网、负荷和储能四个方面的协调配合，在供应侧通过可再生能源发电、调峰电源等多类型电源的优化组合，形成相对可控的发电出力；另一方面，通过实施需求侧管理和需求侧响应措施，配合储能设备的有序充放电，引导用户用电负荷主动追踪发电侧出力。

（1）源源互补

源源互补强调电力系统全部可用资源之间的协调互补，这种互补体系包括两个方面：第一是可再生能源与传统发电资源之间的协调互补，在区域范围内，以分散式的能源供需主体为主，分布式可再生能源（如小型风机、分布式光伏等）需要与其他可调度的分布式能源（如小型分布式燃气等）以及电网供电资源相协调；第二是将需求侧资源视为与电源相同的供应侧资源，利用虚拟电厂等需求侧管理技术，降低可再生能源发电逆负荷特性对电力系统安全稳定运行的不利影响。

（2）源网协调

源网协调要求电网扩大接纳多样化电源的能力与水平，利用智能化调控技术与优化技术、信息技术，以源源互补思维为指导，发挥不同电源之间的互补协调性和不同组合方式之间的互补协调性，将分散式与集中式两个层面上的供应侧资源进行优化组合，同时充分调动需求侧资源的可调度潜力，在保证系统安全可靠与经济性的基础上，实现电网对可再生能源发电接纳能力的最大化。

（3）网荷储互动

网荷储互动是将储能、电动汽车以及具备电能供需一体化特征的用户侧设备或用户侧资源视为广义的需求侧资源，通过智能用电和用电诊断等技术，配合储能设备的有序充放电，引导需求侧用电负荷主动追踪可再生能源发电出力，以提高系统供需双侧在时间与空间上的匹配度。

6.3.2　“源网荷储”的基本构架

可再生能源发电的随机性、间歇性问题使得电力系统的供应侧不再是绝对的稳定可控，电力系统供需的双侧随机问题日益凸显。一方面，在大规模可再生能源发电并网的情况下，可再生能源发电出力随环境因素变化明显且难以预测，导致供应侧难以形成稳定、可预测的发电出力曲线，从而造成供应侧随机问题；另一方面，虽然近年来实施了多项需求侧管理、需求侧响应的试点项目，但仍然未能从根本上改变用户的用电随机特性，需求侧随机问题仍然存在。针对这一问题，提出了“源网荷储”方法的基本架构如下：

（1）供应侧

供应侧主要包括分散式与集中式两类资源，分散式资源包括分布式可再生能源发电、储能设备以及广义化的需求侧资源等；而集中式资源主要包括火电、水电、核电等传统常规发电资源以及大型风电基地、光伏发电基地等可再生能源。

（2）电网侧

电网侧主要指多元化的智能输送网络，在区域范围内的典型输送网络为微电网、配电网，在广域以及跨区域范围内的为高压输电线路、特高压等，同时还包括部分供热网络。

（3）用户侧

用户侧主要指系统各用电单元，根据负荷高低、用户响应特性的不同可分为不同层级，单一用电器可视为节点型用电单元（如用户的洗衣机、冰箱、空调设备等），多个用电器之间的相互组合可视为聚合型用电单元（如大型商场的全部空调设备、照明设备等）。

（4）信息控制系统

信息控制系统指设置在电网侧或云端的数据采集、智能分析处理系统和智能优化系统等，这些系统组合在一起，形成了具有决策、分析和控制功能的系统平台。需要特别指出的是，随着“互联网+智慧能源”（即能源互联网）概念的提出以及不断丰富化，电力系统作为一、二次能源的主要转化媒介，同时兼有多能互补替代、多能协同优化等特性，因此未来将成为能源互联网多种能源交互协调的核心以及纽带。在这种情况下，电力系统的“源网荷储”一体化模式将不仅应用于电力行业，而且能够扩展到整个能源行业，结合能源互联网的先进信息技术、调控技术和规划技术，形成更完善的能源系统。

6.3.3 “源网荷储”的具体实施

（1）区域（省）级

依托区域（省）级电力辅助服务、中长期和现货市场等体系建设，引入电源侧、负荷侧和独立电储能等市场主体，全面放开市场化交易，推动建立市场化交易用户参与承担辅助服务的市场交易机制，培育用户负荷管理能力，提高用户侧调峰积极性。依托 5G 等现代信息通信及智能化技术，加强全国统一调度，研究建立“源网荷储”灵活高效互动的电力运行与市场体系，充分发挥区域电网的调节作用，落实电源、电力用户、储能和虚拟电厂参与市场机制。

（2）市（县）级

在重点城市开展“源网荷储”一体化坚强局部电网建设，如图 6-15 所示。梳理城市重要负荷，研究局部电网加强方案，提出保障电源以及自备应急电源配置方案。结合清洁取暖和清洁能源消纳工作，开展市（县）级“源网荷储”一体化示范项目，研究热电联产机组、新能源电站和灵活运行电热负荷一体化运营方案。

图 6-15 “源网荷储”一体化坚强局部电网建设

（3）园区（居民区）级

以现代信息通信、大数据、人工智能和储能等新技术为依托，运用“互联网+”新模式，调动负荷侧调节响应能力。在城市商业区、综合体和居民区，依托光伏发电、并网型微电网和充电基础设施等，开展分布式发电与电动汽车（用户储能）灵活充放电相结合的园区（居民区）级“源网荷储”一体化建设，如图 6-16 所示。在工业负荷大、新能源条件好的地区，支持分布式电源开发建设和就近接入消纳，结合增量配电网等工作，开展“源网荷储”一体化绿色供电园区建设。研究“源网荷储”综合优化配置方案，提高系统平衡能力。

(a) 光伏发电居民楼

(b) 电动汽车充放电储能

图 6-16 分布式发电与用户储能的灵活充放电结合

6.3.4 微电网

微电网集合了各种分布式电源（微源）、储能单元、负荷以及监控、保护装置，可以在联网运行和孤岛运行两种模式之间灵活切换，并可以同时向负荷提供电能和热能。微电网通常接在低压或中压配电网中，相对于大电网，其灵活可控，方便调度微源，可以有多种能源发电形式。常见微源类型见表 6-4。各类微源的发电形式差别很大，它们在微电网中的作用也有较大差异。因此，不同微源间的组网技术便成了微电网领域的关键技术。

表 6-4 常见微源类型

技术类型	一次能源	输出形式	与交流系统接口
光伏发电	可再生能源	直流	逆变器
风力发电	可再生能源	交流	整流逆变
燃料电池	化石燃料、可再生能源	直流	逆变器
蓄电池纯储能	电网或 DG	直流	逆变器
超级电容器储能	电网或 DG	直流	逆变器
飞轮储能	电网或 DG	直流	逆变器

从微电网的概念和结构可以看出，相比于传统电网，微电网有其独有的特点。

1）微电网内的微源形式和储能装置的多样化。微电网提供了一个有效集成应用分布式发电的方式，微电网的间歇性微源以及工作模式切换时的需要，使得储能单元成为微电网稳定运行的必不可少的一部分。

2）微电网作为一个整体的系统，通过公共连接点（PCC）与大电网单点连接，相对于大电网而言，它是单一的可控单元。这种设计有效解决了分布式发电系统中大量能源形式单独并网给配电网带来的负面影响。按照 IEEE 1547 标准中的要求，微电网只需在 PCC 处满足并网标准即可，这使得微电网内的 DG 控制和运行方式更加灵活，有利于充分利用不同微源的优势。

3）微电网中的微源配置有先进的电力电子接口，使得微电网可以有多种运行状态，并可以在各状态之间灵活切换。正常情况下微电网联网运行。当大电网出现异常时，微电网平滑转入孤岛运行；当大电网故障解除时，微电网又能可靠地重新联网运行。

6.3.5 虚拟电厂

虚拟电厂作为一种创新的商业模式，其优势在于能够跨越地域界限，广泛整合并调度各类灵活资源，包括可调节负荷、储能系统、微电网、电动汽车以及分布式能源等用户侧资源。该系统不仅具备智能的自我协调与优化控制能力，还积极参与电力系统的日常运行与电力市场的交易活动，展现出高度的能源智慧化特性。

虚拟电厂的功能双向且灵活。一方面，它能扮演“正电厂”的角色，为电网提供电力支持，并进行调峰调频，以确保电网的稳定与高效运行；另一方面，它也能扮演“负电厂”的角色，通过精准调控，促进可再生能源的充分消纳，协助电网在低谷时段填补电力缺口，从而维护电网的安全与平衡。在“互联网+”的时代背景下，数字技术的飞速发展正深刻改变着能源行业的面貌，与能源技术的深度融合为虚拟电厂的运营效率带来了前所未有的提升机遇。依托于先进的测量、通信及控制技术，虚拟电厂能够实现对广泛分散的用户侧资源的高效管理与调度。在充分满足内部资源需求的基础上，通过科学合理的协调与控制策略，虚拟电厂能够进一步提升其整体运营效益，实现能源利用的最大化与最优化。

当前，我国正加快构建新型电力系统的步伐，其中分布式电源与电动汽车等新型能源形式呈现出迅猛发展的态势，显著地增强了“电源”与“负荷”两端的随机性特征。截至2024年3月末，全国可再生能源装机容量已接近15.85亿kW。特别地，分布式光伏的累计装机容量达到了2.8亿kW，而电动汽车充电基础设施的数量也激增至931.2万台。这一趋势给传统“源随荷动”的电网调控带来了挑战，暴露出系统灵活性调节资源匮乏的严峻问题。预计到2025年，可再生能源功率调节将面临高达5.62亿kW的缺口，凸显了增强系统灵活性的紧迫性。

在此背景下，用户侧的可调节负荷、电动汽车以及储能系统展现出了巨大的调节潜力，成为挖掘新型电力系统需求侧资源灵活性的关键所在。虚拟电厂作为这一领域的核心力量，其灵活性调节资源的重要地位日益凸显，成为新型电力系统不可或缺的组成部分。虚拟电厂通过高效整合与调度各类用户侧资源，不仅能够有效服务于电力供应保障，提升新能源的消纳能力，还有助于推动电力市场的健康发展，并优化全社会的能源消费与生产模式。因此，深入发展与推广虚拟电厂技术，对于我国能源转型与电力系统的可持续发展具有深远的影响。

1．虚拟电厂发展阶段

虚拟电厂的蓬勃发展主要依托三大核心资源支柱：可调节负荷（可中断负荷）、分布式资源和储能系统。依据这些资源主体的不同特性，虚拟电厂可细化为需求侧资源型、供给侧资源型和混合资源型三种模式。需求侧资源型虚拟电厂，其核心构成包括灵活可调的用户负荷、用户侧的储能设施以及自用型分布式发电资源，这些元素共同构成了其调节与响应能力的基础。供给侧资源型虚拟电厂，侧重于利用公用型分布式发电资源、电网侧和发电侧的储能设施等供给侧资源，通过高效整合与调度，提升电力系统的整体供应能力和灵活性。混合资源型虚拟电厂，集成了分布式发电、储能设施以及可调节负荷等多种资源，依托先进的能量管理系统进行智能优化控制，旨在实现能源利用效率的最大化与供用电系统的整体效益最大化，展现出更为全面和强大的能源管理能力。

随着虚拟电厂的三类基础资源的快速发展，其自身的发展空间也在迅速扩大。但虚拟电厂的发展并不仅仅依赖于这些资源，还要有一系列必要的体制机制条件作为前提。根据外围条件的不同，虚拟电厂的发展可以分为三个阶段：第一阶段为邀约型阶段；第二阶段为市场型阶；第三阶段是未来的虚拟电厂，称为自主调度型虚拟电厂。

（1）邀约型虚拟电厂

我国各省市的电力调度主要由政府部门或电力调度机构（系统运行机构）主导，并发出邀约信号。在这一机制下，虚拟电厂作为响应主体，组织并调度以可调节负荷为主要构成的资源，进行灵活响应。目前，我国多个省市正积极试点并推进邀约型虚拟电厂的建设，其中江苏、上海、广东等地区在这一领域取得了较为显著的成效。

（2）市场型虚拟电厂

当前，我国市场型虚拟电厂的典范当属冀北电力交易中心所推行的虚拟电厂试点项目。该项目一期已成功整合了包括蓄热式电采暖、可调节工商业负荷、智慧楼宇、智能家居系统以及用户侧储能设施等在内的 11 大类可调节资源，总容量接近 16 万 kW，广泛分布于张家口、秦皇岛及廊坊三个城市区域。初期参与试运营的资源报装总容量约为 8 万 kW，主要构成是蓄热式电采暖系统、可调节工商业负荷以及智慧楼宇负荷。在助力“新基建”发展方面，冀北虚拟电厂在张家口率先应用了 5G 通信技术，实现了蓄热式电锅炉资源与虚拟电厂平台之间的高效、安全信息交互，支持大并发量数据传输且延迟极低。

（3）自主调度型虚拟电厂

虚拟电厂发展的高级形态将朝着跨地域的自主调度迈进，这一趋势在国际上已有例证。德国的耐丝特－卡夫沃克（Next Kraftwerke）公司在 2009 年率先探索虚拟电厂的商业模式，至 2017 年已成功整合并管理了超过 4200 个分布式发电单元，涵盖热电联产、生物质能、小型水电和风电及光伏等多种类型，同时纳入部分可控负荷，总装机容量高达 280 万 kW。

另一典型案例是由日本经济产业省资助推进的一项虚拟电厂试验项目。该项目汇聚了关西电力公司、富士电机公司等 14 家企业的力量，共同开发了一个创新的能量管理系统。该系统利用物联网技术，将电网中广泛分布的终端用电设备紧密相连，旨在动态调节可用电力容量，确保电力供需的精准平衡，同时大力推动可再生能源的有效整合与利用。若该项目成功实施，无疑将成为又一个标志性的跨地域自主调度型虚拟电厂的典范。

尽管我国虚拟电厂盈利模式逐步多元，但由于管理体制和运行机制的差异，我国自主调度型虚拟电厂与欧美等国家的发展模式并不相同，还处在商业模式的探索阶段。

2．*虚拟电厂运营实践*

虚拟电厂在电力市场中的参与有助于缩小峰谷电量差异，促进电网的平稳运行，并有效减轻市场参与的偏差考核负担。虚拟电厂具备以低成本替代传统发电设施，提供调峰辅助服务的能力，同时能够灵活参与跨越多时间框架的需求响应、辅助服务和现货市场交易。当前，虚拟电厂主要参与的是单边交易模式。但展望未来，其交易模式有望拓展至更丰富的形式，包括双边协商、双边集中竞价以及挂牌交易等，从而进一步增加市场活力和灵活性。

（1）浙江虚拟电厂实践案例

2023 年 1 月，浙江省率先实施了第三方独立主体参与电力辅助服务市场的结算试运行创新举措，特别针对高耗电量的用户、储能设施及负荷聚合商等市场主体，按需邀请他们参与削峰填谷、填谷调峰以及旋转备用三项关键辅助服务交易，每场交易均设定了最大 100MW 的需求目标。

（2）冀北虚拟电厂实践案例

国网冀北电力有限公司在国家电网体系中率先构建了创新的“1 主站+5 子站”负控系统框架，并于 2023 年成功试点完成了生产控制大区的建设，实现了数据采集的分钟级精确度和控制响应的秒级速度。该公司进一步推行“1+5+*N*”负荷管理体系，旨在促进负荷管理的实际应用与高效运行，特别是在张家口地区，该公司正努力树立新型电力系统地区级标杆，通过建设虚拟电厂，有效整合蓄热电锅炉、大型工业企业等共计 39 家用户的可调负荷资源，使它们能够常态化参与华北地区的辅助服务市场。

（3）上海虚拟电厂实践案例

上海市虚拟电厂拥有超过 6 万台可调节的系统与设备，其单次实际削峰能力已超过 10 万 kW。覆盖范围广泛，囊括了楼宇建筑、电动汽车充电站、通信铁塔基站、储能设施、三联供系统以及分布式光伏和风电等多种类型的资源。参与主体亦呈多元化趋势，不仅包括电网企业，还涵盖了通信铁塔企业、汽车制造企业以及各类社会企业等。

（4）深圳虚拟电厂实践案例

深圳的虚拟电厂平台已累计整合超过 265 万 kW 的资源规模，展现出强大的资源聚合能力。实时调节负荷的峰值能力约高达 56 万 kW，体现出平台在电力供需平衡中的关键作用。这些运营商包括综合能源服务、充电桩管理、智能楼宇控制、通信基站运营、电化学储能技术、5G 基站储能解决方案、冰蓄冷技术以及动力电池储能服务等，它们共同构成了国内负荷类型最全面、直接控制资源最丰富且应用场景最广泛的虚拟电厂生态系统。这一成就不仅彰显了深圳在推动能源互联网和智能电网建设方面的领先地位，也为全国范围内虚拟电厂的发展树立了标杆。

6.4 分布式能源的综合利用

分布式能源技术是未来能源技术的重要发展方向，它具有能源利用效率高、环境负面影响小、能源供应可靠性高和经济效益好的特点。分布式能源技术是我国实现可持续发展的必然选择。为了全力提高资源利用效率，扩大资源的综合利用范围，必须立足于现有能源资源，而分布式能源无疑是解决问题的关键技术。

分布式能源，也称为分布式资源（Distributed Energy Resources，DER），它是一种能源的分布式应用系统，旨在实现用户端的能源综合利用。相对于传统的集中供电方式，分布式能源技术将“冷－热－电”系统以小规模、小容量（数千瓦至数十兆瓦）、模块化和分散式的方式布置在用户附近，可独立地输出冷、热和电能。国际分布式能源联盟（World Alliance for Decentralized Energy，WADE）对分布式能源给出了明确的定义：由高效利用发电产生的废能来生产热和电，以及现场端的可再生能源系统，包括利用现场废气、废热及多余压差来发电的能源循环利用等发电系统组成，能够在消费地点或很近的地方发电的系统，称为分布式能源系统。分布式能源的先进技术包括太阳能利用、风能利用、燃料电池和燃气“冷 - 热 - 电”三联产等多种形式，主要技术包括电能有效利用（Efficient Utilization of Electrical Energy，EUEE）、智能通信技术（Information and Communications Technology，ICT）、智能模块（Smart Box）、主动网络管理（Active Network Management，ANM）。分布式发电技术在微电网、智能电网以及柔性电网等领域均有应用。

我国现有的能源系统主要依赖化石燃料，其中煤、石油占核心地位，还有少量的天然气和核能。煤和石油的储藏量相对有限，尤其是石油。2024 年我国的石油储量大约为 1015 亿桶，按照每年 498 万桶的消耗量测算，不考虑进口还能用 56 年。煤炭生产过程会产生大量的污染，过度开采会导致严重的水土资源流失，进一步加剧生态的恶化。同样，大规模的燃气资源也极其有限，但是在我国西北、西南内陆地区和沿海区域，分布着众多小规模、低品质天然气田，目前这些资源尚未很好地利用起来。针对现有能源资源的情况，需要全力提高资源利用效率，扩大资源的综合利用范围，而分布式能源无疑是解决该问题的关键技术之一，也是缓解我国严重缺电局面、保证可持续发展战略实施的有效途径之一，符合能源战略安全、电力安全以及我国天然气发展战略的需要，可缓解环境、电网调峰的压力，提高能源利用效率。

6.4.1　分布式能源的特点

（1）有效提高能源综合利用效率

分布式能源是将采暖、电力、制冷和热水等系统优化整合为统一的能源综合系统，它不仅同时向用户提供冷、热、电等多种能源，而且能够实现优质能源的梯级利用，有效提高了一次能源的使用效率，可达 70%～90%。分布式系统和传统电力系统结构的对比如图 6-17 所示。生产相同的电力和热量（分别为 35 和 50 单位），分布式系统需要 100 单位的燃料，而传统系统则需要 189 单位。

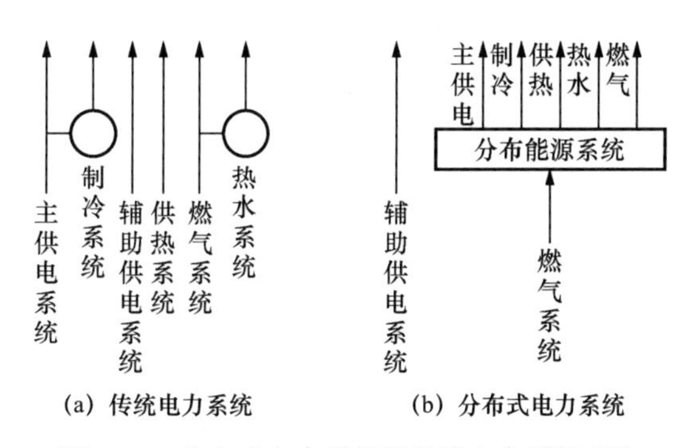

图 6-17　分布式电力系统和传统电力系统对比

（2）环境友好

分布式能源的环境友好性主要表现为：

1）将天然气、氧气、太阳能和风能等清洁能源作为一次能源，采用先进的能源转换技术，尽力减少污染物的排放，有效减少大气污染物的排放。其中，温室气体（CO_2）的排放减少 50%以上，NO_x减少 80%，总悬浮颗粒物（TSP）的排放减少近 95%，几乎不排放 SO_2 和固体废弃物，并使污染物排放分散化，便于周边植被的吸收。同时，分布式能源系统利用其排放量小、排放密度低的优势，可以实现主要排放物的资源化再利用。

2）靠近用户端供电，避免大容量远距离高电压输电线的建设，能够有效减少高压输电线的电磁污染。

（3）能源利用及供应形式多样化

分布式能源可利用多种一次能源，如清洁能源（天然气）、新能源（氢能）和可再生能源（生物质能、太阳能和风能）等，并且根据系统形式和用户的需求，可同时为用户提供电、热、冷等多种能源应用方式。

（4）能源供应可靠

分布式能源可以根据实际情况选择具体的运行模式，发电方式较为灵活。它布置在用户端，既可用作常规供电，又能承担应急备用电源，需要时还可以用于电网调峰，与智能电网一起共同保障各种关键用户的电力供应。此外，它还可以在大电网系统崩溃后进行黑启动，弥补大电网在安全稳定性方面的不足，提高供电及电网整体的安全性、可靠性和稳定性。

（5）控制管理智能化

分布式能源依赖于先进的信息技术，将每个能源装置的自动控制计算机连接，进行智能化指挥调度，彻底平衡电力、热力、制冷、热水和燃料的峰谷变化平衡问题，实现控制管理智能化。采用智能化监控、网络化群控和远程遥控技术，实现现场无人值守。

6.4.2 分布式能源的应用及相关技术

20 世纪 90 年代以来，可再生能源和新能源快速发展，分布式能源技术的发展和应用成为主流之一。其中，分布式发电是一种新的重要方式，包括燃气－蒸汽联合循环发电、风－光－燃气互补多联产发电、冷－热－电三联产（Combined Cooling and Heating Plant，CHHP）发电以及替代化石能源的各种小型可再生能源发电，如风力发电、水电、太阳能光伏发电及地热利用、余热利用、生物质能发电等。冷－热－电三联产发电发展较为成功，它以天然气为燃料，利用小型燃气轮机、燃气内燃机和微燃机等设备将天然气燃烧后获得的高温烟气首先用于发电，然后利用余热在冬季供暖，在夏季通过驱动吸收式制冷机供冷。同时，还可提供生活热水，充分利用了排气热量，实现能量的梯级利用，利用率可达 80%左右，大量节省了一次能源，因此提高了能源的综合利用效率。

1．分布式能源中的系统优化技术

分布式能源的应用形式与系统优化技术密切相关，主要有：

1）多种能源系统整合优化。将各种不同的能源系统进行联合优化，例如：将分布式能源与传统能源系统整合后再进行联合优化；将分布式能源系统与冰蓄冷系统整合后再进行联合优化；将微型燃气轮机与热泵系统进行整合优化；将太阳能与分布式系统进行整合优化等，达到取长补短的目的，充分发挥各个系统的综合优势。

2）将分布式能源与交通系统整合优化。利用低谷电力为电动汽车蓄电或燃料电池汽车储氢，将燃料电池和混合动力汽车作为电源，形成随着人流移动的电源和供电系统，达到节约投资经费、降低高技术产品使用成本等目的。

3）分布式能源系统电网接入。解决分布式能源与现有电网设施的兼容、整合和安全运行等问题。

4）储能技术。通过蓄能技术的开发应用，解决能源的延时性调节问题，提高能源系统的容错能力，其中包括储电、储热、储冷和储能四个技术方向。储电技术包括化学储电（电池）、物理储电（飞轮、水能及气能）。储热技术包括相变储热、热水、热油和蒸汽等多种形式。储冷技术包括冰储冷和水储冷。储能技术包括机械储能、水储能以及记忆金属储能等多种方式。

5）地源储能技术。利用地下水和土壤将冬季的冷能和夏季的热能储存起来，并进行季节性调节使用，结合热泵技术进行直接利用，减少城市热岛效应。

6）网络式能源系统。互联网式的分布式能源梯级利用系统是未来能源工业的重要形态，它是由燃气管网、低压电网、冷热水网络和信息共同组成的用户就近互联系统，复合网络的智能化运行、结算、冗余调整和系统容错优化。

2．分布式能源中的资源利用技术

分布式能源的应用形式与资源深度利用技术密切相关，主要有：

1）天然气凝结水技术。利用天然气燃烧后的化学反应结果回收水，解决部分城市水源紧缺的问题。

2）分布式能源与大棚结合的技术。将分布式能源系统发电设备排出的余热、CO_2和水蒸气注入大棚，作为气体肥料和热源，解决城市绿化和蔬果供应问题，同时减少温室气体和其他污染物排放。

3）利用发电制冷的冷却水生产生活热水的技术。利用热泵技术，将低品位热源转换为较高品位的生活热水，减少能源消耗。

4）空调系统废热回收技术。发展全新风空调系统中有效利用回风中的余热和余冷，减少能耗。

5）污水水源热泵系统。利用生活污水中的热量，进行回收和再利用。

6）小型生物质沼气生产技术。利用民用设施污水、垃圾和大棚废弃生物质就地生产沼气的技术。

思考与练习

6-1 按照介质形态的不同可以将储能技术分为几大类？并分别举出一种具体技术。

6-2 简述超导磁储能装置的四种工作模式及相互转换关系。

6-3 简述铅酸蓄电池的基本原理。

6-4 超级电容“超级”在哪？

6-5 分布式电源如何组网运行？

参 考 文 献

[1] 周大地．我国能源问题［M］．北京：新世界出版社，2006.

[2] 张兴，曹仁贤．太阳能光伏并网发电及其逆变控制［M］．北京：机械工业出版社，2011.

[3] 杨金焕，于化丛，葛亮．太阳能光伏发电应用技术［M］．北京：电子工业出版社，2009.

[4] 李国勇．神经模糊控制理论及应用［M］．北京：电子工业出版社，2009.

[5] 李俊峰．我国光伏发展报告 2007［M］．北京：我国环境科学出版社，2007.

[6] 赵争鸣，刘建政，孙晓瑛，等．太阳能光伏发电及其应用［M］．北京：科学出版社，2005.

[7] 张雄伟，陈亮，徐光辉．DSP 芯片的原理与开发应用［M］．3 版．北京：电子工业出版社，2005.

[8] 王聪，赵金．现代电力电子学与交流传动［M］．北京：机械工业出版社，2005.

[9] 王立新．模糊系统与模糊控制教程［M］．北京：清华大学出版社，2003.

[10] BOSE B K. Modern power electronics and AC drives［M］. Prentice Hall PTR，2002.

[11] LI J，WANG H. Maximum power point tracking of photovoltaic generation based on the optimal gradient method［C］. APPEEC 2009，2009:1-4.

[12] LIU Chunxia，LIU Liqun. An improved perturbation and observation MPPT method of photovoltaic generate system［C］. Industrial Electronics and Applications，4th IEEE conference，2009:2966-2970.

[13] MENNITI D，BURGIO A，SORRENTINO N，et al. An incremental conductance method with variable step size for MPPT：design and implementation［C］. Electrical Power Quality and Utilization，International Conference，2009:1-5.

[14] XIAO B L，KE D，HAO W. Study on the intelligent fuzzy control method for MPPT in photovoltaic voltage grid system［C］. Industrial Electronics and Applications，3th IEEE Conference，2008:708-711.

[15] SAMANGKOOL K，PREMRUD S. Maximum power point tracking using neural networks for grid-connected photovoltaic system［C］. International Conference on Future Power Systems，2005:1-4.

[16] WUL，ZHAO Z，LIU J，et al. Modified MPPT strategy applied in single-stage grid-connected photovoltaic system［C］. Electrical Machines and Systems，Proceedings of the 8th International Conference，2005:1027-1030.

[17] KHAEHINTUNG N，SIRISUK P. Implementation of maximum power point tracking using fuzzy logic controller for solar-powered light-flasher applications［C］. Circuit and Systems，MWSCAS'04，The 2004 47th Midwest symposium:171-174.

[18] BRAMBILLA A，GAMBARARA M，GARUTTI A，et al. New approach to photovoltaic arrays maximum power point tracking［C］. Power Electronics Specialists conference，30th Annual IEEE，1999:632-637.

[19] 杜海玲，邢德山，孙楠．固定式和跟踪式太阳能接收器能量接受状况的比较［J］．科技信息，2010(1):335-336.

[20] 周诗悦，朱凯，刘爽．光伏电池板自动跟踪系统［J］．控制工程，2009(4):17-19.

[21] 何龙，程树英．基于遗传算法和扰动观察法的 MPPT 算法［J］．现代电子技术，2009(24):199-202.

[22] 陈则韶，莫松平，江守利，等．几种太阳能光伏发电方案的热力分析与比较［J］．工程热物理学报，2009(5):725-728.

[23] 王飞，赵慧. 基于滑模变结构理论太阳能最大功率跟踪研究 [J]. 电测与仪表，2009(6):43-46.

[24] 冯博，赵争鸣，张颖超，等. 基于滑模控制的 LED 恒流电源研究[J]. 电工电能新技术，2008，27(4):9-13.

[25] 徐永锋，李明，王六玲，等. 槽式聚光太阳能系统太阳电池阵列 [J]. 半导体学报，2008(12):2421-2426.

[26] 张海燕，张崇巍，王建平. 获得最大日照度的协调控制方法的研究—多面镜聚光型太阳能光伏系统 [J]. 太阳能学报，2008(11):1338-1343.

[27] 李敏，刘京诚，刘俊，等. 一种新型的太阳能自动跟踪装置 [J]. 电子器件，2008(5):1700-1703.

[28] 梁勇，梁维铭. 光伏电池的方位跟踪方案比较与设计 [J]. 能源研究与利用，2008(2):4-7.

[29] 翁政军，杨洪海. 应用聚光型光伏电池的几种冷却技术 [J]. 能源技术，2008(1):16-18.

[30] 周林，武剑，栗秋华. 光伏阵列最大功率点跟踪控制方法综述[J]. 高电压技术，2008，34(6):1145-1154.

[31] 赵晶，赵争鸣，周德佳. 太阳能光伏发电技术现状及其发展 [J]. 电气应用，2007(10):6-10.

[32] 张鹏，王兴君，王松林. 光线自动跟踪在太阳能光伏系统中的应用 [J]. 现代电子技术，2007(14):189-191.

[33] FEMIA N，PETRONE G，SPAGNUOLO G，et al. Predictive and adaptive MPPT perturb and observe method [J]. IEEE Transactions on Aerospace and Electronic Systems，2007，43(3):934-950.

[34] 徐鹏威，刘飞，刘邦银，等. 几种光伏系统 MPPT 方法的分析比较及改进 [J]. 电力电子技术，2007(5):3-5.

[35] 李晶，窦伟，徐正国，等. 光伏发电系统中最大功率点跟踪算法的研究 [J]. 太阳能学报，2007(3):268-273.

[36] 龙腾飞，丁宣浩，蔡如华. 太阳电池最大功率点跟踪的三点比较法理论分析 [J]. 节能，2007(8):14-17.

[37] KOTTAS T L，BOUTALIS Y S，KARLIS A D. New maximum power point tracker for PV arrays using fuzzy controller in close cooperation with fuzzy cognitive networks [J]. IEEE Transactions on Energy Conversion，2006，21(3):793-803.

[38] 叶满园，官二勇，宋平岗. 以电导增量法实现 MPPT 的单级光伏并网逆变器[J]. 电力电子技术，2006，40(2):30-32.

[39] 官二勇，宋平岗，叶满园. 基于最优梯度法 MPPT 的三相光伏并网逆变器 [J]. 电力电子技术，2006，40(2):33-34.

[40] SALAS V，OLIAS E，BARRDO A. Review of the maximum power point tracking algorithms for stand-alone photovoltaic systems [J]. Solar Energy Materials and Solar Cells，2006，90(11):1555-1578.

[41] 刘树，刘建政，赵争鸣，等. 基于改进 MPPT 算法的单级式光伏并网系统 [J]. 清华大学学报（自然科学版），2005(7):873-876.

[42] 张淼，吴捷. 滑模技术在 PV 最大功率追踪系统中的应用 [J]. 电工技术学报，2005，25(3):90-93.

[43] FEMIA N，PETRONE G，SPAGNUOLO G，et al. Optimization of perturb and observe maximum power point tracking method [J]. IEEE Transactions on Power Electronics，2005，20(4):963-973.

[44] LIU X，LOPES L A. An improved perturbation and observation maximum power point tracking algorithm for PV array [C]. Power Electronics Specialists Conference，2004(3):2005-2010.

[45] 吴玉庭，朱宏晔，任建勋，等. 聚光条件下太阳电池的热电特性分析[J]. 太阳能学报，2004(3):337-340.

[46] SIM M A，HOOMAN D. Theoretical and experimental analyses of photovoltaic systems with voltage and current-based maximum power point tracking [J]. IEEE Transaction on Energy Conversion，2002，17(4):514-522.

[47] TSAI-FU W，CHIEN HSUAN C，YU HAI C. A fuzzy logic controlled single-stage converter for PV-Powered lighting system applications [J]. IEEE Transactions on Industrial Electronics，2000，47(2):287-296.

[48] 邓夷．适用于复杂电路的 IGBT 模型及大面积光伏阵列建模研究［D］．北京：清华大学，2010.
[49] 田琦．不同类型光伏组件建模及其组合特性［D］．北京：清华大学，2010.
[50] 陈剑．太阳能光伏系统最大功率点跟踪技术的研究［D］．北京：清华大学，2009.
[51] 冯博．太阳能供电下的 LED 照明控制系统研究［D］．北京：清华大学，2008.
[52] 周德佳．单级式三相光伏并网控制系统理论与应用研究［D］．北京：清华大学，2008.
[53] 赵晶．光伏并网系统控制电路的硬件设计与实现［D］．北京：清华大学，2007.
[54] 董密．太阳能光伏并网发电系统的优化设计与控制策略研究［D］．长沙：中南大学，2007.
[55] 王岩．光伏发电系统 MPPT 控制方法研究［D］．保定：华北电力大学，2007.
[56] 吴理博．光伏并网逆变系统综合控制策略研究及实现［D］．北京：清华大学，2006.
[57] 张超．光伏并网发电系统 MPPT 及孤岛检测新技术的研究［D］．杭州：浙江大学，2006.
[58] 曹倩茹．光伏发电的最大功率跟踪研究［D］．西安：西安科技大学，2006.
[59] 闵江威．光伏发电系统的最大功率点跟踪控制技术研究［D］．武汉：华中科技大学，2006.
[60] 王健．三相光伏并网系统设计及其控制算法研究［D］．北京：清华大学，2005.
[61] 朱腾．基于 MPPT 的光伏电池电力应用系统的研究与设计［D］．上海：华东大学，2005.
[62] 赵为．太阳能光伏并网发电系统的研究［D］．合肥：合肥工业大学，2003.
[63] 赵争鸣，陈剑，孙晓瑛．太阳能光伏发电最大功率点跟踪技术［M］．北京：电子工业出版社，2012.
[64] 杨金焕．太阳能光伏发电应用技术［M］．北京：电子工业出版社，2009.
[65] 周志敏，纪爱华．太阳能光伏发电系统设计与应用实例［M］．北京：电子工业出版社，2010.
[66] 谢建，马永刚．太阳能光伏发电工程实用技术［M］．北京：化工工业出版社，2010.
[67] 李钟实．太阳能光伏发电系统设计施工与维护［M］．北京：人民邮电出版社，2010.
[68] 沈辉，曾祖勤．太阳能光伏发电技术［M］．北京：化学工业出版社，2004.
[69] 王长贵，王斯成．太阳能光伏发电实用技术［M］．北京：化学工业出版社，2010.
[70] 黄汉云．太阳能光伏发电应用原理［M］．北京：化学工业出版社，2009.
[71] 刘树民，宏伟译．太阳能光伏发电系统的设计与施工［M］．北京：科学工业出版社，2009.
[72] 何道清，何涛，丁宏林．太阳能光伏发电系统原理与应用技术［M］．北京：化学工业出版社，2012.
[73] 王志新．现代风力发电技术及工程应用［M］．北京：电子工业出版社，2010.
[74] 朱莉，潘文霞，霍志红，等．风电场并网技术［M］．北京：中国电力出版社，2011.
[75] 周双喜，鲁宗相．风力发电与电力系统［M］．北京：中国电力出版社，2011.
[76] MANFRED STIEBLER．风力发电系统［M］．北京：机械工业出版社，2010.
[77] 王承煦，张源．风力发电［M］．北京：中国电力出版社，2003.
[78] 姜天游．大规模风电并网对电压稳定的影响及对策研究［D］．北京：华北电力大学，2011.
[79] 周双喜，朱凌志，郭喜玖，等．电力系统电压稳定性及其控制［M］．北京：中国电力出版社，2004.
[80] 汤涌．电力系统电压稳定性分析［M］．北京：科学出版社，2011.
[81] 张新燕，王维庆，何山．风电并网运行与维护［M］．北京：机械工业出版社，2011.
[82] 刘艳妮．风电场并网运行电压稳定性研究［D］．北京：北京交通大学，2007.
[83] ACHERMANN T. Wind power in power systems［M］．British. John Wiley & Sons，Ltd. 2005.
[84] 刘春晓．大型风电场对静态电压稳定性的影响研究［D］．天津：天津大学，2009.
[85] BRENDAN FOX，et al．风电并网：联网与系统运行［M］．北京：机械工业出版社，2011.
[86] KUNDER P. Power System Stability and Control.［M］. New York，NY，USA: McGraw-Hill，1994.

[87] 申洪．变速恒频风电机组并网运行模型研究及其应用［D］．北京：中国电力科学研究院，2003.
[88] 张琦玮．变速恒频双馈风力发电双 PWM 协调控制研究［D］．上海：上海交通大学，2007.
[89] 丁明，李宾宾，韩平平．双馈风电机组运行方式对系统电压稳定性的影响［J］．电网技术，2010，34(10):26-31.
[90] 许珊珊，汤放奇，周任军，等．不同风电系统动态电压稳定的分岔分析［J］．电网技术，2010，34(5):67-71.
[91] 李作红，李建华，李常信，等．风电场静态电压稳定研究［J］．电网与水力发电进展，2008，24(3):45-50.
[92] KGS LYNGBY. Analysis of dynamic behavior of electric power systems with large amount of wind power［D］. Electric Power Engineering，Rsted-DTU Technical University of Denmark，2003.
[93] THIERRY VAN CUSTSEM，COSTAS VOURNAS．电力系统电压稳定性［M］．王奔，译．北京：电子工业出版社，2008.
[94] 倪以信，陈寿孙，张宝霖．动态电力系统的理论和分析［M］．北京：清华大学出版社，2002.
[95] 张新燕，王维庆，何山．风电并网运行与维护［M］．北京：机械工业出版社，2011.
[96] THOMAS ACKERMANN, et al. 风力发电系统［M］．谢桦，王健强，姜久春，译．北京：中国水利水电出版社，2010.
[97] 姚兴佳，宋俊．风力发电机组原理与应用［M］．北京：机械工业出版社，2011.
[98] 于群，曹娜．MATLAB/Simulink 电力系统建模与仿真［M］．北京：机械工业出版社，2011.
[99] VLADISLAV AKHMATOV．风力发电用感应发电机［M］．北京：中国电力出版社，2009.
[100] 李发海，朱东起．电机学［M］．北京：科学出版社，2007.
[101] 徐宏．城市垃圾焚烧发电的控制策略［J］．能源工程，2005(5):38-41.
[102] 刘荣厚，牛卫生，张大雷．生物质热化学转换技术［M］．北京：化学工业出版社，2005.
[103] 黄镇江，刘凤君．燃料电池及其应用［M］．北京：电子工业出版社，2005.
[104] WHITNEY COLELLA．燃料电池基础（美）［M］．北京：电子工业出版社，2007.
[105] 邓隐北，熊雯．海洋能的开发与利用［J］．可再生能源，2004(3):70-72.
[106] 朱永强．新能源与分布式发电技术［M］．北京：北京大学出版社，2010.
[107] ALIREZA KHALIGH，Omer C. Onar．环境能源发电：太阳能、风能和海洋能［M］．闫怀志，卢道英，闫振民，译．北京：机械工业出版社，2013.
[108] 杨秀．分布式发电及储能技术基础［M］．北京：中国水利水电出版社，2012.
[109] 苏伟，刘世念，钟国彬．化学储能技术及其在电力系统中的应用［M］．北京：机械工业出版社，2013.